高等职业教育精品工程规划教材

电子技术实践

卢厚元　主　编

王建华　范志庆　邢宏珍　副主编

電子工業出版社

Publishing House of Electronics Industry

北京・BEIJING

内 容 简 介

本书是电子技术基础课程的实践性教材，介绍了高、低频电路的应用和分析方法，汇集了“教、学、做”相融合的教学改革成果，突出了实践能力的培养。

全书主要由电子技术实验与实训基础知识、电路分析与实践、模拟电子技术实践、数字电子技术实践、高频电子线路实践五个模块组成，每个模块中的实践项目以任务驱动的形式展开，包含有学习目标、原理分析、参考步骤、总结及实践探索，这样安排有利于引导学生自主学习、自主完成实践，有利于培养学生的实践能力。

本书可作为高职高专电子技术基础课程的实践教材，也可以作为相关行业人员的参考教材。

图书在版编目（CIP）数据

电子技术实践 / 卢厚元主编. —北京：电子工业出版社，2017.10

ISBN 978-7-121-32796-4

Ⅰ. ①电… Ⅱ. ①卢… Ⅲ. ①电子技术—高等学校—教材 Ⅳ. ①TN

中国版本图书馆 CIP 数据核字（2017）第 238340 号

策划编辑：郭乃明
责任编辑：裴　杰
印　　刷：涿州市京南印刷厂
装　　订：涿州市京南印刷厂
出版发行：电子工业出版社
　　　　　北京市海淀区万寿路 173 信箱　邮编　100036
开　　本：787×1 092　1/16　印张：18.25　字数：467.2 千字
版　　次：2017 年 10 月第 1 版
印　　次：2017 年 10 月第 1 次印刷
定　　价：42.00 元

凡所购买电子工业出版社图书有缺损问题，请向购买书店调换。若书店售缺，请与本社发行部联系，联系及邮购电话：（010）88254888，88258888。

质量投诉请发邮件至 zlts@phei.com.cn，盗版侵权举报请发邮件至 dbqq@phei.com.cn。

本书咨询联系方式：（010）88254561，guonm@phei.com.cn。

前　言

电子技术基础课程是电子信息类专业重要的专业基础平台课程，它为学习本领域课程提供重要的服务和支撑作用。随着课程改革的深入，人们越来越关注学生的能力，特别是学习能力和方法能力，为满足新形势下对高素质技能型专门人才的培养要求，来自湖北工业职业技术学院教学一线的教师，汇集多年教学改革的经验，编写了这本书。

本教材具有以下特点。

1．在内容的选取上，主要以功能电路或电子产品电路作为载体，对相应知识的承载量大，融入的技能训练要素多。

2．实践电路具有典型性，所有电路的参数匹配，实验的成功率高。电路元件大多为常见的基础性元件，而且电路构建容易，电路参数调整范围宽，能满足不同院校的教学应用与参考。

3．教学设计与实施适合分层次教学需要。本书实践项目从基础内容、拓宽内容到探究内容形成递进关系。对知识和技能的掌握存在较大差异的班级，具体教学设计时，授课教师可以把这样的班级实行分层次教学，对基础差的只要求完成项目中的基础部分。教学实施由教师依据学生实际灵活掌握，其目的是全体学生的实践能力都能提高。

教材编写注重引导学生自主完成实验。教材在编写时构建了教学顺序和教学步骤，目的就是提高学生的实践能力，按“参考步骤”去做，学生一般能够自主完成实践任务；一些“小技巧”、“注意”等，针对关键步骤，使学生少走弯路；“实验探究”、“问题与探索”等栏目，为学有余力的学生提供拓展的空间，训练学生发现问题和解决问题的能力。

所选电路能够适应多种形式的电路构建和连接方式，如：实验箱、面包板、印制电路板、万能装接板以及电路构建的综合平台。

实验“前奏”为实验做必要的知识准备，减少学生实践的盲目性，增强目的性。

本书由湖北工业职业技术学院卢厚元担任主编、湖北工业职业技术学院的王建华、范志庆、邢宏珍担任副主编。

本书由卢厚元编写大纲及模块二的第一部分和模块五；王建华编写模块一和模块二的第二部分；范志庆编写模块三；邢宏珍编写模块四。

本书的编写得到了湖北工业职业技术学院教务部门和电子工程系领导的大力支持，得到了电子工业出版社郭乃明编辑及其领导的帮助和指导，在此表示深深的感谢。

在本书的编写过程中，参阅并引用了相关文献和资料，在此向其作者深表感谢。

由于编者的水平有限，书中定有错误和不足之处，诚恳读者批评指正。我们对教材的编写与探索永远在路上，希望得到您的指导。

编　者

2017 年 8 月

目　录

模块一　电子技术实验与实训基础知识

模块二　电路分析与实践

模块三　模拟电子技术实践

模块四 数字电子技术实践

模块五 高频电子线路实验

模块一　电子技术实验与实训基础知识

第一部分　电子技术实验基础知识

1.1　电子实验测量技术

1.1.1　电子测量概述

一、电子测量的概念

电子测量是以电子技术理论为依据，利用电子测量仪器或设备进行的测量过程。它涵盖了光、电、磁、工程、机械、力学等广阔领域，包括电量和非电量，这里我们重点研究的是与电学相关的参数，如电压、电流、功率等。

二、电子测量的内容

电子测量的内容包括以下几个方面。

（1）电能量的测量：包括电流、电压、功率等；

（2）电信号波形特征的测量：包括频率、周期、时间、相位等；

（3）电路性能方面的测量：包括放大倍数、衰减量、灵敏度等；

（4）电子元器件和电路参数的测量：包括电阻、电容、电感、半导体材料、品质因数等。

三、电子测量的特点

电子测量具有如下几个显著的特点。

1．测量准确度高

随着电子元器件生产工艺的进一步提高，电子测量仪器的测量准确度也达到了一个新的高度。例如，长度测量的最高准确度可以达到 10^{-8} 量级；时间和频率的测量，采用了原子频标（原子秒）作为基准，现在测量的准确度可以达到 10^{-13} 量级。

2．量程宽

量程是测量范围的上限值和下限值之差。现在的电子测量仪器的量程可以做到很宽，例如数字万用表，测量电阻的量程可以达到10^{-2}～$10^{8}\Omega$；一台高灵敏度的数字电压表，可以测量出10nV～100kV之间的电压，量程可以达到11个数量级；而现在的频率计，其测量量程更是可以达到17个数量级。

3．测量速度快

电子测量是通过电子运动来进行工作的，因而可以实现高速测量，这是其他测量方法无法比拟的。在现代科学技术中，许多物理过程都是瞬息变化的，没有高速的测量速度，要控制和掌握这些过程是不可能的。同时，也只有高速测量，才能使测量的条件基本维持不变，有利于利用平均值来减小测量误差。

4．测量方法灵活多变

在电子技术中，很多电量之间是相互关联的，这样在电子测量中经常会相互转换，人们可以根据不同的测量对象、不同的测量要求，以及现有的测量仪器，以不同的方法将被测量转换成较容易测量的量，尽可能地完成测量任务。例如，通过传感器，可以将非电量（如热力学的物理量）转换为电量（如电压、电流、功能、频率等），完成其他不可能直接完成的任务。在电子测量中，常用的转换技术有：分频、倍频、检波、D/A 等。

5．可以实现遥测

由于电磁波在电子测量技术中的深入应用，现在的电子测量已经可以实现遥测遥控，这就是所谓的“远距离”测量，如人造卫星、导弹、远洋等。这种遥测，具有测量地点、时间可灵活多变等优点，已在各领域得到了广泛的应用。

6．测量自动化

近 20 年来，电子测量仪器和计算机接口技术飞速发展，使得电子测量已经可以实现智能化、自动化，特别是新型接口系统的出现及应用，使得智能仪器、自动测试系统、虚拟仪器等现代电子测量技术得到不断发展和完善，使其广泛应用于自然科学的各个领域。

四、电子测量的分类

1．按测量手段分类

（1）直接测量：在测量过程中，能够直接将被测量与同类标准量进行比较，或能够用测量仪器对被测量进行测量，直接获得数值的测量方法称为直接测量。

（2）间接测量：当被测量由于某种原因不能直接测量时，可以通过测量与被测量有一定关系的物理量，然后通过计算获得被测量的数值，这种间接获得测量结果的测量方法称为间接测量。

（3）组合测量：当某项测量结果需要用多个未知参数表达时，可通过改变测量条件进行多次测量，根据函数关系列出方程组求解，从而得到未知量的测量，称为组合测量。

2．按测量方式分类

（1）直读法：能够直接从仪表刻度盘或从显示器上读取被测量数值的测量方法，称为直读法。

（2）比较法：将被测量与标准量在比较仪器中直接比较，从而获得被测量数值的方法，称为比较法。

3．按测量性质分类

（1）时域测量：时域测量也叫作瞬时测量，主要是测量被测量随时间的变化规律。如用示波器观察脉冲信号的上升沿、下降沿、平顶降落等脉冲参数以及动态电路的暂态过程。

（2）频域测量：频域测量也称为稳态测量，主要目的是获取待测量与频率之间的关系。如用频谱分析仪分析信号的频谱；测量放大器的幅频特性、相频特性等。

（3）数据域测量：数据域测量也称逻辑量测量，主要是对数字信号或电路的逻辑状态进行测量，如用逻辑分析仪等设备测量计数器的状态。

（4）随机测量：随机测量又叫做统计测量，主要是对各类噪声信号进行动态测量和统计分析。这是一项新的测量技术，尤其在通信领域有着广泛应用。

1.1.2　电子测量的基本程序

电子测量的对象不同，测量步骤也不相同，但是基本程序却是相同的，那就是首先要做好测量前的准备工作、完成测量任务、做好测量完成后的收尾工作。

一、测量前的准备工作

为了避免测量的盲目性，使测量过程有条不紊地进行，每次测量前都要做好以下几方面的准备工作：

（1）仔细阅读测量资料，了解测量任务；

（2）搜集有关理论知识，认真设计测试方案；

（3）拟好测试步骤；

（4）掌握所用仪器的使用方法；

（5）准备好记录用的表格。

二、完成测量任务

（1）依据测量方案，连接线路（注意先连接主电路，检查无误后再连接电源）；

（2）记录数据，分析数据，完成测量任务。

三、测量完成后的收尾工作

（1）测量完毕后，先关闭电路电源，然后从后往前逐级拆除连线（注意如果测量电路中有电流计，一定要先拆除电流计的连线，再拆除其他连线）；

（2）测量完毕后，仪器仪表一定要关闭电源，并将挡位旋钮旋转至规定位置；

（3）做好操作台的清洁工作。

1.2　测量误差及误差处理

1.2.1　测量误差

一、测量误差的基本概念

测量的目的就是要获得被测量的真实大小，这个值我们在理论上称为真值，意即它是真实存在的，也是唯一的。但是，在实际测量过程中所获得的测量值总是跟真值不一致，或大或小，这样就形成了一个差值，我们将这个差值称为测量误差，即：

测量误差=测量值－真值

在测量过程中，因为测量误差的存在，如何减小误差就成为完成测量任务的重要保障。

二、测量误差的来源

测量误差的来源，归纳起来有如下几个方面：

1．测量环境误差

任何测量都有一定环境条件，如温度、湿度、大气压、机械振动、电源波动、电磁干扰等等。测量时，由于实际的环境与要求的环境不一致，就会产生测量误差，这种测量误差就称为测量环境误差。

2．测量仪器误差

在测量中，对所使用的测量仪器的性能指标是有一定技术要求的，在实际测量中，测量仪器会因安装、调整、接线不符合要求，其性能指标达不到要求；有的因为使用不当，或内部噪声、元器件老化等原因，也都会引起测量误差，这种测量误差就称为测量仪器误差。

3．测量方法误差

由于测量方法的不合理或不完善，测量所依据的理论不严密等，也会产生测量误差，这种误差就称为测量方法误差。例如，用电压表测量电压时，由于没有正确估计电压表的内阻而引起的误差；用近似公式、经验公式或简化的电路模型作为测量依据而引起的误差；通过测量圆的半径来计算其周长，因所用圆周率 π 为近似值而引起的误差，这些都是测量方法误差。

4．测量人员误差

由于测量人员的操作经验、知识水平、素质条件的差异，操作人员的责任感不强、操作不规范和疏忽大意等等原因，也会产生测量误差，这种测量误差就称为测量人员误差。

三、误差的表示方法

误差常用的表示方法有三种：绝对误差、相对误差和引用误差。

1．绝对误差

绝对误差的定义为被测量的测量值 x 与真值 A_0 之差，通常取绝对值，即：

$$\varDelta_x = |x - A_0| \tag{1-1}$$

式中　$\varDelta_x$ 表示绝对误差。x 表示测量值，习惯上也称为示值。A_0 表示真值。

绝对误差具有与被测量相同的单位。由于被测量的真值 A_0 往往无法得到，因此常用实际值 A（一般用多次测量的平均值代替）来代替真值 A_0，因此有：

$$\varDelta_x = x - A \tag{1-2}$$

在校准仪表和对测量结果进行修正时，常常使用的是修正值。修正值用来对测量值进行修正。修正值 C 定义为：

$$C = A - x = -\Delta_x \tag{1-3}$$

修正值的值为绝对误差的负值。测量值加上修正值等于实际值，即 $x+C=A$。通过修正使测量结果得到更准确的数值。

2．相对误差

相对误差用 γ 表示，其定义为绝对误差 Δ_x 与真值 A_0 的比值，用百分数来表示，即：

$$\gamma = \frac{\Delta_x}{A_0} \times 100\% \tag{1-4}$$

由于实际测量中真值无法得到，因此可用实际值 A 代替真值 A_0 来计算相对误差。用实际值 A 代替真值 A_0 来计算的相对误差称为实际相对误差，用 γ_A 来表示，即

$$\gamma_A = \frac{\Delta_x}{A} \times 100\% \tag{1-5}$$

用测量值 x 代替真值 A_0 来计算的相对误差称为示值相对误差，用 γ_B 来表示，即

$$\gamma_B = \frac{\Delta_x}{x} \times 100\% \tag{1-6}$$

在实际中，因测量值 A 与实际值 x 相差很小，故 $\gamma_A \approx \gamma_B$，一般 γ_A 与 γ_B 不加以区别。

3．引用误差

绝对误差和相对误差仅能表明某个测量点的误差。实际上测量仪表往往可以在一个测量范围内使用，为此用引用误差来表征测量仪表的精确程度。

引用误差用 γ_m 表示，定义为绝对误差 Δ_x 与测量仪表量程 B 的比值，用百分数表示，即：

$$\gamma_m = \frac{\Delta_x}{B} \times 100\% \tag{1-7}$$

测量仪表的量程 B 是指测量仪表测量范围的上限 x_{max} 与测量范围下限 x_{min} 之差。

四、测量误差分类

测量误差产生的原因有很多，因此分类方法也就有很多，具体分类方法如下：

1．按误差的性质和特点

按误差的性质和特点分，测量误差可以分为三类，即系统误差、随机误差、粗大误差。

1）系统误差

在相同的条件下，对同一被测量进行多次重复测量时，所出现数值的大小和符号都保持不变的误差，或者在条件改变时，按某一确定规律变化的误差，称为系统误差。系统误差的主要特征是规律性。

2）随机误差

在相同的条件下，对同一被测量进行多次重复测量时，所出现的数值大小和符号都以不可预知的方式变化的误差，称为随机误差。随机误差的主要特征是随机性。

3）粗大误差

测量值明显偏离真值所对应的误差，称为粗大误差。

在实际测量中，系统误差和随机误差之间不存在明显的界限，两者在一定条件下可以相互转化。对某项具体误差，在一定条件下为随机误差，而在另一条件下可为系统误差，

反之亦然。

2．按测量条件

按测量条件分可以分为基本误差和附加误差。

1）基本误差

任何测量仪器仪表都有一个正常的使用环境要求，仪器仪表在规定使用条件下所产生的误差，称为基本误差。

2）附加误差

在实际工作中，由于外界条件变动，使测量仪表不在规定使用条件下工作，这将产生额外的误差，这个额外的误差称为附加误差。

3．按被测量随时间变化的速度，可将误差分为静态误差和动态误差

1）静态误差

在测量过程中，被测量变化稳定，所产生的误差称为静态误差。

2）动态误差

在测量过程中，被测量随时间发生变化，所产生的误差称为动态误差。

在实际的测量过程中，被测量往往是不断变化的。当被测量随时间的变化很缓慢时，这时所产生的误差也可认为是静态误差。

1.2.2 测量误差处理

不同的测量误差对测量结果的影响是不同的，对其处理的方式也不相同，这里我们主要分析系统误差、随机误差和粗大误差的处理。

一、系统误差的处理

1．系统误差产生的原因

系统误差产生的原因比较复杂，它可能是一个或多个原因引起的，一般主要是测量仪器误差、环境误差等原因造成的较多。系统误差对测量过程的影响不易发现，因此首先应当对测量仪器、测量对象和测量数据进行全面的分析，检查和判定测量过程是否存在系统误差，若存在系统误差，则应设法找出产生系统误差的根源，并采取一定的措施来消除或减小系统误差对测量结果的影响。

分析产生系统误差的根源，一般可从以下四个方面着手：

（1）所采用的测量仪器是否准确可靠；

（2）所应用的测量方法是否完善；

（3）测量仪器的安装、调整、放置等是否正确合理；

（4）测量仪器的工作环境条件是否符合规定条件。

2．系统误差的处理

1）从产生系统误差的根源上消除系统误差

从产生系统误差的根源上消除系统误差，这是最根本的方法。在测量之前，测量人员要详细检查测量仪器，正确安装测量仪器，并把测量仪器调整到最佳状态。在测量过程中，

应防止外界干扰，尽可能减少产生系统误差的环节。

2）在测量结果中利用修正值消除系统误差

对于已知的系统误差，通过对测量仪器的标定，事先求出修正值，实际测量时，将测量值加上相应的修正值就可以得到被测量的实际值，以消除或减小系统误差。对于变值系统误差，设法找出系统误差的变化规律，给出修正曲线或修正公式，实际测量时，用修正曲线或修正公式对测量结果进行修正，使系统误差的影响被大大削弱了。

二、随机误差的处理

1. 随机误差产生的原因

随机误差是在测量过程中，因存在许多独立的、微小的随机影响因素，对测量造成干扰而引起的综合结果。由于这些微小的随机影响因素很难把握，一般也无法进行控制，因而对随机误差不能用简单的修正值来校正，也不能用实验的方法来消除。

单个随机误差的出现具有随机性，即它的大小和符号都不可预知，但是，当重复测量次数足够多时，随机误差的出现遵循统计规律。实践表明，在绝大多数情况下，测量值及随机误差是服从正态分布的。

2. 随机误差的处理

根据统计学和概率论可知，服从正态分布的测量值 x 无限接近于被测量的真值 A，这就是说，我们想要通过测量得到被测量的真值，就必须作无限次测量，才可以最终接近真值，这在实际上是无法做到的，但是当测量次数 $n\to\infty$时，测量值的算术平均值会接近被测量的真值，因此我们可以认为测量值的算术平均值是接近于真值的近似值。

n 次测量值的算术平均值公式为：

$$\overline{x}=\frac{x_1+x_2+\cdots+x_n}{n}=\frac{1}{n}\sum_{i=1}^{n}x_i \tag{1-8}$$

由于随机误差具有抵偿性，当测量次数 $n\to\infty$时，测量值与真值的误差 δ 有：

$$\lim_{n\to\infty}\sum_{i=1}^{n}\delta_i=0$$

故有：

$$\lim_{n\to\infty}\overline{x}=A \tag{1-9}$$

三、粗大误差的处理

1. 粗大误差产生的原因

明显地偏离真值的测量值所对应的误差，称为粗大误差。粗大误差的产生，有测量操作人员的主观原因，如读错数、记错数、计算错误等，也有客观外界条件的原因，如外界环境突然变化等。

2. 粗大误差的处理

含有粗大误差的测量值称为坏值。测量列中如果混有坏值，必然会歪曲测量结果。对粗大误差的处理原则是：根据 $\overline{x}$ 的大小对可疑值做出判断，对确认的坏值予以剔除。

1.3 有效数字及近似数运算

在进行各种测量和数字计算时，应该用几位数字来表示测量结果和计算结果，这是一个不容忽视的问题。在记录数据过程中，不能认为小数点后面的位数越多就越准确，因为大多数测量值和计算结果均是近似数（与准确数相近的数），其中包含有误差，其准确度就受到一定的限制。下面就测量结果的有效数字和近似数的运算中存在的问题作简单的介绍。

1.3.1 有效数字

一、有效数字的概念

当用一个数来表示某个量的测量值时，从该数左起第一个非零数字起到最末一位数字止，都称为有效数字。显然，在一个数的有效数字中，仅最末一位数字是欠准确的（称为可疑数字），其余数字都是准确的。

一个数的全部有效数字所占有的位数称为该数的有效位数。

对于“0”这个数字，可能是有效数字，也可能不是有效数字。“0”是否是有效数字的判定准则为：处于数中间位置的“0”是有效数字；处于第一个非零数字前的“0”不是有效数字；处于数后面位置的“0”则难以确定，这时应采用科学记数法。

二、有效位数判定准则

测量和数据处理过程中，数据应取多少位有效数字，应根据下述的有效位数判定准则来确定。

（1）对不需要标明误差的数据，其有效位数应取到最末一位数字为可疑数字。

（2）对需要标明误差的数据，其有效位数应取到与误差同一数量级。

（3）算术平均值及数据处理过程中，数据的有效位数与所标注的误差同一数量级。

三、数据修约

在对数据判定应取的有效位数以后，就应当把数据中的多余数字舍弃进行修约。为了尽量减小因舍弃多余数字所引起的误差，应按有效数字修约原则进行修约。数据修约的基本原则是：4 舍 6 入 5 凑偶。具体做法是：

（1）若要保留的有效数字的后一位数字小于 5，则将其舍弃（即 4 舍）；

例如：6.28721 取 4 位有效数字为 6.287（有效数字末位 7 后面的 2 因小于 5，则舍弃）。

（2）若要保留的有效数字的后一位数字大于 5，则将要保留的末位数字加 1（即 6 入）；

例如：6.28271 取 4 位有效数字为 6.283（有效数字末位 2 后面的 7 因大于 5，则 2 就进位，变成 3）。

若要保留的有效数字的后位数字是 5，则要按不同情况区别对待：

① 若 5 前面的数字为奇数，则将应保留部分的末位数字加 1，使有效数字末位成为偶数（即 5 凑偶）；

例如：6.28151 取 4 位有效数字为 6.282（有效数字末位 1 后面是 5，而 5 前面是奇数 1，则有效数字末位 1 进位，变成 2）。

② 若 5 前面的数字是偶数，则末位数字不变。

例如：6.28252 取 4 位有效数字为 6.282（有效数字末位 2 后面是 5，2 是偶数，则有效数字末位 2 不变）。

（3）要一次性修约，而不能逐位修约。

1.3.2 有效数字运算

在各种有效数字运算中，数据的有效位数的确定应按以下几条准则来判定：

（1）多项有效数字的加、减运算，应以数据中有效数字末位数的数量级最大者为准，其余各数均向后多取一位有效数字，项数过多时可向后多取两位有效数字，最终结果的有效数字末位数的数量级应该与有效数字末位数的数量级最大者一致。

例如，求 2643.0＋987.7＋4.187＋0.2354=？

2643.0＋987.7＋4.187＋0.2354≈2643.0＋987.7＋4.19＋0.24=3635.13≈3635.1

（2）有效数字进行乘、除运算，应以数据中有效位数最少者为准，其余各数多取一位有效数字，最终结果的有效位数应该与有效位数最少者一致。

例如，求 15.132×4.12=？

15.132×4.12≈15.13×4.12=62.3356≈62.3

（3）对一个有效数字进行开方或乘方运算时，所得结果的位数应与原数的有效位数相等。

（4）进行有效数字对数运算时，所取对数的位数应与真数的有效位数相等。

在对有效数字进行运算时，按上述准则来确定参与运算的数据和计算结果的有效位数，既可提高运算速度，又能保证计算结果的准确度。

1.4 主要特征参数测量

1.4.1 电压的测量

一、电压测量的基本要求

在实际测量中，被测电压具有频率范围宽、幅度差别大、波形种类多等特点，电压测量应满足下列基本要求：

（1）频率范围宽

被测电压的频率范围自几赫兹到数百兆赫兹，大致分为直流、低频、高频和超高频等。

（2）量程宽

被测电压的量值范围很宽，小到几纳伏，大到几百伏，甚至几千伏至几万伏。测量之前，应对被测电压有大概的估计，所选用的电压表应具有相当宽的量程或具有针对性。测量小信号时应选用高灵敏度的电压表，测量高电压时应选用绝缘强度高的电压表来测量。

（3）输入阻抗高

测量电压时，电压表等效为输入电阻 R_i 和输入电容 C_i 的并联，其输入阻抗（$R_i//C_i$）是被测电路的额外负载。为了使被测电路的工作状态尽量少受影响，电压表应具有足够高的输入阻抗，即 R_i 应尽量大、C_i 应尽量小。低频测量时，因为交流电压表的输入电阻、输入电容一般为 1MΩ、1～10pF，二者对被测电路的影响很小，故一般不考虑电压表输入阻抗对被测电路的影响。但在高频测量时，输入电阻 R_i 和输入电容 C_i 的容抗将变小，二者对被测电路的影响变大，一般要考虑电压表输入阻抗的影响，当它的影响不可忽略时，应对测量结果进行修正。

（4）抗干扰能力强

测量工作一般是在受各种干扰的情况下进行的。当电压表工作在高灵敏度时，干扰会引入明显的测量误差，这就要求电压表具有较强的抗干扰能力。必要时，应采取一些抗干扰措施，如良好接地、使用短的测试线、进行屏蔽等，以减小干扰的影响。

（5）测量精确度高

直流电压的测量可获得较高的测量精确度，例如直流数字电压表一般可达 10^{-4}～10^{-7} 量级；交流电压表的测量精确度可达 10^{-2}～10^{-4} 量级。在测量精确度要求不高时，可选用测量精确度在 1%～3%的电压表。

二、交流电压的表征

交流电压的表征量包括平均值、峰值、有效值 U 以及波形因数 K_F、波峰因数 K_P。

1．平均值

平均值简称为均值，是指波形中的直流成分，所以纯交流电压的平均值为零。为了更好地表征交流电压的大小，交流电压的平均值特指交流电压经过均值检波后波形的平均值，它分为半波平均值和全波平均值。如无特别说明，纯交流电压的平均值均为全波平均值。

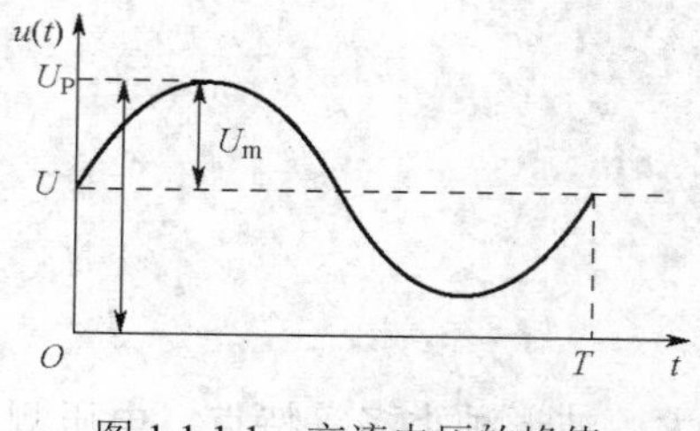

图 1.1.1.1　交流电压的峰值

2．峰值

交流电压的峰值是指以零电平为参考的最大电压幅值，即等于电压波形的正峰值，用 U_P 表示，以直流分量为参考的最大电压幅值则称为振幅，通常用 U_m 表示，当不存在直流电压 $\overline{U}$（平均值），或输入被隔离了直流电压的交流电压时，振幅 U_m 与峰值 U_P 相等。图 1.1.1.1 以正弦信号交流电压波形为例，说明交流电压的峰值和振幅。图中，U_P 为电压峰值，U_m 为电压振幅，$\overline{U}$ 为电压平均值，并有 $U_P=\overline{U}+U_m$，可表示为：

$$u(t)=U+U_m\sin\omega t \quad (1\text{-}10)$$

一般情况下，正峰值和负峰值并不相等，峰值与振幅值 U_m 也不相等，这是因为振幅值是以电压波形的直流成分为参考基准的最大瞬时值。

3．有效值 U

交流电压的大小通常是指它的有效值 U，有效值又称为均方根值，是根据它的物理定义来确定的。数学计算式为：

$$U=\sqrt{\frac{1}{T}\int_0^T u^2(t)\mathrm{d}t} \tag{1-11}$$

上式在数学上即为方均根值。有效值反映了交流电压的功率，是表征交流电压的重要参量。对于理想的正弦波交流电压 $u(t)=U_\mathrm{m}\sin\omega t$，则其有效值：

$$U_{\sim}=\frac{1}{\sqrt{2}}U_\mathrm{P}=0.707U_\mathrm{P} \tag{1-12}$$

4．波形因数 K_F

交流电压的波形因数 K_F 定义为交流电压的有效值 U 与平均值之比，即：

$$K_\mathrm{F}=\frac{U}{\overline{U}} \tag{1-13}$$

5．波峰因数 K_P

交流电压的波峰因数 K_P 定义为交流电压的峰值与有效值 U 之比，即：

$$K_\mathrm{P}=\frac{\hat{U}}{U} \tag{1-14}$$

不同波形的波形因数和波峰因数具有不同的定值，如表 1.1.1.1 所示。

表 1.1.1.1　几种常见波形的交流电压参数

	波　形　图	有效值 U	平均值 $\overline{U}$	波峰因数 K_p	波峰因数 K_F
正弦波	U_P t	$\frac{U_\mathrm{P}}{\sqrt{2}}$	$\frac{2U_\mathrm{P}}{\pi}$	1.414	1.11
全波整流	U_P t	$\frac{U_\mathrm{P}}{\sqrt{2}}$	$\frac{2U_\mathrm{P}}{\pi}$	1.414	1.11
半波整流	U_P t	$\frac{U_\mathrm{P}}{\sqrt{2}}$	$\frac{U_\mathrm{P}}{\pi}$	2	1.57
三角波	U_P t	$\frac{U_\mathrm{P}}{\sqrt{3}}$	$\frac{U_\mathrm{P}}{2}$	1.73	1.15
锯齿波	U_P t	$\frac{U_\mathrm{P}}{\sqrt{3}}$	$\frac{U_\mathrm{P}}{\sqrt{2}}$	1.73	1.15
方波	U_P t	U_P	U_P	1	1

三、常用的电压表

常用的电压表主要有：模拟式电压表和数字式电压表。

1．模拟式电压表

1）模拟式电压表组成及分类

模拟式电压表即指针式电压表，它由表头、挡位转换机构、测量电路组成，根据测量电压的性质有直流电压表和交流电压表之分。

直流电压表是构成交流电压表的基础，用于测量直流电压。

交流电压表用来测量交流电压，测量时，首先利用交直流变换器将交流变成直流，再依照测量直流电压的方法进行测量，其核心为交直流变换器 AC/DC。一般利用检波器来实现交直流变换。

2）模拟式电压表使用方法及注意事项

一般来说，在选用电压表时除了要选择量程、频率范围、误差和输入阻抗外，还应注意以下方面：

（1）调零：测量电压之前应检查指针是否处在零位，否则应进行机械调零或电气调零。

（2）量程：选择一般情况下，应尽量使指针处在量程满刻度值的 2/3 以上区域。如果事先不知道被测电压的大小，可以先从大量程开始，再逐步减小量程，直至量程合适为止。

（3）拆接线顺序：由于电压表灵敏度较高，测量时应先接入与机壳相连的接地线，然后接入另一测试线。测量结束时，应按相反顺序取下连接线。否则外界或者内部的感应信号有可能使仪表指针偏转超过量程而损坏表头。测量时，接地点应可靠接地。

（4）测量非正弦波电压时，还应注意正确理解读数的含义并对读数进行修正，否则将产生波形误差，影响测量准确度。

（5）测量音频电压：在测量数伏级以上的音频电压时，可以使用一般的导线作为测试线；而在测量毫伏级音频电压时，必须严格调零，并尽量选用短的金属屏蔽线作为测试线。

（6）注意安全、防止触电在测量 36V 以上电压时，必须注意安全，以防触电。

（7）校准：为保证仪表的测量准确度，仪表使用一个时期后应借助标准电压表进行校准。

2．数字式电压表

数字式电压表（DVM，Digital Voltmeter）是利用 A/D（模/数）变换器将模拟量变换成数字量，并以十进制数字形式显示被测电压值的一种电压测量仪器。

数字电压表具有测量准确度高、分辨力强、测速快、输入阻抗高、过载能力强、抗干扰能力强等优点。而模拟式电压表具有结构简单，价格低廉，频率范围宽等特点，并且还可以更直观地观测信号电压变化情况，因此数字式电压表还不能完全代替模拟式电压表。限于篇幅的要求，这里主要介绍数字万用表的主要技术指标。

1）电压测量范围

（1）量程：数字电压表一般有好几个量程，量程的改变通常由电压表的步进衰减器与输入放大器的适当配合来实现。量程变换有手动变换和自动变换两种，自动变换借助于内部逻辑控制电路来实现。

（2）显示位数：数字电压表中能显示 0～9 十个数码的数位称为满位，否则，称为半位或 1/2 位。例如，最大显示数字为 9,999 的称为 4 位数字电压表；最大显示数字为 1,999 的称为四又二分之一位（又称四位半）数字电压表。最大显示数字为 3,999 的称为四又四分之三位数字电压表，因为 3,999 的左边第一位可以显示的数字为 0～3 共 4 个数字，但可以作为有效数字的只有 1、2、3 共 3 个数字，故称之为四又四分之三位数字电压表。

2）分辨力

分辨力即灵敏度，是指数字电压表能够反映出的被测电压最小变化值，实际上就等于所选量程最右边数字的一个单位，即末尾的“1”表示出的电压值。通常以最小量程的分辨力作为数字电压表的分辨力。例如，4 位 DVM 在 1V、10V 量程上的分辨力分别为 0.0001V、0.001V，则分辨力为 0.0001V。

3）输入电阻和输入零电流

数字电压表的输入电阻一般不小于 10MΩ，可达 1GΩ，一般情况下基本量程的输入电阻最高。为了提高数字电压表的输入阻抗而用场效应管等有源器件构成电压表的输入电路，故当电压表输入端短路时，测试线上会有电流通过，该电流称为输入零电流或输入偏置电流。测量电压时该电流是始终存在的，应尽量减小输入零电流。

4）抗干扰能力

数字电压表的抗干扰能力较强，通常用串模干扰抑制比和共模干扰抑制比来表示，干扰抑制比的数值越大，表明数字电压表抗干扰的能力越强。

5）测量速度

测量速度是指在单位时间内，以规定的准确度完成的最大测量次数，或完成单次测量所用的时间。数字电压表的测量速度主要取决于 A/D 变换器的类型，不同类型的 DVM 的测量速度差别很大，测速较快的是比较式 DVM，测速较慢的是积分式 DVM。

四、直流电压测量

1. 直流电压的测量原理与方法

一般来说，直流电压测量是将直流电压表直接跨接在被测电压的两端，由直流电压表读出被测电压的值。直流电压测量是一种最简便的电参数测量，其测量电路如图 1.1.1.2 所示。

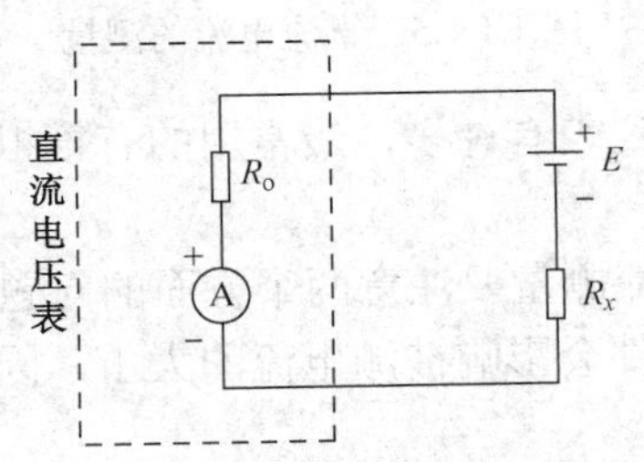

图 1.1.1.2　直流电压测量原理图

通过读数就能方便快捷地测量出直流电压。

2. 交流电压的测量

（1）交流电压常见的波形如图 1.1.1.3 所示。

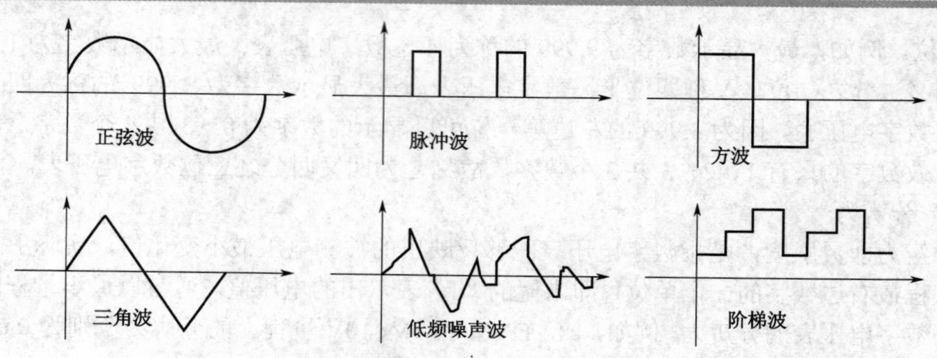

图 1.1.1.3　交流电常见的波形

（2）交流电压测量方法。交流电压测量与直流电压测量相类似，都是将电压表并联于被测电路上，其测量的连接如图 1.1.1.4 所示。

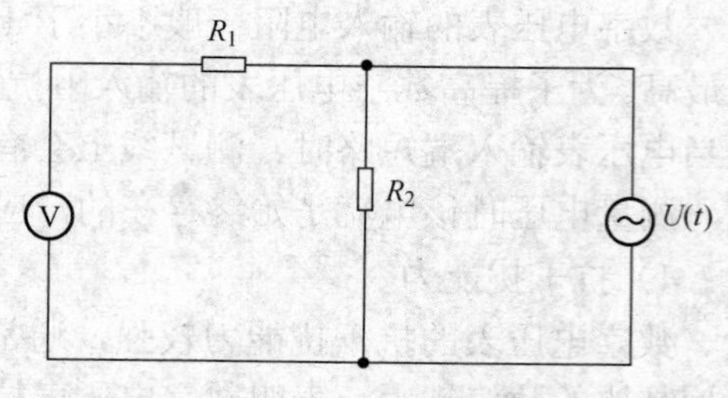

图 1.1.1.4　交流电压的测量

1.4.2　电流的测量

一、直流电流的测量

直流电流是一种最基本的电参量。当直流电流经过直流表时，会使直流表指针发生偏转，这个偏转跟通过的电流大小成一定比例，把这个比例用刻度表示出来，就可以测出被测电流量的大小。其测量电路如图 1.1.1.5 所示。

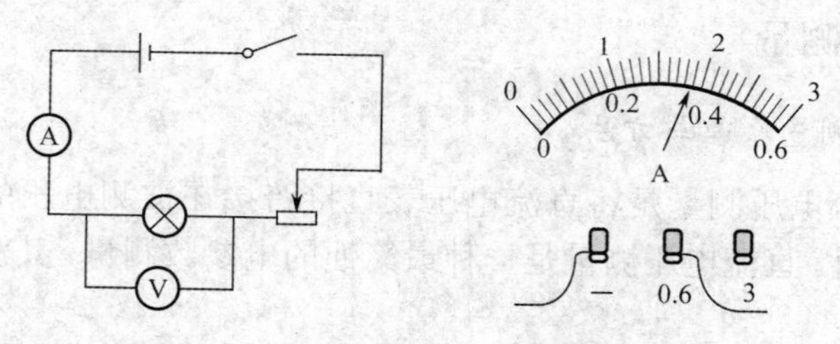

图 1.1.1.5　直流电流的测量

可以用来测量直流电流的仪表有许多，最常用的有模拟直流电流表、模拟万用表、数字万用表。

用直流电流表进行直流电流测量要注意两个方面的问题：

(1) 由于实际电路的外在条件会影响被测电流的大小，因此，为了保证足够的精度，内阻必须足够小。

（2）在测量一个支路电流时，需要将其从整体电路中剥离，或是只连接该支路电源，这样做起来很不方便，测量的结果也不准确，在实践中就要选用间接测量法进行测量，也就是通过别的参数来转换成电流参数。

二、交流电流的测量

交流电流的测量按照频率分类可分为低频测量与高频测量，低频测量主要是指频率通常在几千赫兹以下，最常见的就是工频（50Hz）电流的测量；高频测量主要是指频率通常在几十兆赫兹以上，最常见的就是电视信号、通信信号电流的测量。

1．低频交流电流测量

低频交流电流测量完全类同于直流电流的测量，仅仅区别在于将测量信号先进行检波，转换成直流信号后再进行测量。图 1.1.1.6 所示为模拟万用表测量交流电流的原理。

在图 1.1.1.6 中，VD_2 就是检波二极管，被测交流信号经过二极管后就被整流成单向脉动电流，电流经过刻度转换后就是交流信号的有效值。

2．高频交流电流测量

高频交流电流的测量一般采用热电偶表来测量。热电偶测量交流电流的原理如图 1.1.1.7 所示。

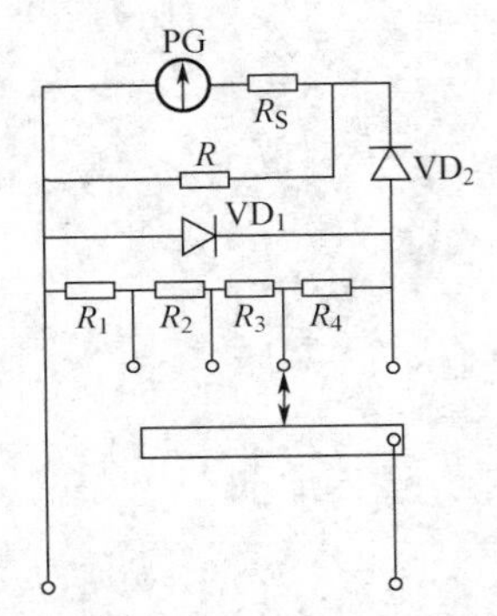

图 1.1.1.6　万用表测量交流电流原理

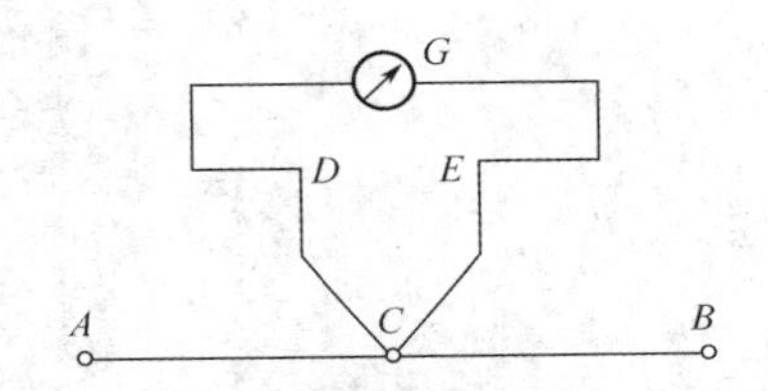

图 1.1.1.7　热电偶测量交流电流原理

图 1.1.1.7 中 *AB* 为金属导体，当高频电流流过的，由于电流的热效应，使 *AB* 导体的温度上升，*DCE* 是热电偶（*DC* 和 *CE* 是由两种热电特性不同材料做成的导体），在 *DE* 之间接有电流表，*C* 点焊在 *AB* 导体上，当 *AB* 导体因电流流过而温度上升时，*C* 点的温度也上升，并传递给 *DC* 和 *CE* 段导体，这样就会在 *D* 点和 *C* 点产生不同的温差，进而产生不同的热电位势，因此就会有电流流过电流表，由于热效应和电流成正比，这样就可以通过热电偶测量出高频电流的大小。

1.4.3　功率的测量

一、直流功率测量

由电工学可知，功率即为单位时间内所做的功。其表达式为：

$$P = \frac{W}{t}$$

对于电功率来说，由于 $W=QU$，$t=Q/I$，由此推导出：

$$P = UI = I_2R = \frac{U^2}{R} \tag{1-15}$$

所以，在直流电路中，只要测出 *I*、*U*、*R* 中的任意两个，就可以计算出直流电功率。

二、交流功率测量

交流电路中因为有电阻、电感、电容等元器件，这些元器件中既有耗能元器件，也有储能元器件，在测量电功率时比较复杂，一般通常是测量一个周期内的平均功率，以表征电路的交流功率。

设 $u=\sqrt{2}U\cos(\omega_C t)$，$i=\sqrt{2}I\cos(\omega_C t+\theta)$，则平均功率为：

$$P=UI\cos\theta$$

若定义视在功率为 $P_A=UI$，无功功率为 $P_R=UI\sin\theta$，有效平均功率为 $P_T=UI\cos\theta$，则视在功率、无功功率与有效平均功率的关系为：

$$P_A=\sqrt{P_T^2+P_R^2} \tag{1-16}$$

第二部分　电工技能实训基础知识

学习任务一　安全用电基础知识

一、电流对人体的伤害

人体触及带电体，或人体接近带电体都会有电流流过人体而对人体造成伤害，这称为触电。按照对人体伤害的不同，触电可分为电击与电伤两种。

电击是电流通过人体内部器官（如心脏、呼吸器官、神经系统等），对人体内部组织造成伤害，乃至死亡。

电伤是电流的热效应、化学效应与机械效应对人体外部造成伤害，如电弧烧伤等，电伤的危害性比电击的小，但严重的电伤仍可致人死亡。

电流的伤害程度与通过人体电流的大小、电流流动途径、持续的时间、电流的种类、交流电的频率及人体的健康状况等因素有关，其中以通过人体电流的大小对触电者的伤害程度起决定性作用。人体对触电电流的反应，如表 1.2.1.1 所示。

表 1.2.1.1　电流对人体的影响

电流/mA	交流电（50Hz）		直　流　电
	通电时间	人体反应	人体反应
0～0.5	连续	无感觉	无感觉
0.5～5	连续	有麻刺、疼痛感，无痉挛	无感觉
5～10	数分钟内	痉挛、剧痛，但可摆脱电源	有针刺、压迫及灼热感
10～30	数分钟内	迅速麻痹，呼吸困难，不能自由摆脱	压痛、刺痛，灼热感强烈、抽搐
30～50	数秒至数分钟	心跳不规则，昏迷，强烈痉挛	感觉强烈，有剧痛痉挛
50～100	超过 3s	心室颤动，呼吸麻痹，心脏麻痹而停跳	剧痛，强烈痉挛，呼吸困难或麻痹

二、触电形式

触电主要有单相触电、双相触电、跨步电压触电三种基本形式。

1．单相触电

单相触电是指人体某一部分触及一相电源或触到漏电的电气设备，电流通过人体流入大地造成触电，具体如图 1.2.1.1（a）所示。触电事故中大部分属于单相触电。

2．双相触电

两相触电是人体的两个部分分别触及两根相线，如图 1.2.1.1（b）所示，这时人体承受的电压为 380V（线电压），危险性比单相触电更大，但这种情况不常见。

3．跨步电压触电

在高压电网接地点或高压火线断落到地下，就会有电流流入地下，强大的电流在接地点周围的地面上产生电压降。因此，当人走近接地点附近时，两脚因站在不同的电位上而承受跨步电压，即两脚之间有电位差，如图 1.2.1.1（c）所示，跨步电压使电流通过人体而造成伤害。因此，当高压电导线断落在地面时，应立即将故障地点隔离，不能随便触及，也不能在附近走动。已步入到跨步电压区时，可采取单脚或双脚并拢方式迅速跳出危险区域。

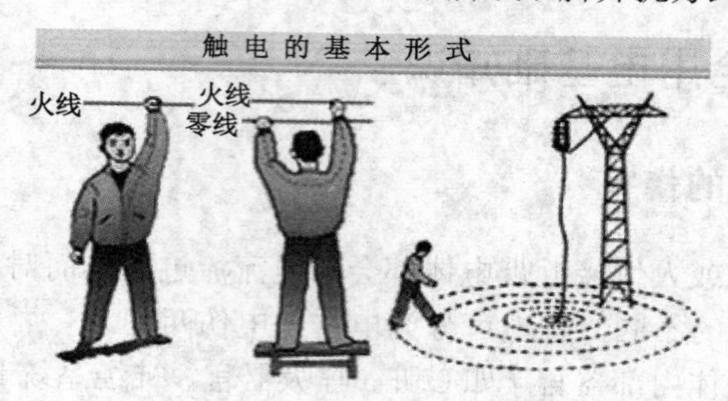

（a）单线触电　（b）两线触电　（c）跨步电压触电

图 1.2.1.1　触电的三种基本形式

三、安全用电措施

1．安全电压

由于触电时对人体的危害性极大，为了保障人的生命安全，使触电者能够自行脱离电源，各国都规定了安全操作电压。我国规定的安全电压：对 50～500Hz 的交流电压安全额定值为 42V、36V、24V、12V、6V 五个等级供不同场合选用，规定安全电压在任何情况下都不得超过 50V 有效值。当电气设备采用 24V 以上的安全电压时，必须有防止人体触电的保护措施。

2．保护接地和保护接零

1）保护接地

为了保障人身安全，避免发生触电事故，将电气设备在正常情况下不带电的金属部分（如外壳等）与接地装置实行良好的金属性连接，这种方式便称为保护接地，简称接地。见图 1.2.1.2（a），它是一种防止触电的基本技术措施，使用相当普遍。

人体若触及漏电设备外壳，因人体电阻与接地电阻相并联，且人体电阻比接地电阻最少大 200 倍以上，由于分流作用，通过人体的电流将比流经接地电阻的要小得多，对人体的危害程度也就极大地减小了，如图 1.2.1.2（b）所示。保护接地宜用于中性点不接地的低压系统中。

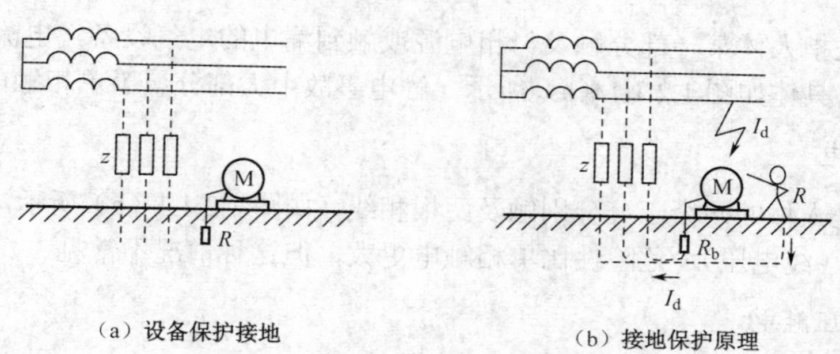

（a）设备保护接地　（b）接地保护原理

图 1.2.1.2　保护接地原理

2）保护接零

将电气设备在正常情况下不带电的金属部分用导线直接与低压配电系统的零线相连接，这种方式称为保护接零，简称接零。在有保护接零的低压系统中，如果电气设备一旦发生了单相碰壳漏电故障，便形成了一个短路回路。因该回路内不包含工作接地电阻与保护接地电阻，整个回路的阻抗就很小，因此回路电流必将很大，足以保证在很短的时间内使熔丝熔断，保护装置自动跳闸，从而切断电源，保障了人身安全，具体电路如图 1.2.1.3 所示。

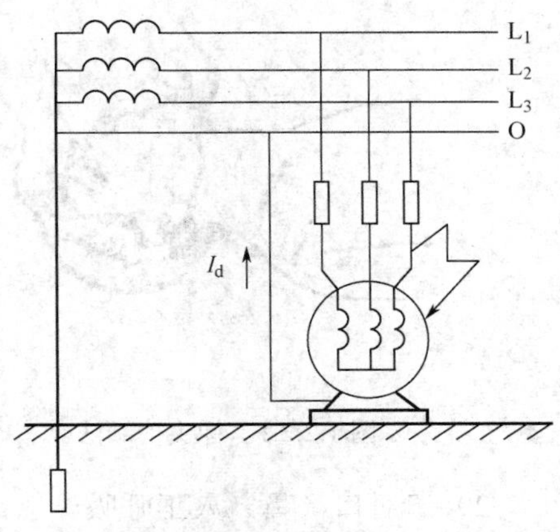

图 1.2.1.3　工作接地和保护接零

学习任务二　触电急救

人触电以后，会出现神经麻痹、呼吸困难、血压升高、昏迷、痉挛，直至呼吸中断、心脏停跳等险象，呈现昏迷不醒的状态。这时如施行急救，即用最快的速度，施以正确的方法进行现场救护，多数触电者是可以得救的。

触电急救的第一要领是迅速使触电者脱离电源，然后再现场救护，具体如下：

1. 使触电者脱离电源

电流对人体的作用时间越长，对生命的威胁越大。所以，触电急救的关键是首先要使触电者迅速脱离电源，不然会造成触电者进一步损害。

2. 现场救护

触电者脱离电源后，应立即就地进行抢救，并派人通知医务人员到现场救助。

3. 急救措施

如果触电者呈现休克现象，应立即按心肺复苏法就地抢救。所谓心肺复苏法就是支持生命的三项基本措施，即通畅气道；口对口（鼻）人工呼吸；胸外按压（人工循环）。

1）通畅气道

若触电者呼吸停止，最重要的是始终确保气道通畅，其操作要领是：

第一步：清除口中异物。使触电者仰面躺在平硬的地方，迅速解开其领扣、围巾、紧身衣和裤带。如发现触电者口内有食物、假牙、血块等异物，迅速用一个手指或两个手指交叉从口角处插入，从中取出异物，操作中要注意防止将异物推到咽喉深处。

第二步：采用仰头抬颌法通畅气道（见图 1.2.2.1）。操作时，救护人用一只手放在触电者前额，另一只手的手指将其颌骨向上抬起，两手协同将头部推向后仰，舌根自然随之抬起、气道即可畅通，具体操作过程如图 1.2.2.2 所示。气道是否畅通如图 1.2.2.2 所示，为使触电者头部后仰，可于其颈部下方垫适量厚度的物品，但严禁用枕头或其他物品垫在触电者头下，因为头部抬高前倾不仅会阻塞气道，还会使施行胸外按压时流向脑部的血量减小，甚至完全消失。

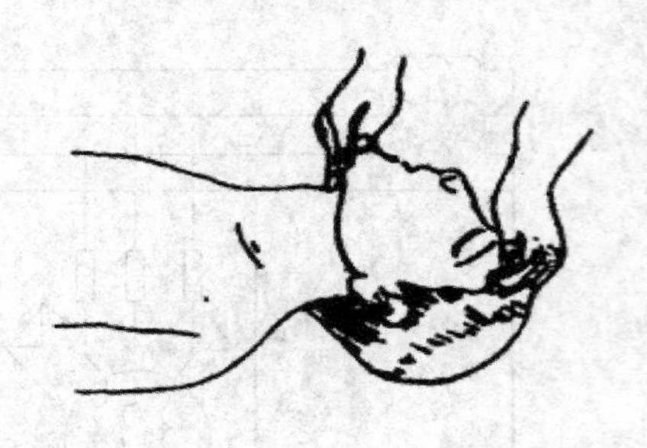

图 1.2.2.1　仰头抬颌法

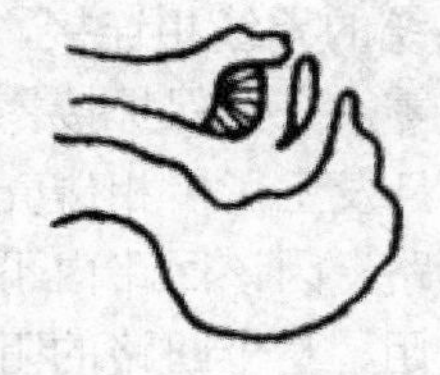

（a）气道畅通

（b）气道阻塞

图 1.2.2.2　气道畅通的检测方法

2）口对口（鼻）人工呼吸

救护人在完成气道通畅的操作后，应立即对触电者施行口对口或口对鼻人工呼吸。人工呼吸的操作要领如图 1.2.2.3 所示。

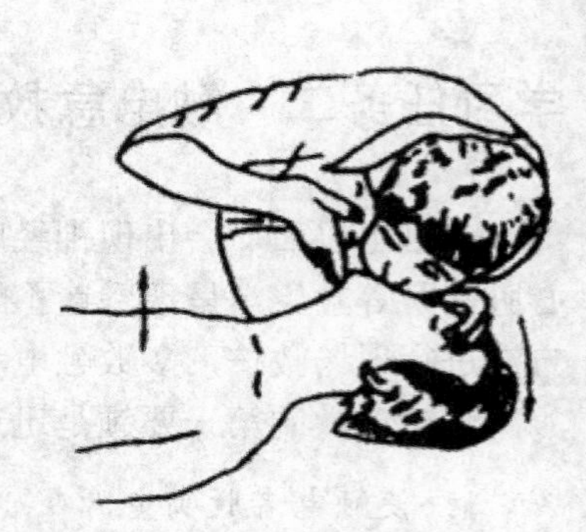

图 1.2.2.3　口对口人工呼吸

第一步：先大口吹气刺激起搏，救护人蹲跪在触电者的左侧或右侧；用放在触电者额上的手指捏住其鼻翼，另一只手的食指和中指轻轻托住其下巴；救护人深吸气后，与触电者口对口紧合，在不漏气的情况下，先连续大口吹气两次，每次 1～1.5s；然后用手指试测触电者颈动脉是否有搏动，如仍无搏动，可判断心跳确已停止，在施行人工呼吸的同时应进行胸外按压。

第二步：大口吹气两次试测颈动脉搏动后，立即转入正常的口对口人工呼吸阶段。正常的吹气频率是每分钟约 12 次（儿童 15 次/分，注意每次吹气量）。正常的口对口人工呼吸操作姿势如上述。但吹气量不需过大，以免引起胃膨胀，如触电者是儿童，吹气量宜小些，以免肺泡破裂。救护人换气时，应将触电者的鼻或口放松，让他借自己胸部的弹性自动吐气。吹气和放松时要注意触电者胸部有无起伏的呼吸动作。吹气时如有较大的阻力，可能是头部后仰不够，应及时纠正，使气道保持畅通。

第三步：触电者如牙关紧闭，可改行口对鼻人工呼吸。吹气时要注意将触电者嘴唇紧闭，防止漏气。

3）胸外按压

胸外按压是借助人力使触电者恢复心脏跳动的急救方法。其有效性在于选择正确的按压位置和采取正确的按压姿势。

确定正确的按压位置：

第一步：右手的食指和中指沿触电者的右侧肋弓下缘向上，找到肋骨和胸骨接合处的中点（按压部位为胸骨中段 1/3 与下段 1/3 交界处）。

第二步：右手两手指并齐，中指放在切迹中点（剑突底部），食指平放在胸骨下部，另一只手的掌根紧挨食指上缘置于胸骨上，掌根处即为正确按压位置，如图 1.2.2.4 所示。

正确的按压姿势如图 1.2.2.5 所示。

第一步：使触电者仰面躺在平硬的地方并解开其衣服。

第二步：救护人立或跪在触电者一侧肩旁，两肩位于触电者胸骨正上方，两臂伸直，肘关节固定不屈，两手掌相叠，手指翘起，不接触触电者胸壁。

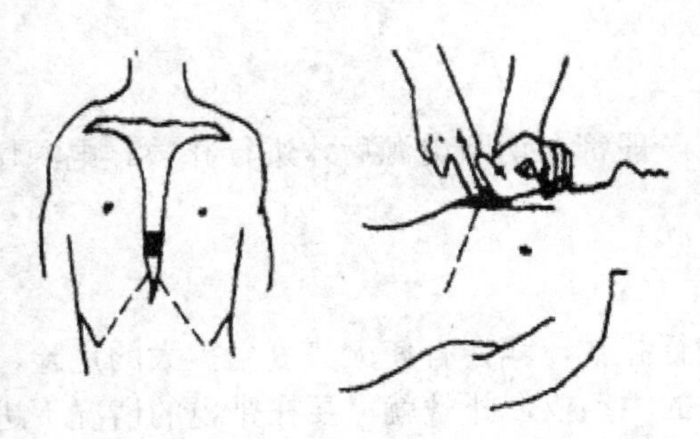

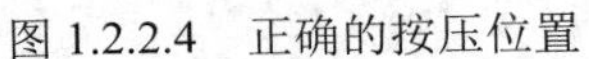

图 1.2.2.4　正确的按压位置

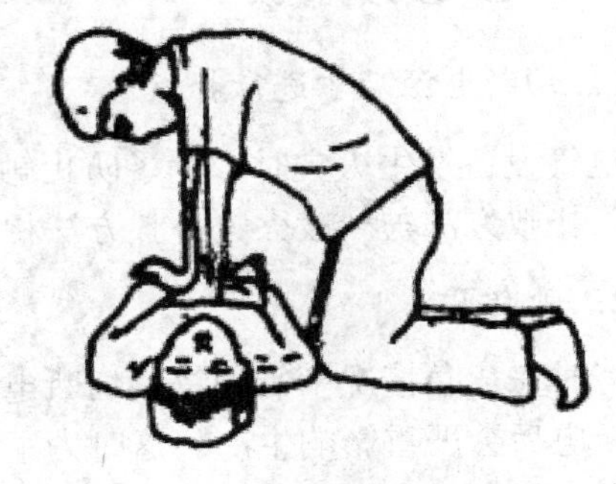

图 1.2.2.5　正确的按压姿势与用力方法

第三步：以髋关节为支点，利用上身的重力，垂直将正常成人胸骨压陷 3～5cm（儿童和瘦弱者酌减）。成人胸骨下陷 4～5cm，儿童 3cm，婴儿 2cm。

第四步：压至要求程度后，立即全部放松，但救护人的掌根不得离开触电者的胸壁，按压要平稳，有规则，不能间断，不能冲击猛压。

恰当的按压频率：

（1）胸外按压要以均匀速度进行。操作频率以每分钟 80 次为宜（成人每分钟 80～100 次；儿童每分钟 100 次），每次包括按压和放松一个循环，按压和放松的时间相等。

（2）当胸外按压与口对口（鼻）人工呼吸同时进行时，操作的节奏为：应该是先进行 30 下胸外按压，再人工呼吸 2 次，而后反复进行。

学习任务三　电气火灾与防护

一、电气火灾形成的原因

1．短路

当电气设备或线路发生短路时，电路中的电流强度将急剧增加，其电流值是正常工作电流的几倍，甚至是几十倍。该电流产生的热量致使电气设备的温度迅速上升，导致绝缘损坏、燃烧并造成火灾。

2．过载

电气设备在运行中的电流超过允许值（额定值）时，称为过载。当电气设备长时间过载，就会使电气设备和导线过热，也会导致绝缘损坏、燃烧造成火灾。

3．接触电阻过大

如果导线之间连接不好，使接触电阻增大，就会产生过热现象，接触处会产生火花而形成火灾。

产生上述三种电气火灾的原因主要是：

（1）电气设备设计不合理、选用设备不当。

（2）使用不合理。如长时间过载运行、设备在故障情况下运行。

（3）电气设备散热不好、维护不及时。有些设备绝缘老化、导线锈蚀或破损。

二、电气火灾扑救

1．切断电源后才进行扑救

电气设备发生火灾时，为了防止触电事故，一般都在切断电源后才进行扑救。电源切断后，扑救方法与一般火灾扑救方法相同。

2．带电灭火

有时在危急情况下，如等待切断电源后再进行扑救，就会有使火势蔓延扩大的危险，或者断电后会严重影响生产。这时为了取得扑救的主动权，扑救就需要在带电的情况下进行，带电灭火时应注意以下几点：

（1）必须在确保安全的前提下进行，应用不导电的灭火剂如二氧化碳、干粉等进行灭火。不能直接用导电的灭火剂如直射水流、泡沫等进行喷射，否则会造成触电事故。

（2）使用干粉灭火器灭火时，由于其射程较近，要注意保持一定的安全距离。

（3）在灭火人员穿戴绝缘手套和绝缘靴、水枪喷嘴安装接地线情况下，可以采用喷雾水灭火。

（4）如遇带电导线落于地面，则要防止跨步电压触电，扑救人员需要进入灭火时，必须穿上绝缘鞋。

此外，有油的电气设备如变压器着火时，也可用干燥的砂土灭火。

第三部分　电子技能实训

实训项目一　焊接训练

一、焊接工具

1. 电烙铁

电烙铁是最常用的手工焊接工具之一，被广泛用于各种电子产品的生产与维修。

1）电烙铁的种类

常见的电烙铁有内热式、外热式、恒温式等形式，如图 1.3.1.1 所示。内热式电烙铁因具有发热快、体积小、重量轻、效率高等特点，因而得到普遍应用。

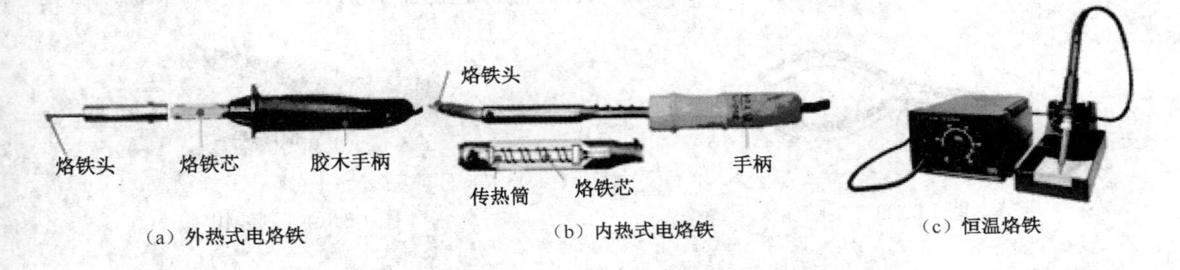

（a）外热式电烙铁　（b）内热式电烙铁　（c）恒温烙铁

图 1.3.1.1　常用的电烙铁

2）电烙铁的使用方法

（1）电烙铁的握法。电烙铁的握法可分为三种，如图 1.3.1.2 所示。图 1.3.1.2 中（a）所示为握笔法，此法适用于小功率的电烙铁，焊接散热量小的被焊件，如焊接收音机、电视机的印刷电路板及其维修等；图 1.3.1.2（b）所示为正握法，此法使用的电烙铁也比较大，且多为弯形烙铁头。图中 1.3.1.2（c）为反握法，就是用五指把电烙铁的柄握在掌内。此法适用于大功率电烙铁，焊接散热量较大的被焊件。

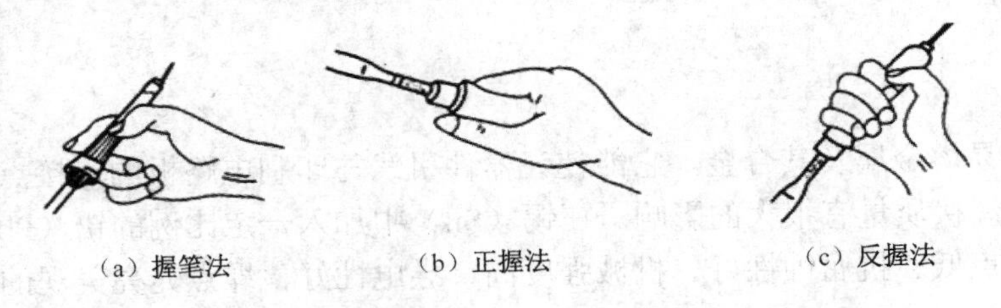
（a）握笔法　（b）正握法　（c）反握法

图 1.3.1.2　电烙铁的握法

（2）新烙铁在使用前的处理。新买的烙铁一般不能直接使用，必须先对烙铁头进行处理后才能正常使用。就是说在使用前先给烙铁头镀上一层焊锡，即先将烙铁头进行“上锡”后方能使用。

具体的方法是：

首先用锉把烙铁头按需要锉成一定的形状，然后接上电源，当烙铁头温度升至能熔锡时，将松香涂在烙铁头上，等松香冒烟后再涂上一层焊锡，如此进行 2～3 次，直至烙铁头表面薄薄地镀上一层锡为止。

当烙铁使用一段时间后，烙铁头的刃面及其周围就要产生一层氧化层，这样便产生“吃锡”困难的现象，此时可去掉氧化层，重新镀上焊锡。

2．尖嘴钳

尖嘴钳头部较细，外形如图 1.3.1.3 所示。它适用于夹小型金属零件或弯曲元器件引线。尖嘴钳一般都带有塑料套柄，使用方便，且能绝缘。不宜在 80℃以上的温度环境中使用，以防止塑料套柄熔化或老化。

3．剥线钳

剥线钳专用于剥有包皮的导线，外形如图 1.3.1.4 所示。使用时注意将需剥皮的导线放入合适的槽口，剥皮时不能剪断导线。剪口的槽并拢后应为圆形。

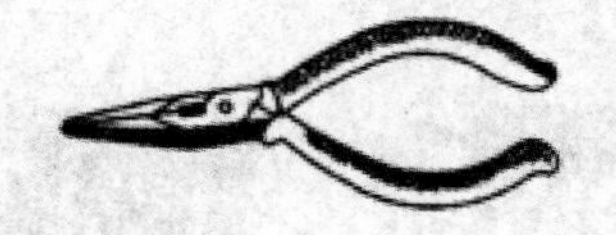

图 1.3.1.3　尖嘴钳

图 1.3.1.4　剥线钳

4．镊子

镊子有尖嘴镊子和圆嘴镊子两种。尖嘴镊子用于夹持较细的导线，以便于装配焊接。圆嘴镊子用于弯曲元器件引线和夹持元器件焊接等，用镊子夹持元器件焊接还起散热作用。

5．螺丝刀

螺丝刀又称起子、改锥。有“一”字式和“十”字式两种，专用于拧螺钉。根据螺钉大小可选用不同规格的螺丝刀。但在拧时，不要用力太猛，以免螺钉滑口。

二、焊料

1．焊锡

焊料是指易熔金属及其合金，它能使元器件引线与印制电路板的连接点连接在一起。焊料的选择对焊接质量有很大的影响。在锡（Sn）中加入一定比例的铅（Pb）和少量其他金属可制成熔点低、抗腐蚀性好、机械强度高、导电性好、焊点光亮美观的焊料，故焊料常称做焊锡。

2．焊剂

根据焊剂的作用不同可分为助焊剂和阻焊剂两大类。

1）助焊剂

在锡铅焊接中助焊剂是一种不可缺少的材料，它有助于清洁被焊面，防止焊面氧化，增加焊料的流动性，使焊点易于成形。常用助焊剂是松香，在较高的要求场合下使用氧化松香。

常用助焊剂有以下几种：

（1）松香酒精助焊剂。这种助焊剂是将松香融于酒精之中，重量比为 1∶3。

（2）消光助焊剂。这种助焊剂具有一定的浸润性，可使焊点丰满，防止搭焊、拉尖，还有较好的消光作用。

（3）中性助焊剂。这种助焊剂适用于锡铅料对镍及镍合金、铜及铜合金、银和白金等的焊接。

2）阻焊剂

阻焊剂是一种耐高温的涂料，可使焊接只在所需要焊接的焊点上进行，而将不需要焊接的部分保护起来，以防止焊接过程中的桥连，减少返修，节约焊料，使焊接时印制板受到的热冲击小，板面不易起泡和分层。

三、手工焊接

焊接材料、焊接工具、焊接方式方法和操作者俗称焊接四要素。这四要素中最重要的是操作者。

1．焊锡丝的拿法

焊锡丝一般有两种拿法，如图 1.3.1.5 所示。经常使用烙铁进行锡焊的人，一般把成卷的焊锡丝拉直，然后截成一尺长左右的一段。在连续进行焊接时，锡丝的拿法应用右手的拇指、食指和小指夹住锡丝，用另外两个手指配合就能把锡丝连续向前送进，如图 1.3.1.5（a）所示。若不是连续焊接，即断续焊接时，锡丝的拿法也可采用如图 1.3.1.5（b）的形式。

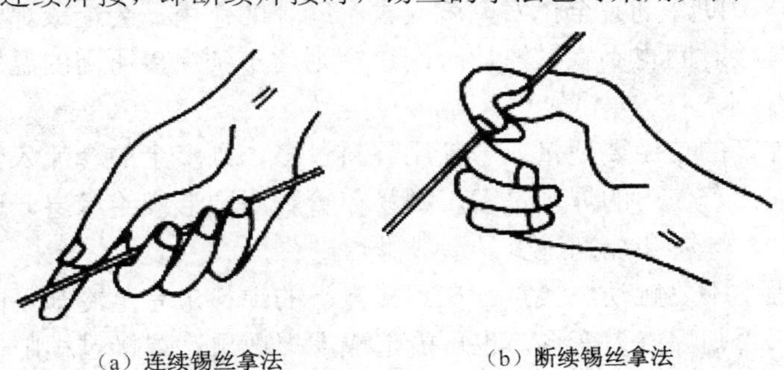

（a）连续锡丝拿法　　（b）断续锡丝拿法

图 1.3.1.5　焊锡丝的拿法

2．焊接操作的基本步骤

焊接操作步骤中，五步操作法具有普遍意义，其详细过程如图 1.3.1.6 所示。

（1）准备施焊。首先把被焊件、锡丝和烙铁准备好，处于随时可焊的状态。即右手拿烙铁（烙铁头应保持干净，并吃上锡），左手拿锡丝处于随时可施焊状态。如图 1.3.1.6（a）所示。

（2）加热焊件。把烙铁头放在接线端子和引线上进行加热。应注意加热整个焊件全体，例如，图中导线和接线都要均匀受热。如图 1.3.1.6（b）所示。

（3）送入焊丝。被焊件经加热达到一定温度后，立即将手中的锡丝触到被焊件上使之熔化适量的焊料，如图 1.3.1.6（c）所示。注意焊锡应加到被焊件上与烙铁头对称的一侧，而不是直接加到烙铁头上。

（4）移开焊丝。当锡丝熔化一定量后（焊料不能太多），迅速移开锡丝，如图 1.3.1.6（d）所示。

（5）移开烙铁。当焊料的扩散范围达到要求，即焊锡浸润焊盘或焊件的施焊部位后移开电烙铁，如图 1.3.1.6（e）所示。撤离烙铁的方向和速度的快慢与焊接质量密切相关，操作时应特别留心仔细体会。

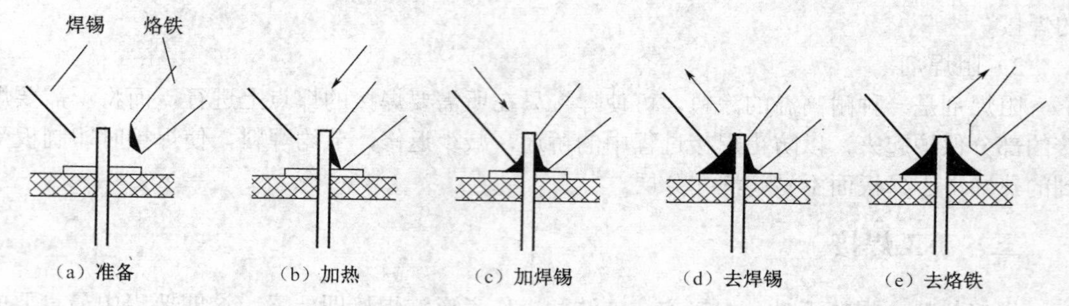

图 1.3.1.6 焊接五步操作示意图

3．焊接注意事项

在焊接过程中除应严格按照以上步骤操作外，还应特别注意以下几个方面：

（1）烙铁的温度要适当。可将烙铁头放到松香上去检验，一般以松香熔化较快又不冒大烟的温度为适宜。

（2）焊接的时间要适当。从加热焊料到焊料熔化并流满焊接点，一般应在三秒钟之内完成。若时间过长，助焊剂完全挥发，就失去了助焊的作用，会造成焊点表面粗糙，且易使焊点氧化。但焊接时间也不宜过短，时间过短则达不到焊接所需的温度，焊料不能充分融化，易造成虚焊。

（3）焊料与焊剂的使用要适量。若使用焊料过多，则多余的会流入管座的底部，降低管脚之间的绝缘性；若使用的焊剂过多，则易在管脚周围形成绝缘层，造成管脚与管座之间接触不良。反之，焊料和焊剂过少易造成虚焊。

（4）焊接过程中不要触动焊接点。在焊接点上的焊料未完全冷却凝固时，不应移动被焊元器件及导线，否则焊点易变形，也可能造成虚焊现象。焊接过程中也要注意不要烫伤周围的元器件及导线。

四、焊接前的准备

（1）元器件引线加工成形元器件在印刷板上的排列和安装方式有两种，一种是立式，另一种是卧式。加工时，注意不要将引线齐根弯折，并用工具保护引线的根部，以免损坏元器件。

成形后的元器件，在焊接时，尽量保持其排列整齐，同类元器件要保持高度一致。各元器件的符号标志应向上（卧式）或向外（立式），以便于检查。

（2）镀锡元器件引线一般都镀有一层薄的焊料，但时间一长，引线表面产生一层氧化膜，影响焊接。所以，除少数有良好银、金镀层的引线外，大部分元器件在焊接前都要重新镀锡。

镀锡要点：待镀面应清洁。元器件、焊片、导线等在加工、存储的过程中带有不同的污物，这些污物严重影响焊接的质量，所以焊接前需要镀锡清除，一般污染较轻的可用酒精或丙酮擦洗，严重的腐蚀性污点只有用机械办法去除，包括刀刮或砂纸打磨，直到露出光亮金属为止。

五、焊接的要求

电子产品的组装其主要任务是在印制电路板上对电子元器件进行锡焊。一个合格的焊点要求是圆锥状，如图 1.3.1.7 所示，其要求如下。

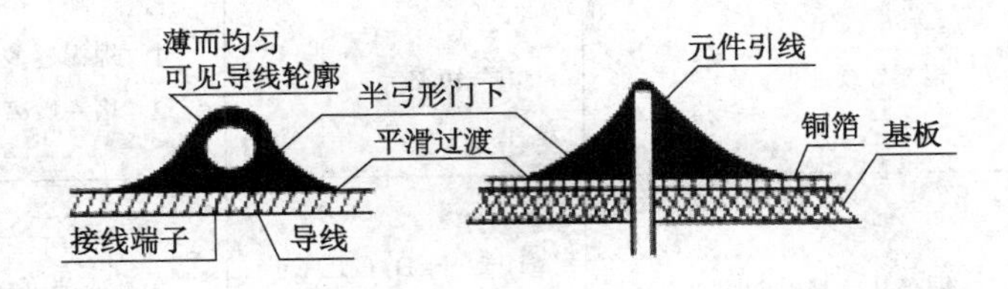

图 1.3.1.7　合格的焊点

（1）焊点的机械强度要足够。为保证被焊件在受到振动时不至脱落、松动，因此要求焊点要有足够的机械强度，但不能用过多的焊料堆积，这样容易造成虚焊、短路。

（2）焊接可靠保证导电性能。为使焊点有良好的导电性能，必须防止虚焊。虚焊是指焊料与被焊物表面没有形成合金结构，只是简单地依附在被焊金属的表面上。

（3）焊点表面要光滑、清洁。为使焊点美观、光滑、整齐，不但要有熟练的焊接技能，而且要选择合适的焊料和焊剂，否则将出现焊点表面粗糙、拉尖、棱角等现象。

（4）常见焊接缺陷及分析。手工焊接时，经常会出现以下不良焊点，常见缺陷及分析见表 1.3.1.1。

表 1.3.1.1　常见焊点缺陷及分析

焊点缺陷	外观特点	危　害	原因分析
虚焊	焊锡与元器件引脚和铜箔之间有明显黑色界限，焊锡向界限凹陷	设备时好时坏，工作不稳定	1. 元器件引脚未清洁好、未镀好锡或锡氧化 2. 印制板未清洁好，喷涂的助焊剂质量不好
焊料过多	焊点表面向外凸出	浪费焊料，可能包藏缺陷	焊丝撤离过迟
焊料过少	焊点面积小于焊盘的 80%，焊料未形成平滑的过渡面	机械强度不足	1. 焊锡流动性差或焊锡撤离过早 2. 助焊剂不足 3. 焊接时间太短
过热	焊点发白，表面较粗糙，无金属光泽	焊盘强度降低，容易剥落	烙铁功率过大，加热时间过长

续表

焊点缺陷	外观特点	危害	原因分析
 冷焊	表面呈豆腐渣状颗粒，可能有裂纹	强度低，导电性能不好	焊料未凝固前焊件抖动
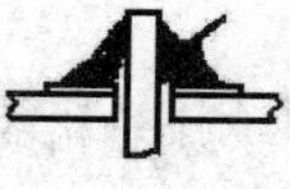 拉尖	焊点出现尖端	外观不佳，容易造成桥连短路	1．助焊剂过少而加热时间过长 2．烙铁撤离角度不当
 桥连	相邻导线连接	电气短路	1．焊锡过多 2．烙铁撤离角度不当
 铜箔翘起	铜箔从印制板上剥离	印制 PCB 板已被损坏	焊接时间太长，温度过高

实训项目二　HX108 收音机组装

一、实训目的和要求

1．实训目的

通过对一只正规产品（收音机）的安装、焊接、调试，了解电子产品的装配全过程，训练动手能力，掌握元器件的识别、简易测试及整机调试工艺。

2．实训要求

（1）对照原理图讲述整机工作原理；
（2）对照原理图看懂装配接线图；
（3）了解图上符号，并与实物对照；
（4）根据技术指标测试各元器件的主要参数；
（5）认真细致地安装焊接，排除安装焊接过程中出现的故障。

二、实训介绍

1．产品简介

HX108 收音机（如图 1.3.2.1 所示）为七管中波调幅袖珍式半导体收音机，采用全硅管标准二级中放电路，用两只二极管构成正向压降稳压电路，稳定从变频、中频到低放的工作电压，不会因为电池电压降低而影响接收灵敏度，使收音机仍能正常工作，本机体积小巧，外观精致，便于携带。

图 1.3.2.1 HX108 型收音机外形

2. 技术指标

频率范围：525～1605kHz

中频频率：465kHz

灵敏度：≤2mV/ms/N20dB

扬声器：Φ57mm/8Ω

输出功率：50mW

电源：3V（2 节 5 号电池）

3. 工作原理

1）工作方框图（见图 1.3.2.2）

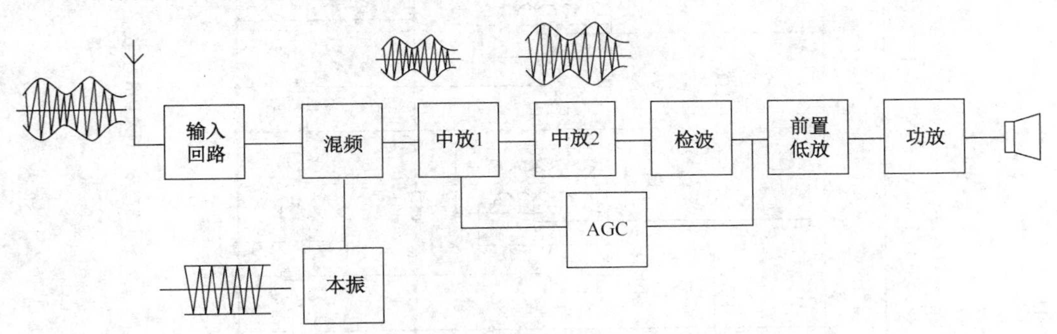

图 1.3.2.2 HX108 收音机组成方框图

2）工作原理（见图 1.3.2.3）

当调幅信号感应到 B_1 及 C_1 组成的天线调谐回路，选出我们所需的电信号 f_1 进入 V_1（9018H）三极管基极；本振信号调谐在高出 f_1 频率一个中频的 f_2(f_1+465kHz)，例：f_1=700kHz 则 f_2=700+465kHz=1165kHz 进入 V_1 发射极，由 V_1 三极管进行变频，通过 B_3 选取出 465KHz 中频信号经 V_2 和 V_3 二级中频放大，进入 V_4 检波管，检出音频信号经 V_5（9014）低频放大和由 V_6、V_7 组成功率放大器进行功率放大，推动扬声器发声。图中 D_1、D_2（IN4148）组成 1.3V±0.1V 稳压，固定变频，一中放、二中放、低放的基极电压，稳定各级工作电流，以保持灵敏度。由 V_4（9018）三极管 PN 结用作检波。R_1、R_4、R_6、R_{10} 分别为 V_1、V_2、V_3、V_5 的工作点调整电阻，R_{11} 为 V_6、V_7 功放级的工作点调整电阻，R_8 为中放的 AGC 电阻，B_3、B_4、B_5 为中周（内置谐振电容），既是放大器的交流负载又是中频选频器，该机的灵敏度、选择性等指标靠中频放大器保证。B_6、B_7 为音频变压器，起交流负载及阻抗匹配的作用。

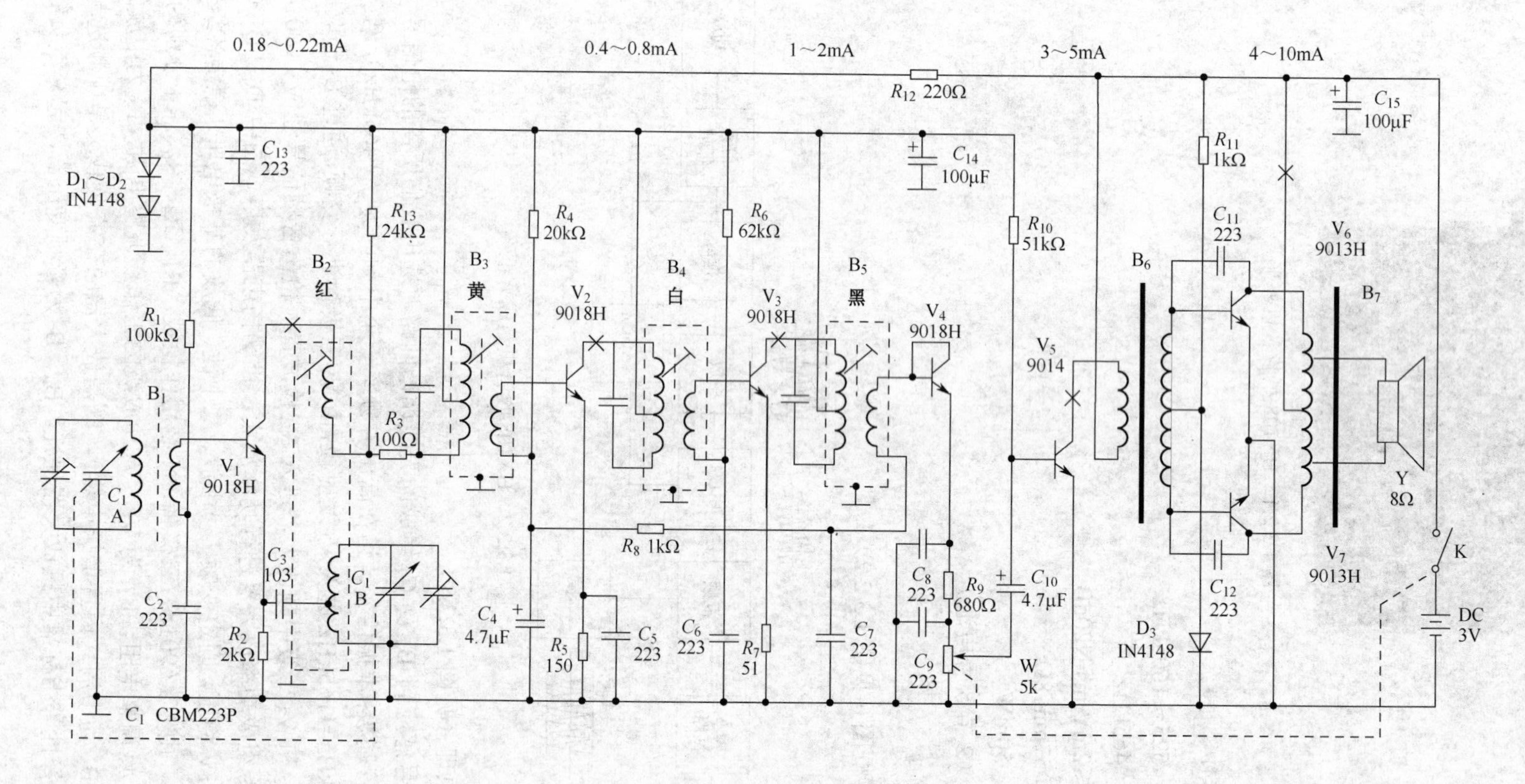

图 1.3.2.3　HX108 型收音机工作原理图

三、装配前的准备工作及元器件检测

1．按元器件清单清点分类（如表 1.3.2.1 所示）

表 1.3.2.1　HX108 型收音机元器件清单

序　号	名　称	型 号 规 格	序　号	名　称	型 号 规 格
电阻			电容器		
R_1	电阻器	100kΩ	C_1	双联电容	CBM-223PF
R_2	电阻器	2kΩ	C_2	瓷介电容	223(0.022μF)
R_3	电阻器	100Ω	C_3	瓷介电容	103(0.01μF)
R_4	电阻器	20kΩ	C_4	电解电容	4.7μF
R_5	电阻器	150Ω	C_5	瓷介电容	223(0.022μF)
R_6	电阻器	62kΩ	C_6	瓷介电容	223(0.022μF)
R_7	电阻器	51Ω	C_7	瓷介电容	223(0.022μF)
R_8	电阻器	1kΩ	C_8	瓷介电容	223(0.022μF)
R_9	电阻器	680Ω	C_9	瓷介电容	223(0.022μF)
R_{10}	电阻器	51kΩ	C_{10}	电解电容	4.7μF
R_{11}	电阻器	1kΩ	C_{11}	瓷介电容	223(0.022μF)
R_{12}	电阻器	220Ω	C_{12}	瓷介电容	223(0.022μF)
R_{13}	电阻器	24kΩ	C_{13}	瓷介电容	223(0.022μF)
R_P	电位器	5kΩ（带开关）	C_{14}	电解电容	100μF
晶体管			C_{15}	电解电容	100μF
D_1	二极管	IN4148			
D_2	二极管	IN4148	电感器		
D_3	二极管	IN4148	B_1	天线线圈	含输入、输出
V_1	三极管	9018（低 β）	B_2	振荡线圈	红
V_2	三极管	9018	B_3	中周	黄
V_3	三极管	9018	B_4	中周	白
V_4	三极管	9018	B_5	中周	黑
V_5	三极管	9014	B_6	输入变压器	蓝
V_6	三极管	9013	B_7	输出变压器	红
V_7	三极管	9013			
其他元器件			其他元器件		
	磁棒			电位器拨盘	
	收音机前盖			磁棒支架	
	收音机后盖			印刷电路板	
	刻度尺、音窗			电路图及说明	
	双联拨盘			电池正负极簧片	

2．收音机元器件识别与检测

1）电阻

（1）电阻元器件对照图如图 1.3.2.4 所示。

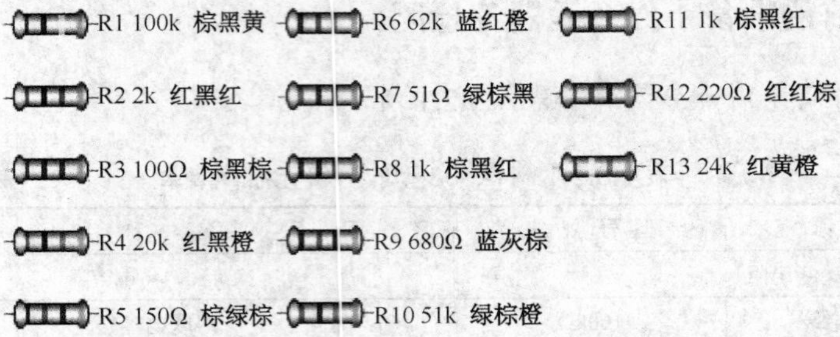

R1 100k 棕黑黄
R6 62k 蓝红橙
R11 1k 棕黑红
R2 2k 红黑红
R7 51Ω 绿棕黑
R12 220Ω 红红棕
R3 100Ω 棕黑棕
R8 1k 棕黑红
R13 24k 红黄橙
R4 20k 红黑橙
R9 680Ω 蓝灰棕
R5 150Ω 棕绿棕
R10 51k 绿棕橙

图 1.3.2.4　电阻元器件对照图

（2）检测：首先根据色环初步读出每个电阻的阻值（颜色数值对照如表 1.3.2.2 所示），然后根据阻值大小判断需要使用万用表的挡位，进而准确测量出其阻值（要求阻值误差在色环标注的误差范围之内），如果阻值相差太大就说明该电阻已不能使用，要用相同电阻替换。

表 1.3.2.2　电阻颜色数值对照

颜　色	棕	红	橙	黄	绿	蓝	紫	灰	白	黑	金	银	无色
阻值/误差	1	2	3	4	5	6	7	8	9	0	±5%	±10%	±20%

2）电容

（1）电容识别如图 1.3.2.5 所示。

（2）电容检测。用万用表欧姆挡观察电解电容的充放电现象，检测是否有短路、断路及漏电现象，并通过数字变换的快慢大致判断电容容量的大小；另外对于电解电容还要进一步判断其正负极。

3）二极管

（1）二极管识别如图 1.3.2.6 所示。

（2）二极管检测。将数字万用表旋转至二极管专用测试挡位（有二极管符号），用红黑两笔任意接二极管两极，如屏幕显示 0.×××（此数字表示的是二极管正向导通时的 PN 的电压），则红笔接的是阳极，黑笔是阴极；如屏幕显示为“1”，则红笔接的是阴极；黑笔是阳极。如果二极管正反向显示都是“1”，则表明该二极管已断路；如果二极管正反向显示都是“0”，则表明该二极管已短路，断路、短路都表明该二极管已损坏，不能正常使用。

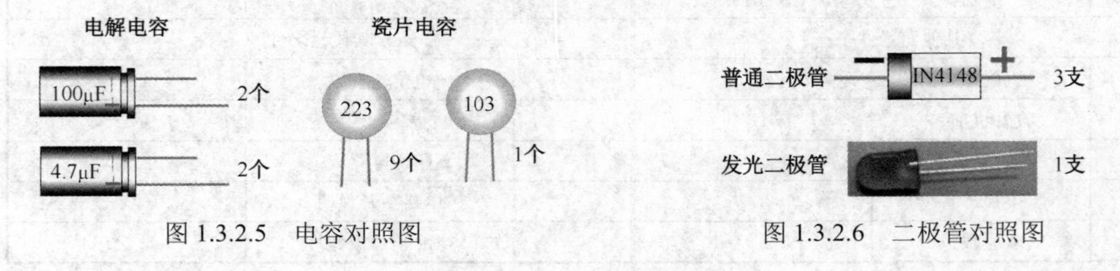

电解电容
瓷片电容
100μF
2个
4.7μF
2个
223
9个
103
1个

图 1.3.2.5　电容对照图

普通二极管
IN4148
3支
发光二极管
1支

图 1.3.2.6　二极管对照图

4）三极管

（1）三极管识别如图 1.3.2.7 所示，三极管管脚封装如图 1.3.2.8 所示。

图 1.3.2.7　三极管对照图

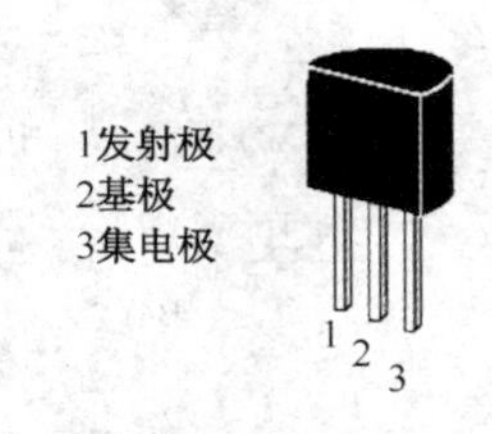

图 1.3.2.8　三极管管脚封装图

（2）三极管检测。用数字万用表测试三极管，一般先用二极管专用测试挡位，判断出三极管的基极，然后再判断其管型，对 NPN 型管，基极是公共正极；对 PNP 型管则是公共负极。

集电极和发射极的判别：

在判断出基极的前提下，先假定剩余两脚中一脚为集电极，另一脚为发射极，然后将数字万用表挡位旋至 β（HFE）挡位处，把三个管脚分别插入到对应的插孔中，记录数据；再将 c、e 孔中的管脚对调测量，比较两次数据，β 数值大的说明管脚假定正确，那么对应的管脚就是正确的 b、c、e。

5）检测带开关的电位器

（1）电位器识别如图 1.3.2.9 所示，电位器管脚如图 1.3.2.10 所示。

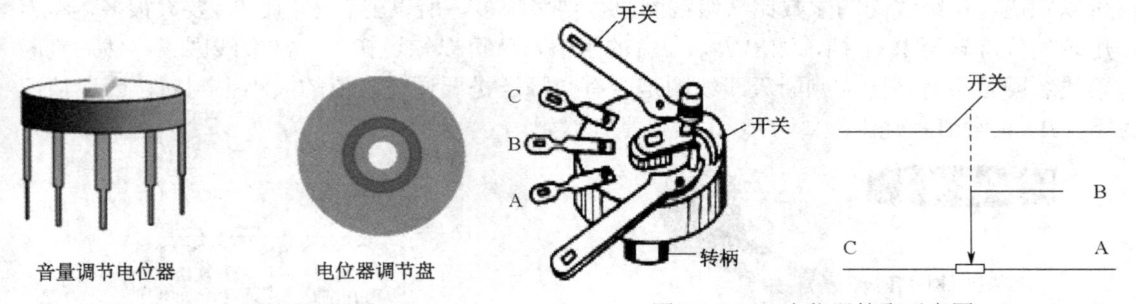

图 1.3.2.9　电位器识别图　　图 1.3.2.10　电位器管脚示意图

（2）电位器检测。测量时，选用万用表电阻挡的适当量程，将两表笔分别接在电位器两个固定引脚焊片之间（图 1.3.2.10 中 A、C 之间），先测量电位器的总阻值是否与标称阻值相同。若测得的阻值为无穷大或较标称阻值大，则说明该电位器已开路或变质损坏。然后再将两表笔分别接电位器滑动端（图 1.3.2.10 中 B 端）与两个固定端中的任一端，慢慢转动电位器手柄，使其从一个极限位置旋转至另一个极限位置，正常的电位器，万用表表针指示的电阻值应从标称阻值（或 0Ω）连续变化至 0Ω（或标称阻值）。整个旋转过程中，表针应平稳变化，而不应有任何跳动现象。若在调节电阻值的过程中，表针有跳动现象，则说明该电位器存在接触不良的故障。

因收音机中的音量调节电位器还带有开关，为了检查开关是否灵活，先旋转电位器轴柄，接通、断开时听听是否有清脆的“喀哒”声，如果有就说明开关是灵活的，否则就是有接触故障，要及时更换。

6）变压器

（1）中周、变压器识别如图 1.3.2.11 所示。

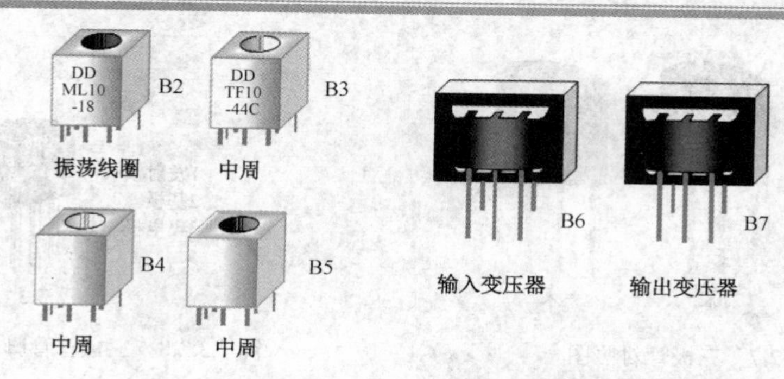

图 1.3.2.11　中周、变压器识别图

（2）中周、变压器检测。将万用表挡位旋转至 R×1 挡，按照中周、变压器线圈各绕组引脚排列规律，逐一检查各绕组的通断情况，进而判断其是否正常。然后检测中周、变压器的绝缘性能，将万用表挡位旋转至 R×10k 挡，测试一次侧绕组与二次侧绕组之间的电阻值、一次侧绕组与外壳之间的电阻值、二次侧绕组与外壳之间的电阻值，测试结果出现三种情况：阻值为无穷大，表示正常；阻值为零，表示有短路性故障；阻值小于无穷大，但大于零，表示有漏电性故障。

7）天线线圈

（1）天线线圈识别如图 1.3.2.12 所示。

（2）天线线圈检测。首先要判断天线线圈的初级和次级。从天线线圈结构图（图 1.3.2.13）可以知道，初级线圈的匝数比次级线圈匝数要多很多，所以就有 R_{ab} 比 R_{cd} 要大很多，将万用表挡位旋转至 R×1 挡，测出 R_{ab}、R_{cd} 的阻值，就可以知道初级、次级线圈了。然后判断天线线圈是否有故障。判断天线线圈是否有故障还是要通过阻值的大小去判断，一般情况下，R_{ab} 正常值是几十欧姆，R_{cd} 正常值是几欧姆。

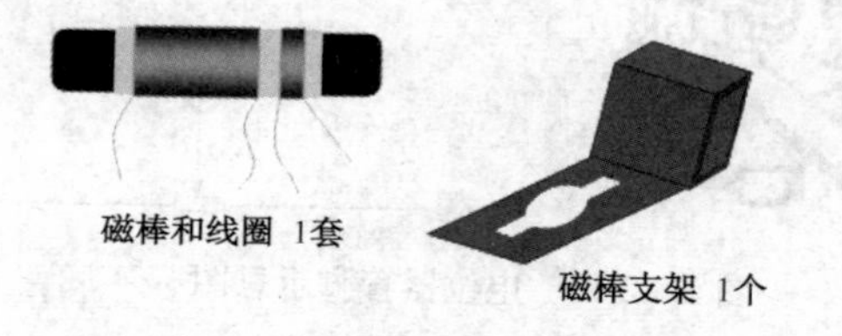

图 1.3.2.12　天线线圈识别图

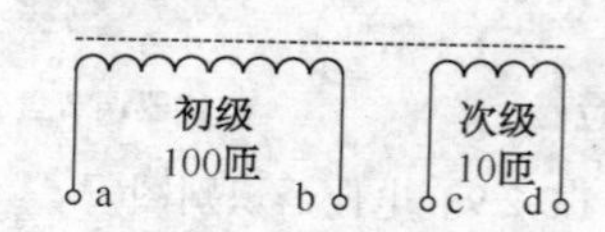

图 1.3.2.13　天线线圈结构示意图

四、焊接

装配工作中，焊接技术很重要。收音机元器件的安装，主要利用锡焊，它不但能固定零件，而且能保证可靠的电流通路，焊接质量的好坏，将直接影响收音机质量。

1．焊接工具

烙铁是焊接的主要工具之一，焊接收音机应选用 30～35W 电烙铁，使用要配备烙铁架和带水的海绵块，烙铁使用示意图如图 1.3.2.14 所示。

2．焊接方法

一般采用直径 1.2～1.5mm 的焊锡，焊接时左手拿锡丝，右手拿烙铁，在烙铁接触焊点的同时送上焊锡。烙铁焊接过程如图 1.3.2.15 所示。

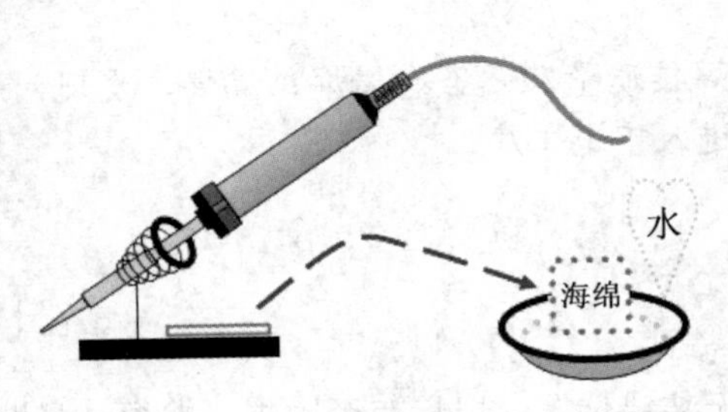

图 1.3.2.14　烙铁使用方法示意图

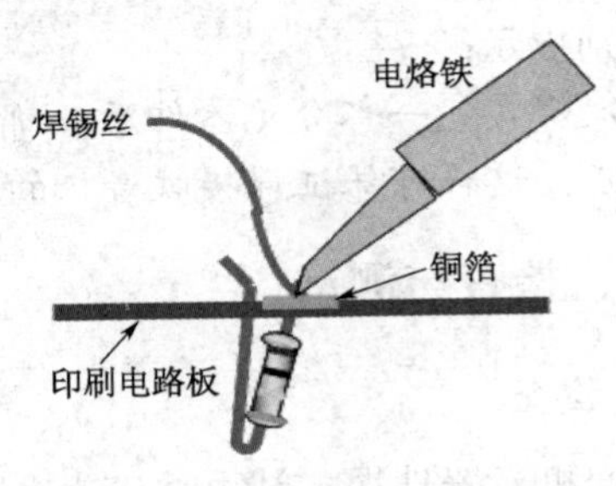

图 1.3.2.15　烙铁焊接示意图

3．焊接注意事项

（1）焊接时应让烙铁头加热到温度高于焊锡熔点，并掌握正确的焊接时间。一般不超过 3 秒钟。时间过长会使印刷电路板铜箔翘起，损坏电路板及电子元器件。

（2）焊接时不可将烙铁头在焊点上来回移动或用力下压，要想焊得快，应加大烙铁和焊点的接触面。

（3）特别需要注意的是，烙铁温度过低、焊点接触时间太短，会使烙铁热量传递不足，容易使焊点锡面不光滑，结晶粗脆，像豆腐渣一样，焊点不仅不牢固，而且很容易形成虚焊和假焊。反之焊锡易流散，使焊点锡量不足，也容易不牢，还可能烫坏电子元器件及印刷电路板。总之，焊锡量要适中，使引脚全部浸没，如图 1.3.2.16 所示。

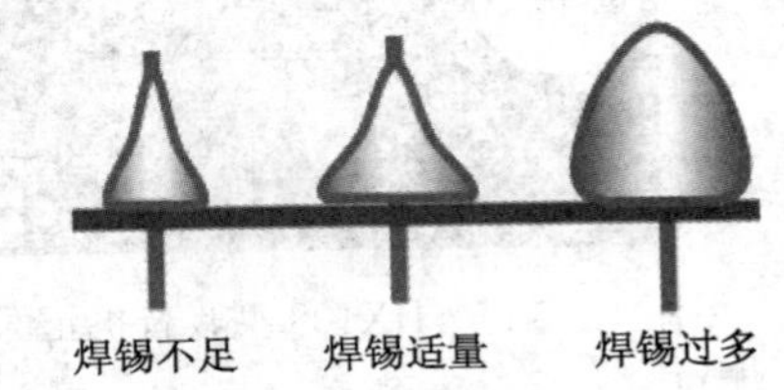

图 1.3.2.16　焊点常见问题示意图

（4）焊点焊好后，拿开烙铁，焊锡还不会立即凝固，应稍停片刻等焊锡凝固，如果未凝固前移动焊接件，焊锡会凝成砂状，造成附着不牢固而引起假焊。

（5）焊接结束后，首先检查一下有没有漏焊、搭焊及虚焊等现象。虚焊是比较难以发现的毛病。造成虚焊的因素很多，检查时可用尖头钳或镊子将每个元器件轻轻拉一下，看看是否摇动，发现摇动应重焊。

4．元器件焊接顺序

（1）电阻、二极管。

（2）圆片电容。

（3）晶体三极管。

（4）中周、输入输出变压器。

（5）电位器、电解电容。

（6）双联、天线线圈。

（7）电池夹引线、喇叭引线。

（8）将双联 CBM-223P 安装在印刷电路板正面，将天线组合件上的支架放入印刷电路板反面双联上，然后用 2 只 M2.5×5 螺钉固定，并将双联引脚超出电路板部分，弯脚后焊牢，并剪去多余部分。

（9）天线线圈。

（10）将带开关的电位器焊接在电路板指定位置。

特别提示：

每次焊接完一部分元器件后，都要检查一遍焊接质量及是否有错焊、漏焊，发现问题及时纠正，这样可保证焊接收音机的一次成功而进入下道工序。

五、检查与测试

1．检查

收音机元器件焊接结束后，请检查元器件有无装错位置，焊点有否脱焊、虚焊、漏焊，所焊元器件有无短路或损坏，发现问题要及时修理，更正。焊接结束后印刷电路板正反面安装效果如图 1.3.2.17 和图 1.3.2.18 所示。

图 1.3.2.17　HX108 型收音机正面安装效果

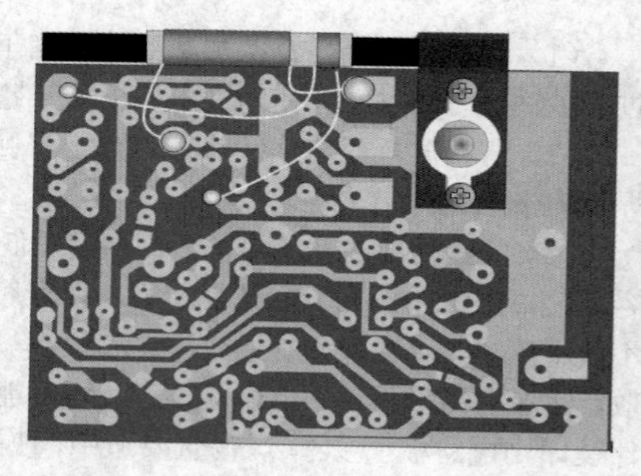

图 1.3.2.18　HX108 型收音机反面安装效果

2．测试

1）整机测试

根据图 1.3.2.3 中标记的测试点（打“×”点是测试点，测试时不要焊接，待测试点电流正常后再焊接）的位置，在图 1.3.2.19 中找到对应的测试点，测试其电流，并记录到表 1.3.2.3 中。

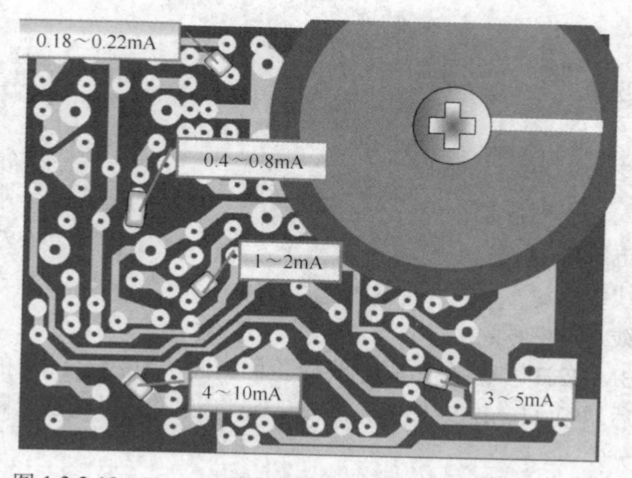

图 1.3.2.19　HX108 型收音机整机测试点及电流工作范围

表 1.3.2.3　HX108 型收音机测试点电流工作范围

测　试　点	Ic_1	Ic_1	Ic_3	Ic_3	Ic_6
理论值（mA）	0.18～0.22	0.4～0.8	0.4～0.8	2～5	4～10
实际测量值（mA）					

如果上述测试点的电流值都满足表 1.3.2.3 的要求，即可进行收台试听。

六、调试

1．调试仪器设备

（1）稳压电源（3V/200mA，或 2 节 5 号电池）；

（2）无感应螺丝刀、没有仪器情况下的调整方法。

2．调整中频频率

本套件所提供的中频变压器（中周），出厂时都已调整在 465kHz（一般调整范围在半圈左右），因此调整工作较简单。打开收音机，在高频端找一个电台，先从 B_5 开始，然后 B_4、B_3，用无感螺丝刀（可用塑料、竹条或者不锈钢制成）按顺序调节，调节到声音响亮为止。按上述方法从后向前反复细调二、三遍至最佳即告完成。

3．调整频率范围（对刻度）

（1）调低端：在 550～700kHz 范围内选一下电台。例如中央人民广播电台 640kHz，参考调谐盘指针在 640kHz 的位置，调整振荡线圈 B_2（红色）的磁芯，便收到这个电台，并调到声音较大。这样当双联全部旋进容量最大时的接收频率在 525～530kHz 之间。低端刻度就对准了。

（2）调高端：在 1400～1600kHz 范围内选一个已知频率的广播电台，例 1500kHz，再将调谐盘指针指在周率板刻度 1500kHz 位置，调节振荡回路中双联顶部左上角的微调电容（图 1.3.2.3 中 C_1-B），使这个电台在该位置声音最响。这样，当双联全旋出容量最小时，接收频率必定在 1620～1640kHz，高端就对准了。

以上（1）、（2）两步需反复 2～3 次，频率刻度才能调准。

4．统调

利用最低端收听到的电台，调整天线线圈在磁棒上的位置，使声音最响，以达到低端统调。

利用最高端收听到的电台，调节天线输入回路中的微调电容（图 1.3.2.20 中的 C_1-A）使声音最响，以达到高端统调。

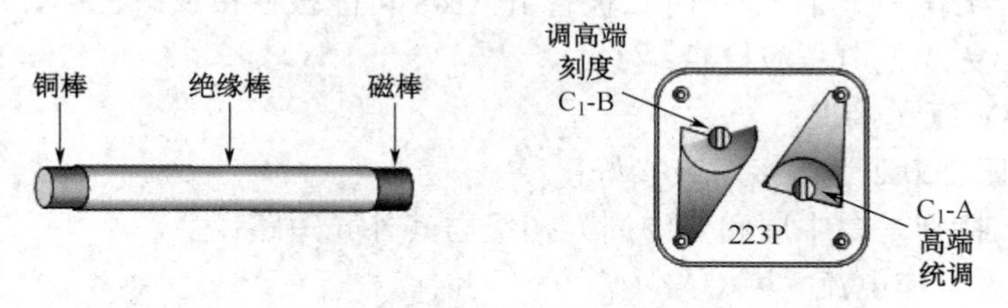

图 1.3.2.20　统调示意图

为了检查是否统调好，可以采用电感量测试棒（铜铁棒）来加以鉴别。其测试方法是：将收音机调到低端电台位置，用测试棒铜端靠近天线线圈（B_1），如声音变大，则说明天线线圈电感量偏大，应将线圈向磁棒外侧稍移，用测试棒磁铁端靠近天线线圈，如果声音增大，则说明线圈电感量偏小，应增加电感量，即将线圈往磁棒中心稍加移动。用铜铁棒两端分别靠近天线线圈，如果收音机声音均变小，说明电感量正好，则电路已获得统调。

七、组装调整中易出现的问题

1．变频部分

判断变频级是否起振，用 MF47 型万用表直流 2.5V 挡正表棒接 V_1 发射极，负表棒接地，然后用手摸双联振荡（即连接 B_2 端），万用表指针应向左摆动，说明电路工作正常，否则说明电路有故障。变频级工作电流不宜太大，否则噪声大。红色振荡线圈外壳两脚均应折弯焊牢，以防调谐盘卡盘。

2．中频部分

中频变压器序号位置搞错，结果是灵敏度和选择性降低，有时有自激现象。

3．低频部分

输入、输出位置搞错，虽然工作电流正常，但音量很低，V_6、V_7 集电极（c）和发射极（e）搞错，工作电流调不上，音量极低。

八、HX108-2 型外差式收音机故障检修

1．检测前提

安装正确、元器件无插错、无缺焊、无错焊及塔焊。

2．检查要领

一般由后级向前检测，先检查低功放级，再看中放和变频级。

3．检测修理方法

1）整机静态总电流测量

本机静态总电流≤25mA，无信号时，若大于 25mA，则该机出现短路或局部短路，无电流则电源没接上。

2）工作电压测量总电压 3V

正常情况下，D_1、D_2 两二极管电压在 1.3±0.1V，此电压大于 1.4V 或小于 1.2V 时，此机均不能正常工作。大于 1.4V 时二极管 IN4148 可能极性接反或已坏，应检查二极管。

3）小于 1.3V 或无电压应检查：

（1）电源 3V 有无接上；

（2）R_{12} 电阻 220Ω 是否接对或接好；

（3）中周（特别是白中周和黄中周）初级与其外壳短路。

4）变频级无工作电流

此情况下的检查点为：

（1）无线线圈次级未接好；
（2）$V_1$9018 三极管已坏或未按要求接好；
（3）本振线圈（红）次级不通，$R_3$100Ω 虚焊或错焊接了大阻值电阻。
（4）电阻 $R_1$100kΩ 和 $R_2$2kΩ 接错或虚焊。
5）一中放无工作电流
此情况下的检查点为：
（1）V_2 晶体管坏，或（V_2）管管脚插错（e、b、c 脚）；
（2）$R_4$20kΩ 电阻未接好；
（3）黄中周次级开路
（4）$C_4$4.7μF 电解电容短路
（5）$R_5$150Ω 开路或虚焊。
6）一中放工作电流大于 1.5～2mA（标准是 0.4～0.8mA，见原理图）
此情况下的检查点为：
（1）$R_8$1kΩ 电阻未接好或连接 1kΩ 的铜箔有断裂现象；
（2）$C_5$233F 电容短路或 $R_5$150Ω 电阻错接成 51Ω；
（3）电位器损坏，测量不出阻值，$R_9$680Ω 未接好；
（4）检波管 $V_4$9018 损坏，或管脚插错。
7）二中放无工作电流
此情况下的检查点为：
（1）黑中周初级开路；
（2）黄中周次级开路；
（3）晶体管坏或管脚接错；
（4）$R_7$51Ω 电阻未接上；
（5）$R_6$62kΩ 电阻未接上。
8）二中放电流大于 2mA
此情况下检查点为：$R_6$62kΩ 接错，阻值远小于 62kΩ。
9）低放级无工作电流
此情况下的检查点：V_5 三极管坏或接错管脚、电阻 R_{10}51kΩ 未接好。
10）低放级电流大于 6mA
此情况下检查点为：R_{10}51kΩ 装错，电阻太小。
11）功放级无电流（V_6、V_7 管）
此情况下的检查点为：
（1）输入变压器次级不通；
（2）输出变压器不通；
（3）V_6、V_7 三极管坏或接错管脚；
（4）R_{11}1kΩ 电阻未接好。
12）功放级电流大于 20mA
此情况下的检查点为：
（1）二极管 D_4 损坏，或极性接反，管脚未焊好；

（2）R_{11} 1kΩ 电阻装错了，用了小电阻（远小于 1kΩ 的电阻）。

13）整机无声此情况下的检查点为：

（1）检查电源有无加上；

（2）检查 D_1、D_2（IN4148；两端是否是 1.3V±0.1V）；

（3）有无静态电流≤25mA；

（4）检查各级电流是否正常，变频级 0.2mA±0.02mA；一中放 0.6mA±0.2mA；二中放 1.5mA±0.5mA；低放 3mA±1mA；功放 4mA±10mA；

（5）用万用表×1 挡测查喇叭，应有 8Ω 左右的电阻，表棒接触喇叭引出接头时应有“喀喀”声，若无阻值或无“喀喀”声，说明喇叭已坏（测量时应将喇叭焊下，不可连机测量）；

（6）B_3 黄中周外壳未焊好；

（7）音量电位器未打开。

14）整机无声

用 MF47 型万用表检查故障方法：用万用表 Ω×1 黑表棒接地，红表棒从后级往前寻找，对照原理图，从喇叭开始顺着信号传播方向逐级往前碰触，喇叭应发出“喀喀”声。当碰触到哪级无声时，则故障就在该级，可用测量工作点是否正常，并检查各元器件，有无接错、焊错、塔焊、虚焊等。若在整机上无法查出该元器件好坏，则可拆下检查。

模块二　电路分析与实践

第一部分　电路分析实验

实验一　认识性实验

一、实验目的

（1）了解实验室规则，实验操作规程，安全用电常识；
（2）了解实验室的电源配置，交、直流电源的使用；
（3）了解通用实验台的使用。掌握数字万用表的使用方法；
（4）练习用万用表测量电流、电压、电阻，学会使用直流稳压电源；
（5）学习电阻串联、并联及混联电路的连接，掌握分压、分流关系。

二、实验器材

通用实验台或实验箱、220V 和 380V 交流电源、直流稳压电源、数字万用表、定值电阻、连接导线（这一条在后面的实验中将省略）。

三、实验前的准备

1．了解实验操作规程

电路实验是进行电工技能训练的实验性教学环节，是电路课程的重要组成部分。在进行实验前，应仔细阅读实验规则，按照规则要求进行实验。

电路实验操作规程是保证实验顺利进行的基础，一般情况下操作规程主要有：

（1）阅读实验教材，了解实验任务和目的，对实验项目做到心中有数。

（2）复习有关的理论知识。

（3）按实验原理与说明准备仪表和设备，并确认仪表设备是否齐全、完好及规格合适。

（4）按实验内容与步骤明确实验线路的连接方法和实验操作步骤，了解实验过程中需测试、记录的实验数据。

（5）实验过程中获得的数据、观察到的现象，经初步判定是否正确和合理，然后记录下来。若发现实验数据和现象有明显的错误或不合理，应重新进行实验。

（6）在获得正确数据及合理的实验现象后，拆除实验线路，整理仪表和设备。

（7）根据实验报告的要求，在整理与计算实验数据的基础上，写出实验报告。实验报告要求字迹清楚，图表整洁，结论合理。

2．了解安全实验规则

做实验，要求注意人身安全和仪器仪表使用安全。实验室安全用电也很重要，否则极易损坏仪表，甚至发生人身事故。一般情况下，安全操作主要有：

（1）熟悉电源开关位置，区分电源电压 220V、380V 插座。

（2）在断电的情况下连接实验电路。实验电路连接完毕检查无误，通知在场人员后，才能接通电源。

（3）严禁带电改接电路或带电更换仪表量限。在实验过程中，不要抚摸导线裸露部分。当身体触及高于 36V 的电压时，就有可能引起触电事故。一旦发生设备或人身事故，首先应切断电源，然后报告老师检查处理，查明原因后才能继续进行实验。

（4）若接通电源后发现仪表偏转异常，有异常声响和气味及其他危险迹象时，也应迅速切断电源，查明原因。

（5）实验完毕拆除电路前，必须先断开电源。若实验电路中有带电电容器，先放电后再拆除电路。

3．了解实验电路原理

1）电阻串联

电阻的串联是指若干只电阻头尾依次连接，每个电阻中通过同一电流，各电阻分得的电压与该电阻阻值成正比（以两个电阻 R_1、R_2 为例）

$$U_1=\frac{R_1}{R_1+R_2}U;\quad U_2=\frac{R_2}{R_1+R_2}U$$

这两个电阻的等效电阻为各电阻阻值之和

$$R=R_1+R_2$$

2）并联电阻

电阻的并联是指若干只电阻头和头、尾和尾连接，每个电阻处于同一电压作用下，各电阻分得的电流与该电阻阻值成反比

$$I_1=\frac{R_2}{R_1+R_2}I;\quad I_2=\frac{R_1}{R_1+R_2}I$$

这两个电阻的等效电阻的倒数为各电阻倒数之和

$$\frac{1}{R}=\frac{1}{R_1}+\frac{1}{R_2}\text{或}R=\frac{R_1R_2}{R_1+R_2}$$

3）电阻混联

电阻的混联是指若干只电阻既有串联，又有并联的连接。在混联电阻电路中，并联部分的电阻等效成一个电阻后，再与其他电阻串联起来（或者是先串联，后并联）。并联和串联必须遵循电阻串联和并联公式。

四、实验参考步骤

1．实验电源的认识

了解 220V 和 380V 电源插座或接线柱的位置，搞清楚交流电源开关的位置，以便在必

要时能够及时切断电源。了解灭火装置的使用，安全通道的位置。

2．直流稳压电源的使用

了解直流稳压电源在实验台（或实验箱）上的位置，用万用表直流电压挡测量直流电源各路输出电压。对固定输出的电源看测量值与标称值有多大的误差，对可调电源，通过测量观察其电压的调节范围。

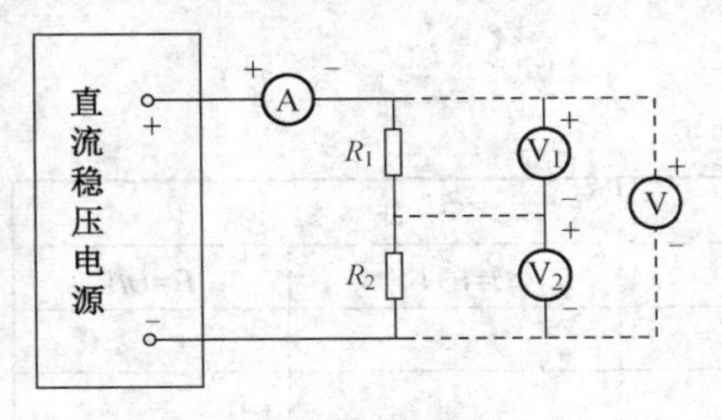

图 2.1.1.1　串联实验电路

【注意】电压挡量程，选择大于测量值的最小量程。

3．电阻串联电路

（1）按图 2.1.1.1 所示电路连接电路。

（2）调节稳压电源，分别在 1～12V 范围内输出两组不同的电压，测量电路中的电流和电压值，记录于表 2.1.1.1 中。

【注意】电阻的选择应使其流过的电流为几毫安。

【小技巧】测量电流有两种方法。

方法一：直接测量。将数字万用表功能转换旋钮转到直流电流挡（符号“DCA”或“$\underline{A}$”），断开被测电路，将电流表串联在被测电路中，且让电流从红表笔流入，从黑表笔流出。

方法二：间接测量，利用欧姆定律，先用直流电压挡（符号“DCV”或“$\underline{V}$”）测量 R_1 与 R_2 串联的总电压值 U，再用电阻挡测量 R_1 与 R_2 串联的总电阻 R，利用 $I=U/R$ 计算出电流值。

表 2.1.1.1　串联电路实验数据

项　目	测　量　值				计　算　值	
	U	U_1	U_2	I	$U=U_1+U_2$	$R=U/I$
1						
2						

【提醒】测量电阻时，被测电路应该与其他电路断开后再测量。

间接测量中，用电压挡测量 R_1 与 R_2 串联的总电压值 U，还需用电阻挡测量 R_1 与 R_2 串联的总电阻 R。测量电阻时要先关闭电源，将串联电路与其他电路断开后再测量总电阻。

如果没有断开其他电路，而把万用表两个表笔直接放在串联电阻两端测量，那么测量的值将是待测的串联电路与其他电路（这里是关闭后的直流稳压电源）并联的电阻值。这样测得的电阻值会比 R_1、R_2 串联的总电阻值小。

（3）分析测量数据，作出结论。

4．电阻并联电路

（1）按图 2.1.1.2 所示电路连接并联实验电路。

（2）调节稳压电源分别输出两组不同的电压，测量电路中的电流和电压值，记录于表 2.1.1.2 中。

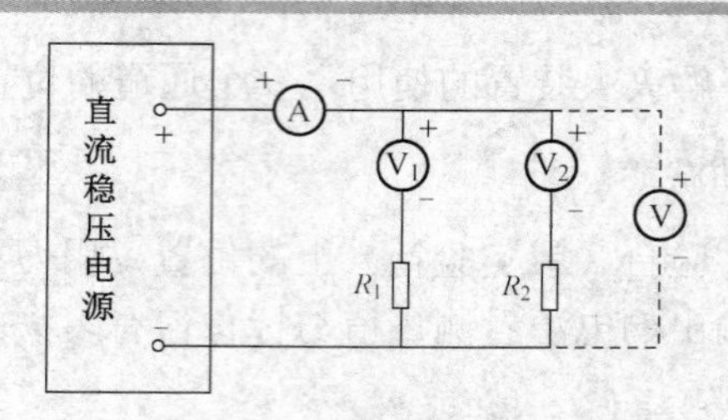

图 2.1.1.2 并联实验电路

表 2.1.1.2 并联电路实验数据

项 目	测 量 值				计 算 值	
	I	I_1	I_2	U	$I=I_1+I_2$	$R=U/I$
1						
2						

（3）分析测量数据，作出结论。

5．电阻混联电路

按图 2.1.1.3 所示电路连接混联实验电路。调节稳压电源使输出电压为一定值，测量电路中的电流和电压值，记录于表 2.1.1.3 中。

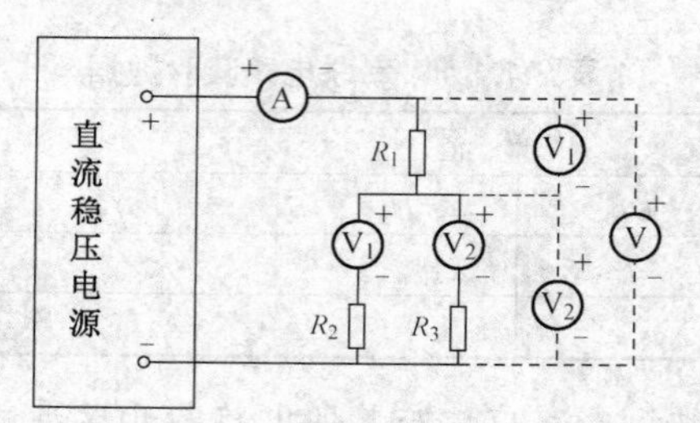

图 2.1.1.3 混联实验电路

表 2.1.1.3 混联电路实验数据

项 目	测 量 值						计 算 值		
	I_1	I_2	I	U_1	U_2	U	$I=I_1+I_2$	$U=U_1+U_2$	$R=U/I$

五、注意事项

（1）稳压电源的内阻很小，在使用时严禁输出端短路，一般也不能作为反电动势使用。使用稳压电源时要注意到该电源的额定输出电流，防止输出电流过大，引起稳压电源工作不正常。

（2）本次实验使用直流电压表和直流电流表，要注意其极性。

对于指针式万用表，仪表面板上的“+”极性应接电路的高电位端，“-”极性（或“*”）应接电路的低电位端，不能接反，否则仪表指针会反偏转。

对于数字万用表，红表笔（插仪表面板上标有“VΩ”的插孔）应接电路的高电位端，黑表笔（插标有“COM”的插孔）应接电路的低电位端。如果测量值显示出现“-”，则表示实际的电流或电压的方向是相反的。

实验过程中要合理选用仪表的量程。量程选大了会增大误差，量程选小了可能损坏仪表。如果进行实验前无法估计合适的量程，应先用仪表的最大量程试测，然后根据测试结果，再选用适当的量程进行测量。

电压表的内阻很大，不能串联在电路中，只能并联在被测元器件的两端。若使用测棒测量直流电压，应注意测棒的颜色与仪表面板上所标明极性对应。

电流表的内阻很小，切不可并联在被测元器件或电源两端，这样极易损坏仪表或引起电源短路。测量时只能串联在被测电路中。一般情况下不要使用测试棒测电流，应将电流表通过导线和端钮固定接入电路。

（3）实验电路中定值电阻选用时，一是要满足实验对电阻值大小的要求，另外要防止电阻因过负荷而烧毁。使用时应根据 $P=\dfrac{U^2}{R}=I^2R$ 对电阻功率进行验算，若所选电阻功率过小，应换用同等阻值较大功率的电阻进行实验。

六、实验报告要求

1. 分析此实验数据，若相对误差不超过 5%，就可认为电路测量的结果与电路的特性是相符合的。

2. 回答下列思考题：

（1）在实验中发现有人触电时应如何处理？

（2）测量直流电流或电压时发现显示的是负值是什么问题？如何解决？

实验二　电阻性电路故障的检查

一、实验目的

（1）学习用观察法检查电路故障；

（2）学习使用电流表、欧姆表检查电路故障；

（3）掌握用电压表（电位法）检查电路故障。

二、实验原理与方法

在电路的实验和实际应用中，会出现各种故障，例如断路、短路、接触不良或接线错误等。电路若出现故障，轻者会使电路不能正常工作，重者还会造成设备的损坏甚至造成人身事故。因此，在电路出现故障时，应该立即切断电源进行检查。检查故障的方法很多，具体使用哪种方法应根据不同的电路和不同的故障情况而异，现将检查电阻性电路故障的两种主要方法——观察法和测量法介绍如下。

1. 观察法

观察法就是通过观察了解电路故障的类型、性质、范围，尽快作出正确的判断，减少检修工作的盲目性。对于较简单的电路故障，可以通过观察直接发现故障并予排除。观察的主要方法可归纳为：一望、二问、三摸、四闻、五听。

一望，指对电路的有关部件进行仔细观察，看有无由故障引起的明显的外观征兆，例如接线松动、脱落、断线、短路、熔断器烧断等情况。还应对电路的接线、元器件的选用、测量仪表的使用是否正确等进行检查。

二问，向操作者和现场人员询问发生故障前、后的现象和过程。例如声响、冒烟、电火花、异味等情况，这对判断故障的位置和原因大有帮助。

三摸，必须先切断电源，若电路中有储能元器件（如电容）还需将储能元器件放电后，可对电路的可疑部位、元器件摸一下看是否过热，以帮助确定是否正常。

四闻，对烧坏电阻、烧毁线圈这一类故障，可通过闻气味帮助确定故障的部位和性质。

五听，指听一些电气设备（如电动机、变压器等）运行时的声音有无异常，但注意在听设备的声音而需要通电时，应以不损坏设备和不会扩大故障为前提。

通过望、问、摸、闻、听等方法对故障情况具体了解后，应根据电路的工作原理、结构，对故障现象进行具体分析。如果仍未能够直接发现电路的故障，至少可以缩小可疑范围或作出初步判断，然后采用下面介绍的测量方法进一步寻找故障点。采用观察法了解电路故障的情况进行分析，可以使一些貌似复杂的问题逐渐变得条理清晰，有助于减少检查故障的盲目性。

2．测量法

测量法是利用各种仪表、工具对电路进行带电或者断电测量，这是寻找电路故障点最直接有效的方法之一。

（1）使用电压表检查电路故障。如图 2.1.2.1 所示的串联电路，闭合开关 S 接通电源。使用直流电压表（或万用电表直流电压挡）先检查直流电源的电压是否正常，如果电源电压正常，再逐点测量电位或逐段测量电压降，检查故障的位置和原因。在图 2.1.2.1 电路中，电路正常时，各点的电位 $U_a=0$，$U_b=U_c=12V$，$U_d=10V$，$U_e=5V$，$U_f=0$；各段电压 $U_{ab}=U_{ac}=-12V$，$U_{cd}=2V$，$U_{de}=U_{ef}=5V$。若开关 S 断开（模拟该点断路故障），可测得 $U_b=12V$，而 c、d、e 各点电位均为零（或 $U_{ab}=-12V$，其余各段电压均为零）；又若电阻 R_1 开路，则 $U_b=U_c=12V$，$U_d=U_e=0$（$U_{cd}=12V$，$U_{de}=U_{ef}=0$）；若 R_1 短路，则 $U_b=U_c=U_d=12V$，$U_e=6V$（$U_{ab}=U_{ac}=U_{ad}=-12V$，$U_{cd}=0$，$U_{de}=U_{ef}=6V$）。可见，通过测量电位或电压值，可以判断出电路故障的部位和性质。该方法也适用于交流电路。

（2）使用欧姆表检查电路故障。若怀疑电路有接触不良、接线松脱或元器件有断路或短路时，可用欧姆表（万用电表的电阻挡）测量电路的通、断状况。现仍以图 2.1.2.1 所示电路为例，说明用欧姆表检查电路故障的基本方法。测量前先断开开关 S，切断线路的电源，如图 2.1.2.2 所示。用万用电表的欧姆挡进行测量，*f-e*、*f-d*、*f-c* 两点之间的电阻应分别为 50Ω、100Ω 和 120Ω，*c-b* 两点间为开关 S，在 S 闭合时两点间电阻应为零，S 断开时电阻应为无穷大，由此可检查出电路中有无断路或短路故障。测量电路的电阻时应注意将电路中所有电源切除。本实验仅限于电阻性电路，若电路含有储能元器件，还需将电路中的储能元器件（如电容器）放电。如果在图 2.1.2.2 中没有撤掉直流电源 E 而仅仅断开开关 S，则不能用欧姆表测量开关 *c-b* 两点间的电阻，否则电源将通过欧姆表表头构成回路，使大电流通过表头而造成万用表损坏。

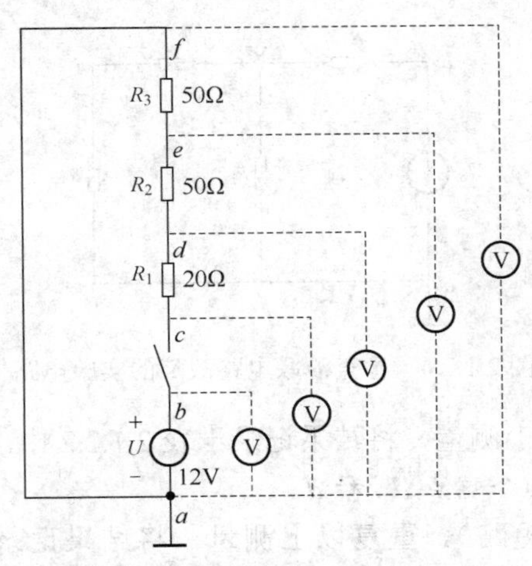

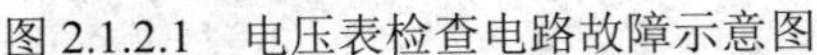
图 2.1.2.1　电压表检查电路故障示意图

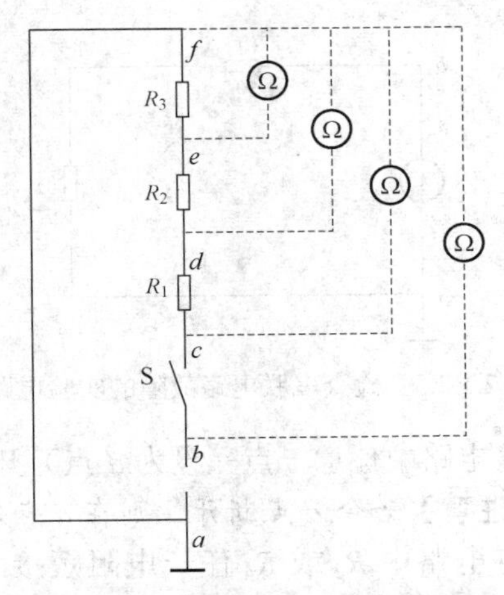

图 2.1.2.2　欧姆表检查电路故障示意图

除了测量电路的电压（电位）、电阻外，还可以在电路中串联电流表测量电流发现电路的故障。但由于测量电流时要断开电路并且串入电流表，所以不如测量电压、电阻方便。

三、实验仪器与设备

直流稳压电源（1 台）、万用电表（1 只）、定值电阻（4 只）。

四、实验内容与步骤

1．使用电压表检查电路故障

（1）检查串联电路的故障。按图 2.1.2.3 接线。以电路中的 a 点作为参考点，用直流电压表（或万用电表的直流电压挡）测量电路中各点的电位和各段的电压，并将测量结果记录于表 2.1.2.1 中。

表 2.1.2.1　串联电路故障实验数据

<table>
<tr><td rowspan="2">电 路 状 态</td><td colspan="4">电位值/V</td><td colspan="3">电压值/V</td></tr>
<tr><td>U_b</td><td colspan="2">U_c</td><td>U_d</td><td>U_{ab}</td><td>U_{bc}</td><td>U_{cd}</td></tr>
<tr><td>正常</td><td></td><td colspan="2"></td><td></td><td></td><td></td><td></td></tr>
<tr><td rowspan="2">断路故障
（c 点断开）</td><td rowspan="2"></td><td>$U_{c左}$</td><td>$U_{c右}$</td><td rowspan="2"></td><td rowspan="2"></td><td>$U_{bc左}$</td><td>$U_{cd右}$</td></tr>
<tr><td></td><td></td><td></td><td></td></tr>
<tr><td>短路故障
（令 R_2 短路）</td><td></td><td colspan="2"></td><td></td><td></td><td></td><td></td></tr>
</table>

（2）将电路中任意一点（设为 c 点）开路，重复以上测量，将结果记录于表 2.1.2.1 中。

【注意】若令 c 点断开，则在 c 点处就形成了两个端点 $c_{左}$和 $c_{右}$。

将电路中任一个电阻短接，重复以上测量，将结果记录于表 2.1.2.1 中。

【注意】做短接实验时，严防电源短路。

（3）检查混联电路的故障。按图 2.1.2.4 所示检查混联电路故障的实验电路图接线。以电路中的 a 点作为参考点，测量电路中各点的电位和各段的电压，记录于表 2.1.2.2 中。

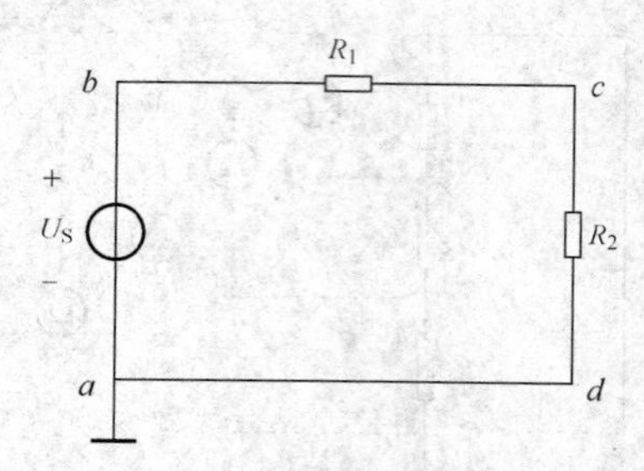

图 2.1.2.3　检查串联电路故障的实验电路

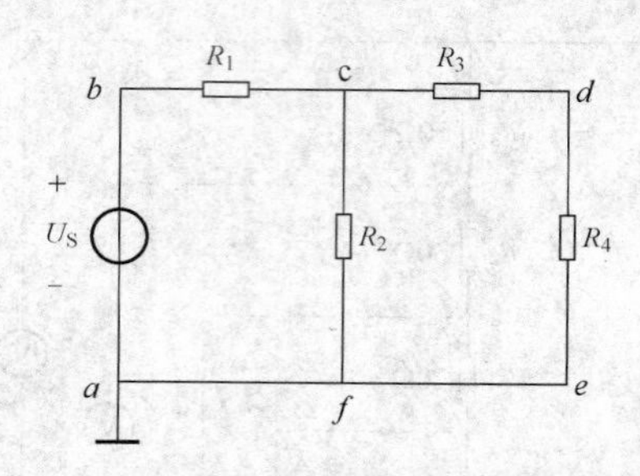

图 2.1.2.4　检查混联电路故障的实验电路

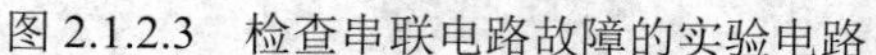

将电路中任意一点（设为 d 点）开路，重复以上测量，将结果记录于表 2.1.2.2 中。

【注意】若令 d 点断开，则在 d 点处就形成了两个端点 $d_{左}$和 $d_{右}$。

将电路中 R_3 或 R_4 任一电阻短接（严防电源短路），重复以上测量，将结果记录于表 2.1.2.2 中。

【注意】做短接实验时，严防电源短路。

表 2.1.2.2　混联电路故障实验数据

<table>
<tr><td rowspan="2">电路状态</td><td colspan="5">电位值/V</td><td colspan="5">电压值/V</td></tr>
<tr><td>U_b</td><td>U_c</td><td colspan="2">U_d</td><td>U_e</td><td>U_{ab}</td><td>U_{bc}</td><td>U_{cd}</td><td>U_{de}</td><td>U_{cf}</td></tr>
<tr><td>正常</td><td></td><td></td><td colspan="2"></td><td></td><td></td><td></td><td></td><td></td><td></td></tr>
<tr><td rowspan="2">断路故障
（断开 d 点）</td><td rowspan="2"></td><td rowspan="2"></td><td>$U_{d左}$</td><td>$U_{d右}$</td><td rowspan="2"></td><td rowspan="2"></td><td rowspan="2"></td><td>$U_{cd左}$</td><td>$U_{de右}$</td><td rowspan="2"></td></tr>
<tr><td></td><td></td><td></td><td></td></tr>
<tr><td>短路故障
（令 R_4 短路）</td><td></td><td></td><td colspan="2"></td><td></td><td></td><td></td><td></td><td></td><td></td></tr>
</table>

2．使用欧姆表检查电路故障

使用万用电表的电阻（R×100）挡检查图 2.1.2.4 电路在上步实验中设定的开路和短路故障点。在检查时必须注意先断开电源。自行设计记录表格，将测量结果记录下来。应用测量结果，进一步验证故障点和故障性质（短路或开路）。

五、实验探索

本实验可由学生自己设置故障（设置若干个不同的故障），观察故障现象，分析故障原因，并用测量电压、电阻的方法检查故障点。

六、实验报告要求

根据实验数据，描述实验现象，分析故障原因。

实验三　电路元器件伏安特性的测绘

一、实验目的

（1）认识常用电路元器件；

（2）掌握线性电阻、非线性电阻元器件伏安特性的逐点测试方法；

（3）掌握实验装置上仪器、仪表的使用方法。

二、原理说明

任何一个二端元器件的特性可用该元器件上的端电压 U 与通过该元器件的电流 I 之间的函数关系 $I=f(U)$ 来表示，即用 I-U 平面上的一条曲线来表示，这条曲线称为该元器件的伏安特性曲线。

（1）线性电阻器的伏安特性曲线是一条通过坐标原点的直线，如图 2.1.3.1 中 a 线所示，该直线的斜率等于该电阻器的电阻值。

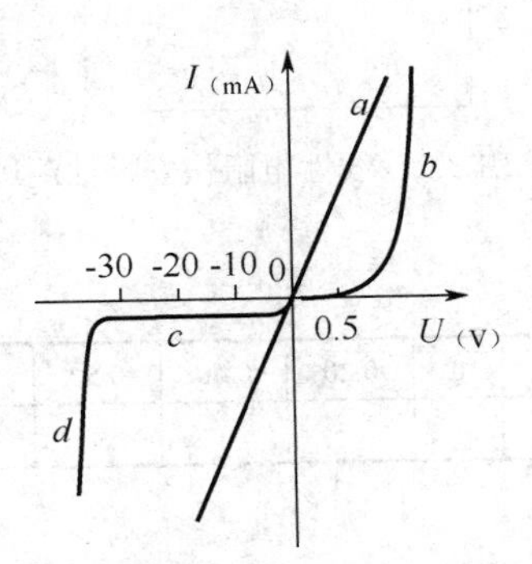

图 2.1.3.1　线性电阻与非线性电阻的伏安特性

（2）一般的半导体二极管是一个非线性电阻元器件，其正向特性如图 2.1.3.1 中 b 曲线。正向压降很小（一般的锗管约为 0.2～0.3V，硅管约为 0.5～0.7V），正向电流随正向压降的升高而急骤上升，而反向电压从零一直增加到十几伏甚至几十伏时，其反向电流都很小（数量级为微安级）如图 2.1.3.1 中 c 曲线，而且反向电压增加时增加很小，粗略地认为反向电流为零。可见，二极管具有单向导电性，如果反向电压加得过高，超过管子的极限值，则会导致管子反向击穿，此时反向电流会很大，造成二极管损坏。

（3）稳压二极管是一种特殊的半导体二极管，其正向特性与普通二极管类似，但其反向特性特别。在反向电压开始增加时，其反向电流几乎为零，但当反向电压增加到某一数值时（称为管子的稳压值，有各种不同稳压值的稳压管）电流将急剧增加，如图 2.1.3.1 中的 d 曲线，之后它的端电压将维持恒定，不再随外加的反向电压升高而增大。我们说稳压二极管工作在反向击穿状态，在这一状态，稳压管流过的反向电流发生较大的变化，而稳压管两端的电压几乎不变，从而起到稳压的作用。

三、实验设备

电路原理实验箱、万用表、线性电阻、普通二极管和稳压二极管。

四、实验参考步骤

1．测定线性电阻器的伏安特性

按图 2.1.3.2 所示电路接线，调节直流稳压电源的输出电压 U，从 0V 开始缓慢地增加到 10V，记下相应的电压表和电流表的读数。记录于表 2.1.3.1 中。

表 2.1.3.1　线性电阻测试数据表

U(V)	0	1	2	3	4	5	6	7	8	9	10	11	12
I(mA)													

2．测定半导体二极管的伏安特性

按图 2.1.3.3 所示电路接线，R 为限流电阻，测二极管 D 的正向特性时，其正向电流不得超过 0.5mA，正向压降可在 0～0.70V 之间取值。特别是在 0.5～0.70V 之间更应多取几个测量点。作反向特性实验时，只需将图中的二极管 D 反接，且其反向电压可加至 24V。

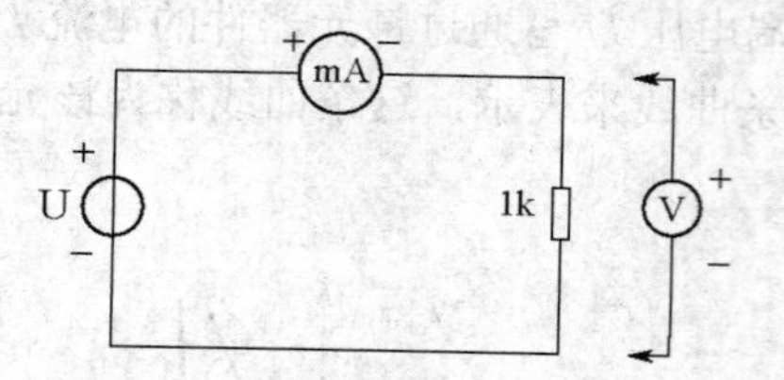

图 2.1.3.2　线性电阻伏安特性测试电路

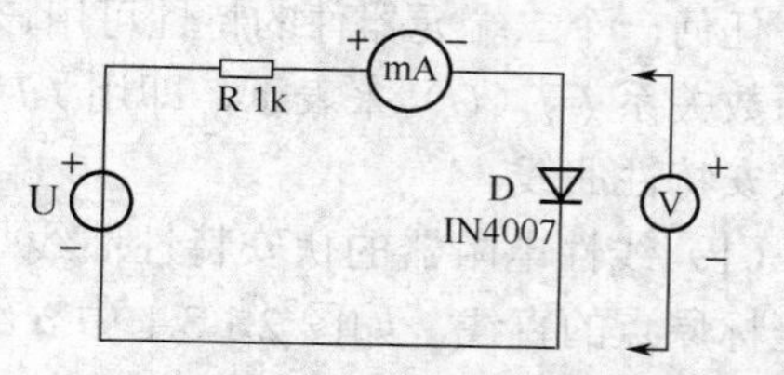

图 2.1.3.3　非线性电阻伏安特性测试电路

正向特性实验数据

U(V)	0	0.20	0.40	0.50	0.55	0.60	0.62	0.63	0.64	0.65	0.66	0.68	0.70
I(mA)													

反向特性实验数据

U(V)	0	−5	−10	−15	−20	−24
I(mA)						

3．测定稳压二极管的伏安特性

只要将图 2.1.3.3 中的二极管换成稳压管，重复实验步骤 2 的测量。

正向特性实验数据

U(V)	0	0.2	0.4	0.50	0.60	0.62	0.64	0.66	0.68	0.70
I(mA)										

反向特性实验数据

U(V)	0	−5	−10	−15	−20	−24
U_D(V)						
I(mA)						

五、实验注意事项

测二极管正向特性时，稳压电源输出应由小至大逐渐增加，应时刻注意电流表读数不得超过 0.5mA。

六、实验报告

（1）根据各实验结果数据，分别在方格纸上绘制出光滑的伏安特性曲线（其中二极管和稳压管的正、反向特性均要求画在同一张图中，正、反向电压可取不同比例尺）。

（2）根据实验结果，总结、归纳被测各元器件的特性。

（3）误差分析。

（4）实验总结。

实验四　基尔霍夫定律的应用

一、实验目的

（1）基尔霍夫定律的验证及应用，了解基尔霍夫定律的应用方法；
（2）进一步掌握常用仪器、仪表的使用方法。

二、实验设备

电路原理实验箱（台）、万用表、电阻元器件、直流稳压电源。

三、原理说明

基尔霍夫定律是电路的基本定律。测量电路的各支路电流及多个元器件两端的电压，应能分别满足基尔霍夫电流定律和电压定律。即对电路中的任一个节点而言，应有$\sum I=0$；对任何一个闭合回路而言，应有$\sum U=0$。

运用上述定律时必须注意电流的正方向，此方向可预先任意设定。

四、实验参考步骤

（一）基尔霍夫定律的验证

实验线路如图 2.1.4.1 所示。

（1）实验前先任意设定三条支路的电流参考方向，如图中的I_1、I_2、I_3所示。

（2）分别将两路直流稳压电源（如：一路U_2为+12V 电源，另一路U_1为 0～24V 可调直流稳压源）接入电路，令 U_1=6V、U_2=12V。（对于固定输出电源就按其实际输出电压计入表中。）

（3）按图 2.1.4.1 连接电路，接入电源，按表 2.1.4.1 的要求进行测试和记录。

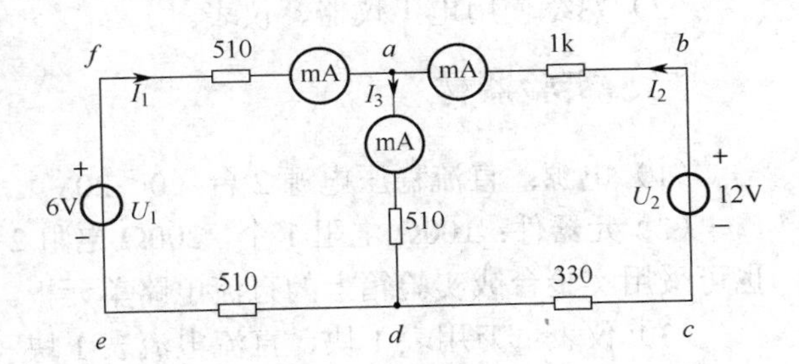

图 2.1.4.1　有源线性电路

表 2.1.4.1　线性电路测试数据表

被测值	I_1（mA）	I_2（mA）	I_3（mA）	U_1 (V)	U_2 (V)	U_{fa} (V)	U_{ab} (V)	U_{ad} (V)	U_{cd} (V)	U_{de} (V)
计算值										
测量值										
相对误差										

【注意】表中的测量值可应用基尔霍夫定律列方程求解得到。

（二）基尔霍夫定律的应用

（1）将图 2.1.4.1 电路图中 *ad* 段的 510Ω 电阻换成（1～2）kΩ 的电阻（设为未知电阻 *R*），要求间接测量求出该电阻 *R* 的阻值。请你自行设计数据记录表。

（2）利用基尔霍夫电流定律，测量流入节点 *a* 的电流 I_1 和 I_2，计算出 I_3；利用基尔霍夫电压定律，测量回路 *fadef* 的各段电路的电压（U_{FD} 除外），计算出 U_{fd}。则"未知电阻" $R=U_{fd}/I_3$。

（3）用万用表直接测出电阻 *R* 的阻值，与上两步测量得到的电阻值进行比较，看看误差多大。并进行误差分析。

五、实验报告

（1）根据实验数据，选定实验电路中的任一节点，验证 KCL 的正确性。

（2）根据实验数据，选定实验电路中的任一闭合回路，验证 KVL 的正确性。

（3）总结应用基尔霍夫定律测量电路参数的方法。

（4）总结实验经验和教训。

实验五　叠加原理及其探究

一、实验目的

（1）学会用实验来探究叠加原理，加深对线性电路叠加性和齐次性的理解；

（2）熟练使用电工仪器、仪表。

二、实验器材

（1）电源：直流稳压电源 2 台（0～20V）。

（2）元器件：100Ω 电阻 1 个，200Ω 电阻 2 个，300Ω 电阻 1 个，500Ω 电阻 1 个。（注：也可采用实验台或实验箱上的直流电路单元板。）

（3）仪表：万用表 1 块、直流电流表 1 块（0～50mA）和直流电压表 1 块（0～20V）。

三、相关知识

叠加定理：对于任一线性电路的任一支路，其电压或电流都可以看成电路中各个独立电源（电压源或电流源）单独作用时，在该支路所产生的电压或电流的代数和。

线性电路的齐次性是指当激励信号（某独立电源的值）增加或减小 *K* 倍时，电路的响应（即在电路其他各电阻元器件上所建立的电流和电压值）也将增加或减小 *K* 倍。

四、实验操作参考

1．连接电路

在实训线路板上按图 2.1.5.1 所示接好电路，将稳压电源 U_{S1} 的输出电压调到 6V，U_{S2} 的输出电压调到 12V。

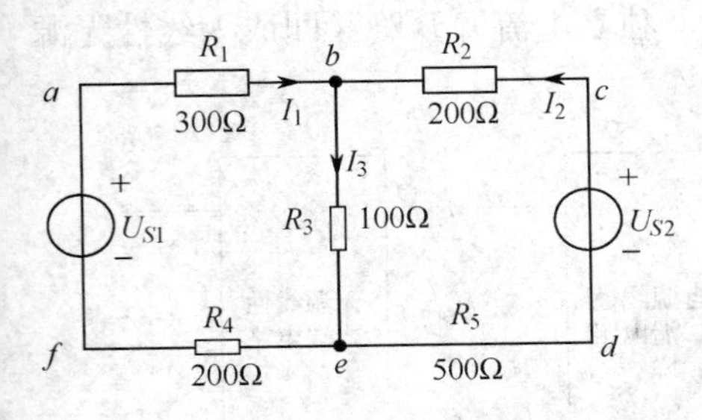

图 2.1.5.1　叠加原理操作训练电路

【注意】稳压电源的极性要连接正确。

2．探究叠加定理

（1）当 U_{S1} 单独作用时，U_{S2} 置零，此时先切断稳压电源 U_{S2} 与电路之间的连接导线，再在电路中 U_{S2} 的位置用导线代替。将电源 U_{S1} 接入电路，用电流表依次测出各支路电流，电压表测出电阻元器件两端的电压，将测量结果填入表 2.1.5.1 中。

【容易犯的错误】U_{S2} 置零电路中 U_{S2} 的位置用导线代替，而电源 U_{S2} 与电路的连接线没有拆掉。这样操作的后果是：一旦实验电源开启，电源就会造成短路而烧坏。

（2）当 U_{S2} 单独作用时，U_{S1} 置零，此时先切断稳压电源 U_{S1} 与电路之间的连接导线，再在电路中 U_{S1} 的位置用导线代替。重复上述步骤（1）的测量，将测量结果填入表 2.1.5.1 中。

（3）U_{S1}、U_{S2} 共同作用时，重复上述测量，将测量结果填入表 2.1.5.1 中。

（4）将 U_{S1} 调至原来的 2 倍，重复上述（1）项的测量，将测量结果填入表 2.1.5.1 中。

表 2.1.5.1

测 量 项 目	I_1/mA	I_2/mA	I_3/mA	U_{AB}/V	U_{bc}/V	U_{be}/V	U_{de}/V	U_{ef}/V
U_{S1} 单独作用								
U_{S2} 单独作用								
U_{S1}、U_{S2} 共同作用								
$2U_{S2}$ 单独作用								

【注意】单个电源作用时，其他的电源置零，即电压源作短路处理，电流源作开路处理。

五、思考与实践报告

（1）实验中，对不起作用的电压源和电流源应如何处理？

（2）实验中，若将一个电阻换成二极管，试问叠加定理的叠加性和齐次性还成立吗？

（3）根据相关要求完成实验报告。

实验六　有源二端网络等效参数的测定

一、实验目的

（1）学习有源二端网络的开路电压和等效输入电阻的测量方法；

（2）为戴维南定理应用作准备。

二、实验原理与方法

1．戴维南定理

戴维南定理指出，任何一个含源线性二端网络，对其外部而言，都可以用一个电压源与电阻相串联的组合来等效代替。如图 2.1.6.1 所示，该电压源的电压等于二端网络的开路

电压 U_{OC}，该电阻等于网络内部所有独立电压源短路、独立电流源开路（即成为线性无源二端网络，如图 2.1.6.2 所示）时的入端等效电阻 R_i。

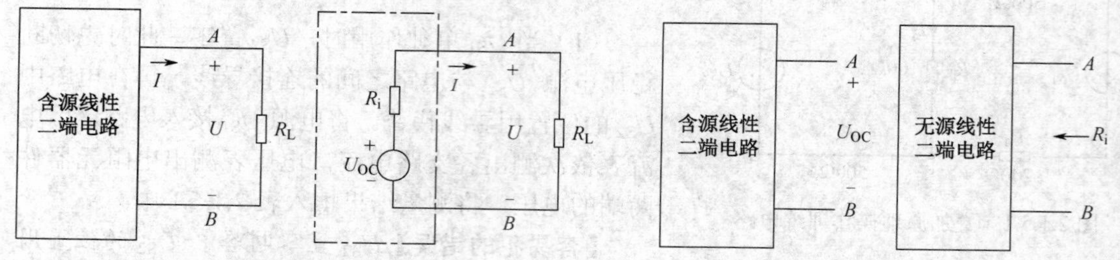

图 2.1.6.1　戴维南定理等效电路　　图 2.1.6.2　含源线性二端网络的开路电压和无源线性二端网络的入端等效电阻

2．开路电压 U_{OC} 的测量方法

（1）直接测量法。当含源线性二端网络的入端等效电阻 R_i 较小，与电压表的内阻相比较可以忽略不计时，可以用电压表直接测量该网络的开路电压 U_{OC}。

（2）补偿法。当含源线性二端网络的入端电阻 R_i 较大时，采取直接测量法的误差较大，若采用补偿法测量则较为准确。测量方法如图 2.1.6.3 所示，图中虚线方框内为补偿电路，U_S 为直流电源，滑线变阻器（或用电位器）R_P 接为分压器，G 为检流计。将补偿电路的两端 A'、B'分别与被测电路的两端 A、B 相连接，调节分压器的输出电压，使检流计的指示为零，此时电压表所测得的电压值就是该网络的开路电压 U_{OC}。由于此时被测网络相当于开路，不输出电流，网络内部无电压降，所以测得的开路电压较直接测量法准确。

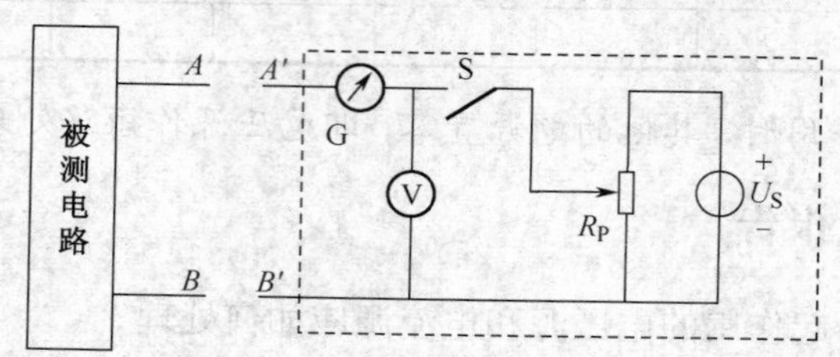

图 2.1.6.3　补偿法测量网络开路电压的电路

【注意】若采用图 2.1.6.3 的补偿法测量开路电压，应注意使 A、B 端和 A'、B'端的电压极性相一致，电压值接近相等，才合上开关 S 进行测量，避免因电流过大而损坏检流计。

【一点经验】滑线变阻器或电位器的选用，应使其接入电路后，电路中的电流不超过电路允许的电流值，且滑片的调节幅度应尽量大些。换句话说就是电位器或滑线变阻器的总阻值小些为好，这样，调节方便些，而且精度也高些。

3．入端等效电阻 R_i 的测量方法

（1）外加电源法将含源线性二端网络内部的电源去除，且独立电压源作短路、独立电流源作开路处理，使其成为线性无源二端网络，然后在其 A、B 两端加上一合适的电压源 U_S（图 2.1.6.4），测量流入网络的电流 I，则网络的入端等效电阻为 $R_i=U_x/I$。如果无源二端网络仅由电阻元器件组成，也可以直接用万用电表的电阻挡去测量 R_i。

因为在实际上网络内部的电源都有一定的内阻，当电源被去掉的同时，其内阻也被去掉了，这就影响了测量的准确性。所以这种方法仅适用于电压源的内阻很小和电流源的内

阻很大的情况。

（2）开路短路法在测量出含源线性二端网络的开路电压 U_{OC} 之后，再测量网络的短路电流 I_{SC}（图 2.1.6.5），则可计算出 $R_i=U_{OC}/I_{SC}$。

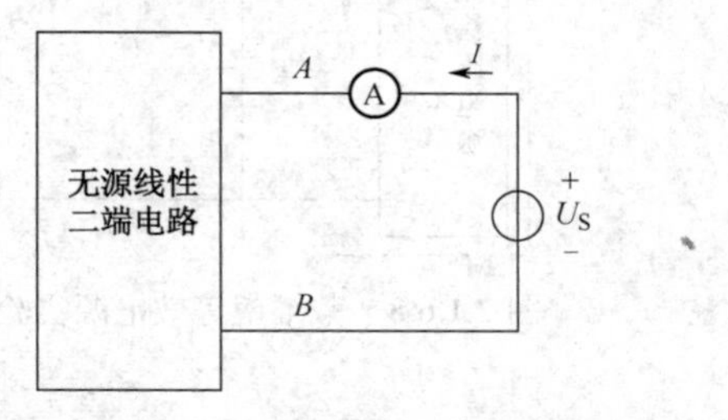

图 2.1.6.4　用外加电源法测量网络入端等效电阻的电路

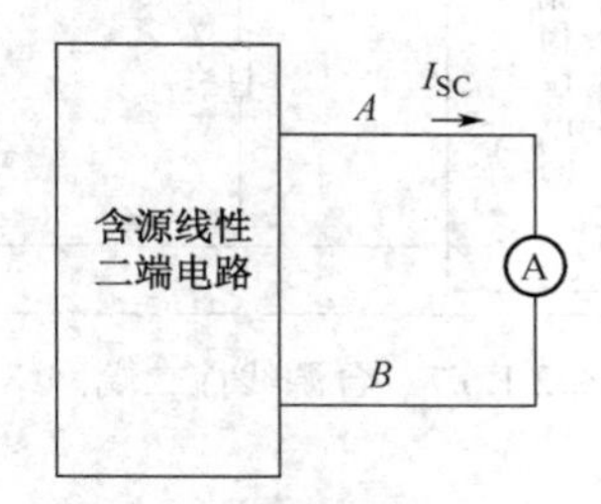

图 2.1.6.5　测量网络短路电流的电路

这种方法较简便，但对于不允许直接将其输出端 A、B 两端短路的网络则不适用。

（3）半偏法在测量出含源线性二端网络的开路电压 U_{OC} 之后，按图 2.1.6.6 用半偏法测量网络的入端等效电阻电路接线，R_L 为电阻箱，调节 R_L，使其端电压 $U_{RL}= U_{OC}/2$，此时 R_L 的数值即等于 R_i。这种测量方法没有前面介绍的两种方法的局限性，因而在实际测量中被广泛采用。

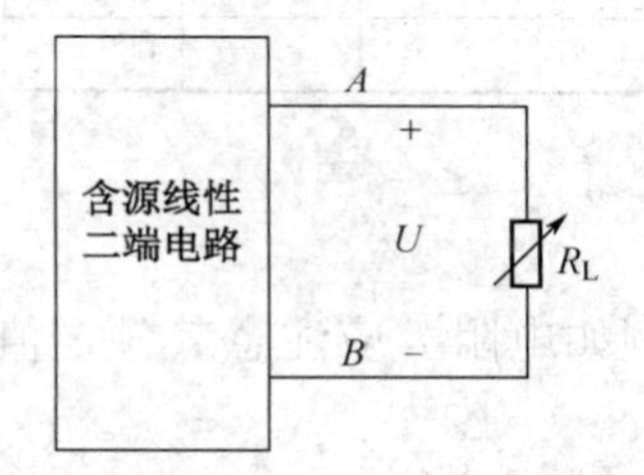

图 2.1.6.6　用半偏法测量网络的入端等效电阻

三、实验仪器与设备

电路实验箱、万用表。

四、实验内容与步骤

1．测量含源线性二端网络的开路电压 U_{OC} 和入端等效电阻 R_i

按图 2.1.6.8 所示电路接线，参照实验原理与说明，自己选择一种测量 U_{OC} 和 R_i 的方法，将测量结果记录于表 2.1.6.1 中。

2．测定含源线性二端网络的外特性

在图 2.1.6.7 所示电路的两个输出端钮 A、B 上接负载电阻 R_L，分别取不同的 R_L 值，测量相应的端电压 U 和电流 I，并记录于表 2.1.6.1 中。

3．测定戴维南等效电源的外特性

按照前面所测得的含源二端网络的开路电压 U_{OC} 和入端等效电阻 R_i，按图 2.1.6.8 所示实验电路接线，分别取不同的负载电阻 R_L 值，同样按照表 2.1.6.1 中所列各值测量对应的端电压和电流，并记录于表 2.1.6.1 中。

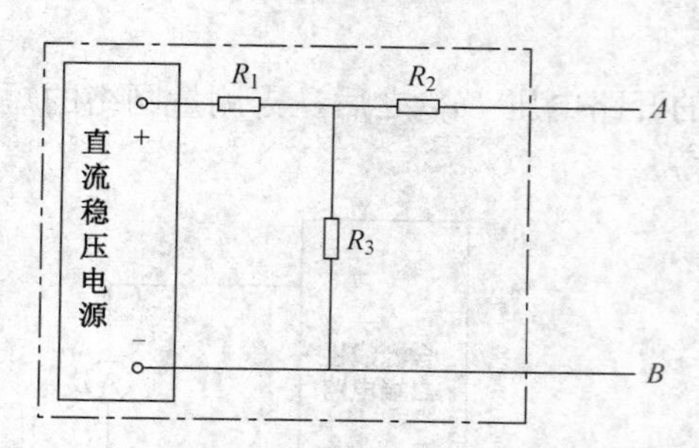

图 2.1.6.7　含源线性二端网络实验电路

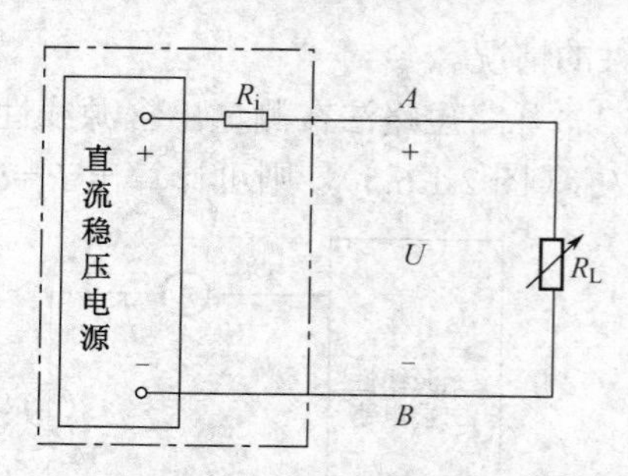

图 2.1.6.8　戴维南等效电源实验电路

表 2.1.6.1　含源二端网络和戴维南原理实验数据

<table>
<tr><td rowspan="2">开路电压
U_{OC}</td><td>计算值</td><td colspan="3"></td><td rowspan="2" colspan="2">入端等效
电阻 R_i</td><td colspan="2">计算值</td><td colspan="2"></td></tr>
<tr><td>测量值</td><td colspan="3"></td><td colspan="2">测量值</td><td colspan="2"></td></tr>
<tr><td colspan="2">负载电阻 R_L/Ω</td><td>0（短路）</td><td>100</td><td>200</td><td>330</td><td>470</td><td>510</td><td>750</td><td>1000</td><td>∞（开路）</td></tr>
<tr><td rowspan="2">含源线性
二端网络</td><td>U/V</td><td></td><td></td><td></td><td></td><td></td><td></td><td></td><td></td><td></td></tr>
<tr><td>I/mA</td><td></td><td></td><td></td><td></td><td></td><td></td><td></td><td></td><td></td></tr>
<tr><td rowspan="2">戴维南等
效电源</td><td>U/V</td><td></td><td></td><td></td><td></td><td></td><td></td><td></td><td></td><td></td></tr>
<tr><td>I/mA</td><td></td><td></td><td></td><td></td><td></td><td></td><td></td><td></td><td></td></tr>
</table>

五、注意事项

实验电路中所选元器件（例如电阻）应注意其额定值（如额定功率），防止烧毁元器件和仪表。

六、实验报告要求

1．利用表 2.1.6.1 中记录的实验数据，分别作含源二端网络和戴维南等效电路的外特性曲线 $U=f(I)$，并进行比较，以验证戴维南定理。

2．对照 U_{OC} 和 R_i 的计算值和实验测量值，如有误差，试分析产生误差的原因。

3．回答下列问题：

（1）用补偿法测量开路电压时，电源 U_s 的作用是什么？

（2）用半偏法测量入端等效电阻时，为什么在 $U_{RL}=U_{oc}/2$ 时，$R_L=R_i$？

实验七　戴维南定理的应用

一、实验目的

（1）探究戴维南定理在实践中的应用方法；

（2）学习线性有源电阻性二端网络等效电路参数的测量方法。

二、实验器材

（1）电源：直流稳压电源 2 台（0～20V）。

（2）元器件：510Ω 电阻 3 个，330Ω 电阻 1 个，1kΩ 电阻 1 个，0～9999.9Ω 电阻箱 1 个。（注：也可采用实验台或实验箱上的直流电路单元板。）

（3）仪表：万用表 1 块，或直流电流表 1 块（0～50mA）和直流电压表 1 块（0～20V）。

（4）实训线路板 1 块。

（5）导线若干。

三、原理简述

戴维南定理的基本内容：任何线性有源电阻性二端网络 N，可以用电压为 U_{OC} 的理想电压源与阻值为 R_0 的电阻串联的电路模型来替代。其电压 U_{OC} 等于该网络 N 端口开路时的端电压，R_0 等于该网络 N 中所有独立电源置零时从端口看进去的等效电阻。

关于戴维南定理，可用图 2.1.7.1 戴维南等效电路作进一步说明：设 N 为线性有源电阻性二端网络，N_0 为 N 中所有独立电源置零后（先移除电源，电压源短路处理，电流源开路处理）的线性电阻网络。对 N，求出 a、b 间开路时的电压 U_{OC}，如图 2.1.7.1（a）所示。对 N_0，求出 a、b 间等效电阻 R_0，如图 2.1.7.1（b）所示。则网络 N 被等效为图 2.1.7.1（c）所示的电压源模型。

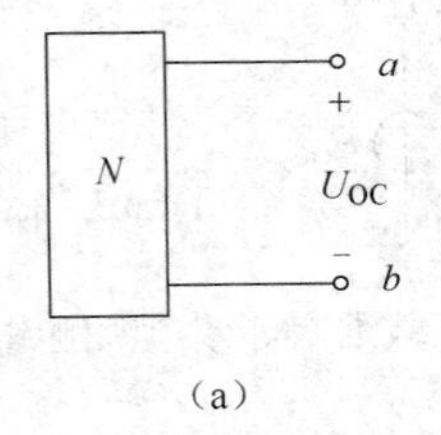

（a）

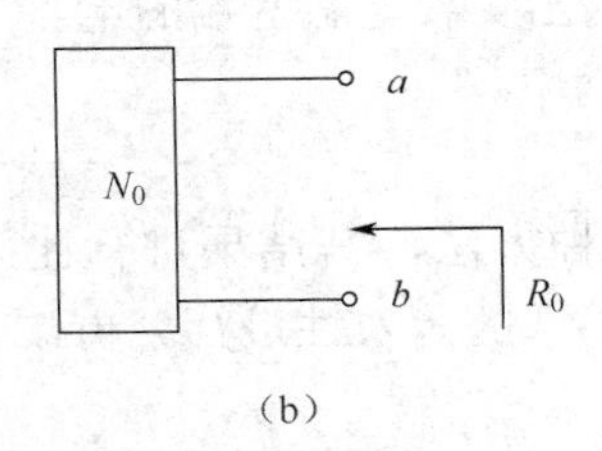

（b）

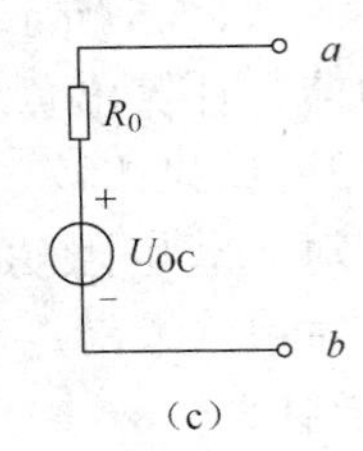

（c）

图 2.1.7.1　戴维南等效电路

四、参考实验步骤

1. 原线性有源电阻性二端网络负载电阻的功率测量

（1）如图 2.1.7.2 所示的线性有源二端网络，令 R_L=330Ω 的电阻作为负载电阻，要求测量它的功率，其实只要测出它两端的电压，就可以用功率的公式计算出它所消耗的电功率。

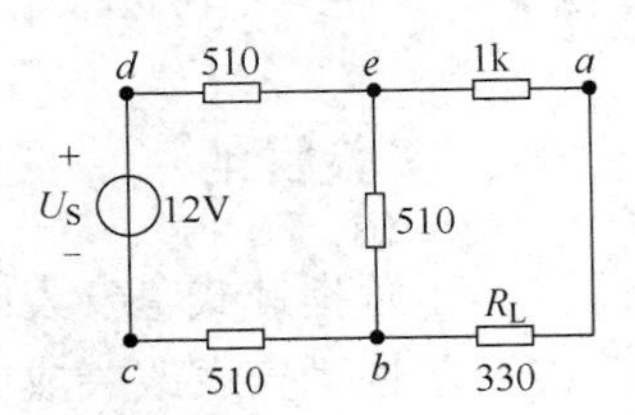

图 2.1.7.2　戴维南定理操作训练电路

（2）按图 2.1.7.2 中的参数连接电路，测量出 R_L 的电压，记录下来。

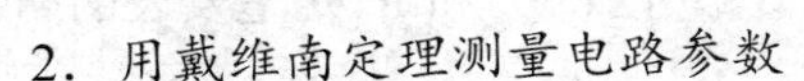
2. 用戴维南定理测量电路参数

1）戴维南等效电源的制作

（1）将 R_L 与原线性有源二端网络断开并移除，去掉负载 R_L 后的网络如图 2.1.7.3 所示。

（2）按图 2.1.7.3 测量开路电压 U_{OC}。

（3）测量戴维南等效电阻。将图 2.1.7.3 电路之中的独立源置零（这里的独立源是电压源，在电路的处理上是将电源与电路的连接线拔掉，再将电路中电压源所在的位置用导线替代，连接在电路中），之后，就得到了如图 2.1.7.4 所示的等效电阻测定的电路图，测量出 c、d 两点之间的电阻值就是 R_0。

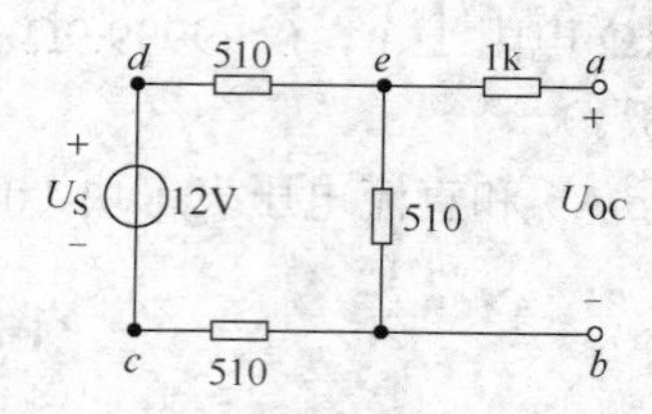

图 2.1.7.3　戴维南等效电源参数测定电路

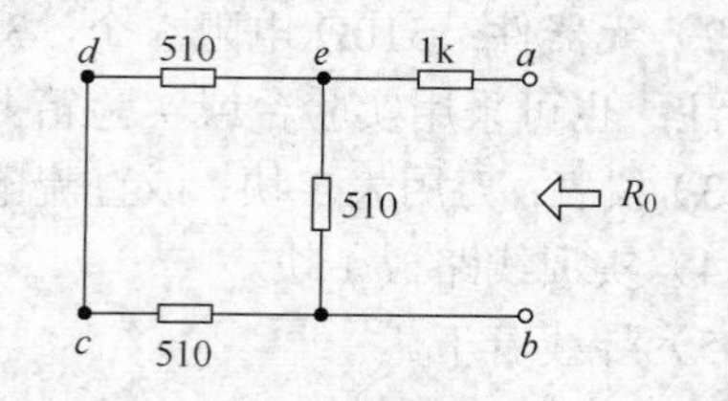

图 2.1.7.4　等效电阻的测定电路

【注意】测量等效电阻的方法有几种，这里是无源线性电阻网络，直接用万用表的电子挡测量比较简单，误差也较小。

（4）按图 2.1.7.1（c）的模型组建成戴维南等效电源，其中 U_{OC} 用可调稳压电源调节获得，R_0 用电阻箱或电位器调节获得。

【小技巧】第（3）、（4）步操作中，R_0 的测量和调节时，万用表电阻挡的挡位不变，以保证精度一致。

2）用戴维南等效电源测量负载电阻的功率

将原来的负载电阻 R_L 接入戴维南等效电源中，组成如图 2.1.7.5 所示的电路。测量出负载电阻两端的电压和电流，计算出负载消耗的电功率。

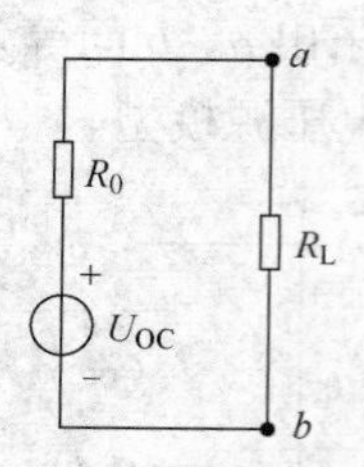

图 2.1.7.5　戴维南等效电源测量电路

3）结果比较

对负载电阻功率测量的两种方法，其结果进行比较，对用戴维南定理测定电路参数的等效性进行分析，作出结论。

实验八　电表的改装

一、实验目的

（1）了解指针式毫安表的量程和内阻在测量中的作用；

（2）掌握毫安表改装成电流表和电压表的方法。

二、原理说明

一只毫安表允许通过的最大电流称为该表的量程，用 I_g 表示，该表有一定的内阻，用 R_g 表示，这就是一个"基本表"，其等效电路如图 2.1.8.1 所示。I_g 和 R_g 是毫安表的两个重要参数。

本实验是以某实训箱为例来说明电表改装方法的，请你根据实训室的实际情况设计实验方案。

1．毫安表扩大电流的量程

满量程为 1mA 的毫安表，最大只允许通过 1mA 的电流，过大的电流会造成"打针"，甚至烧断电流线圈而损坏。要用它测量超过 1mA 的电流，亦即要扩大毫安表的量程范围，可选择一个合适的分流电阻 R_A 与基本表并联，如图 2.1.8.2 所示。R_A 的大小可以精确计算出来。

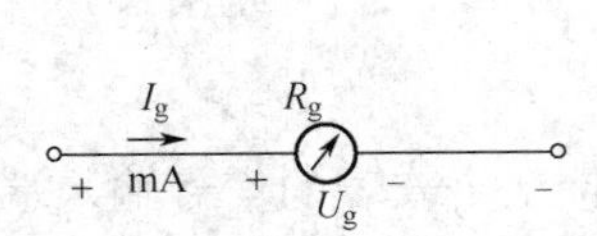

图 2.1.8.1　基本表等效电路

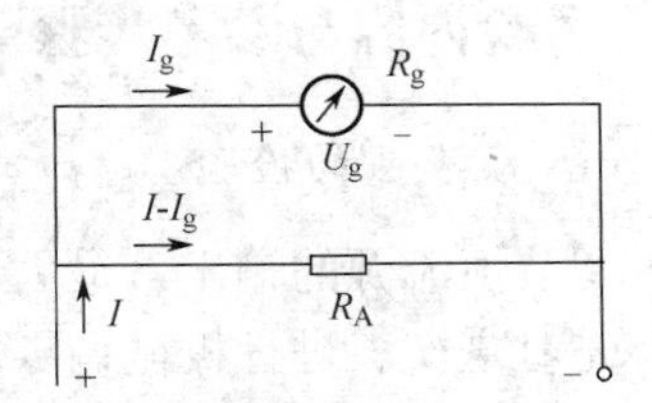

图 2.1.8.2　电流表原理电路

设：基本表满量程为，I_g=1mA，基本表内阻 R_g=100Ω，现要将其量程扩大 10 倍（即可用来测量 10mA 电流），则应并联的分流电阻 R_A 应满足：

$$I_g R_g = \left(I - I_g\right) R_A$$

即 1mA×100Ω=(10−1)mA×R_A，那么 $R_A = 100/9 \approx 11.1\Omega$

同理，要使其量程扩大为 100mA，则应并联 1.11Ω 的分流电阻。

当用改装后的电流表来测量 10（或 100）mA 以下的电流时，只要将基本表的读数乘以 10（或 100）即可。

要想直接读数，可以直接将电表面板刻度的最大值位置（称为满刻度）标注成 10（或 100）mA 即可。

2．毫安表改装成电压表

一只毫安表也可以改装成为一只电压表，只要选择一只合适的分压电阻 R_V 与基本表相串接即可，如图 2.1.8.3 所示。

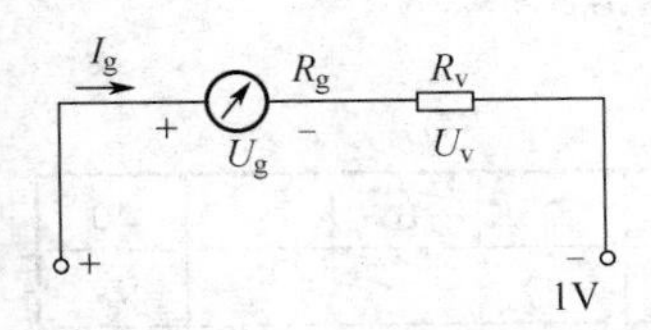

图 2.1.8.3　电压表原理电路

设被测电压值为 U，则：

$$U = U_g + U_V = I_g(R_g + R_V)$$

所以

$$R_V = \frac{U - I_g R_g}{I_g} = \frac{U}{I_g} - R_g$$

要将量程为 1mA，内阻为 100Ω 的毫安表改装为量程为 1V 的电压表，则应串联的分压电阻的阻值为：

$$R_V = 1V/1mA - 100 = 1000 - 100 = 900\Omega$$

【讨论】要将量程扩大到 10V，应串联多大的分压电阻？

三、实验设备（见表 2.1.8.1）

表 2.1.8.1

序　号	名　称	型 号 规 格	数　量	备　注
1	直流电压表	0～200V	1	
2	直流电流表	0～2000mA	1	
3	直流稳压电源	0～30V	1	
4	直流恒流源	0～200mA	1	
5	基本表	1mA，100Ω	1	
6	电阻	1.01Ω，11.1Ω，900Ω，9.9kΩ	各 1	

四、实验内容与参考步骤

1．1mA 表表头的检验

（1）调节恒流源的输出，最大不超过 1mA；

（2）先对毫安表进行机械调零，再将恒流源的输出接至毫安表的信号输入端；

（3）调节恒流源的输出，令其从 1mA 调至 0，分别读取指针表的读数，并填入表 2.1.8.2。

表 2.1.8.2

恒流源输出（mA）	1	0.8	0.6	0.4	0.2	0
表头读数						

2．将基本表改装为量程为 10mA 的毫安表

（1）将分流电阻为 11.1Ω 并接在基本表的两端，这样就将基本表改装成了满量程为 10mA 的毫安表（称为“改装表”）；

（2）将恒流源的输出调至 10mA；

（3）改装表量程和刻度的校准。①校量程：调节恒流源，使其输出 10mA，用改装表测量，看指针是否指到满刻度上（称为满偏），若指针是满偏就说明量程准确（若不是满偏，就看本步骤后的“问题与对策”）。②校刻度：量程校准后，调节恒流源的输出，使其从 0 逐渐增大到 10mA，记下在恒流源输出某电流值时改装表对应的读数。再按相反方向，即从 10mA 到 0 减小的方向进行刻度的校准操作，数据填写在表 2.1.8.3 中。

表 2.1.8.3　改装电流表数据

恒流源输出（mA）		0	1	2	3	4	5	6	7	8	9	10
改装表读数（mA）	小→大											
	大→小											
	平均											

【问题与对策】校准量程时，指针本应满偏，若不是满偏（偏小或偏大），就要分别测量表头内阻和分流电阻的准确值（测量表头内阻时要防止表头烧坏），若是表头内阻先没有测量准确，就按现在内阻的准确值重新计算分流电阻的阻值，若是分流电阻阻值误差大，就换用误差小的分流电阻，或用较精密的电阻箱作为分流电阻。

【实验探索】将分流电阻改换为 1.01Ω，先从理论上计算，是将基本表改装成为量程为多大的电流表，再重复步骤（3）（注意要改变恒流源的输出值）。

3．基本表改装为一只电压表

（1）将分压电阻 9.9kΩ 与基本表相串联，这样基本表就被改装成为满量程为 10V 的电压表；

（2）将电压源的输出调至 10V；

（3）电压表量程和刻度的校准。①校量程：调节恒压源，使其输出 10V，用改装表测量，看指针是否指到满刻度上（称为满偏），若指针是满偏就说明量程准确（若不是满偏，就看本步骤后的“问题与对策”）。②校刻度：量程校准后，调节恒压源的输出，使其从 0 逐渐增大到 10V，记下在恒压源输出某电压值时改装表对应的读数。再按相反方向，即从

10V 到 0 减小的方向进行刻度的校准操作，数据填写在表 2.1.8.4 中。

表 2.1.8.4 改装电压表数据表

恒压源输出（V）		0	1	2	3	4	5	6	7	8	9	10
改装表读数（V）	小→大											
	大→小											
	平均											

【问题与对策】校准量程时，指针本应满偏，若不是满偏（偏小或偏大），就要分别测量表头内阻和分压电阻的准确值（测量表头内阻时要防止表头烧坏），若是表头内阻先没有测量准确，就按现在内阻的准确值重新计算分压电阻的阻值，若是分压电阻阻值误差大，就换用误差小的分压电阻，或用较精密的电阻箱作为分压电阻。

【实验探索】将分压电阻换成 900Ω，重复上述测量步骤（注意调整电压源的输出）。

五、注意事项

（1）输入仪表的电压和电流要注意仪表的量程，不可过大，以免损坏仪表；

（2）可外接标准仪表（如直流毫安表和直流电压表作为标准表）进行校验；

（3）注意接入仪表的信号极性，以免指针反偏而打坏指针；

（4）该实验是以某实训箱为例来说明电表改装方法的，电路上的 1.01Ω，11.1Ω，900Ω，9.9kΩ 四只电阻的阻值是按照量程 I_g=1mA，内阻 R_g=100Ω 的基本表计算出来的，基本表的 R_g 会有差异，导致利用上述四个电阻扩展量程后，测量时的误差增大，因此，实训时，可先测出 R_g，并计算出量程扩展电阻 R，再从实训箱中的电阻箱上取得 R 值，可提高实训的准确性、实际性。

六、实验报告

（1）总结电路原理中分压、分流的具体应用。

（2）总结电表的改装方法。

实验九 负载获得最大功率的条件

一、实验目的

（1）掌握负载获得最大传输功率的条件；

（2）了解电源输出功率与效率的关系。

二、原理说明

1．负载获得最大功率的条件

在闭合回路中，电源电动势所提供的功率，一部分消耗在电源的内阻 R_0 上，另一部分消耗在负载电阻 R_L 上。数学分析证明：当负载电阻与电源内阻相等时，电源输出功率最大（负载获得最大功率 P_{max}），即当 $R_L=R_0$ 时，有

$$P_{\max}=\left(\frac{U}{R_0+R_L}\right)^2 R_L=\left(\frac{U}{2R_L}\right)^2 R_L=\frac{U^2}{4R_L}$$

2．电路匹配的特点及应用

在电路处于匹配状态时，负载可以获得最大功率，但电源本身要消耗一半的功率，此时电源的效率只有 50%。显然，这对电力系统的能量传输过程是绝对不允许的。发电机的内阻是很小的，电路传输的最主要指标是高效率送电，最好是 100%的功率均传输给负载。为此负载电阻应远大于电源的内阻，即不允许运行在匹配状态。而在电子技术领域里却完全不同。一般的信号源本身功率较小，且有较大的内阻。而负载电阻（如扬声器等）往往是较小的定值。且希望能够从电源获得较大的功率输出，而电源的效率往往不予考虑。通常设法改变负载电阻，或者在信息源与负载之间加阻抗变换器（如音频功放的输出级与扬声器之间的输出变压器），使电路处于工作匹配状态，以使负载能获得最大的输出功率。

三、实训设备

直流毫安表（0～2000mA）、直流电压表（0～200V）、定值电阻、电位器。

四、实训内容及参考步骤

负载获得最大功率的条件的原理电路如图 2.1.9.1 所示，图中的电源 U_S 接直流稳压电源，负载 R_L 用电阻箱（或电位器）代替。

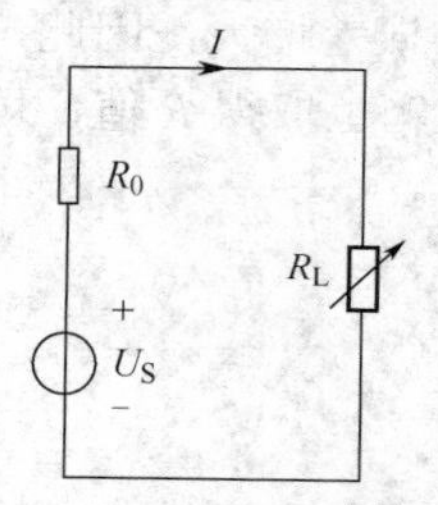

图 2.1.9.1　负载功率测量原理电路

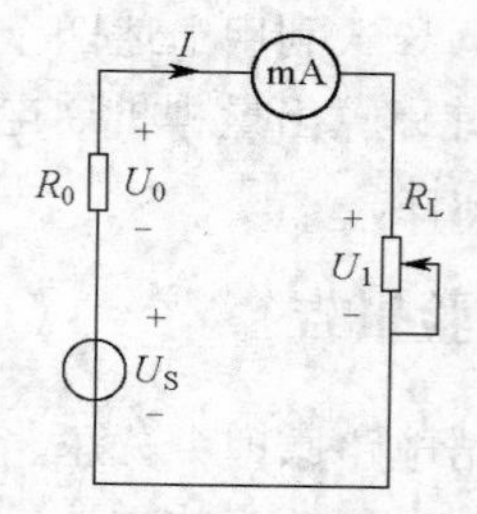

图 2.1.9.2　负载功率测量实验电路

（1）按图 2.1.9.2 所示电路连接电路。

（2）选定 100Ω 电阻作为 R_0 接入电路，调节直流稳压电源使其输出 10V 电压，接入电路中。

（3）令 R_L 在 0～1kΩ 范围内变化时，测量相关的电流或电压，将数据填入表 2.1.9.1 中。

【注意】在最大功率点附近应该多测几个点。

表 2.1.9.1　负载功率测量数据表

	U_S=10V，R_0=100Ω												
R_L(Ω)							100						
U_0(V)													
U_L(V)													
I（mA）													
负载功率 P_L(W)													

（4）改变内阻值为 R_0=300Ω，输出电压 U_S=15V，重复上述测量。

五、问题与探索

（1）从初等数学的知识及串联电路的特点，上表所涉及的物理量，分析 P_L 为最大的条件。

（2）电力系统在进行电能传输时，能否工作在匹配状态？

（3）实际应用中电源的内阻是否随负载而变？

（4）电源电压的变化对最大功率传输的条件有无影响？

六、实验报告

根据数据分析，说明负载获得最大功率的条件。

实验十　示波器、信号发生器的使用

一、实验目的

（1）认识示波器面板旋钮的作用，练习使用示波器；

（2）学习用示波器观察信号波形，测量正弦电压的频率和峰值；

（3）熟悉函数信号发生器的使用。

二、实验原理与方法

1．示波器与函数信号发生器的连接

示波器与信号发生器按图 2.1.10.1 所示连接线路，将它们的接地点连接在一起可以有效防止干扰，提高测量的精度。

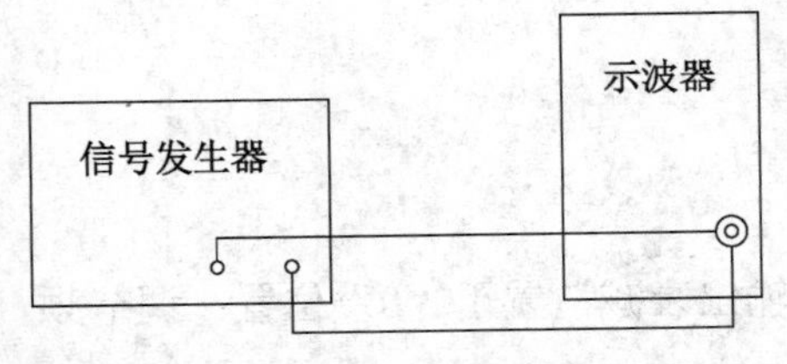

图 2.1.10.1　示波器与信号发生器的连接

2．测量正弦波的频率和峰值

1）正弦波信号峰值测量

将选定的输入信号通道（例如 Y1 通道）的输入信号耦合开关“DC-⊥-AC”置于“AC”位置（若输入信号频率很低，可放在“DC”位置）。其他旋钮置于相应的位置（可参见本实验表 2.1.10.1）。

被测信号经输入信号通道（例如 Y1 通道）输入，调节扫描时间“SEC/DIV”旋钮，使波形稳定在屏幕上。为便于观测，将其调整到屏幕的中心位置。

根据纵坐标刻度读出被测信号波形在 Y 轴上所占格数（设为 N），读出灵敏度开关“VOLTS/DIV”挡级，按下式计算正弦波信号的峰－峰值。

$$U_{p\text{-}p}=N\times \text{V/DIV}$$

若输入信号经过 10∶1 的衰减探头，则

$$U_{p\text{-}p}=10N\times \text{V/DIV}$$

输入信号的峰值是其峰－峰值的 1/2，则

$$U_p=\frac{1}{2}U_{p-p}=\frac{1}{2}\times 10N\times V/DIV$$

例如：示波器的“V/DIV”开关置于“0.05V/DIV”挡，波形所占Y轴高度为6DIV（6大格），使用10∶1衰减探头，此时实测正弦波信号峰值为

$$U_p=\frac{1}{2}\times 10\times 6DIV\times 0.05V/DIV=1.5V$$

2）正弦波信号频率测量

频率测量时，应注意一定要将扫描时间“SEC/DIV”开关的微调顺时针旋至“校准”位置。

在屏幕上按横坐标读出被测正弦波信号波形的一个周期所占X轴格数（设为N），乘以“SEC/DIV”所指示的值，即可得该正弦波电压一个周期的时间值

$$T=N\times SEC/DIV$$

频率为

$$f=\frac{1}{T}=\frac{1}{N\times sec/DIV}$$

例如，示波器的“SEC/DIV”开关置于2ms/DIV，一个完整的波形占X轴长度为2DIV（2大格），此时该电压的周期和频率分别为

$$T=2DIV\times 2ms/DIV=4ms$$

$$f=\frac{1}{T}=\frac{1}{4ms}=0.25kHz=250Hz$$

三、仪表与设备

示波器1台、函数信号发生器（实验箱带有）1台。

四、内容与步骤

1．用Y1通道测量正弦电压频率和峰值

电路如图1所示。

调节信号发生器幅度旋钮，将其逆时针旋到底；“输出衰减”置于“0”位置；调节频率旋钮，使其输出某一频率（例如f=1kHz）的信号。

接通示波器电源，按表2.1.10.1设置各旋钮位置，调出扫描线并置于荧光屏中央。调节辉度旋钮和聚焦旋钮，使扫描线亮度适中，细而清晰。

表2.1.10.1　初步调节时示波器旋钮位置

电源	按下
辉度	居中
聚焦	居中
输入耦合开关（AC-GND-DC）	GND
↑↓Y1位移	居中（旋钮按进）
方式	Y1
触发方式	自动

续表

触发源	内
内触发电源	Y1
扫描速度选择开关（SEC/DIV）	0.5ms/div
←→X 移位	居中

调节信号发生器，使其在输出某一频率（例如 f=1kHz）基础上，输出大小为一定值（例如 0.8V）的电压。用示波器 Y1 通道观察正弦电压信号，与本次观察有关的旋钮位置按表 2.1.10.2 中所述确定。

表 2.1.10.2　观察正弦电压时控制旋钮设置

控 制 旋 钮	设 置 位 置
方式	Y1
触发方式	自动
触发源	内
内触发电源	Y1
输入耦合开关（AC-GND-DC）	AC
垂直灵敏度选择开关（VOLTS/DIV）（Y1 通道）	0.5V
扫描速度选择开关（SEC/DIV）	0.2ms

调节电平旋钮，使正弦电压波形稳定。若观察低频信号（频率低于 25Hz）时，触发方式（TRIGMODE）的开关位置设置在常态（NORM）。

读出一个周期正弦电压波形在荧光屏水平方向上所占的格数，将测量结果填入表 2.1.10.3 中。注意扫描微调控制（SWPVAR）应处于校正位置（该开关顺时针旋到底是校正位置）。

读出待测波形在荧光屏垂直方向上所占格数，将测量结果填入表 2.1.10.4 中。

表 2.1.10.3

输出信号频率	SEC/DIV 挡位	一个周期所占格数	被测信号周期

表 2.1.10.4

输入信号电压值	V/DIV 挡位	波形所占垂直格数	被测信号峰值

2. 同时用 Y1 和 Y2 两个通道观察和测量两个波形

按照步骤 1 在 Y1 通道输入一个 $U_{p\text{-}p}$=20mV，f=1kHz 的正弦信号（调节信号源频率及幅度输出，以示波器测量为准），同时自示波器探极校准处接出另一 1kHz，0.5V 的矩形波信号，输入到 Y2 通道。按照表 2.1.10.5 设置旋钮，并合理调节↑↓Y1 位移、↑↓Y2 位移以及←→X 移位，使波形处于利于观察和测量的位置，观察并测量，并了解表 2.1.10.5 中旋钮设置的意义。

表 2.1.10.5　观察两个信号时控制旋钮设置

控制旋钮	设置位置
方式	交替
触发方式	自动
触发源	内
内触发电源	Y1/Y2
输入耦合开关（AC-GND-DC）	AC
垂直灵敏度选择开关（VOLTS/DIV）（Y1 通道）	10mV
垂直灵敏度选择开关（VOLTS/DIV）（Y2 通道）	0.1V
扫描速度选择开关（SEC/DIV）	0.2ms

五、注意事项

（1）信号发生器与示波器的连接要正确，接地不能搞错。

（2）在可能情况下，连接线短一些，以免引入干扰。

（3）示波器的光点和扫描线不要调得太亮，以避免观察者的眼睛过度疲劳以及示波管荧光层表面的灼伤。

六、实验报告

1．根据实验数据，计算正弦电压频率和峰值。

2．回答下列思考题：

（1）示波器是怎样测量电流波形的？

（2）示波器与信号发生器接地端连接在一起的目的是什么？

附：示波器面板介绍

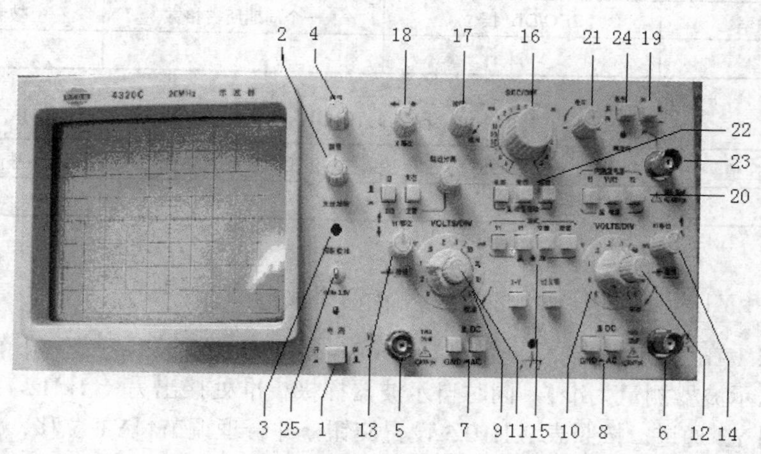

电源和示波管部分

1—电源开关。

2—聚焦调节。此旋钮调节可以取得良好的聚焦效果，使扫描迹线最细。

3—光迹旋转、踪迹旋转控制钮。利用此旋钮，可调节示波管荧光屏上的光迹使其与水平标尺刻度线一致。

4—辉度亮度控制。顺时针旋转使光迹亮度增加，反之变暗。

垂直偏转系统

5—Y1/X 第一通道输入插座。当示波器工作于显示波形时，此插座作为第一路垂直信号用。若示波器工作于显示图形方式（X～Y），则该插座输入为水平（*X* 轴）信号。

6—Y2/Y 第二通道输入插座。不论示波器工作方式如何，其输入始终作垂直控制信号(第二路)用。

7、8—（AC－GND－DC）Y1 及 Y2 通道输入耦合方式（选择）开关。AC 与 DC 分别表示信号输入采用交流耦合与直流耦合方式，GND 表示输入端接地。

9、10—（VOLTS/DIV）Y1 及 Y2 通道垂直灵敏度选择开关。此开关为选择垂直偏转灵敏度用，由于它的结构属步进式衰减器，所以只能作粗调用。当选用 10：1 探头时，灵敏度选择开关所指示的读数应乘以 10。

11—12 微调垂直灵敏度微调及其固定增益的变换钮。旋转该旋钮，可使垂直灵敏度连续变化，其变化范围为 2.5：1。当对两个通道的波形测量时，通常应把该旋钮按顺时针方向旋转到最大位置。

13、14—Y1 移位、Y2 移位 Y1 及 Y2 通道垂直位移调节钮。顺时针旋转此旋钮时，示波屏幕上显示的波形向上移动，反之则向下移动。

15—方式示波器上波形显示方式。有五种显示方式供选择：Y1，Y2，交替，断续，叠加。

若选用 Y1 或 Y2 通道，则示波器屏幕上所显示的波形为 Y1 通道输入波形或 Y2 通道波形。

选用“交替”方式显示时，电子开关靠扫描电路闸门信号进行切换，即每扫描一次便转换一次，这样屏幕上将轮流显示出两个信号波形。这种显示方式只适于观察高频信号，若测量低频信号则由于交替显示的速率很慢，图形会出现闪烁现象，不易进行准确测试。

选用“断续”方式显示时，电子开关靠内部自激间谐振荡器控制，在荧光屏上便看到了 Y1、Y2 的“断续”显示波形。这种工作方式一般用在观测两个低频信号的场合。

当选择“叠加”方式时，需同时按下 Y1 及 Y2，屏幕上所显示的波形是 Y1 通道和 Y2 通道输入信号相加或相减（Y2 通道极性开关为负极性时）的波形。

水平偏转系统

16—（SEC/DIV）扫描速度选择开关。可选扫描时间范围由 0.2μs/DIV～0.5s/DIV，但不是连续调节，而按 1、2、5 的顺序分 20 步进行时间选取。

17—扫描速度微调钮。利用此旋钮可在扫描速度粗调的基础上连续调节。微调旋钮按顺时针方向转至满度为校正（CAL）位置，此时的扫描速度值就是粗调旋钮所在挡的标称值（如 0.5μs/DIV），进行时间测量时需在此位置。若是反时针方向旋转至底，其粗调扫描速度可最大变化 2.5 倍。例：2.5×0.5μs/DIV=1.25μs/DIV。

18—X 水平位移旋钮。转动此旋钮，可使屏幕上显示的波形沿水平方向左右移动。

同步系统

19—触发源选择开关。此开关置于内时，触发信号取自垂直通道（Y1 或 Y2）。置于外时，触发信号直接由外触发同轴插座端输入。

20—内触发源选择开关。

开关置于 Y1 时，触发信号取自第一通道，此时示波器屏幕上显示出稳定的 Y1 通道输入信号波形。

开关置于 Y2 时，则信号取自第二通道，屏幕上显示出稳定的 Y2 输入的信号波形。

开关置于 Y1/Y2 时，触发信号交替地取自 Y1 和 Y2 通道。此时荧光屏上同时显示出稳定的两个通道信号波形。

21—触发电平调节开关。触发点的选定，要靠调节触发电平旋钮，使电路在合适的电平上启动扫描。

22—触发方式选择开关。

开关置“自动”时，扫描处于连续工作状态。有信号时，在触发电平调节和扫描速度开关的控制下，荧光屏上显示稳定的信号波形。若无信号，荧光屏上便显示时间基线。

开关置“常态”时，扫描处于触发状态。有信号时，波形的稳定显示靠调节触发电平旋钮和扫描速度开关来保证；若无信号，荧光屏上不显示时间基线（此时扫描电路处于等待工作状态）。此方式对被测频率低于 25Hz 的信号，观测更为有效。

开关置于“电视”时，可用于观察复杂的电视信号波形和图像信号。

23—外触发同轴插座，外触发信号输入端。

24—触发极性，选择信号的上升沿或下降沿触发扫描。

校准信号

25—探极校准（1kHz，0.5V）、从接头输出频率为 1kHz、峰－峰值为 0.5V 的方波信号，用于示波器的校正。

示波器使用注意事项

（1）使用时，“辉度”旋钮不宜开得过亮，不能使光点长期停留在荧光屏一处，因为高速的电子束轰击荧光屏时，只有少部分能量转化为光能，大部分则变成热能。所以不应使亮点长时间停留在一点上，以免烧坏荧光粉而形成斑点。若暂不使用，可以将“辉度”调暗一些。

（2）在送入被测信号电压时，输入电压幅度不能超过示波器允许的最大输入电压。应注意，一般示波器给定的允许最大输入电压值是峰－峰值，而不是有效值。

（3）合理使用探头。由于示波器的输入阻抗就是被测电路的负载，因此当示波器接入被测电路时，就会对电路带来一定的影响，尤其是测量高速脉冲电路时，影响更甚。合理使用探头可减小示波器输入阻抗对被测电路的影响。

实验十一　RLC 串联谐振电路

一、实验目标

（1）学习用实验方法绘制 RLC 串联电路的幅频特性曲线；

（2）加深理解电路发生谐振的条件和特点，掌握电路品质因数（Q）的物理意义及其测定方法。

二、实验器材

实训台、实验箱、电子元器件（电阻、电容、电感）、交流毫伏表、信号发生器、频率计、双踪示波器。

三、相关知识

（1）在图 2.1.11.1 所示的 RLC 串联电路中，当正弦交流信号源 U_i 的频率 f 改变时，电路中的感抗和容抗随之而变，电路中的电流也随 f 而变化，取电阻 R 上的电压 U_O 作为响应，当输入信号 U_i 的幅度维持不变时，在不同信号频率的激励下，测出 U_O 的值，然后以 f 为横坐标，以 U_O 为纵坐标（也可以以 U_O/U_i 为纵坐标），绘制出光滑的曲线，此即为幅度频率特性曲线，亦称谐振曲线，如图 2.1.11.2 所示。

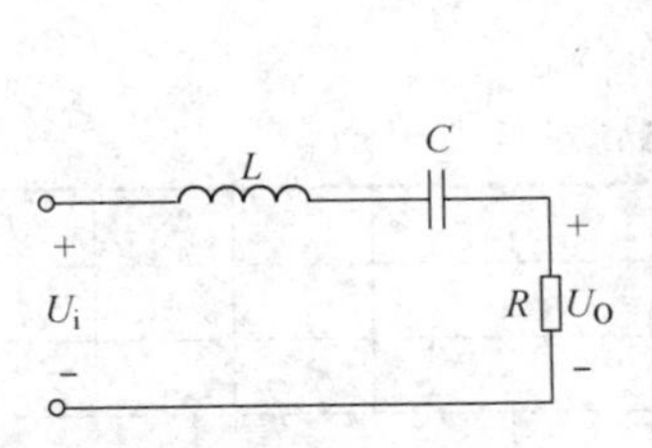

图 2.1.11.1　RLC 串联电路

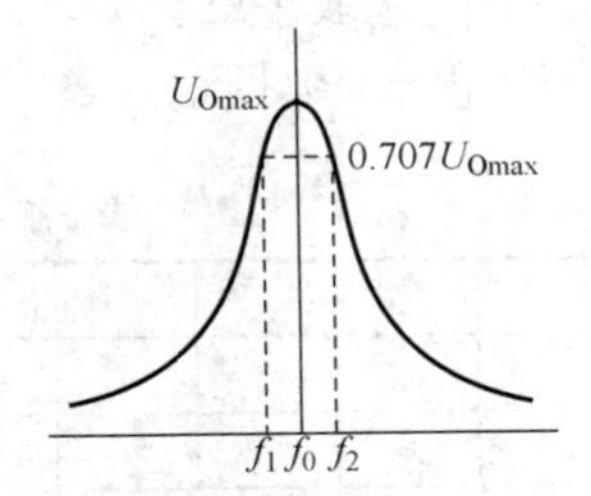

图 2.1.11.2　幅频特性曲线

（2）在 $f = f_0 = \dfrac{1}{2\pi\sqrt{LC}}$ 处，即幅度频率特性曲线尖峰所在的频率点称为谐振频率，此时 $X_L=X_C$，电路呈现纯阻性，电路阻抗的模为最小。在输入电压 U_i 一定时，电路中的电流达到最大值，且与输入电压 U_i 同相位。从理论上讲，此时 $U_i=U_R=U_O$，$U_L=U_C=QU_i$，式中的 Q 称为电路的品质因素。

（3）电路品质因数 Q 值的两种测量方法

一种方法是根据公式 $Q=\dfrac{U_L}{U_O}=\dfrac{U_C}{U_O}$ 测定，U_C 与 U_L 分别为谐振时电容器 C 和电感线圈 L 上的电压。

另一方法是通过测量谐振曲线的通频带宽度 $\Delta f=f_2-f_1$，再根据 $Q=\dfrac{f_0}{f_2-f_1}$ 求出 Q 值。式中 f_0 为谐振频率，f_1、f_2 是失谐时，输出电压的幅度下降到最大值的 $1/\sqrt{2}$（=0.707）倍时的下限截止频率和上限截止频率。Q 值越大，曲线越尖锐，电路的选择性就越好，但通频带就越窄。在恒压源供电时，电路的品质因数、选择性与通频带只决定于电路本身的参数，而与信号源无关。

四、操作内容及参考实验步骤

（1）按图 2.1.11.3 组成测量电路，选用正弦交流信号，用示波器（或交流毫伏表）测量电压，用示波器监视信号源输出。其中：U_i=2V，R=510Ω，C=0.1μF，L=2.5mH（R、C、L 的取值可根据实验室情况选取）。

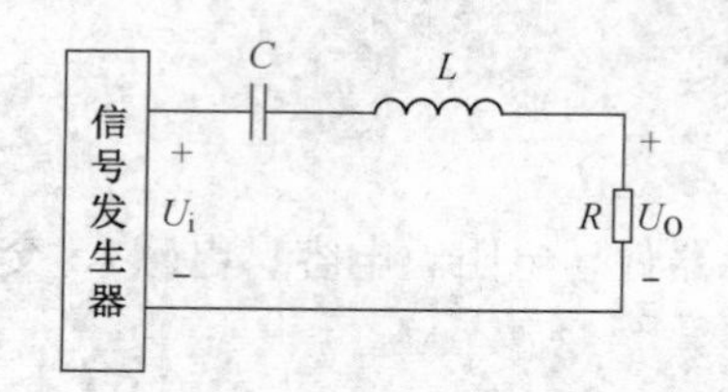

图 2.1.11.3　RLC 串联谐振电路测试图

（2）找出电路的谐振频率 f_0，其方法是，将示波器（或毫伏表）接在电阻 R（510Ω）两端，令信号源的频率由小逐渐变大（注意要维持信号源的输出幅度不变），当 U_O 的读数为最大时，读得频率计上的频率值即为电路的谐振频率 f_0，并测量 U_O 与 U_L 的值。

【注意】要及时更换示波器挡位或毫伏表的量程

（3）在谐振点两侧，按频率递增和递减 500Hz 或 1kHz，依次取测量点（在谐振点附近测量点的频率间隔取小一些），逐点测出 U_O、U_L、U_C 的值以及 U_C+U_L 的值（注意是 U_C 与 U_L 的向量和），数据记入表 2.1.11.1 中。

表 2.1.11.1　幅频特性曲线参数记录表 1

f(kHz)														
U_O(V)														
U_L(V)														
U_C(V)														
U_C+U_L														
U_i=2V，R=510Ω，f_0=　　，Q=　　，f_2−f_1=														

（4）保持电源电压 U_S 和 L、C 不变，改变电阻 R 数值（即改变电路 Q 值），取 R=1kΩ，重复步骤（2）、（3）的测量过程，并将测量数据记录于表 2.1.11.2 中。

表 2.1.11.2　幅频特性曲线参数记录表 2

f(kHz)														
U_O(V)														
U_L(V)														
U_C(V)														
U_C+U_L														
U_i=2V，R=1kΩ，f_0=　　，Q=　　，f_2−f_1=														

五、思考与实践报告

（1）改变电路的哪些参数可以使电路发生谐振，电路中 R 的数值是否影响谐振频率值？

（2）如何判别电路是否发生谐振？测试谐振点的方案有哪些？

（3）要提高 RLC 串联电路的品质因数，电路参数应如何改变？

（4）根据实验相关要求完成实验报告。

实验十二　RC 一阶电路响应测试

一、实验目的

（1）测定 RC 一阶电路的零输入响应，零状态响应及完全响应；

（2）学习电路时间常数的测定方法；

（3）掌握有关微分电路和积分电路的概念；

（4）进一步学会用示波器测绘图形。

二、原理说明

（1）动态网络的过渡过程是十分短暂的单次变化过程，对时间常数 τ 较大的电路，可用慢扫描长余辉示波器观察光点移动的轨迹。然而能用一般的双踪示波器观察过渡过程和测量有关的参数，必须使这种单次变化的过程重复出现。为此，我们利用信号发生器输出的方波来模拟阶跃激励信号，即令方波输出的上升沿作为零状态响应的正阶跃激励信号；方波下降沿作为零输入响应的负阶跃激励信号，只要选择方波的重复周期远大于电路的时间常数 τ，电路在这样的方波序列脉冲信号的激励下，它的影响和直流电源接通与断开的过渡过程是基本相同的。

（2）RC 一阶电路的零输入响应和零状态响应分别按指数规律衰减和增长，其变化的快慢决定于电路的时间常数 τ。

（3）时间常数的测定方法。电路如图 2.1.12.1（a）所示。用示波器测得零输入响应的波形如图 2.1.12.1（b）所示。根据一阶微分方程的求解得知：

$$U_C=Ee^{-t/RC}=Ee^{-t/\tau}$$

当 $t=\tau$ 时，U_0（τ）$=0.368E$，此时所对应的时间就等于 τ。

亦可用零状态响应波形增长到 $0.632E$ 所对应的时间测得，如图 2.1.12.1（C）所示。

（4）微分电路和积分电路是 RC 一阶电路中较典型的电路，它对电路元器件参数和输入信号的周期有着特定的要求。一个简单的 RC 串联电路，在方波序列脉冲的重复激励下，当满足 $\tau=RC<<T/2$ 时（T 为方波脉冲的重复周期），且由 R 端作为响应输出，如图 2.1.12.2（a）所示。这就构成了一个微分电路，因为此时电路的输出信号电压与输入信号电压的微分成正比。利用微分电路可以将方波转换成尖脉冲。

若将图 2.1.12.2（a）中的 R 与 C 位置调换，即由 C 端作为响应输出，且当电路参数的选择满足 $\tau=RC>>T/2$ 条件时，如图 2.1.12.2（b）所示即构成积分电路，因为此时电路的输出信号电压与输入信号电压的积分成正比。利用积分电路可以将方波转换成三角波。

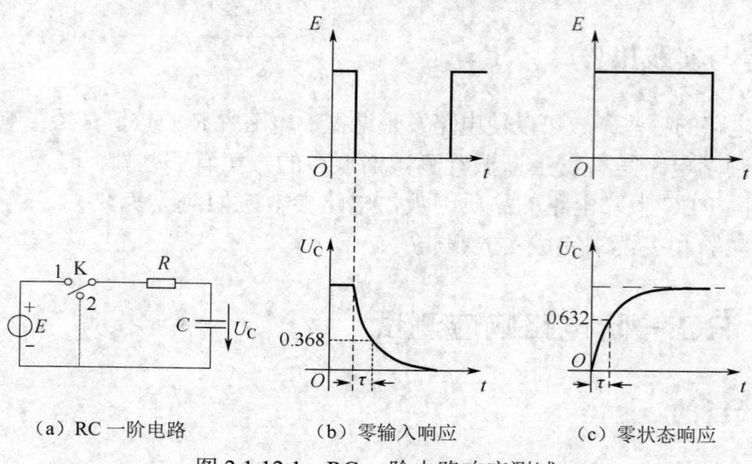

图 2.1.12.1　RC 一阶电路响应测试

从输出波形看，上述两个电路均起着波形变换的作用，请在实验过程中仔细观察与记录。

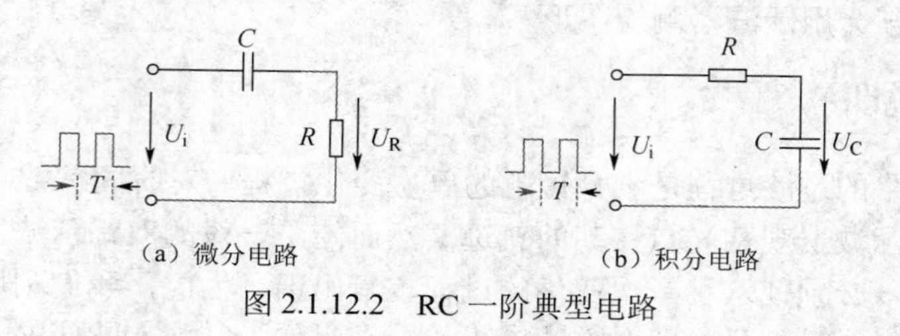

图 2.1.12.2　RC 一阶典型电路

三、实验设备

实训台或电路原理实验箱、双踪示波器。

四、实验内容及步骤

某一实验线路板的结构如图 2.1.12.3 所示，认清 R、C 元器件的布局及其标称值，各开关的通断位置等。

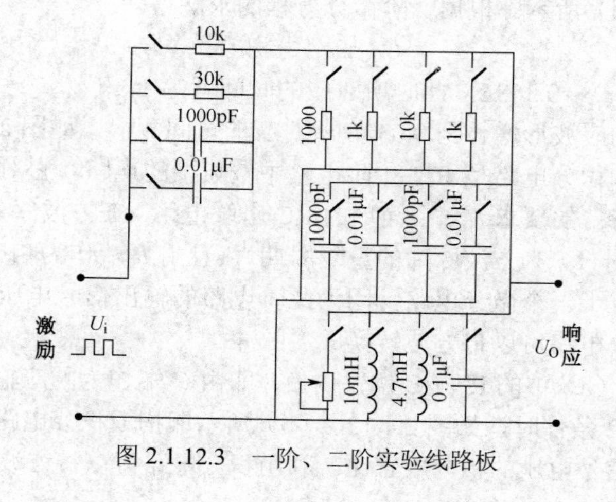

图 2.1.12.3　一阶、二阶实验线路板

（1）选择动态线路板 R、C 元器件，令

① R=10kΩ，c=3300pF，组成如图 2.1.12.1（a）所示的 RC 充放电电路，E 为函数信号发生器输出，取 $U_{p\text{-}p}$=3V，f=1kHz 的方波电压信号，并通过两根同轴电缆，将激励源 U_i 和响应 U_0 的信号分别连至示波器的两个输入口 Y_1 和 Y_2，这时可在示波器的屏幕上观察到激励与响应的变化规律，求得时间常数 τ，并描绘 U 及 U_C 的波形。少量改变电容值或电阻值，定性观察对响应的影响，记录观察到的现象。

② 令 R=10kΩ，c=0.01μF，观察并描绘响应波形，继续增大电容 c 之值，定性观察电容 C 对响应的影响。

（2）选择动态板上 R、C 元器件，组成如图 2.1.12.2（a）所示微分电路，令 c=0.01μF，r=1kΩ。

在同相的方波激励信号（$U_{p\text{-}p}$=3V，f=1kHz）作用下，观测并描绘激励与响应的波形。

增减 r 之值，定性观察对响应的影响，并记录，当 R 增至 1MΩ 时，输入输出波形有何本质上的区别？

五、实验报告

（1）根据实验观测结果，在方格纸上绘出 RC 一阶电路充、放电时 U_C 的变化曲线，由曲线测得 τ 值，并与参数值的计算结果作比较，分析误差原因。

（2）根据实验观测结果，归纳、总结积分电路和微分电路的形成条件，说明波形变换的特征。

（3）实验总结。

实验十三　日光灯电路及功率因数的提高

一、实验目标

（1）了解日光灯电路的结构和工作原理；

（2）学习日光灯电路的接线，并了解各元器件的作用；

（3）了解提高功率因数的意义和方法。

二、实验器材

自耦调压器 1 台（0～250V）；元器件：日光灯 1 套，电容 2.2μF、4.7μF、6.8μF 各 1 个；万用表、交流电流表、交流电压表、功率表各 1 块；电工刀、尖嘴钳、镊子、螺丝刀等；自制实训线路板 1 块；导线若干。

三、相关知识

1. 日光灯电路及各元器件作用

日光灯原理电路如图 2.1.13.1 所示。它是由日光灯管、镇流器、启辉器和开关组成。

（1）日光灯管是一个发光元器件。灯管两端引脚插入灯头的金属插孔，灯管引脚在灯管两端各有一对，对外连接交流电源，对内安装有灯丝，灯丝在交流电源作用下发射电子。

灯管内抽真空后充入少量的汞蒸气和少量的惰性气体，例如氩、氪、氖等。惰性气体的作用是减少阴极的蒸发和帮助灯管启动。

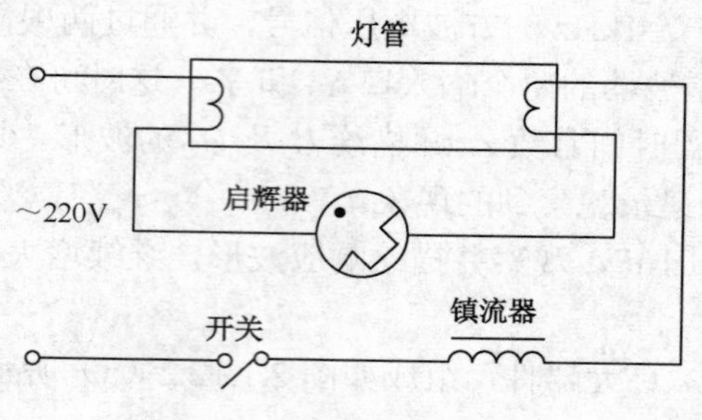

图 2.1.13.1　日光灯原理电路

（2）镇流器是电感量较大的铁心线圈。它串联在灯管和电源之间，其作用有两个：一是配合启辉器产生瞬间高压使灯管发光；二是在灯管正常发光后起到限制灯管电流的作用。

（3）启辉器是一个自动开关。它是一个充满氖气的玻璃泡，其中装有一个固定的静触片和用双金属片制成的 U 形动触片。它的作用是使电路接通和自动断开。为避免启辉器两触片断开时产生火花将触片烧坏，所以在氖气管旁有一种纸质电容器与触片并联。

2．日光灯工作原理

图 2.1.13.2 所示为日光灯工作过程的电流通路示意图。合上电源开关后，电压先加在启辉器的两个电极上，启辉器在进行辉光放电时产生大量的热量。U 形双金属片受热膨胀变形，将启辉器的两电极接通，此时电流通路如图 2.1.13.2（a）所示，在此电流作用下，一方面灯丝被加热，发射大量电子。另一方面，启辉器两个电极闭合后，辉光放电消失，电极很快冷却，双金属片恢复原始状态而导致电极断开，这段时间实际是灯丝预热的过程，一般日光灯约需 0.5～2 秒。

当启辉器中电极突然切断灯丝预热回路时，镇流器上产生很高的感应电压（约 800～1500V），叠加在电源电压上，使得灯管两端获得很高的电压，迫使日光灯进入发光工作状态。如果启辉器经过一次闭合、断开，日光灯管仍然不能点亮，启辉器将重复上述动作，直至将灯管点亮。

灯管点亮后，电路中的电流在镇流器上产生很大电压降，使灯管两端电压迅速降低，当其小于启辉器的启动电压，启辉器不再动作，灯管正常发光，此时电路的电流通路如图 2.1.13.2（b）所示。

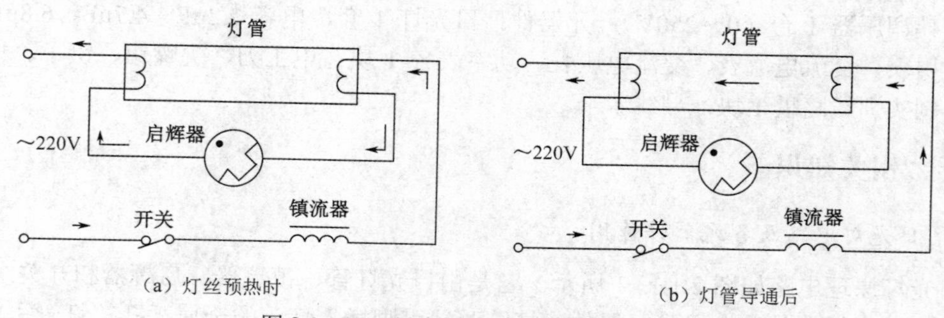

（a）灯丝预热时　　（b）灯管导通后

图 2.1.13.2　日光灯工作过程的电流通路

3．并联电容提高功率因数

对于一般的感性负载，可以通过并联合适电容的方法来提高整个电路的功率因数。日光灯电路由于其具有镇流器的原因，因而是一个功率因数较低的电感性负载，一般情况下 $\cos\varphi$ 约为 0.5。并联不同容量的电容器，可以改善日光灯电路的功率因数，并联电容器提高功率因数的电路图和相量图如图 2.1.13.3 所示。图中 L、r 等效为镇流器，R 等效为灯管。

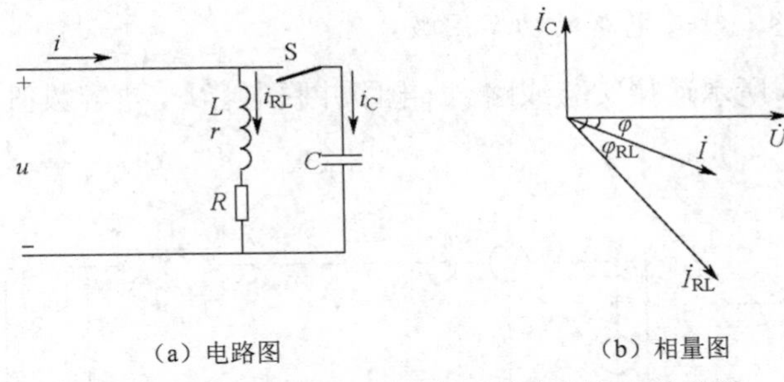

（a）电路图　　（b）相量图

图 2.1.13.3　日光灯并联电容后的电路图和相量图

由相量图可见并联电容器前，日光灯电路功率因数为

$$\cos\varphi_{\mathrm{RL}} = \frac{P}{I_{\mathrm{RL}}U}$$

式中，P 为日光灯支路有功功率；I_{RL} 为日光灯支路电流；U 为电路总电压。

并联电容器以后，整个电路功率因数为

$$\cos\varphi = \frac{P}{IU}$$

式中，P 为整个电路有功功率；I 为整个电路总电流；U 为电路总电压。

并联电容器功率因数提高后，其功率因数角减小（$\varphi < \varphi_{\mathrm{RL}}$），整个电路所需的一部分无功电流分量由电容器提供，从而提高了整个电路的功率因数。

四、操作训练

1．日光灯线路连接与测量

在实训线路板上按图 2.1.13.4 所示接好电路，经指导教师检查后接通交流市电 220V 电源，调节自耦调压器的输出，使其输出电压从小缓慢增大，直到日光灯启辉点亮为止，然后将电压调至 220V，记下三表的指示值，测量功率 P、功率因数 $\cos\varphi$，总电流 I，总电压 U，U_{L}（镇流器两端电压）、U_{A}（灯管两端电压）等值，将测量数据填入表 2.1.13.1 中。

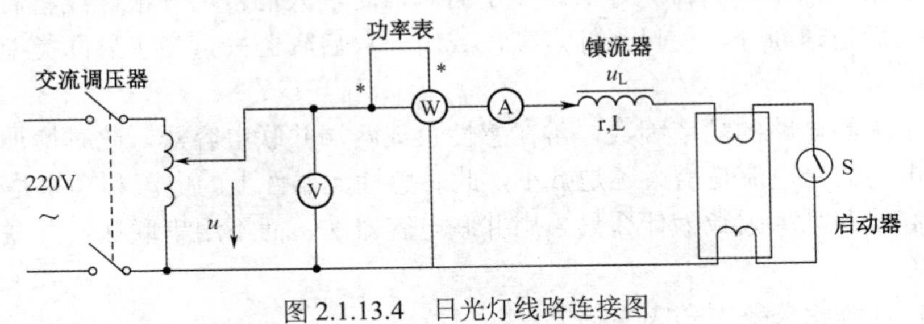

图 2.1.13.4　日光灯线路连接图

表 2.1.13.1　日光灯电路正常工作参数

参数	测量值						计算值	
	P(W)	cosφ	I(A)	U(V)	U_L(V)	U_A(V)	灯管电阻 R(Ω)	cosφ
正常工作值								

【注意】本次实验用交流市电 220V，务必注意用电和人身安全；功率表要正确连接。

2．并联电容电路，改善电路的功率因数

（1）按图 2.1.13.5 所示连接实验线路。给电路并联电容 C，电容数值分别为 2.2μF，4.7μF 和 6.8μF。

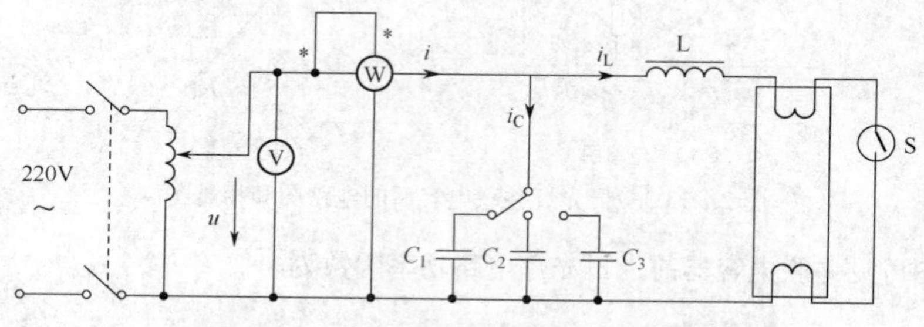

图 2.1.13.5　并联电容的日光灯线路连接图

（2）线路连接完毕，经指导老师检查正确后，接通市电 220V，将自耦调压器的输出调至 220V，记录功率表、电压表读数，通过一只电流表分别测得两条支路的电流和电路的总电流，改变电容值，进行三次重复测量，将结果填入表 2.1.13.2 中。

表 2.1.13.2　功率因数提高测量参数

电容值 (μF)	测量值					计算值	
	P(W)	cosφ	I(mA)	I_L(mA)	I_C(mA)	I(mA)	cosφ
C=2.2							
C=4.7							
C=6.8							

【注意】电容选择高耐压电容。在接电容前，应检查电容是否完好，确保电容正常工作。

五、思考与实验报告

（1）在日常生活中，当日光灯上缺少了启辉器时，人们常用一根导线将启辉器的两端短接一下，然后迅速断开，使日光灯点亮，或用一只启辉器去点亮多只同类型的日光灯，这是为什么？

（2）为了提高电路的功率因数，常在感性负载两端并联电容器，此时增加了一条电流支路，试问电路的总电流是增大还是减小，此时感性元器件上的电流和功率是否改变？

（3）提高线路功率因数为什么只采用并联电容器法，而不用串联法？并联的电容器是否越大越好？

（4）根据训练相关要求完成实验报告。

实验十四　互感电路的观测

一、实验目的

（1）学会互感电路同名端、互感系数以及耦合系数的测定方法；

（2）理解两个线圈相对位置的改变，以及用不同材料作线圈芯时对互感的影响。

二、原理说明

1. 判断互感线圈同名端的方法

（1）直流法。如图 2.1.14.1 所示，当开关 S 闭合瞬间，若毫安表的指针正偏，则可断定“1”“3”为同名端；若指针反偏，则“1”“4”为同名端。

（2）交流法。交流法判定同名端如图 2.1.14.2 所示，将两个绕组 N_1 和 N_2 的任意两端（如 2、4 端）连在一起，在其中的一个绕组（如 N_1）两端加一个低电压，另一绕组（如 N_2）开路，用交流电压表分别测出端电压 U_{13}、U_{12} 和 U_{34}。若 U_{13} 是两个绕组端压之差，则 1、3 是同名端；若 U_{13} 是两个绕组端电压之和，则 1、3 是异名端，亦即 1、4 是同名端。

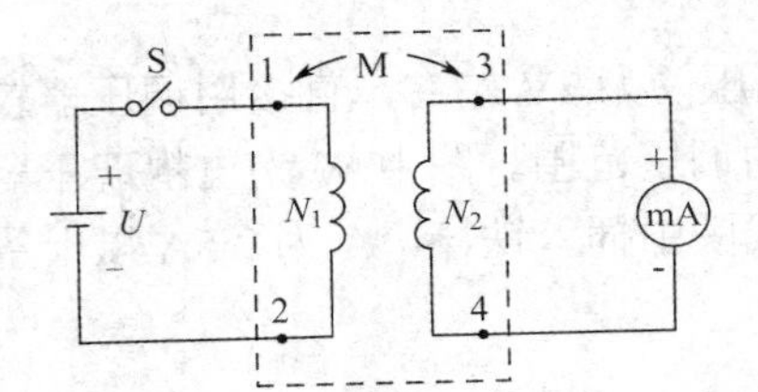

图 2.1.14.1　互感线圈同名端判定（直流法）

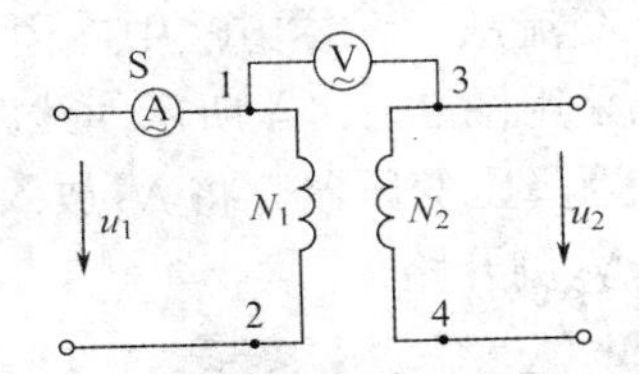

图 2.1.14.2　交流法判定同名端

（3）用双踪示波器观测。电子电路中，通常用到低压降压变压器，这些变压器初级绕组接 220V 的交流电，次级通常有多个绕组，而且绕组之间可以连接（如串联）使用。检测变压器通常先将各个绕组区分开，方法是：用万用表电阻挡将所有绕组的线头两两组合测试，如果电阻是无穷大，则不是同一绕组的线头，有一定阻值（阻值通常不大）的才是同一个绕组的两个线端头。

用双踪示波器测变压器绕组的同名端的方法，将变压器的初级绕组与信号发生器相连接，用示波器的检测探头检测初级绕组的波形，输入到示波器的一个通道（设为 Y1 通道）中，示波器另一通道的检测探头检测某次级绕组，先假设两个探头的信号端所夹住的是同名端。使信号发生器输出几百毫伏或几伏的正弦波信号，示波器的显示方式选“交替”方式，内触发源选择开关选择“Y2”（或“Y1”）（若选择 Y2 就可以理解为是站在 Y2 的位置同时将两个通道的信号进行相位比较），调节示波器，使之能够观察到两个通道的信号。如果显示的两个波形变化一致，即两个波形同相位，表明先假设的同名端是正确的，如果显示的两个波形变化相反，即两个波形反相位，表明先假设的同名端不正确，事实上它们是异名端。

2. 两线圈互感系数 *M* 的测定

在图 2.1.14.2 所示的 N_1 侧施加低压交流电压 u_1，测出 I_1 及 u_2。根据互感电势

$E_{2M} \approx u_{20} = \omega MI_1$，可算得互感系数为$M = {u_2}\Big/{(\omega I_1)}$。

3．耦合系数 k 的测定

两个互感线圈耦合松紧的程度可用耦合系数 k 来表示：

$$k = M\sqrt{L_1L_2}$$

如图 2.1.14.2 所示，先在 N_1 侧加低压交流电压 u_1，测出 N_2 侧开路时的电流 I_1；然后再在 N_2 侧加电压 u_2，测出 N_1 侧开路时的电流 I_2，用电感仪器测出各自的自感 L_1 和 L_2，即可算出 k 值。

三、实验操作内容

1．测定互感线圈的同名端

（1）直流法。直流法判断同名端实验电路图如图 2.1.14.3 所示。先将 N_1 和 N_2 两线圈的四个接线端子编以 1、2 和 3、4 号。将 N_1，N_2 同心地套在一起，并放入细铁棒。U 为可调直流稳压电源，调至 10V。流过 N_1 侧的电流不可超过 0.4A（选用 5A 量程的数字电流表）。N_2 侧直接接入 2mA 量程的毫安表。将铁棒迅速地拔出和插入，观察毫安表读数正、负的变化，以此判定 N_1 和 N_2 两个线圈的同名端。

（2）交流法。在本方法中，由于加在 N_1 上的电压仅为 2V 左右，直接用调压器较难调节，因此采用图 2.1.14.4 所示的线路来扩展调压器的调压范围。图中 W 为自耦调压器的输出端，B 为降压变压器。将 N_2 放入 N_1 中，并在两线圈中插入铁棒，A 为 2.5A 以上量程的电流表，N_2 侧开路。

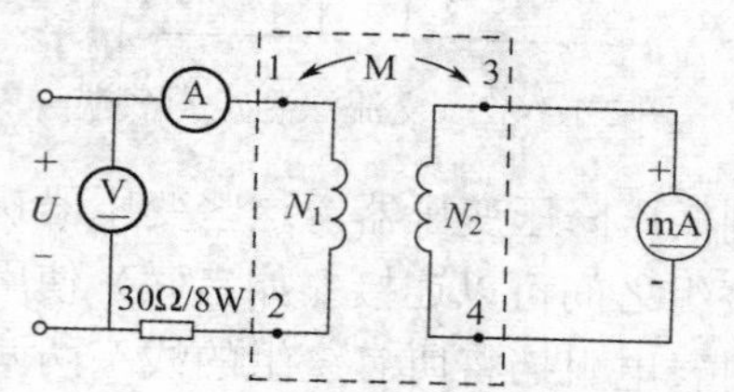

图 2.1.14.3　直流法判定同名端实验电路图

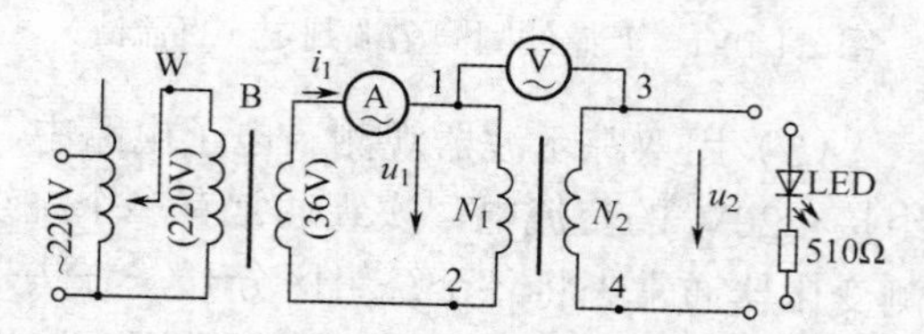

图 2.1.14.4　交流法判定同名端实验线路图

接通电源前，应首先检查自耦调压器是否调至零位，确认后方可接通交流电源，令自耦调压器输出一个很低的电压（约 12V），使流过电流表的电流小于 1.4A，然后用 0～30V 量程的交流电压表测量 U_{13}、U_{12} 和 U_{34}，判定同名端。

拆去 2、4 连线，并将 2、3 相接，重复上述步骤，判断同名端。

（3）用双踪示波器和信号发生器判断同名端。参照前面原理说明中的方法进行测试，判断互感线圈的同名端，并检验出前面的判断是否正确。

2．测定互感线圈的互感系数

（1）按图 2.1.14.4 连接测量电路（注意，在测量同名端实验中所用的连接导线都应该拆除），按“交流法测定同名端”实验所设定的电压及电流值进行实验，测量出 U_1，I_1，U_2，计算出 M。

（2）将低压交流电加在 N_2 侧，使流过 N_2 侧电流小于 1A，N_1 侧开路，按步骤（1）的

方法测出 U_2，I_2，U_1，计算 M。

3．计算 k 值

用测得的数值计算耦合系数 k。

4．观察互感现象

在图 2.1.14.4 所示的 N_2 侧接入 LED 发光二极管与 510Ω（电阻箱）串联的支路。

(1)将铁棒慢慢地从两线圈中抽出和插入，观察 LED 亮度的变化及各电表读数的变化，记录现象。

(2）将两线圈改为并排放置，并改变其间距，分别或同时插入铁棒，观察 LED 亮度的变化及仪表读数。

(3）改用铝棒替代铁棒，重复步骤（1）、(2)，观察 LED 的亮度变化，记录现象。

四、实验注意事项

(1）整个实验过程中，注意流过线圈 N_1 的电流不得超过 1.4A，流过线圈 N_2 的电流不得超过 1A。

(2）测定同名端及其他数据测量实验中，都应将小线圈 N_2 套在大线圈 N_1 中，并插入铁芯。

(3）作交流试验前，首先要检查自耦调压器，要保证手柄置在零位。因实验时加载 N_1 上的电压只有 2～3V，因此调节时要特别仔细、小心，要随时观察电流表的读数，不得超过规定值。

五、预习思考题

(1）用直流法判断同名端时，如何根据 S 断开瞬间毫安表指针的正、反偏来判断同名端？

(2）本实验用直流法判断同名端是用插、拔铁芯时观察电流表的正、负读数变化来确定的（应如何确定？），这与实验原理中所叙述的方法是否一致？

六、实验报告

(1）总结互感线圈同名端、互感系数的实验测试方法。

(2）自拟测试数据表格，完成计算任务。

(3）解释试验中观察到的互感现象。

(4）撰写心得体会及其他问题。

七、任务总结

(1）一个线圈的电流产生的磁通与邻近线圈的交链称为磁的耦合（简称磁耦合），耦合磁通链与产生它的电流的比值定义为互感，即 $M=\dfrac{\psi_{12}}{i_2(t)}=\dfrac{\psi_{21}}{i_1(t)}$。

(2)表示两线圈耦合紧密程度的参数叫作耦合系数，如用 k 表示，则 $0\leqslant k=\dfrac{M}{\sqrt{L_1L_2}}\leqslant 1$。

（3）当两线圈的电流产生的磁通相助时，两电流的流入端（或两电流的流出端）规定为同名端。同名端的含义是线圈上自感电压与另一线圈上互感电压真实极性相同的端。

（4）同名端在已知线圈绕向的情况下，可以用右手螺旋法则判定；在未知绕向的情况下，可以用直流法、交流法以及示波器观察法测定。

（5）互感线圈顺向串联的等效电感为 $L_{AB}=L_1+L_2+2M$，反向串联的等效电感为 $L_{AB}=L_1+L_2-2M$。

（6）互感线圈同侧并联的等效电感为 $L_{AB}=\dfrac{L_1L_2-M^2}{L_1+L_2-2M}$，异侧并联的等效电感为 $L_{AB}=\dfrac{L_1L_2-M^2}{L_1+L_2+2M}$。

（7）互感线圈的 T 形等效分为同名端为公共端和异名端为公共端两种情况，T 形等效法也可用于串、并联电路的等效。

（8）若需考虑互感线圈一般存在的损耗电阻，在等效电路中将损耗电阻串入即可。

（9）含互感电路的方程分析法，是根据互感线圈上的电压、电流关系，应用 KCL 和 KVL 列写电路电压、电流的瞬时值方程式，再将方程变换成相量形式分析电路的一种方法。其优点是可以直接计算出互感线圈上的电压、电流。

（10）含互感电路的等效分析法，是应用互感的去耦等效，将互感电路等效成不含互感的电路，再应用与交流电路相同的分析方法分析电路。

附录：

常规实验箱的使用说明及注意事项

1．把仪器接入 AC 电源之前，应先检查 AC 电源是否与所需电源相适。

2．打开电源开关，指示灯亮，直流稳压电源、低压交流电源，处于待用状态。

3．实验时，根据实验所需信号源、电源、打开相应的信号源或电源，用连接引出即可。

4．实验时，如果需要测量线路中参数，可按要求选择电压电流表的合适量程，检查无误后，接入仪表开关进行测量。

5．对于在实验中不慎而损坏的元器件，使用者可根据提供的数据资料自行更换，但必须为同型号、同规格。

6．实验中不用的仪器可以暂时关闭，减少不必要的损耗。

7．实验过程中，如出现电源短路报警，应立即切断电源，查明原因，排除故障，方可再通电继续实验。

8．实验时，若出现异常现象（如元器件发烫、有异味或冒烟），应立即关断电源，查明原因，排除故障，方可继续实验。

9．插接件均具有自锁锥度，接触良好，插头可以叠插。插接时无须用力过大、过猛，插接牢固即可，拔出时，捏住插头柄旋转，即可轻松拔出，切不可硬扯连接线，以免损坏。

10．实验时，如果需要测量线路中的电流，选择适当的量程，检查无误后，按下毫安表开关进行测量。

11．实验结束必须关断电源，拔出电源插头，并将仪器、设备、工具、导线等按规定整理好。

第二部分　电工技术基础实训

实训项目一　常用低压电器识别

一、刀开关

刀开关又称闸刀开关，它是一种手动控制器，结构最简单的开关电器，主要作隔离、转换及接通和分断电路用，多数用作机床电路的电源开关和局部照明电路的控制开关，有时也用来直接控制小容量电动机的启动、停止和正、反转，其结构、电气符号如图 2.2.1.1 所示，它由刀开关和熔断器组合而成，包含有瓷地板、静触头、触刀、瓷柄、熔体和胶盖等。

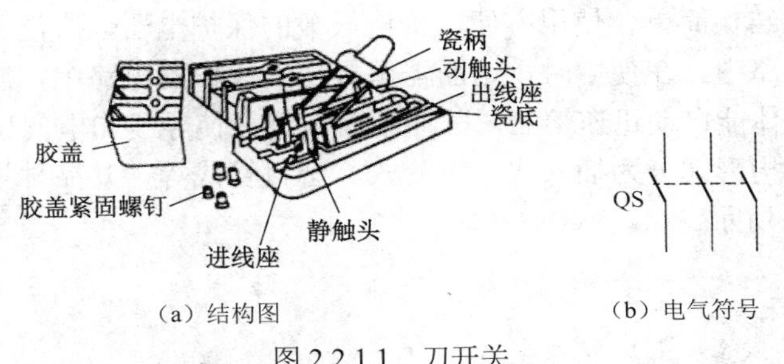

（a）结构图　　（b）电气符号

图 2.2.1.1　刀开关

这种开关因其无专门的灭弧装置易被电弧烧坏，因此不宜带负载接通或分断电路，故不宜频繁分、合电路。但其结构简单，价格低廉，常用作照明电路的电源开关，也用于 5.5kW 以下三相异步电动机不频繁启动和停止的控制。

二、按钮

按钮是一种短时接通或断开小电流电路的手动电器，常用于控制电路中发出启动或停止等指令，按钮的外形图、原理图和图形符号如图 2.2.1.2 所示。它是由按钮帽、复位弹簧、桥式动触点、静触点和外壳等组成。其触点允许通过的电流很小，一般不超过 5A。

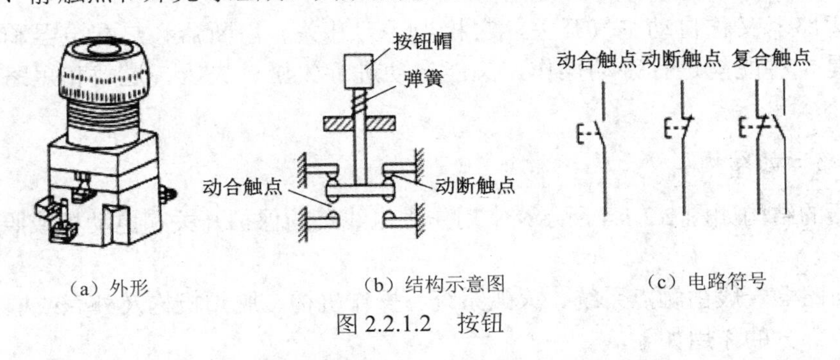

（a）外形　　（b）结构示意图　　（c）电路符号

图 2.2.1.2　按钮

常开按钮（启动按钮）：手指未按下时，触头是断开的；当手指按下时，触头接通；手指松开后，在复位弹簧作用下触头又返回原位断开。

常闭按钮（停止按钮）：手指未按下时，触头是闭合的；当手指按下时，触头被断开；手指松开后，在复位弹簧作用下触头又返回原位闭合。

复合按钮：将常开按钮和常闭按钮组合为一体。当手指按下时，其常闭触头先断开，然后常开触头闭合；手指松开后，在复位弹簧作用下触头又返回原位。它常用在控制电路中作电气联锁。

为便于识别各个按钮的作用，避免误操作，通常在按钮帽上作出不同标记或涂上不同颜色，如蘑菇形表示急停按钮，红色表示停止按钮，绿色表示启动按钮等。

按钮安装在面板上时，应布置合理，排列整齐。可根据生产机械或机床启动、工作的先后顺序，从上到下或从左至右依次排列。如果它们有几种工作状态，如上、下，前、后，左、右，松、紧等，则应使每一组正、反状态的按钮安装在一起。

三、熔断器

熔断器是一种结构简单、使用方便、价格低廉的保护电器，广泛用于供电线路和电气设备的短路保护电路中。在使用时，熔断器串接在所保护的电路中，当电路发生短路或严重过载时，它的熔体能自动迅速熔断，从而切断电路，使导线和电气设备不致损坏。

熔断器按其结构形式分为插入式、螺旋式、密封管式等，其品种规格很多。其熔断器的结构如图 2.2.1.3 所示。

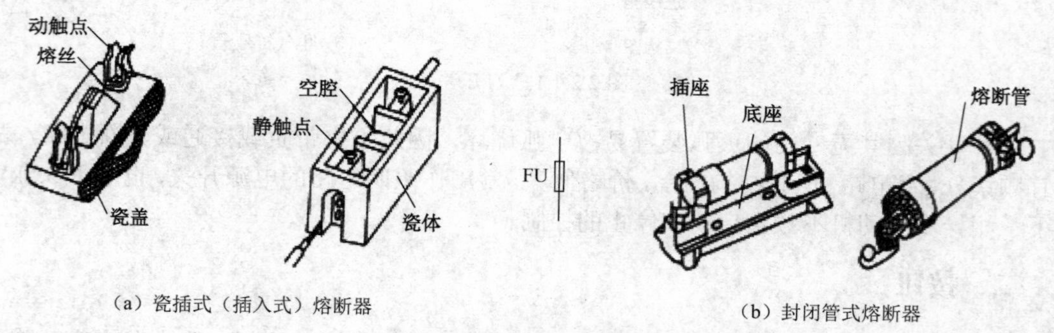

（a）瓷插式（插入式）熔断器　　（b）封闭管式熔断器

图 2.2.1.3　常见的熔断器

四、低压断路器

低压短路器又称自动空气开关，它相当于刀开关、熔断器、热继电器和欠压继电器的组合。是一种既能进行手动操作，又能自动进行欠压、失压、过载和短路保护的控制电器。

1．断路器的结构

断路器的结构如图 2.2.1.4 所示，常用作供电线路的保护开关和电动机或照明系统的控制开关。

低压断路器一般由触点系统、灭弧系统、操作机构、脱扣机构及外壳或框架等组成。各组成部分的作用如下。

触点系统：用于接通和断开电路。

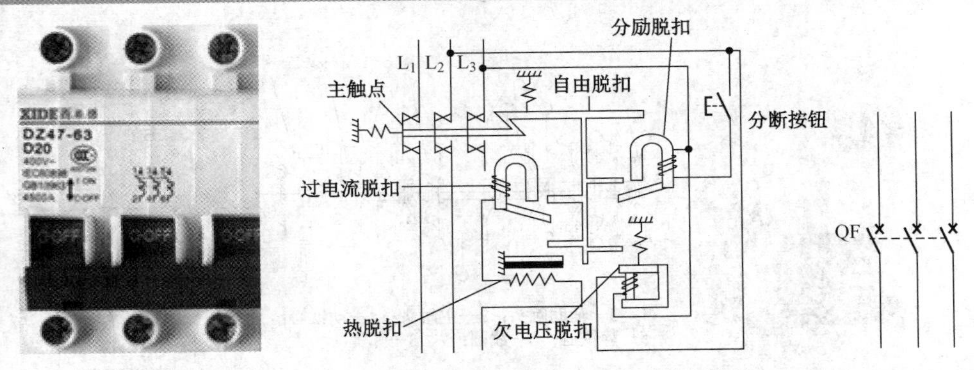

图 2.2.1.4　自动空气开关的外形、结构及电路符号

灭弧系统：有多种结构形式，采用的灭弧方式有窄缝灭弧和金属栅灭弧。

操作机构：用于实现断路器的闭合与断开，有手动操作机构、电动机操作机构和电磁操作机构等。

脱扣机构：是断路器的感测元器件，用来感测电路特定的信号（如过电压、过电流等）。电路一旦出现非正常信号，相应的脱扣器就会动作，通过联动装置使断路器自动跳闸而切断电路。

2．低压断路器的工作原理

当主触点闭合后，若电路发生短路或过电流（电流达到或超过过电流脱扣器动作值）事故时，过电流脱扣器的衔铁吸合，驱动自由脱扣器动作，主触点在弹簧的作用下断开；当电路过载时（L_3 相），热脱扣器的热元器件发热，使双金属片产生足够的弯曲，推动自由脱扣器动作，从而使主触点断开，切断电路；当电源电压不足（小于欠电压脱扣器释放值）时，欠电压脱扣器的衔铁释放，使自由脱扣器动作，主触点断开，切断电路。分励脱扣器用于远距离切断电路，当需要分断电路时，按下分断按钮，分励脱扣器线圈通电，衔铁驱动自由脱扣器动作，使主触点断开而切断电路。

五、交流接触器

交流接触器是一种通用性很强的自动电磁式开关电器，是电力拖动与自动控制系统中一种重要的低压电器。它可以频繁地接通和分断交、直流主电路及大容量控制电路。其主要控制对象是电动机，也可用于控制其他设备，如电焊机、电阻炉和照明器具等电力负载。它利用电磁力的吸合和反向弹簧力作用使触点闭合和分断，从而使电路接通和断开。它具有欠电压释放保护及零压保护，控制容量大，可运用于频繁操作和远距离控制，且工作可靠，寿命长，性能稳定，维护方便，接触器不能切断短路电流，因此通常需与熔断器配合使用。

交流接触器的结构与工作原理如下：

交流接触器由电磁机构、触点系统和灭弧系统三部分组成，其外形、结构及符号如图 2.2.1.5 所示。电磁系统是接触器的重要组成部分，它由线圈、铁心（静触头）和衔铁（动触头）三部分组成，当电磁线圈通电或断电时，使衔铁和铁心吸合或释放，从而带动动触点与静触点接通或断开，实现接通或断开电路的目的。

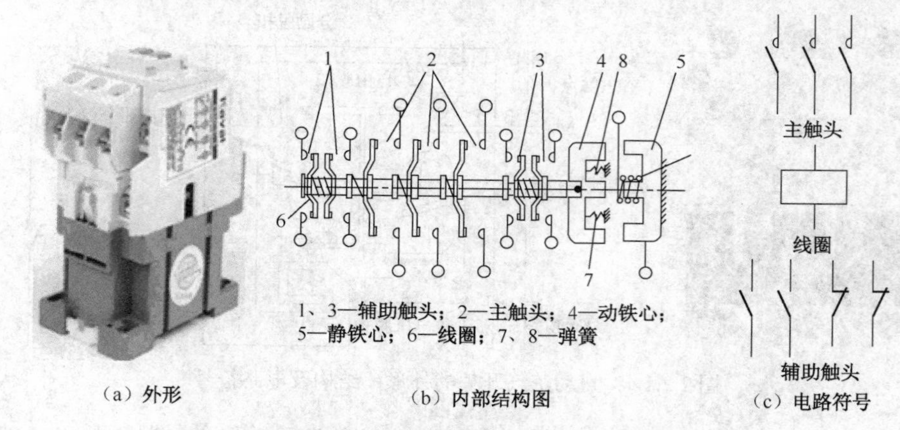

（a）外形　　（b）内部结构图　　（c）电路符号

图 2.2.1.5　交流接触器外形、结构及符号

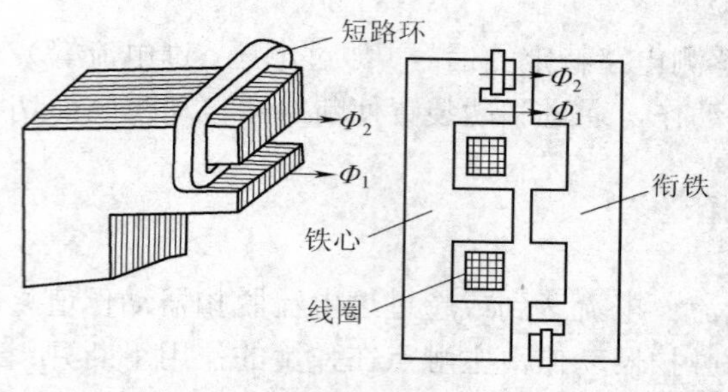

图 2.2.1.6　交流接触器的短路环

交流接触器的线圈是由漆包线绕制而成的，以减少铁心中的涡流损耗，避免铁心过热。交流接触器的铁心和衔铁一般用 E 形硅钢片叠压铆成。同时交流接触器为了减少吸合时的振动和噪声，在铁心上装有一个短路的铜环（图 2.2.1.6）作为减震器，使铁心中产生了不同相位的磁通量 Φ_1、Φ_2，以减少交流接触器吸合时的振动和噪声，其材料一般为铜、康铜或镍铬合金。

触点系统用来直接接通和分断所控制的电路，根据用途不同，接触器的触头分主触头和辅助触头两种。主触头通常为三对，构成三个常开触头，用于通断主电路。通过的电流较大。接在电动机主电路中。辅助触头一般有常开、常闭各两对，用在控制电路中起电气自锁和互锁作用。辅助触头通过的电流较小，通常接在控制回路中。

当接触器触点断开电路时，若电路中动、静触点之间的电压超过 10～12V，电流超过 80～100mA，则动、静触点之间将出现强烈火花，这实际上是一种空气放电现象，通常称为“电弧”。随着两触点间距离的增大，电弧也相应拉长，不能迅速切断。由于电弧的温度高达 3000℃或更高，导致触点被严重烧灼，缩短了电器的寿命，给电气设备的运行安全和人身安全等都造成极大威胁，因此，我们必须采取有效方法，尽可能消灭电弧。

六、继电器

继电器主要用于控制与保护电路中进行信号转换。继电器具有输入电路（又称感应元器件）和输出电路（又称执行元器件），当感应元器件中的输入量（如电流、电压、温度、压力等）变化到某一定值时继电器动作，执行元器件便接通和断开控制回路。

控制继电器种类繁多，常用的有电流继电器、电压继电器、中间继电器、时间继电器、热继电器等。这里主要介绍电流继电器和热继电器。

1．电流继电器

电流继电器属于电磁式继电器。其结构、工作原理与接触器相似，由电磁系统、触头系统和释放弹簧等组成。电流继电器的结构和电路符号如图 2.2.1.7 所示。

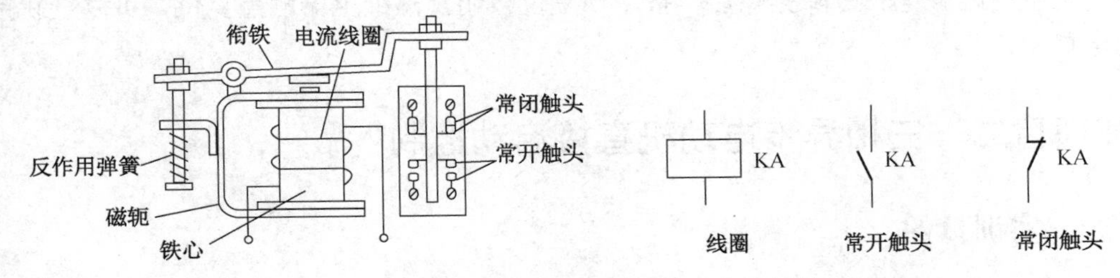

图 2.2.1.7　电流式继电器的结构及电路符号

2．热继电器

热继电器是专门用来对连续运行的电动机进行过载及断相保护，以防止电动机过热而烧毁的保护电器。

1）结构

常用的热继电器主要由加热元器件、主双金属片动作机构、触点系统、电流整定装置、复位机构和温度补偿元器件等组成，如图 2.2.1.8 所示。

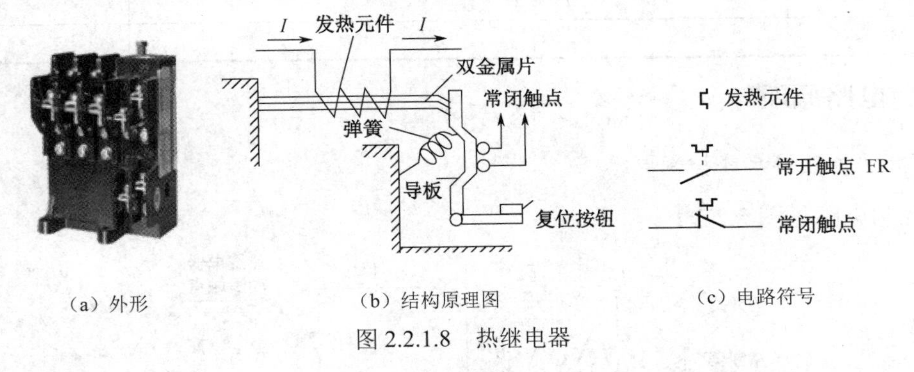

（a）外形　（b）结构原理图　（c）电路符号

图 2.2.1.8　热继电器

热元器件：是热继电器接收过载信号的部分，它由双金属片及绕在双金属片外面的绝缘电阻丝组成。双金属片由两种热膨胀系数不同的金属片复合而成，如铁-镍-铬合金和铁-镍合金。电阻丝用康铜和镍铬合金等材料制成，使用时串联在被保护的电路中。当电流通过热元器件时，热元器件对双金属片进行加热，使双金属片受热弯曲。

触点系统：一般配有一组切换触点，可形成一个动合触点和一个动断触点。

动作机构：由导板、补偿双金属片、推杆、杠杆及拉簧等组成，用来补偿环境温度的影响。

复位按钮：热继电器动作后的复位有手动复位和自动复位两种，手动复位的功能由复位按钮来完成，自动复位的功能由双金属片冷却自动完成，但需要一定的时间。

整定电流装置：由旋钮和偏心轮组成，用来调节整定电流的数值。热继电器的整定电流是指热继电器长期不动作的最大电流值，超过此值就要动作。

2）工作原理

由热继电器结构原理图可知，当电动机正常运行时，热元器件产生的热量不会使触点系统动作；当电动机过载时，流过热元器件的电流加大，经过一定的时间，热元器件产生的热量使双金属片的弯曲程度超过一定值，通过导板推动热继电器的触点动作（常开触点闭合，常闭触点断开）。通常用热继电器串接在接触器线圈电路的常闭触点来切断线圈电流，使电动机主电路失电。故障排除后，按手动复位按钮，热继电器触点复位，可以重新接通控制电路。

实训项目二　三相异步电动机直接启动控制

一、实训目的

（1）认识三相电源，掌握如何用低压断路器控制三相鼠笼异步电动机的启动、停止。
（2）掌握三相鼠笼异步电动机绕组的 Y 与△接法。

二、实训所需电气元器件明细表（见表 2.2.2.1）

表 2.2.2.1

代　号	名　称	型　号	数　量	备　注
QS				
FU_1				
M				

三、电路原理

1．电动机直接启停控制电路

其控制电路见图 2.2.2.1。

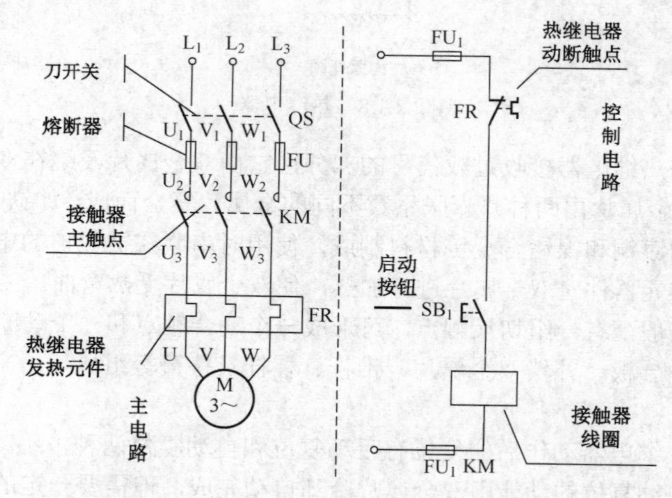

图 2.2.2.1　三相异步电动机点动控制电路

其工作过程是：
（1）先闭合主回路中的电源控制开关 QS，为电动机的启动做好准备。
（2）按下启动按钮 SB_1，接触器线圈 KM 得电，KM 的三对主触点闭合，电动机主电路接通，电动机启动运转。

（3）松开按钮 SB_1，接触器 KM 线圈失电，KM 的三对主触点随即断开，电动机主电路断电，电动机停止运行，实现了三相异步电动机的点动控制。

2．带自锁功能的电动机启停控制电路

其控制电路见图 2.2.2.2。

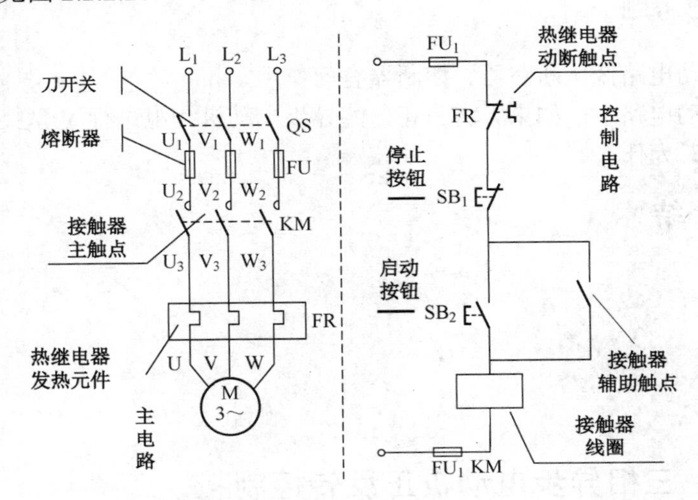

图 2.2.2.2　带自锁功能的三相异步电机的启停控制电路

其工作过程是：

（1）先闭合主回路中的电源控制开关 QS，为电动机的启动做好准备。

（2）按下启动按钮 SB_2，接触器线圈 KM 得电，KM 的三对主触点闭合，电动机主电路接通，电动机启动运转，同时因为接触器动辅助触点闭合，使 SB_2 自锁，电动机连续运转。

（3）按下按钮 SB_1，接触器 KM 线圈失电，KM 的三对主触点随即断开，电动机主电路断电，电动机停止运行，同时接触器辅助触点断开，使 SB_2 解锁，实现了三相异步电动机的启停控制。

四、实训步骤

（1）按照电路图连接线路；

（2）检查无误后通电试验；

（3）观察电机的运行情况，并做好记录。

五、接线时需注意的地方

（1）线的颜色的选择。主电路分别采用黄、绿、红三种颜色接线，控制回路采用红色接线，保护接地线 PE 采用黄绿双色线。

（2）电动机的接线。三相鼠笼异步电动机的接法一般有两种，分别是 Y 形接法和△形接法。

（3）电源的接线。将 L_1、L_2、L_3 分别接到三相电源输出端 U、V、W 上。

六、检查与调试

确认接线无误后，先接通三相总电源，再“合”上低压断路器 QS，电机应正常启动和平稳运转。若熔芯熔断（可看到熔芯顶盖弹出）则应“分”断电源，检查分析并排除故障后才可重新接通电源。

七、实训思考题

（1）直接启动电路低压断路器、熔断器有何作用？

（2）直接启动电路中，如果不将三相鼠笼异步电动机绕组进行 Y 型接法或△型接法，电动机是否运转？为什么？

八、实训小结

实训项目三　三相异步电动机正反转控制

一、实训目的

（1）理解和掌握三相异步电动机降压启动及反接制动控制电路的原理；

（2）学三相异步电动机降压启动及反接制动控制电路的制作。

二、实训所需电气元器件明细表（学生填）（见表 2.2.3.1）

表 2.2.3.1

代　号	名　称	型　号	数　量	备　注
QS				
FU_1				
FU_2				
KM_1、KM_2				
FR				
SB_1				
SB_2				
SB_3				
M				

三、电路原理

1．三相异步电机正反转控制电路

其控制电路如图 2.2.3.1 所示。

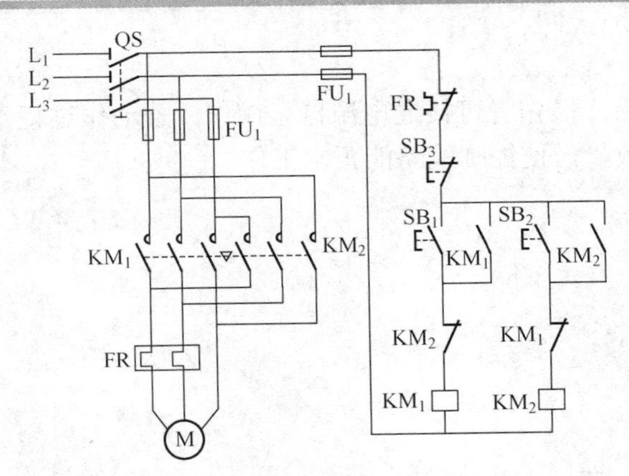

图 2.2.3.1　三相异步电机正反转控制电路

2．工作过程

正向启动过程：按下启动按钮 SB_1，接触器 KM_1 线圈通电，与 SB_1 并联的 KM_1 的辅助常开触点闭合，SB_1 自锁，以保证 KM_1 线圈持续通电，串联在电动机回路中的 KM_1 的主触点持续闭合，电动机连续正向运转。

停止过程：按下停止按钮 SB_3，接触器 KMl 线圈断电，与 SB_1 并联的 KM_1 的辅助触点断开，以保证 KM_1 线圈持续失电，串联在电动机回路中的 KM_1 的主触点持续断开，切断电动机定子电源，电动机停转。

反向启动过程：按下启动按钮 SB_2，接触器 KM_2 线圈通电，与 SB_2 并联的 KM_2 的辅助常开触点闭合，SB_2 自锁，以保证 KM_2 线圈持续通电，串联在电动机回路中的 KM_2 的主触点持续闭合，电动机连续反向运转。

四、实训步骤

（1）按照电路图连接线路；

（2）检查无误后通电试验；

（3）观察电机的运行情况，并做好记录。

五、检查与调试

1．检查

线路连接完毕，应进行检查，防止接错、漏接或线路故障。在通电试车前，应仔细检查各接线端连接是否正确、可靠，并用万用表检查控制回路是否短路或开路、主电路有无开路或短路。具体如下：

（1）核对接线：对照原理图、接线图，从电源端开始逐段核对端子接线的线号，排除错接、漏接；核对同一条导线两端的线号是否相同，重点核对辅助电路中容易接错的线号。

（2）检查端子接线是否符合要求：首先检查导线有无绝缘层压入接线端子，再检查心线裸露是否超过 2mm，最后检查所有导线与接线端子的接触情况。用手摇动、拉拔接线端子上的导线，不允许有松脱。

2．调试

经检查接线无误后，操作者可接通电源自行操作，若动作过程不符合要求或出现不正常，则应分析并排除故障，使控制线路能正常工作。

六、实训小结

实训项目四　三相异步电动机“Y/△”启动控制

一、实训目的

（1）理解和掌握三相异步电动机“**Y/△**”启动控制电路的原理；

（2）三相异步电动机“**Y/△**”启动控制电路的接线方法。

二、实训所需电气元器件明细表（学生填）（见表 2.2.4.1）

表 2.2.4.1

代　号	名　称	型　号	数　量	备　注
QS				
FU_1				
FU_2				
KM				
KM_Y				
$KM_\triangle$				
FR				
SB_1				
SB_2				
SB_3				
M				

三、电路原理

1．三相异步电动机“Y/△”启动控制电路

三相异步电动机“Y/△”启动控制如图 2.2.4.1 所示。

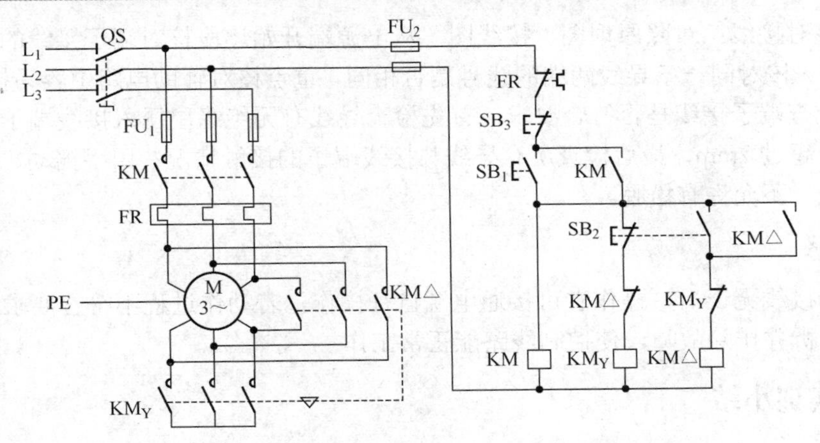

图 2.2.4.1　三相异步电动机“Y/△”启动控制电路

2．工作过程（先合上电源开关 QS）

（1）电动机 Y 形接法降压启动：

（2）电动机形△接法全压运行：当电动机转速上升并接近额定值时，

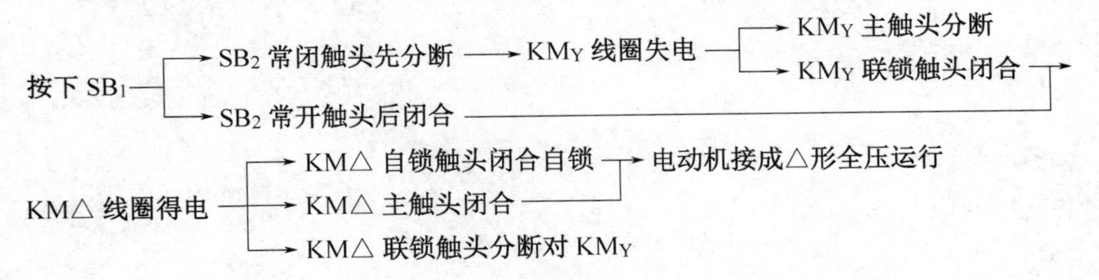

（3）停止时，按下 SB_3 即可实现电机停止运行。

四、实训步骤

（1）按电路图连接线路；

（2）检查无误后通电试验；

（3）观察电机的运行情况，做好记录。

五、检查与调试

1．检查

线路连接完毕，应进行检查，防止接错、漏接或线路故障。在通电试车前，应仔细检查各接线端连接是否正确、可靠，并用万用表检查控制回路是否短路或开路、主电路有无开路或短路。

（1）核对接线：对照原理图、接线图，从电源端开始逐段核对端子接线的线号，排除错接、漏接；核对同一条导线两端的线号是否相同，重点核对辅助电路中容易接错的线号。

（2）检查端子接线是否符合要求：首先检查导线有无绝缘层压入接线端子，再检查心线裸露是否超过 2mm，最后检查所有导线与接线端子的接触情况。用手摇动、拉拔接线端子上的导线，不允许有松脱。

2．调试

经检查接线无误后，操作者可接通电源自行操作，若动作过程不符合要求或出现不正常，则应分析并排除故障，使控制线路能正常工作。

六、实训小结

模块三　模拟电子技术实践

第一部分　模拟电子技术基础实验

实验一　半导体二极管测试

一、实验目的

（1）掌握各类二极管引脚极性的判断方法；
（2）掌握各类二极管检测方法；
（3）了解各类二极管主要参数的含义。

二、实验器材

电源、数字万用表、面包板、电子元器件。

三、实验内容和方法

1．普通二极管的极性判断与好坏检测

一般情况下，二极管的负极都会用标记环或标记线标注，如图 3.1.1.1 所示为常见二极管。

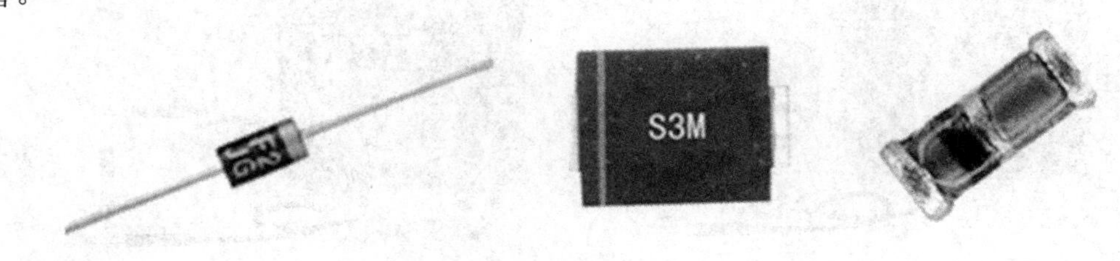

图 3.1.1.1　常见二极管

1）用指针式万用表检测二极管

先以指针式万用表为例，用万用表电阻挡来判断二极管的极性，如图 3.1.1.2 所示。根据二极管正向电阻小、反向电阻大的特点，将万用表拨到 R×1k 挡。用表笔分别与二极管的两极相接，测出两个电阻值。在所测得阻值较小的一次中，与黑表笔相接的一端为二极管正极（指针式万用表置欧姆挡时，黑表笔连接的是表内电池的正极，红表笔连接的是表内电池的负极），与红表笔相接的一端是二极管的负极。

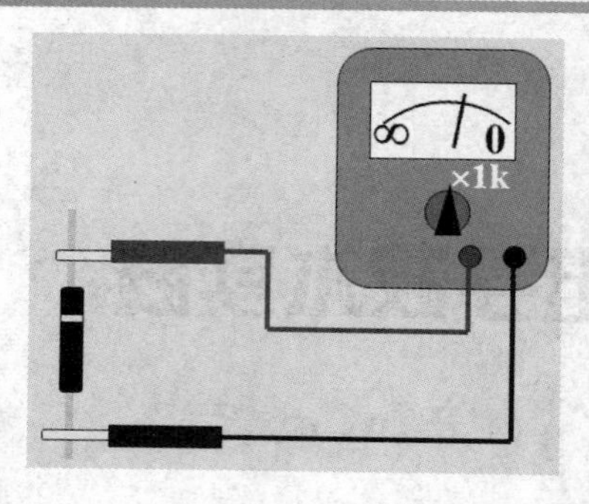

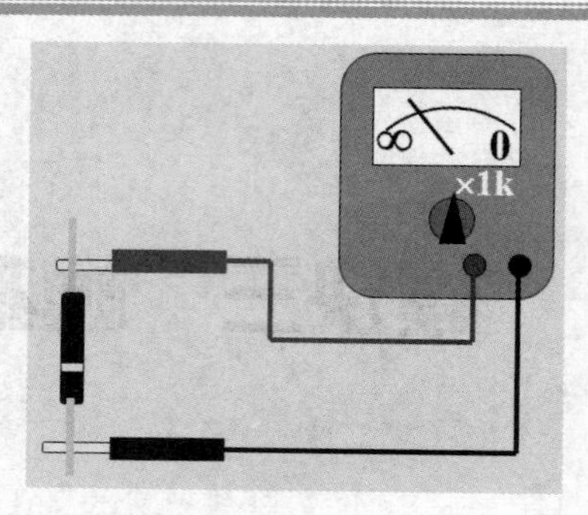

图 3.1.1.2　二极管的测试示意图

二极管好坏的判别：一般硅二极管的正向电阻为几千欧，而锗二极管的正向电阻只有几百欧。不论是硅管还是锗管，反向电阻一般都在几百千欧姆以上，而且硅管比锗管大。用不同倍率的电阻挡或不同灵敏度的万用表测量时，所测的数据会略有不同，但正反向电阻值相差几百倍的规律不变。判断二极管的好坏，关键是看它的单向导电性能，正向电阻越小，反向电阻越大的二极管质量越好。

如果测得的正、反向电阻值均很小，说明二极管内部短路；若正、反向电阻值均很大，说明二极管内部开路，这两种情况下，二极管就不能使用了。

2）用数字式万用表检测二极管

将数字万用表的功能转换旋钮转到二极管符号挡，用红、黑表笔分别与二极管的两极相接进行检测（数字式万用表置二极管挡时，红表笔连接的是表内电池的正极，黑表笔连接的是表内电池的负极），如果一次指示六百多，另一次指示“1”，则指示六百多的那一次，红表笔相连的一极是二极管的正极，所指示的值是二极管正向导通后的压降，单位是毫伏，且这个二极管是硅二极管，测试过程如图 3.1.1.3 所示。

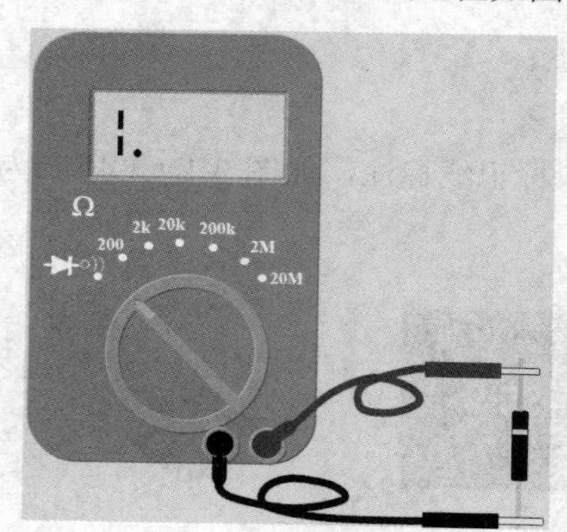

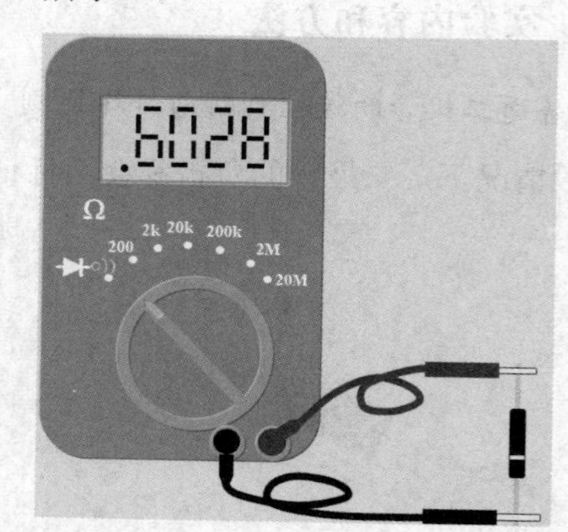

图 3.1.1.3　二极管的测试示意图

2．稳压二极管的检测

稳压管正负极的识别与普通二极管相同，塑封的稳压二极管管体上印有彩色标记的一端为负极，另一端为正极。有的稳压管的外壳上标注有稳压管的符号以及稳压值。检测稳压管可用下述方法：

1）判别电极

与判别普通二极管电极的方法基本相同，好的稳压管正向电阻值一般在 10kΩ 左右，反向电阻为无穷大（说明表内电池电压低于稳压值）。

2）稳压值的判断

方法一：由型号识读稳压值

IN××××型稳压管是最常用的稳压管，4 位阿拉伯数字对应的稳压值需要查询表格，如 IN4732 为 4.7V，IN4736 为 6.8V，具体对应表格可以在网上查找。

2CW×.×或 2CW××型（符号“×”表示稳压值中的阿拉伯码，下同）稳压管中，2CW 后面的数字值表示稳压值，单位为伏。例如 2CW0.7，表示稳压值为 0.7 伏，2CW2.7，表示稳压值为 2.7 伏。

MA××××型稳压管中，4 位阿拉伯数字的后 3 位表示稳压值为××.×V。例如 MA1043 和 MA1360，它们的稳压值分别为 4.3V 和 36V。

BZX55C 型稳压管中，55C 后面的字母和数字表示稳压值。例如 BZX55C6V8 和 BZX55C27 的稳压值分别为 6.8V 和 27V。

方法二：搭接电路测量稳压值

可以搭接如图 3.1.1.4 所示的稳压二极管稳压值测试电路进行稳压值测试。

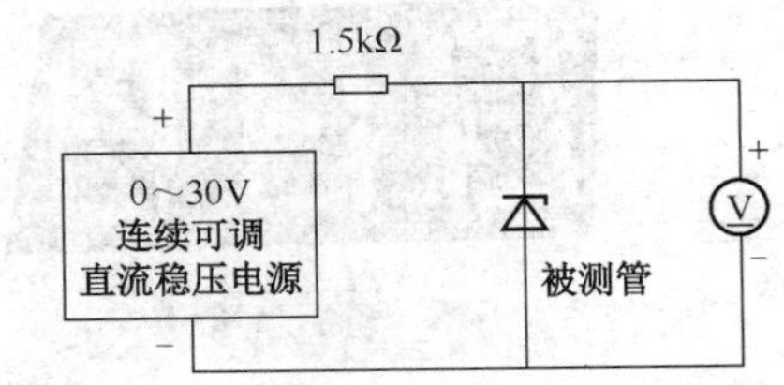

图 3.1.1.4　稳压二极管稳压值测试电路

3）发光二极管的检测

发光二极管的极性的识别：对于一个没剪过引脚的发光二极管，通常长的引脚是正极，短的引脚是负极。还可以透过封装的玻璃观察两个金属片的大小，通常金属片大的一端为负极，金属片小的一端为正极。

用万用表检测发光二极管：①其正向电阻一般为几千欧到几十千欧。反向电阻一般应为无穷大。②给发光二极管通以正向电流时会发光。例如数字万用表的功能转换旋钮转到二极管符号挡，红表笔接发光二极管的正极，黑表笔接负极时，二极管会发光，只是发光的亮度较暗。

4）数码管的检测

常用小型 LED 数码管的封装形式基本全部采用双列直插结构，并按照需要将 1 至多个“8”字形字符封装在一起，以组成显示位数不同的数码管。如果按照显示位数（即全部数字字符个数）划分，有 1 位、2 位、3 位、4 位、5 位、6 位……数码管；如果按显示段数不同划分，有七段数码管、八段数码管及多段数码管，八段数码管比七段数码管多一个发光二极管单元（多一个小数点显示）；如果按照内部发光二极管连接方式不同划分，有共阴极数码管和共阳极数码管两种；按字符颜色不同划分，有红色、绿色、黄色、橙色、蓝色、白色等数码管；按显示亮度不同划分，有普通亮度数码管和高亮度数码管；按显示字形不同，可分为数字管和符号管。图 3.1.1.5 是几款常见的数码管型号。

不管哪种型号的数码管，其显示原理一样，都是通过点亮内部的发光二极管来发光，如常用的八段数码管，就是通过控制图 3.1.1.6 中的“A～G”段和“DP”段八个 LED 来进行显示的。

根据内部连线不同，数码管分为共阴管和共阳管，如图 3.1.1.7 所示，共阳极数码管内部的 8 个发光二极管的阳极在数码管内部全部连接在一起，所以称“共阳”，设计电路时将此公共端（COM）接入高电平，给其他引脚送入低电平即可点亮相应发光二极管，通过 8 个发光二极管不同的亮灭组合从而显示不同的字符；共阴极数码管则与之相反，内部 8 个发光二极管的公共阴极全部连接在一起，使用时将其接地，其他引脚接入高电平即可点亮。

（a）1 位数码管

（b）2 位数码管

（c）3 位数码管

（d）4 位数码管

图 3.1.1.5　常见数码管型号

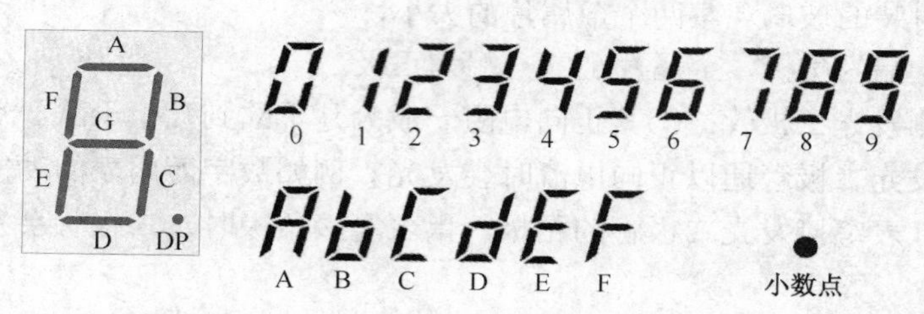

图 3.1.1.6　八段数码管引脚定义及显示字符

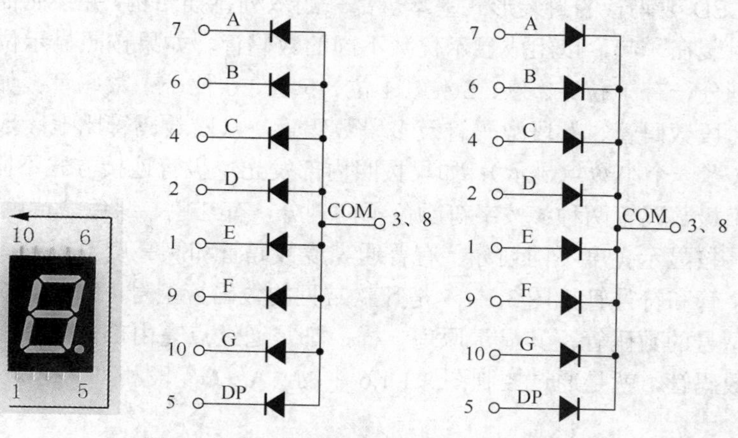

图 3.1.1.7　1 位共阳管与共阴管内部结构图

4 位共阳数码管内部连接关系如图 3.1.1.8 所示。

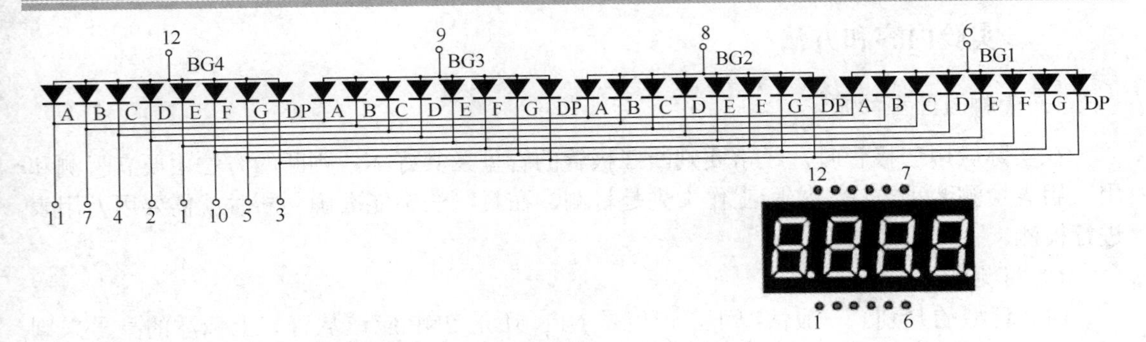

图 3.1.1.8　4 位共阳数码管内部连接关系

4 位共阴数码管内部连接关系如图 3.1.1.9 所示。

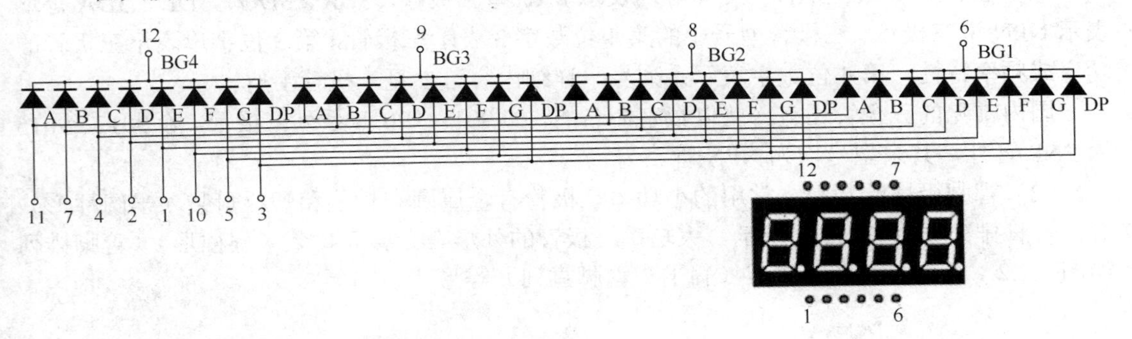

图 3.1.1.9　4 位共阴数码管内部连接关系

用万用表检测数码管：①其正向电阻一般为几千欧到几十千欧。反向电阻一般应为无穷大。②给数码管发光段通以正向电流时会发光。例如数字万用表的功能转换旋钮转到二极管符号挡，红表笔接发光段的正极，黑表笔接负极时，数码管发光段会发光，只是发光的亮度较暗。

四、实验报告及要求

检测给定的整流二极管、开关二极管、稳压二极管、发光二极管及数码管，记录检测结果，完成检测报告。

实验二　半导体三极管测试

一、实验目的

（1）掌握各类三极管引脚极性的判断方法；
（2）掌握各类三极管检测方法；
（3）了解各类三极管主要参数的含义。

二、实验器材

电源、数字万用表、面包板、电子元器件。

三、实验内容和方法

1．管脚与管型的判定

在实际应用三极管时，经常要判断三极管的管型及其好坏，判断的方法主要有目测和用万用表检测两种方法。实际工作中先是目测，在目测法不能准确判断时就需要用万用表进行检测。

1）目测法

（1）管型的判别。一般情况下，管型是NPN还是PNP应该从管壳上标注的型号来判别。依照部颁标准，三极管型号的第二位（字母）是A、C则表示PNP管；B、D表示NPN管。

例如3AX、3CG、3AD、3CA等均表示PNP型三极管，3BX、3DG、3DD、3DA等均表示NPN型三极管。三极管型号中的第1位数字3表示三极管，第3位字母表示三极管的功率或频率特性，第4位数字表示系列号。详细内容可参见三极管手册。

国内常见的三极管还有一些以数字命名的，如9011～9018系列三极管，除9012、9015为PNP管外，其余型号均为NPN管。

（2）管脚极性的判别。常用的小功率三极管有金属圆壳封装和塑料封装（半圆柱形）等，管脚排列如图3.1.2.1所示。大功率三极管的外形有金属壳封装（扁柱形）（管脚排列如图3.1.2.1所示）和塑料封装（扁平、管脚直列）等形式。

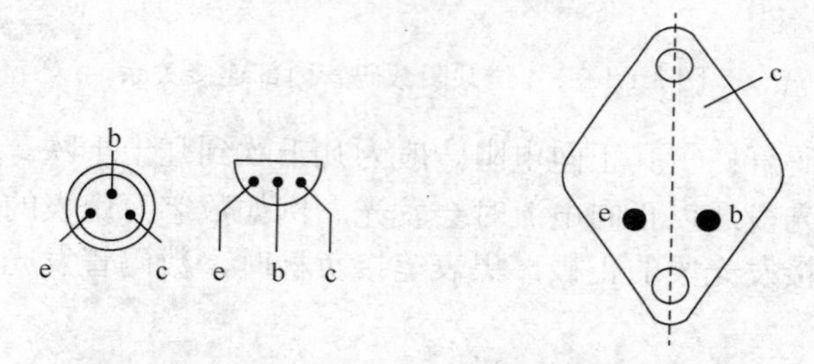

图3.1.2.1　常用三极管的封装形式和管脚排列

根据图形的显示，可以自己总结引脚分布规律，例如塑料半圆柱封装：头在上，平面向自己，左起e、b、c。

2）用万用表判别

（1）基极的判别。用指针式万用表的黑表笔接假定的基极，用红表笔分别接触另外两个极。若测得电阻都较小，约为几百欧至几千欧；将红黑表笔对调，测得电阻都较大，约为几百千欧以上，这个管子就是NPN管。最初黑表笔接的就是基极。

类似地，用指针式万用表的黑表笔接假定的基极，用红表笔分别接触另外两个极。若测得电阻都较大，约为几百千欧以上；将红黑表笔对调，测得电阻都较小，约为几百欧至几千欧，这个管子就是PNP管。最初黑表笔接的就是基极。

② 集电极和发射极的判别。对NPN管，基极确定后，假定其余两电极中的一个为集电极，将黑表笔接到该电极上，红表笔接到假定的发射极上。用手指把假定的集电极和已测出的基极捏起来（但不要使之相碰。手指用水湿润一下），记下电阻读数；再将表笔对调（表笔对调后，手指捏的就换成基极与黑表笔现在相连的电极），记下电阻读数。比较两次

读数，阻值较小时黑表笔所接的电极是集电极，余下的电极为发射极。

对 PNP 管，方法同 NPN 管，只需将表笔对调即可，即红表笔接的是集电极，而黑表笔接的是发射极。

【注意】数字式万用表的红表笔与表内电源正极相连，黑表笔与表内电源负极相连；而指针式万用表的红表笔是与表内电源负极相连的，黑表笔是与表内电源正极相连的。因此，当用数字式万用表检测晶体管时，判定结果与指针式正好相反。

另外，在有些万用表（部分指针式和所有数字式）上，具有 h_{FE} 挡，在确定了管型之后，利用 h_{FE} 挡也可确定三极管的电极。方法是：将万用表的转换开关拨到 h_{FE} 挡，再把三极管的三个电极插入 e、b、c 插孔中，若能读出放大倍数，则插孔中的三个电极分别是 E、B、C。

2. 三极管好坏的判断

测三极管正向阻值很大时，表明三极管开路，如反向电阻值很小，或 C-E 极间的电阻值接近零，说明三极管短路或已击穿。如 C-E 极间的电阻值很小，则表明三极管的穿透电流过大，已不能使用。

上述测量是用指针式万用表在三极管的空脚上进行的，如果三极管是焊在电路上，就要考虑并联处电路的影响，不能仅以电阻值来判断三极管的好坏。

四、实验报告及要求

检测给定的整流二极管、开关二极管、稳压二极管、发光二极管及数码管，记录检测结果，完成检测报告。

实验三　单管共射放大电路实验

一、实验目的

（1）掌握放大器静态工作点调试方法及其对放大器性能的影响；
（2）学习测量放大器 Q 点，A_v，R_i，R_o 的方法，了解共射极电路特性；
（3）观察静态工作点和交、直流负载线对放大器和波形的影响；
（4）学习放大器的动态性能；
（5）熟悉常用电子仪器、电子元器件和模拟电路实验箱的使用方法。

二、实验器材

示波器、信号发生器、万用表、交流毫伏表。

三、实验原理

图 3.1.3.1 为电阻分压式工作点稳定单管放大器实验电路图。当流过偏置电路 R_{P1}、R_{B11} 和 R_{B12} 的电流远大于晶体管 BG1 的基极电流 I_B 时（一般 5～10 倍），它的静态工作点可用下式估算。

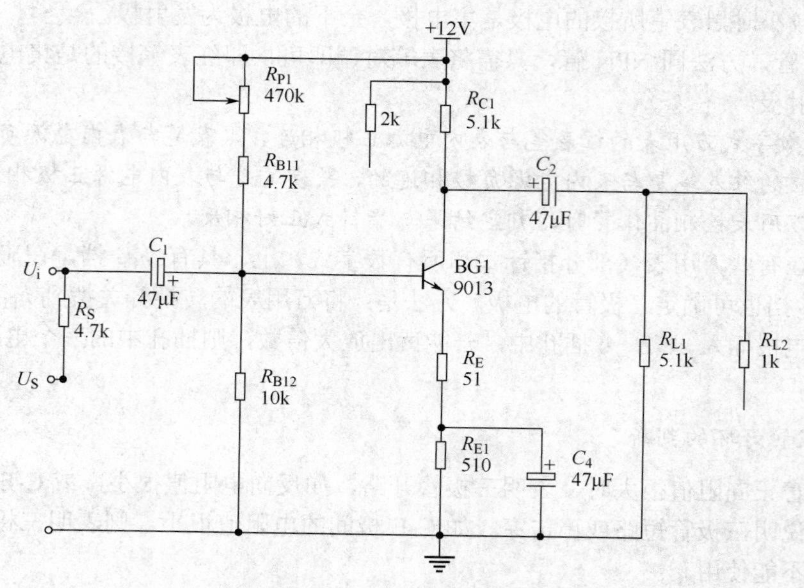

图 3.1.3.1　单管共射放大电路

三极管基极电压

$$U_B \approx \frac{R_{B12}}{R_{P1}+R_{B11}+R_{B12}} \times 12V$$

三极管发射极、集电极电流

$$I_E \approx \frac{U_B - U_E}{R_E + R_{E1}} \approx I_C$$

三极管集射电压

$$U_{CE}=12V-I_C(R_{C1}+R_E+R_{E1})$$

电压放大倍数

$$A_V=-\beta\frac{R_{C1} // R_{L1}}{r_{BE}}$$

输入电阻

$$R_i=(R_{P1}+R_{B11})//R_{B12}//r_{BE}$$

输出电阻

$$R_O \approx R_C$$

1．放大器静态工作点的调试和测量

1）静态工作点的调试

静态工作点是否合适，对放大器的性能和输出波形都有很大影响。如工作点偏高，放大器在加入交流信号以后易产生饱和失真，此时 U_O 的负半周将被削底；如工作点偏低则易产生截止失真，即 U_O 的正半周将被削顶（而截止失真不如饱和失真明显）。这些情况都不符合不失真放大的要求。所以在选定工作点以后还必须进行动态调试，即在放大器输入端加入一定的 U_i，检查输出电压 U_O 的大小和波形是否满足要求。如不满足，则应调整静态工作点的位置。通常采用调节电阻 R_{P1} 的方法来改变静态工作点。

2）静态工作点的测量

将放大器输入端与地端短接，然后选用量程合适的直流电压表，分别测量晶体管各电极对地的电位 U_B、U_C 和 U_E。由集电极电流 $I_c \approx I_E = U_E /(R_E + R_{E1})$ 算出 I_C，同时也能算出 $U_{BE} = U_B - U_E$，$U_{CE} = U_C - U_E$。

2．放大器的动态指标测试

放大器的动态指标包括电压放大倍数、输入电阻、输出电阻、最大不失真输出电压（动态范围）和通频带等。

1）电压放大倍数 A_V 测量

调整放大器到合适的静态工作点，然后加入输入电压 U_i，在输出电压 U_o 不失真的情况下，用交流毫伏表测出 U_i 和 U_o 的有效值 U_I 和 U_O，则

$$A_V = \frac{U_O}{U_I}$$

2）输入电阻 R_i 的测量

为了测量放大器的输入电阻，在被测放大器的输入端与信号源之间串入一个已知电阻 RS，在放大器正常工作的情况下，用交流毫伏表测出 U_s 和 U_i，则根据输入电阻的定义可得

$$R_i = \frac{U_i}{I_i} = \frac{U_i}{U_R / R} = \frac{U_i}{(U_S - U_i)/R}$$

测量时应注意，由于电阻 R_S 两端没有电路公共接地点，所以测量 R_S 两端电压 U_R 时必须分别测出 U_S 和 U_i，然后按 $U_R = U_S - U_i$ 求出 U_R 值。

3）输出电阻 R_o 的测量

在放大器正常工作条件下，测出输出端不接负载 R_{L1} 的输出电压 U_O 和接入负载的输出电压 U_L，根据

$$U_L = \frac{R_{L1}}{(R_o + R_{L1})} \times U_O$$

即可求出 R_o

$$R_o = \frac{R_{L1}(U_O - U_L)}{U_L} \times R_{L1}$$

在测试中应注意，必须保持 R_L 接入前后输入信号的大小不变。

4）最大不失真输出电压 U_{OPP} 的测量（最大动态范围）

为了得到最大动态范围，应将静态工作点调在交流负载线的中点。为此在放大器正常工作情况下，逐步增大输入信号的幅度，并同时调节 R_{P1}（改变静态工作点），用示波器观察 U_O，当输出波形同时出现削底和削顶现象时，说明静态工作点已调至交流负载线的中点。然后反复调整输入信号，使波形输出幅度最大，且无明显失真时，用交流毫伏表测出 U_O（有效值），则动态范围等于 $2\sqrt{2}U_O$，或用示波器直接读出 U_{OPP} 来。

5）放大器幅频特性的测量

放大器的幅频特性是指放大器的电压倍数 A_V 与输入信号频率 f 之间关系的曲线。单管阻容耦合放大电路的幅频特性曲线如图 3.1.3.2 所示，A_{Vm} 为中频电压放大倍数，通常规定电压放大倍数随频率的变化下降到中频放大倍数的 0.707 倍时所对应的频率分别称为下限

频率 f_L 和上限频率 f_H，则通频带 $f_{BW}=f_H-f_L$。

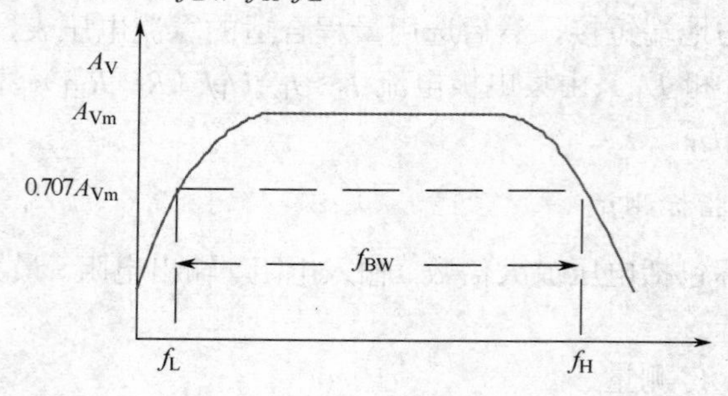

图 3.1.3.2　幅频特性响应

放大器的幅频特性曲线就是测量不同频率信号时的电压放大倍数 A_V。为此，可采用前述测 A_V 的方法，每改变一个信号频率，测量其相应的电压放大倍数。测量时应注意取点要恰当，在低频段与高频段应多测几点，在中频段可以少测几点。此外，在改变频率时，要保持输入信号的幅度不变，且输出波形不得失真。

四、参考实验步骤和方法

1．连接线路

（1）按图 3.1.3.1 所示连接电路（注意：接线前先测量+12V 电源，关断电源后再连线），将 RP_1 的阻值调到最大位置。

（2）接线完毕仔细检查，确定无误后接通电源。

2．静态工作点的测试

电路参考如图 3.1.3.1 所示，改变 RP_1 的阻值用万用表测量 U_{CE} 的值。

放大区：$12V>U_{CE}>1$

饱和区：$U_{CE}<1$

截止区：$U_{CE}\approx 12V$

3．放大倍数的测试

（1）将信号发生器调到 f=1kHz，幅值 5mV，接到放大器输入端 U_i，负载电阻开路，观察 U_i 和 U_O 端波形，并比较相位。

（2）信号源频率不变，逐渐加大 U_i 信号幅度，观察 U_O 不失真时的最大值并填入表 3.1.3.1 中。

表 3.1.3.1　放大倍数的测试表

实　测		实测计算	估　算
U_i（mV）	U_O（V）	A_V	A_V

（3）保持 U_i=5mV 不变，放大器接入不同的负载 R_L，在改变集电极负载电阻 R_C 数值情况下测量，并将计算结果填入表 3.1.3.2 中。

表 3.1.3.2 放大倍数的测试表

给定参数		实测		实测计算	估算
R_C	R_L	U_i（mV）	U_O（V）	A_V	A_V
2k	5.1k				
2k	1k				
5.1k	5.1k				
5.1k	1k				

（4）保持 U_i=5mV 不变，增大和减小 R_{P1}，观察 U_O 波形变化，测量并填入表 3.1.3.3 中。

表 3.1.3.3 改变 R_{P1} 时三极管状态及输出波形记录表

R_{P1}	U_B	U_C	U_E	输出波形情况
最大				
合适				
最小				

【注意】若失真观察不明显可增大或减小 U_i 幅值重测。

4．测量放大器输入、输出电阻

1）输入电阻测量

在输入端串接一个 R_S=4.7k 电阻，测量 U_S 与 U_i 即可计算出 R_i。

$$R_i=\frac{U_i}{I_i}=\frac{U_i}{U_R/R}=\frac{U_i}{(U_S-U_i)/R}$$

2）输出电阻测量

在输出端接入可调电阻作为负载，选择合适的 R_L 值使放大器输出不失真（接示波器监视），测量有负载和空载时的 U_O，即可计算 R_o。将上述测量及计算结果填入表 3.1.3.4 中。

表 3.1.3.4 输出电阻测量表

测输入电阻 R_S=5.1k				测输出电阻			
实测		测算	估算	实测		测算	估算
U_S(mV)	U_i(mV)	R_i	R_i	U_O（$R_L=\infty$）	$U_O(R_L=)$	$R_o(\text{k}\Omega)$	$R_o(\text{k}\Omega)$

五、问题分析与处理

（1）为什么调节 R_{P1} 可以改变 Q 点位置。Q 点太低太高为何不行？

（2）如果 R_{B11} 开路，电路还能正常工作吗？为什么？

六、实验探讨

如果 R_{P1} 取 50k，β=50，u_o=0.1sinωt（V），$r_{bb'}$=200，U_{BEQ}=0.7V，各电容的取值足够大，试求：①静态工作点；②画出交流通路和小信号等效电路，并且求出电压放大倍数 A_u，输入电阻 R_i，输出电阻 R_o，将理论值与训练值进行比较分析，进一步领悟放大电路的工作过程和工作原理。

七、实验报告及要求

（1）注明所完成的实验内容和思考题，简述相应的基本结论。

（2）选择在实验中感受最深的一个实验内容，写出较详细的报告。要求能够使一个懂得电子电路原理但没有看过本实验指导书的人可以看懂实验报告，并相信实验中得出的基本结论。

实验四　两级放大电路实验

一、实验目的

（1）巩固前面学过的放大器主要性能（静态工作点、放大倍数、输入输出电阻）的测试方法，实验步骤自拟；

（2）观察两级放大器的级间联系和相互影响；

（3）掌握合理设置静态工作点；

（4）学会放大器幅频特性测试方法；

（5）了解放大器的失真及消除方法。

二、实验器材

双踪示波器、万用表、信号发生器、交流毫伏表。

三、实验电路原理

两级交流放大电路中，每一级都是共射放大电路，两级之间通过电容耦合。

当信号源把信号施加到放大器的输入端时，放大器的输入电阻就相当于信号源的负载电阻。对于多级放大器中任意两级的电路，后级的输入电阻构成前级的负载电阻。后级对前级的影响可以用图 3.1.4.1 来表示。

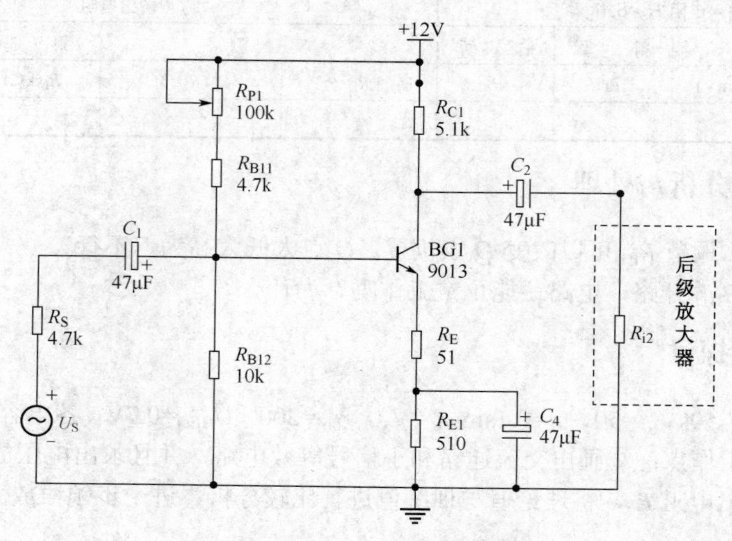

图 3.1.4.1　后级与前级的关系

在多级放大器中，前级的输出对后级来说相当于信号源，因此便构成后级的信号源内阻。信号源电压是负载开路（即断开后级）时的输出电压，用 U_O 表示，如图 3.1.4.2 所示。后级接上后，输出电压 U_{O1} 与 U_O 的关系为：

$$U_{O1}=\frac{U_O \times R_{i2}}{R_{i2}+R_{O1}}$$

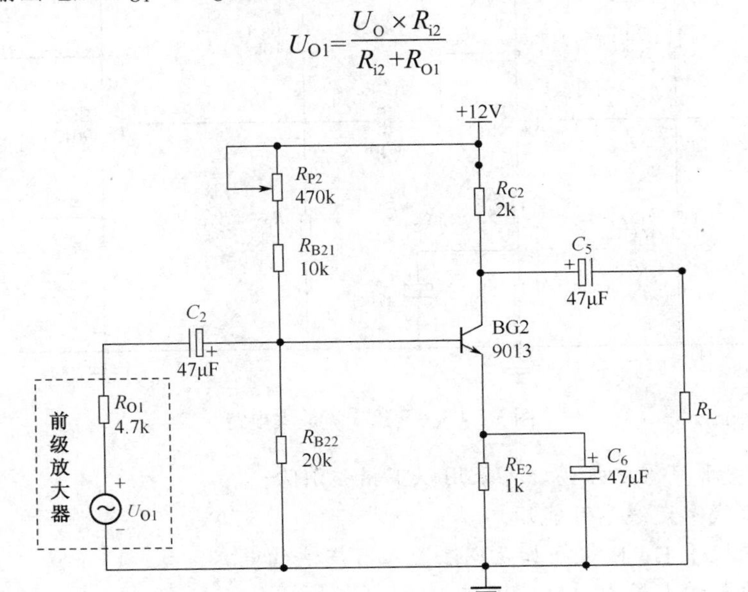

图 3.1.4.2　前级与后级的关系

两级放大器中频区域放大倍数的计算式

$$A_V=\frac{U_{O2}}{U_i}=A_{V1} \times A_{V2}$$

式中

$$A_{V1}=\frac{-\beta_1 \times R_{L1}}{r_{be1}}$$

$$R_{L1}=R_{O1}//R_{P2}//R_{B21}//R_{B22}//r_{be2}$$

$$A_{V2}=\frac{-\beta_2 \times R_{L2}}{r_{be2}}$$

$$R_{L2}=R_{C1}//R_{L2}$$

四、参考实验步骤、内容和方法

实验电路如图 3.1.4.3 所示。

1．静态工作点的调整

（1）按图接线，注意接线尽可能短。

（2）静态工作点设置：要求第二级在输出波形不失真的前提下幅值尽可能大，第一级为增加信噪比点尽可能低。

（3）在输入端加上 1kHz、幅度为 5mV 的正弦信号。调整工作点使输出信号不失真。

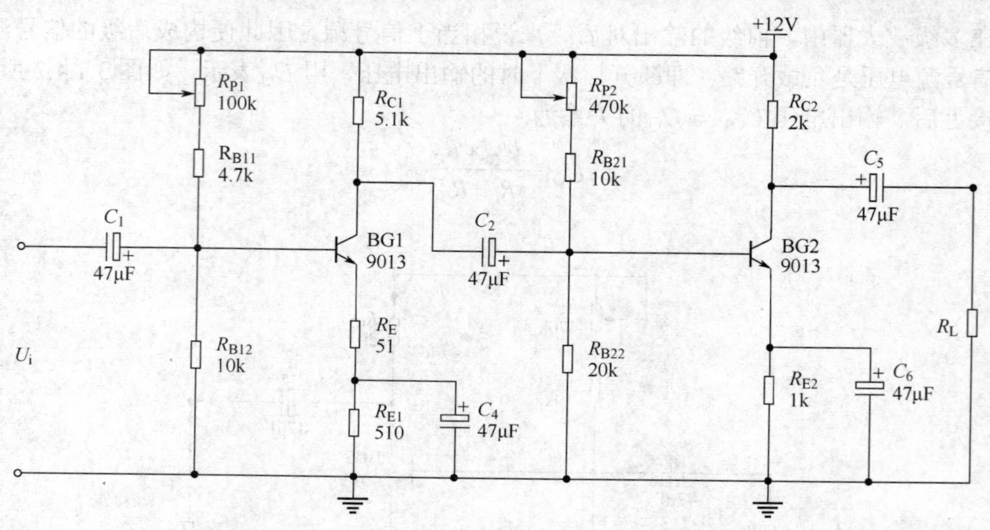

图 3.1.4.3　两级交流放大电路

【注意】如发现有寄主振荡，可采用以下措施消除：

（1）重新布线，走线尽可能短。

（2）可在三极管 E、B 极间加几皮法至几百皮法的电容。

（3）信号源与放大器用屏蔽线连接。

2．静态工作点的测量

按表 3.1.4.1 要求测量并计算，注意测量静态工作点时应断开输入信号。

（2）分别接入负载电阻 R_L=1kΩ、5.1kΩ，按表 3.1.4.1 要求测量并计算结果。

表 3.1.4.1　两级交流放大电路静态工作点与电压放大倍数测试表

	静态工作点						输入/输出电压			电压放大倍数		
	第一级			第二级						第 1 级	第 2 级	整体
	V_{c1}	V_{b1}	V_{e1}	V_{c2}	V_{b2}	V_{e2}	U_i	U_{01}	A_{O2}	A_{V1}	A_{V2}	A_V
空载												
R_L=1kΩ												
R_L=5.1kΩ												

3．测量两级放大器的频率特性

（1）将放大器负载断开，先将输入信号频率调到 1kHz，幅度调到使输出幅度最大而不失真。

（2）保持输入信号不变，改变频率，按表 3.1.4.2 要求测量并记录。

表 3.1.4.2　两级交流放大电路频率特性测试表

f(Hz)		50	100	250	500	1k	2.5k	5k	10k	20k
V_O	R_L=∞									
	R_L=5.1k									
	R_L=1k									

（3）接上负载，重复上述实验。

五、问题分析与处理

寄生振荡产生的原因及其消除方法。

六、实验探讨

使用交流毫伏表测量计算的数据是否与用示波器测量计算的数据相同。

七、实验报告及要求

（1）整理实验数据，分析实验结果；
（2）画出实验电路的频率特性图，标出 f_H 和 f_L 及 f_{BM}；
（3）写出增加频率范围的方法。

实验五　差动放大电路实验

一、实验目的

（1）熟悉差动放大器工作原理；
（2）加深对差动放大电路性能及特点的理解；
（3）掌握差动放大器的基本测试方法。

二、实验器材

双踪示波器、万用表、信号源。

三、电路原理

计算如图 3.1.5.1 所示差动放大电路的静态工作点，以-12V 点作为参考点，+12V 点电压为 24V，BG3 基极电压为

$$U_{B3}=\frac{24V\times R_4}{R_3+R_4}\approx 4.16V$$

BG3 发射极电流为

$$I_{E3}=\frac{U_{B3}-U_{BE3}}{R_5}\approx 1.15mA$$

BG1、BG2 发射极电流为

$$I_{E1}=I_{E2}=I_{E3}/2\approx 0.58mA$$

BG1、BG2 集电极电压为

$$U_{C1}=U_{C2}=12V-I_{E1}\times R_C$$

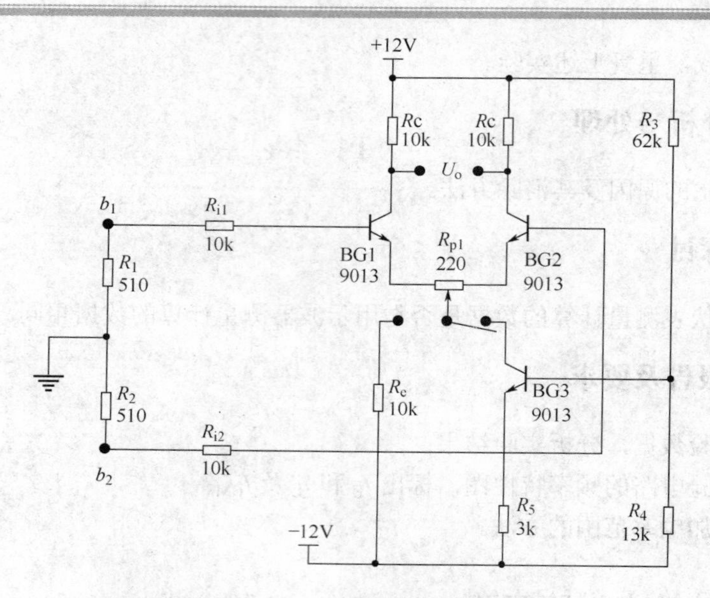

图 3.1.5.1 差动放大电路原理图

四、参考实验内容和方法

1．测量静态工作点

1）调节放大器零点

将输入端 b_1、b_2 与地短接，接通直流电源，调节电位器 R_{P1} 使双端输出直流电压 U_O=0。

2）测量静态工作点

调好零点后，测量 BG1、BG2、BG3 三极管各极对地直流电压，填入表 3.1.5.1 中。

表 3.1.5.1 BG1、BG2、BG3 三极管各极对地直流电压

对地电压	U_{CQ1}	U_{CQ2}	U_{CQ3}	U_{BQ1}	U_{BQ2}	U_{BQ3}	U_{EQ1}	U_{EQ2}	U_{EQ3}
测量值（V）									

2．测量差模电压放大倍数

在输入端加入直流电压信号 U_{id}=±0.1V（差动电压信号），按表 3.1.5.2 要求测量并记录，由测量数据算出单端和双端输出的电压放大倍数。

表 3.1.5.2 差模电压放大倍数测量表

差模输入	测量值（V）			计 算 值		
U_{id}	$u_{c1}=U_{C1}-U_{CQ1}$	$u_{c2}=U_{C2}-U_{CQ2}$	U_O 双	A_{Ud1}	A_{Ud2}	A_{Ud} 双
+0.1V		—			—	
−0.1V	—			—		

【注意】先调好直流信号源Ⅰ和直流信号源Ⅱ，使其分别为+0.1V 和−0.1V，再接入 U_{i1}（b_1 点）和 U_{i2}（b_2 点）。

3．测量共模电压放大倍数

将放大器两输入端短接，接到信号源的输入端，信号源另一端接地构成共模输入方式，

分别测量并填入表 3.1.5.3 中，由测量数据算出单端和双端输出的电压放大倍数。进一步算出共模抑制比 CMRR=$|A_d/A_c|$。

表 3.1.5.3　共模电压放大倍数测量表

共模输入电压放大倍数							共模抑制比
差模输入 U_{ic}	测量值（V）			计算值			计算值
	$u_{c1}=U_{C1}-U_{CQ1}$	$u_{c2}=U_{C2}-U_{CQ2}$	U_O 双	A_{UC1}	A_{UC2}	A_{UC} 双	CMRR
0.1V（或-0.1V）		—			—		
0.1V（或-0.1V）	—			—			

4. 在实验板上组成单端输入的差动放大电路进行下列实验

（1）将图 3.1.5.1 所示差动放大电路中的 b_2 接地，组成单端输入差动放大器，从 b_1 端输入直流信号 $U_i=\pm0.1V$ 测量单端及双端输出，填表 3.1.5.4 记录电压值。计算单端输入时双端输出电压放大倍数，并与双端输入时的双端差模电压放大倍数进行比较。

表 3.1.5.4　单端输入的差动放大电路测试表

输入信号 u_{id}	电压值			放大倍数
	$u_{c1}=U_{C1}-U_{CQ1}$	$u_{c2}=U_{C2}-U_{CQ2}$	U_O 双	
直流+0.1V				
直流-0.1V				
正信号（50mV、1kHz）				

（2）从 b1 端加入正弦交流信号 u_{id}=50mV，f=1000Hz，分别测量、记录双端输出电压，填入表 3.1.5.4，计算双端差模电压放大倍数。

【注意】输入交流信号时，用示波器监视 U_{c1}、U_{c2} 波形，若有失真现象，可减小输入电压值，使 U_{c1}、U_{c2} 都不失真为止。

五、实验探讨

分析调节电位器 R_{P1} 使双端输出直流电压 U_O=0 的原理。

六、实验报告及要求

（1）根据实测数据计算图 3.1.5.1 所示差动放大电路电路的静态工作点，与预习计算结果相比较；

（2）整理实验数据，计算各种接法的 A_d，并与理论计算值相比较；

（3）根据测试数据，归纳差分放大电路的性能和特点。

实验六　负反馈放大电路实验

一、实验目的

（1）加深理解放大电路中引入负反馈的方法和负反馈对放大器各项性能指标的影响；

（2）掌握负反馈放大器性能的测试方法。

二、实验器材

示波器、信号发生器、万用表、毫伏表。

三、参考实验内容和方法

1．负反馈放大器开环和闭环放大倍数的测试

1）开环电路

（1）按图 3.1.6.1 所示负反馈放大电路接线，R_F 先不接入。

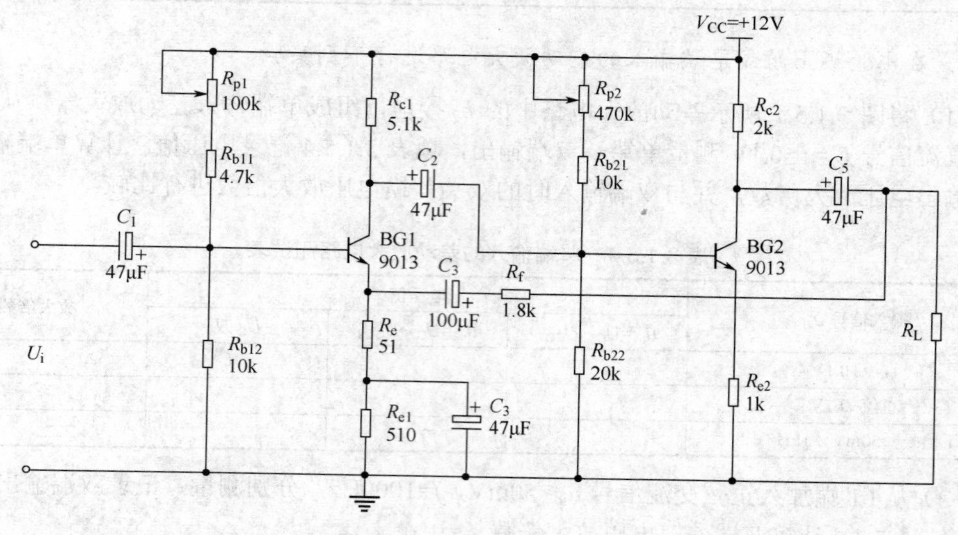

图 3.1.6.1　负反馈放大电路

（2）输入端接入 f=1kHz，幅度约 5mV 的正弦波。调整接线和参数使输出不失真且无振荡。

（3）按表 3.1.6.1 要求进行测量并记录。

（4）根据实测值计算开环放大倍数和输出电阻 r_o。

2）闭环电路

（1）接通 R_F 调整电路。

（2）按表 3.1.6.1 要求测量并记录，计算 A_{Vf}。

（3）根据实测结果，验证 $A_{vf}\approx 1/F$。

表 3.1.6.1　负反馈放大电路开环与闭环放大倍数测试表

	R_L（kΩ）	U_i(mV)	U_O(V)	$A_V(A_{vf})$
开环	∞			
	5.1			
	1k			
闭环	∞			
	5.1			
	1k			

2．验证电压串联负反馈对输出电压稳定性的影响

改变负载电阻 R_L 值，测量反馈放大器的输出电压以验证负反馈对输出电压稳定性的影响，将测量数据填入表 3.1.6.2。

表 3.1.6.2　负载电阻 R_L 对基本放大器与负反馈放大器输出电压的影响表

基本放大器			反馈放大器	
R_L	1k	5.1k	1k	5.1k
U_O				

3．负反馈对失真的改善作用

（1）将图 3.1.6.1 所示负反馈放大电路开环，逐步加大 U_i 的幅度，使输出信号出现失真（注意不要过分失真），记录失真波形幅度。

（2）将电路闭环，观察输出情况，并适当增加 U_i 幅度，使输出幅度接近开环时失真波形幅度。

（3）画出上述各步实验的波形图。

4．测放大器频率特性

（1）将图 3.1.6.1 所示负反馈放大电路开环，选择 U_i 适当幅度（频率为 1kHz）使输出信号在示波器上有满幅正弦波显示。

（2）保持输入信号幅度不变逐步增加频率，直到波形减小至原来的 70%，此时信号频率即为放大器 f_H。

（3）条件同上，但逐渐减小频率，测得 f_L。

（4）如图 3.1.6.2 所示，将电路闭环，重复步骤（1）～（3），并将结果填入表 3.1.6.3。

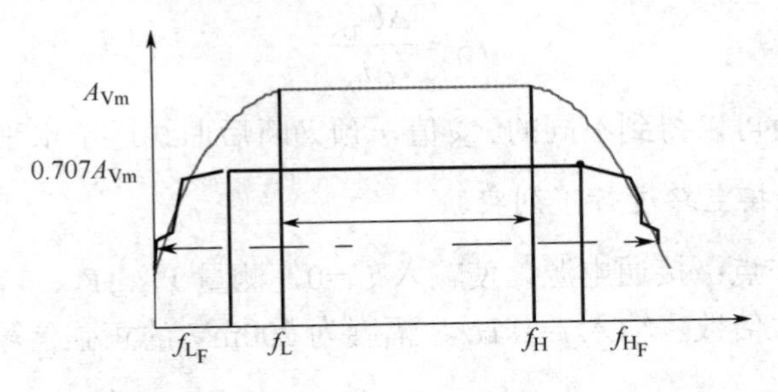

图 3.1.6.2　放大电路幅频特性响应

表 3.1.6.3　开环与闭环截止频率记录表

	f_H(Hz)	f_L(Hz)
开环		
闭环		

四、问题分析与处理

分析图 3.1.6.1 所示负反馈放大电路的反馈类型，计算反馈系数。

五、实验探讨

分析通过反馈系数计算的反馈放大倍数与实测的反馈放大倍数有差异的原因。

六、实验报告及要求

（1）将实验值与理论值比较，分析误差原因。
（2）根据实验内容总结负反馈对放大电路的影响。

实验七　场效应管放大电路实验

一、实验目的

（1）了解结型场效应管的可变电阻特性；
（2）掌握共源放大电路特点，熟悉场效应管放大电路静态工作点的设置。

二、实验器材

模拟电路实验箱、数字万用表、毫伏表、示波器。

三、参考实验内容和方法

1．结型场效应管用作可变电阻

N 沟道结型场效应管的输出特性：在预夹断前，V_{GS} 曲线的上升部分基本上为过原点的一条直线，故可以将场效应管 D、S 之间看作一电阻：

$$r_{DS}=\frac{\Delta U_{DS}}{\Delta i_D}$$

显然，改变 V_{GS} 值可以得到不同的 r_{DS} 值，预夹断后曲线近于水平，这就是饱和区。

2．按图 3.1.7.1 连接电路进行下列实验

（1）测量静态工作点：接通电源，使输入 U_i=0，测量 V_G、V_S、V_D，计算出 V_{DS} 和 I_d；
（2）测量电压放大倍数，输入 f=1kHz、幅度为 200mV 的正弦信号，测出 U_O，并计算出 A_V；
（3）测量输出电阻 R_O，将 R_L 开路，测量对应的输出电压 U_O；
（4）根据步骤（3）的结果计算出 R_O。

3．按图 3.1.7.2 连接电路进行下列实验

（1）连接好电路后，接入 U_i（f=1kHz、幅度为 200mV 的正弦信号），输出端接上毫伏表和示波器，观测输出的大小与波形的情况，记录数据。
（2）计算出电压放大倍数 A_V，并将波形画出来。

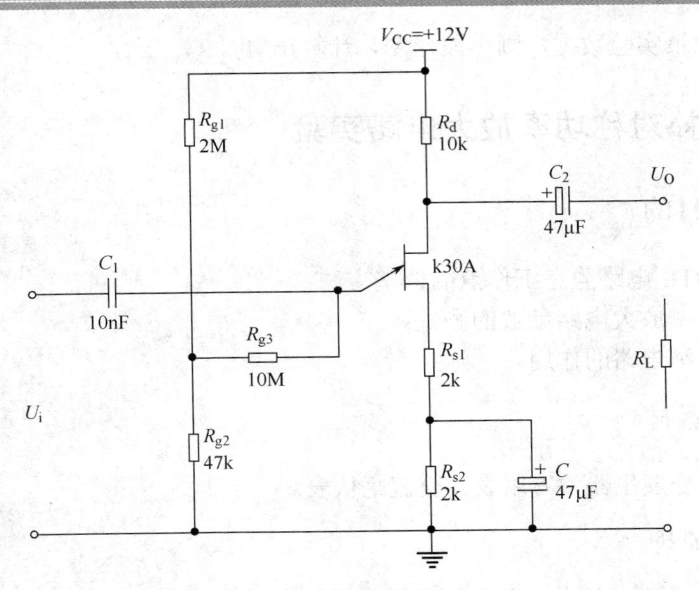

图 3.1.7.1　分压式共源放大电路

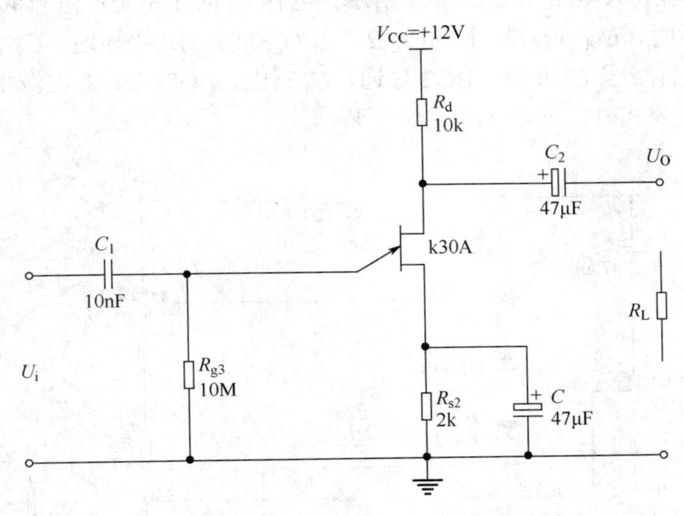

图 3.1.7.2　自偏压共源放大电路

四、实验探讨

（1）自偏压共源放大电路与分压式共源放大电路相比，输入同一信号，放大器的其他参数有何变化？为什么？

（2）场效应管放大电路输入端的耦合电容一般比三极管放大电路中相应的电容小得多？使用场效应管放大器的主要目的和意义是什么？

五、实验报告及要求

（1）计算 V_{GS} 由 0 变化到 $3V_P/4$ 时，r_{DS} 如何变化？

（2）比较实测静态工作点与根据实际的结型场效应管参数，分析产生误差的原因。

（3）比较 A_v、R_o 的实验值与理论值。

（4）认真记录实验数据，画出波形图，计算出 A_V。

实验八　互补对称功率放大电路实验

一、实验目的

（1）了解 OTL 电路静态工作点的调整方法；
（2）学习功率放大电路参数的测试；
（3）观察自举电路的作用。

二、实验器材

示波器、信号发生器、万用表、交流毫伏表。

三、实验原理

互补对称功率放大电路如图 3.1.8.1 所示，电容 C_4 的作用是：充当 $V_{CC}/2$ 电源；耦合交流信号。当 $U_i=0$ 时，$U_M=V_{CC}/2$，$U_C=V_{CC}/2$。当 $U_i>0$ 时：BG3 导通，C_4 放电，BG3 的等效电源电压为$-0.5V_{CC}$。当 $U_i>0$ 时：BG2 导通，C_4 充电，BG2 的等效电源电压为$+0.5V_{CC}$。应用 OCL 电路有关公式时，要用 $V_{CC}/2$ 取代 V_{CC}。

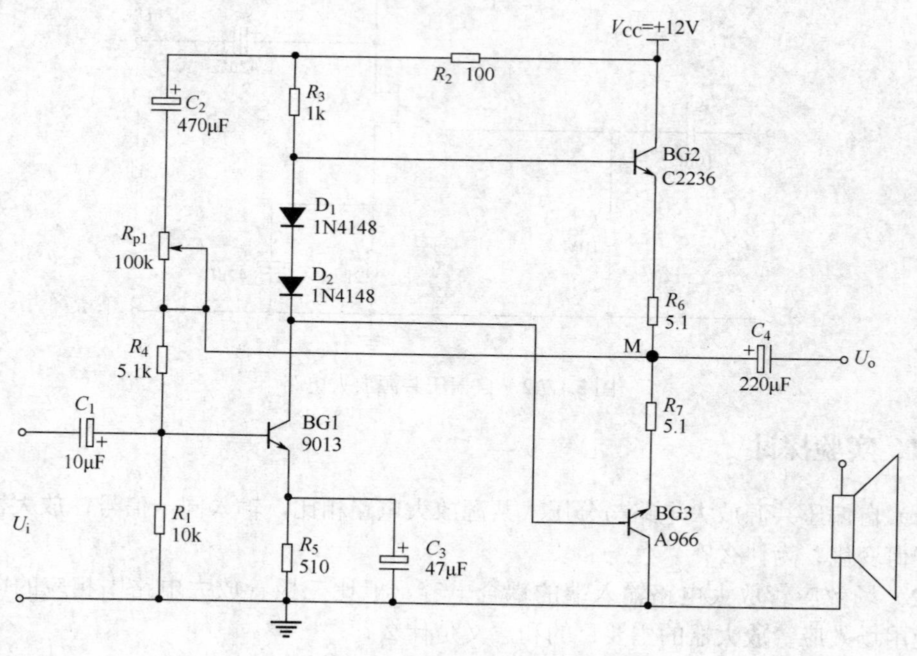

图 3.1.8.1　互补对称功率放大电路

四、实验内容和方法

（1）调整直流工作点，使 M 点电压为 $V_{CC}/2$。
（2）测量最大不失真输出功率与效率。

（3）改变电源电压（例如+12V 变为+6V），测量并比较输出功率和效率。

五、问题分析与处理

分析图 3.1.8.1 所示电路中各三极管工作状态及交越失真情况。

六、实验探讨

（1）电路中若不加输入信号，U_i、BG1、BG2 管的功耗是多少？
（2）电阻 R_6、R_7 的作用是什么？

七、实验报告及要求

（1）根据实验内容自拟实验步骤及记录表格。
（2）分析实验结果，计算实验内容要求的参数。
（3）总结功率放大电路特点及测量方法。

实验九　集成运算放大器实验

在集成运算放大电路的输出、输入端之间加上反馈网络，可实现各种不同的电路功能，它们是集成运算应用电路的基本单元。当施加线性与非线性负反馈，可实现放大以及多种模拟运算和变换功能，当施加正反馈成正、负反馈相结合，可产生多种模拟信号。

本实验仅研究一些线性负反馈电路，它们的工作原理基于运算理想化，在强负反馈条件下处于线性工作状态且有足够的电压增益，此时对信号有 $R_i \approx \infty$，$I_i \approx 0$，$U_- = U_+$。

电压跟随器

一、实验目的

（1）掌握用集成运算放大器组成的电压跟随器的特点及性能；
（2）学会电路的测试和分析方法。

二、实验器材

示波器、信号发生器、数字万用表。

三、实验原理

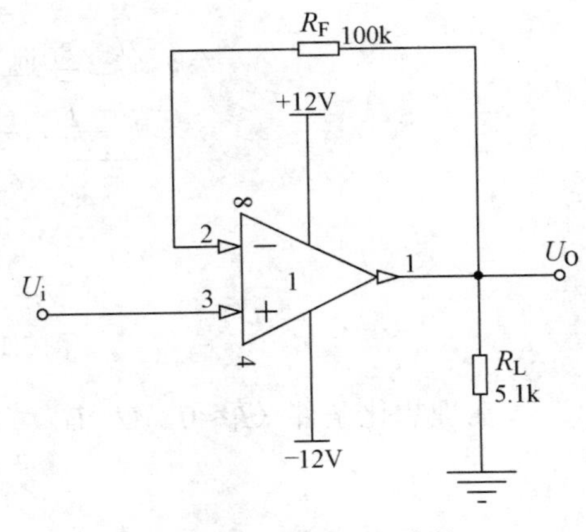

图 3.1.9.1　电压跟随器

电压跟随器电路如图 3.1.9.1 所示。
输出电压：$U_O = U_i$
反馈电压放大倍数：$A_{vf} = 1$

四、参考实验内容和方法

按图 3.1.9.1 所示电路接线，按表 3.1.9.1 测量并要求进行记录。

表 3.1.9.1　电压跟随器测试表

U_i(V)		−2	−0.5	0	+0.5	1
U_O(V)	$R_L=\infty$					
	$R_L=5.1k\Omega$					
A_{vf}						

五、实验报告及要求

根据表 3.1.9.1 中的数据分析电压跟随器原理。

反相比例运算电路

一、实验目的

（1）掌握用集成运算放大器组成的反相比例运算电路的特点及性能；
（2）学会电路的测试和分析方法。

二、实验器材

示波器、信号发生器、数字万用表。

三、实验原理

反相比例运算电路如图 3.1.9.2 所示。

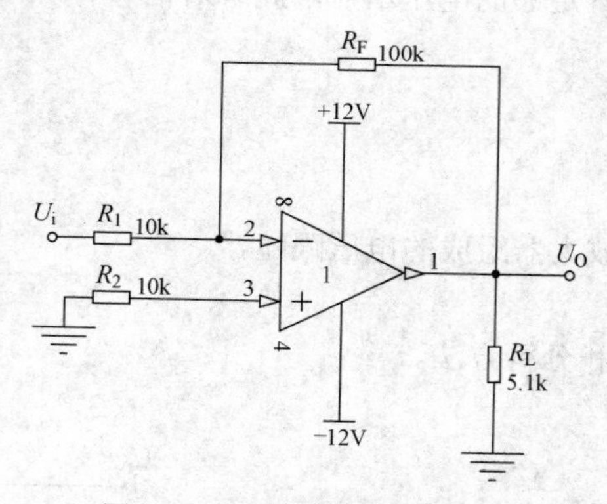

图 3.1.9.2　反相比例运算电路

在理想化条件（$I_i\approx0$，$U_-=U_+$）下，得：

$$U_O=-\frac{R_F}{R_1}U_i$$

平衡电阻 $R_2=R_1//R_F$

$$A_{vf}=\frac{U_O}{U_i}=-\frac{R_F}{R_1}=-10$$

当 $R_1=R_F$，$A_{VF}=1$ 时为反相器。

四、参考实验内容和方法

（1）按图 3.1.9.2 所示电路接线，按表 3.1.9.2 要求并进行测量记录。

表 3.1.9.2 反向比例运算电路测试表

直流输入电压 U_i（mV）		-500	-200	0	200	500
输出电压 U_O	理论估算（mV）					
	实测值（mV）					
	误差					

（2）按表 3.1.9.3 要求进行测量并记录。

表 3.1.9.3 负载对反相比例运算电路放大系数影响的测试表

	测试条件	理论估算	实测值
U_O	U_i=800mV，R_L 开路		
U_{R2}			
U_{R1}			
U_{OL}	U_i=800mV，R_L=5.1kΩ		

五、实验报告及要求

（1）根据表 3.1.9.2 中的数据分析反相比例运算电路原理。
（2）根据表 3.1.9.3 的数据分析负载对反相比例运算电路放大系数的影响。

同向比例运算电路

一、实验目的

（1）掌握用集成运算放大器组成的同向比例运算电路的特点及性能；
（2）学会电路的测试和分析方法。

二、实验器材

示波器、信号发生器、数字万用表。

三、实验原理

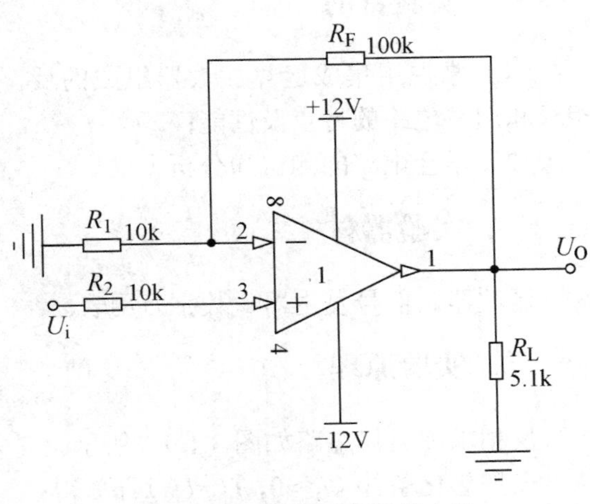

图 3.1.9.3 同相比例运算电路

同相比例运算电路如图 3.1.9.3 所示。

在理想化条件（I_i≈0，$U_-=U_+$）下，得：

$$U_O=(1+\frac{R_F}{R_1})U_i$$

平衡电阻 $R_2=R_1//R_F$

$$A_{vf}=\frac{U_O}{U_i}=(1+\frac{R_F}{R_1})=11$$

四、参考实验内容和方法

（1）按图 3.1.9.3 所示电路接线，按表 3.1.9.4 要求进行测量并记录。

表 3.1.9.4 同相比例运算电路测试表

直流输入电压 U_i（mV）		-500	-200	0	200	500
输出电压 U_O	理论估算（mV）					
	实测值（mV）					
	误差					

（2）按表 3.1.9.5 要求进行测量并记录。

表 3.1.9.5 负载对同相比例运算电路放大系数影响的测试表

	测试条件	理论估算	实测值
U_O	U_i=800mV，R_L 开路		
U_{R2}			
U_{R1}			
U_{OL}	U_i=800mV，R_L=5.1kΩ		

五、实验报告及要求

（1）根据表 3.1.9.4 中的数据分析同相比例运算电路原理。
（2）根据表 3.1.9.5 中的数据分析负载对同相比例运算电路放大系数的影响。

反相求和运算电路

一、实验目的

（1）掌握用集成运算放大器组成的反相求和运算电路的特点及性能；
（2）学会电路的测试和分析方法。

二、实验器材

示波器、信号发生器、数字万用表。

三、实验原理

反相求和运算电路如图 3.1.9.4 所示。

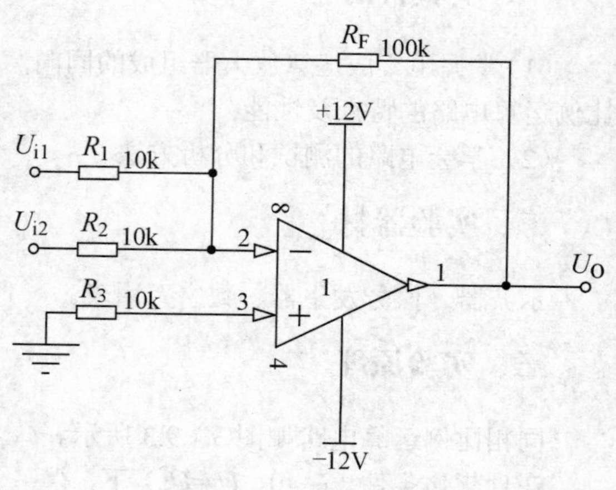

图 3.1.9.4 反相求和运算电路

在理想化条件（I_i≈0，$U_-=U_+$）下，得：

$$U_O=-(\frac{R_F}{R_1}U_{i1}+\frac{R_F}{R_2}U_{i2})$$

当 $R_1=R_2$ 时，

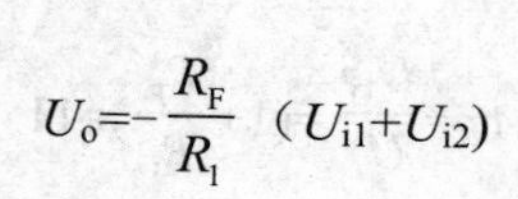

$$U_o=-\frac{R_F}{R_1}\ (U_{i1}+U_{i2})$$

平衡电阻 $R_3=R_1//R_2//R_F$

四、参考实验内容和方法

按图 3.1.9.4 所示电路接线，按表 3.1.9.6 测量并记录。

表 3.1.9.6　反相求和运算电路测试表

U_{i1}	0.3V	−0.2V	−0.5V	−0.3V
U_{i2}	0.2V	0.4V	0.1V	0.2V
U_O				

五、实验报告及要求

根据表 3.1.9.6 中的数据分析反相求和运算电路原理。

同向求和运算电路

一、实验目的

（1）掌握用集成运算放大器组成的同相求和运算电路的特点及性能；

（2）学会电路的测试和分析方法。

二、实验器材

示波器、信号发生器、数字万用表。

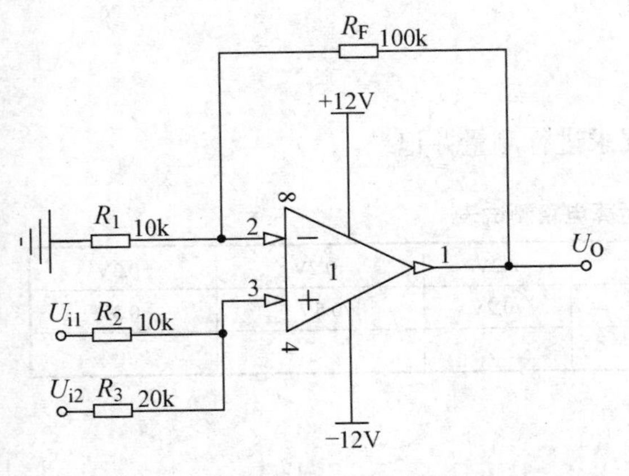

图 3.1.9.5　同相求和运算电路

三、实验原理

同相求和运算电路如图 3.1.9.5 所示。

在理想化条件（$I_i≈0$，$U_-=U_+$）下，得：

$$U_o=\frac{R_2//R_3}{R_1//R_F}(\frac{R_F}{R_2}U_{i1}+\frac{R_F}{R_3}U_{i2})$$

因 $R_2//R_3=R_1//R_F$，所以：

$$U_o=R_F(\frac{U_{i1}}{R_2}+\frac{U_{i2}}{R_3})$$

四、参考实验内容和方法

按图 3.1.9.5 所示电路接线，按表 3.1.9.7 要求进行测量并记录。

表 3.1.9.7　同相求和运算电路测试表

U_{i1}	0.3V	−0.2V	−0.5V	−0.3V
U_{i2}	0.2V	0.4V	0.1V	0.2V
U_O				

五、实验报告及要求

根据表 3.1.9.7 中的数据分析同相求和运算电路原理。

减法运算电路

一、实验目的

（1）掌握用集成运算放大器组成的减法运算电路的特点及性能；
（2）学会电路的测试和分析方法。

二、实验器材

示波器、信号发生器、数字万用表。

三、实验原理

减法运算电路如图 3.1.9.6 所示。

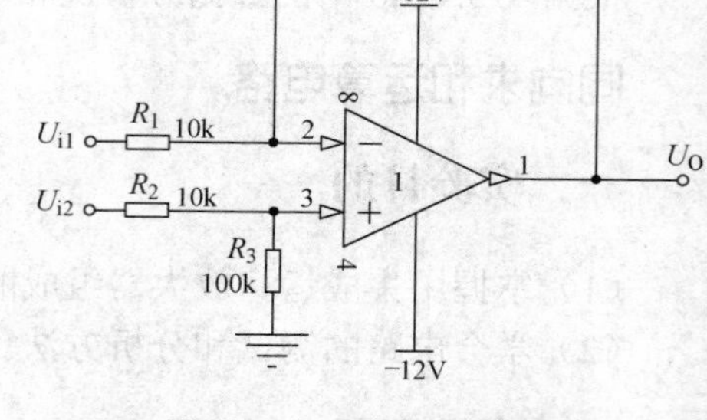

图 3.1.9.6　减法运算电路

在理想化条件（$I_i\approx0$，$U_-=U_+$）下，得：

$$U_O+U_{O1}+U_{O2}=-\frac{R_F}{R_1}U_{i1}+(1+\frac{R_F}{R_1})\frac{R_3}{R_2+R_3}U_{i2}$$

当 $R_1=R_2$，$R_F=R_3$ 时，

$$U_O=\frac{R_F}{R_1}(U_{i2}-U_{i1})$$

当 $R_1=R_2=R_F=R_3$ 时，

$$U_O=U_{i2}-U_{i1}$$

四、参考实验内容和方法

按图 3.1.9.6 所示电路接线，按表 3.1.9.8 要求进行测量并记录。

表 3.1.9.8　减法运算电路测试表

U_{i1}	1V	2V	0.2V	−0.2V	−0.3V
U_{i2}	0.5V	1.8V	−0.2V	0.5V	−0.3V
U_O					

五、实验报告及要求

根据表 3.1.9.8 中的数据分析减法运算电路原理。

微分运算电路

一、实验目的

（1）掌握用集成运算放大器组成的微分运算电路的特点及性能；
（2）学会电路的测试和分析方法。

二、实验器材

示波器、信号发生器、数字万用表。

三、实验原理

微分运算电路如图 3.1.9.7 所示。

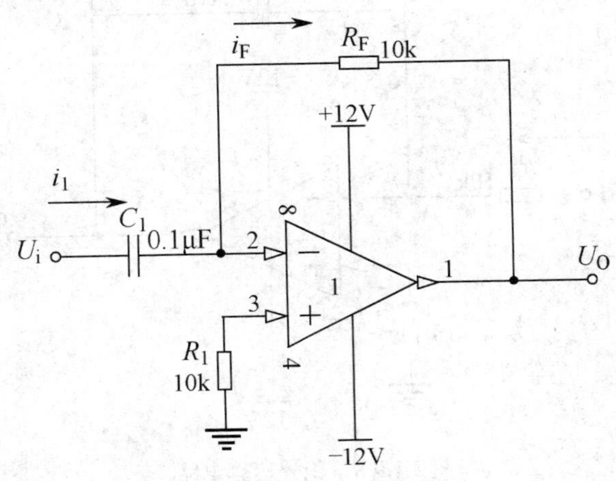

图 3.1.9.7　微分运算电路

在理想化条件（$I_i≈0$，$U_-=U_+=0$）下，得：

$$i_1=C_1\frac{dU_i}{dt}U_{i1}，\ i_F=-\frac{U_O}{R_f}$$

由于 $i_1≈i_F$，因此可得输出电压为

$$U_O=-R_F\times C_1\times\frac{dU_i}{dt}$$

四、参考实验内容和方法

（1）输入正弦波信号，f=160Hz，有效值为 1V，用示波器观察 U_i 与 U_O 波形并测量输出电压。

（2）改变正弦波频率（20Hz～400Hz），观察 U_i 与 U_O 的相应幅值变化情况并记录。

（3）输入方波，f=200Hz，U=±5V，用示波器观察 U_i 与 U_O 的相应幅值变化情况并记录。

积分运算电路

一、实验目的

（1）掌握用集成运算放大器组成的积分运算电路的特点及性能；

（2）学会电路的测试和分析方法。

二、实验器材

示波器、信号发生器、数字万用表。

三、实验原理

积分运算电路如图 3.1.9.8 所示。

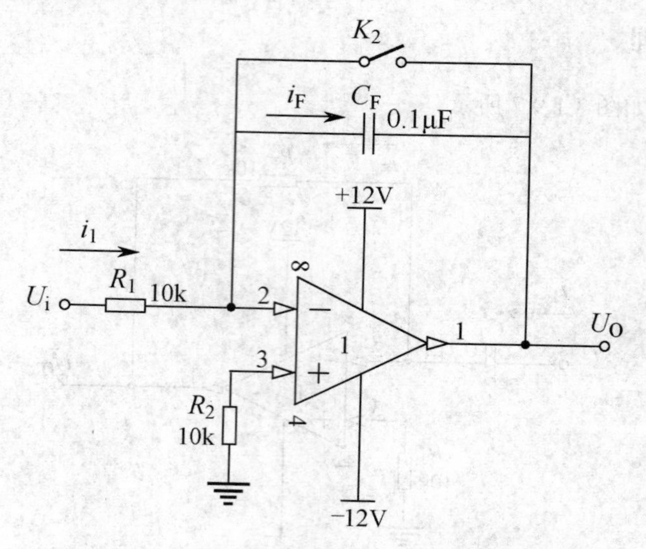

图 3.1.9.8　积分运算电路

在理想化条件（$I_i≈0$，$U_-=U_+=0$）下，得。

$$i_1=\frac{U_i}{R_1}，\ i_F=-C_F\frac{dU_O}{dt}$$

由于 $i_1≈i_F$，因此可得输出电压 U_O 为

$$U_O=-\frac{1}{R_1\times C_F}\int U_i dt$$

当输入信号为阶跃信号，若 $t=0$ 时电容 C_F 上的电压为 0，则：

$$U_O=-\frac{1}{R_1\times C_F}\int_0^t U_i dt=-\frac{U_i}{R_1\times C_F}t$$

四、参考实验内容和方法

（1）取 U_i=1V，断开开关 K_2（开关 K_2 用一连线代替，拔出连线一端作为断开），用示波器观察 U_O 的变化。

（2）测量饱和输出电压及有效积分时间。

（3）将图 3.1.9.8 中积分电容改为 0.1μF，断开 K_2，U_i 分别输入 100Hz、幅值为 2V 的方波和正弦波信号，观察 U_i 和 U_O 的大小及相位关系，并记录波形。

（4）改变图 3.1.9.8 中电路的频率，观察 U_i 和 U_O 的相位、幅值关系。

实验十　有源滤波器电路实验

一、实验目的

（1）熟悉有源滤波器的构成及其特性；

（2）学会测量有源滤波器的幅频特性。

二、实验器材

示波器、信号发生器。

三、实验原理

1．二阶有源低通滤波器

二阶有源低通滤波器实验电路如图 3.1.10.1 所示。

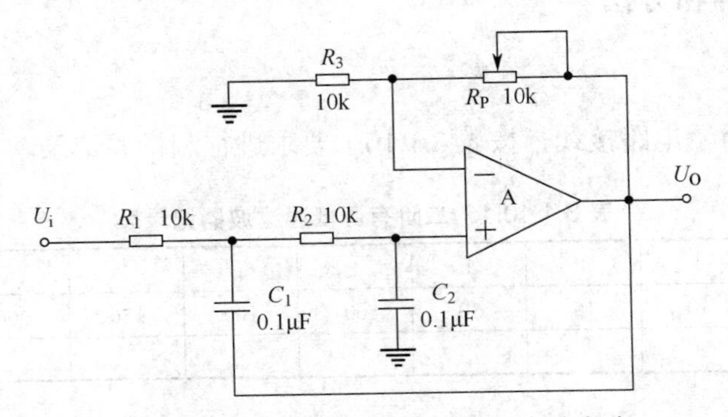

图 3.1.10.1　二阶有源低通滤波器实验电路

特征频率：

$$f_n = \frac{1}{2\pi R_1 C_1}$$

等效品质因数：

$$Q=1/(3-A_{uf})$$

通带增益：

$$A_{uf}=1+\frac{R_P}{R_3}$$

2．高通滤波器

二阶有源高通滤波器实验电路如图 3.1.10.2 所示。

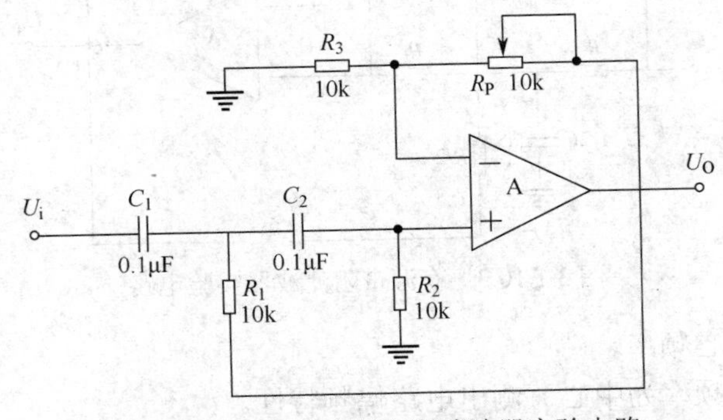

图 3.1.10.2　二阶有源高通滤波器实验电路

特征频率：

$$f_n=\frac{1}{2\pi R_1C_1}$$

等效品质因数：

$$Q=1/(3-A_{uf})$$

通带增益：

$$A_{uf}=1+\frac{R_P}{R_3}$$

四、实验内容和方法

1．低通滤波器

按图 3.1.10.1 所示电路接线，按表 3.1.10.1 要求进行测量并记录。

表 3.1.10.1　二阶有源低通滤波器记录表

U_i(V)	1	1	1	1	1	1	1	1	1	1
f(Hz)	5	10	15	30	60	100	150	200	300	400
U_O(V)										

2．高通滤波器

按图 3.1.10.2 所示电路接线，按表 3.1.10.2 要求进行测量并记录。

表 3.1.10.2　二阶有源高通滤波器记录表

U_i(V)	1	1	1	1	1	1	1	1	1
f(Hz)	10	16	50	100	130	160	200	300	400
U_O(V)									

3．带阻滤波器

有源带阻滤波器实验电路如图 3.1.10.3 所示。

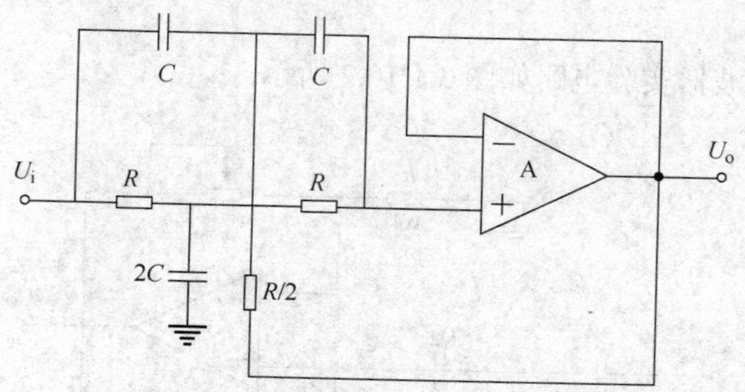

图 3.1.10.3　有源带阻滤波器实验电路

（1）实测电路中心频率。

（2）以实测中心频率为中心，测出电路幅频特性。

五、实验报告及要求

（1）整理实验数据，画出各电路曲线，并与计算值对比分析误差。
（2）试设计一个中心频率为300Hz宽带的带通滤波器。
（3）画出三个电路的幅频特性曲线。

实验十一　集成功率放大电路实验

一、实验目的

（1）熟悉集成功率放大器的工作原理和特点；
（2）掌握外部电路的工程估算方法；
（3）掌握集成功率放大器的主要性能指标及测量方法；
（4）掌握输出功率、效率测量方法。

二、实验器材

示波器、信号发生器、万用表、毫伏表。

三、实验步骤和方法

1．静态工作电流的测试

按图3.1.11.1所示电路接线，不加信号时测静态工作电流：

（1）在输入端接 1kHz 信号，用示波器观察输出波形，逐渐增加输入电压幅度，直至出现失真，记录此时输入电压、输出电压幅值，并记录波形。

（2）去掉 C_2（10μF）电容，重复上述实验。

（3）改变电源电压（选5V、9V两挡），重复上述实验。

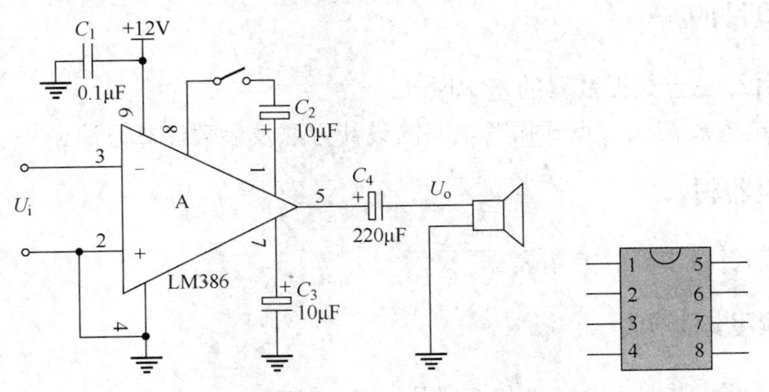

图 3.1.11.1　LM386集成功率放大器电路

2．最大不失真输出功率的测试

在输入端加入频率为 1kHz 的信号 U_i，输出端接上示波器监视输出电压波形，逐渐增大 U_i 的值。当输出电压波形幅度达到最大而不失真时，用毫伏表（或示波器）测量输出电压峰—峰值 $U_{Lp\text{-}p}$，则放大器最大不失真输出功率为：

$$P_{Lmax}=\frac{\left(\frac{U_{LP-P}/2}{\sqrt{2}}\right)^2}{R_L}=\frac{U^2_{LP-P}}{8R_L}$$

3．电压增益的测试

输入信号频率为 1kHz，调节 U_i，使输出功率为 500mW（对应于 R_L=8Ω 的输出电压 U_L=2V），测量这时的输出电压值，计算总的电压增益。

4．总效率的测试

在电源端串接万用表（电流挡）调节 U_i，使输出功率为 500mW，读出总电流 I_{EC}，计算电源供给的直流功率 P_{EC}=12V×I_{EC}，则总效率为：

$$\eta=\frac{R_L}{P_{EC}}$$

四、实验报告及要求

（1）将测试结果列表整理，并用单对数坐标纸画出幅频特性曲线。
（2）根据实验测量值计算各种情况下的 P_{Omax} 及 η。
（3）作出电源电压与输出电压、输出功率的关系曲线。
（4）分析实验中出现的现象。

实验十二　正弦波振荡电路实验

电容三点式振荡电路

一、实验目的

（1）掌握 LC 三点式振荡器的基本原理；
（2）掌握电容反馈式三点式振荡电路的设计方法及参数计算方法。

二、实验器材

双踪示波器、频率计、万用表。

三、实验电路原理

电容三点式振荡电路如图 3.1.12.1 所示。
振荡器起振必须满足相位平衡条件和幅度平衡条件，其振荡频率为：

$$f_0=\frac{1}{2\pi\sqrt{LC}}$$

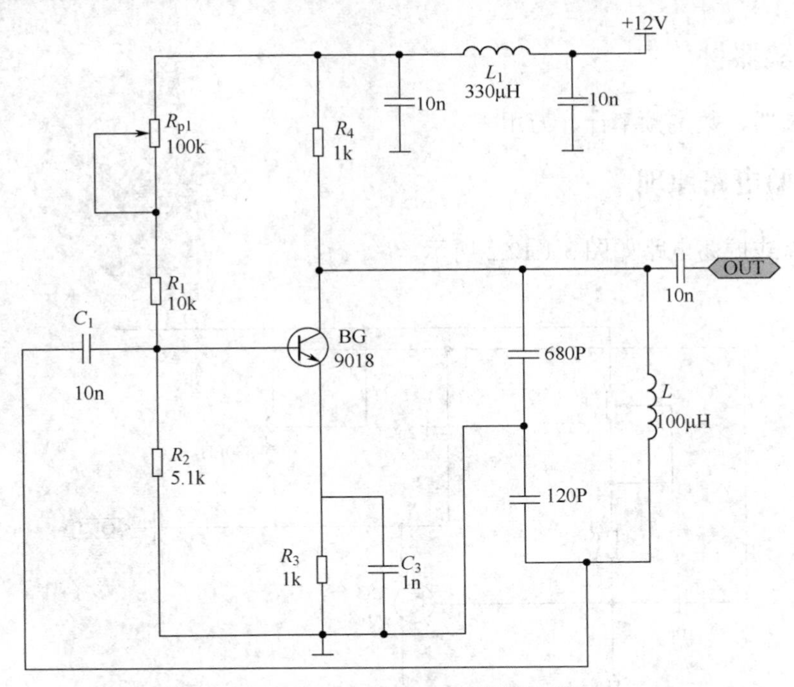

图 3.1.12.1 电容三点式振荡电路

四、实验内容和方法

用示波器测试振荡器的输出端，调节电位器观察输出波形，并记录输出端不振荡、振荡、幅度最大时的 U_E 值。

测试负载不同时对频率的影响，R_L 分别取 100k、10k、1k，测出电路振荡频率（电阻可以在设计区管针上插接取值），填入表 3.1.12.1。

表 3.1.12.1 负载对频率的影响表

R_L	100k	10k	1k
f(MHz)			

五、实验报告及要求

（1）画出实验电路的交流等效电路，整理实验数据，分析实验结果。

（2）说明电容三点式振荡电路的特点。

电感三点式振荡电路

一、实验目的

（1）掌握 LC 三点式振荡器的基本原理；

（2）掌握电感三点式振荡电路的设计方法及参数计算方法。

二、实验器材

双踪示波器、数字频率计、万用表。

三、实验电路原理

电感三点式振荡电路如图 3.1.12.2 所示。

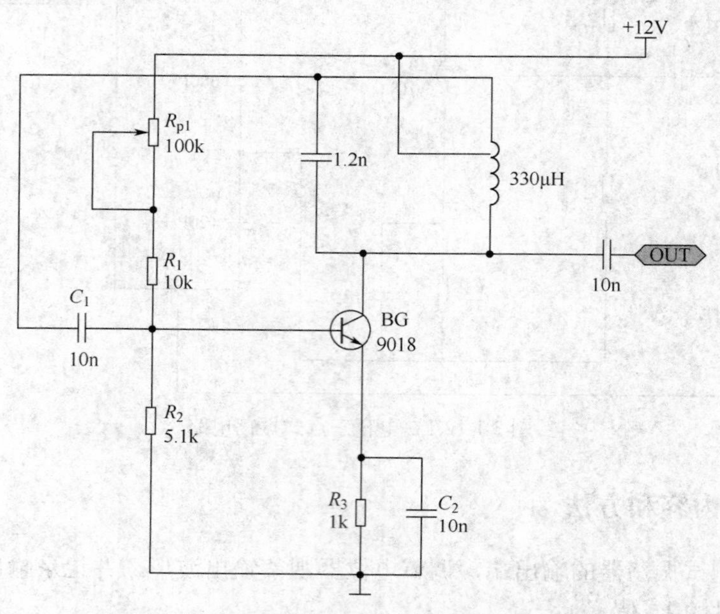

图 3.1.12.2　电感三点式振荡电路

振荡器起振必须满足相位平衡条件和幅度平衡条件，其振荡频率为：

$$f_o=\frac{1}{2\pi\sqrt{LC}}$$

四、实验内容和方法

用示波器测试振荡器的输出端，分别反复调节 R_{P1}、R_{P2} 观察输出波形，并记录输出端不振荡、振荡、幅度最大时的 U_E 值。

测试负载不同时对频率的影响，R_L 分别取 100k、10k、1k，测出电路振荡频率（电阻可以在设计区管针上插接取值），填入表 3.1.12.2。

表 3.1.12.2　负载对频率的影响表

R_L	100k	10k	1k
f(MHz)			

五、实验报告及要求

（1）画出实验电路的交流等效电路，整理实验数据，分析实验结果。

（2）说明电感三点式振荡电路的特点。

（3）分析电感式振荡器输出波形差的原因。

石英晶体振荡电路

一、实验目的

（1）了解晶体振荡器的工作原理及特点；
（2）掌握晶体振荡器的设计方法及参数计算方法。

二、实验器材

双踪示波器、数字频率计、万用表。

三、实验内容和方法

石英晶体振荡电路如图 3.1.12.3 所示。

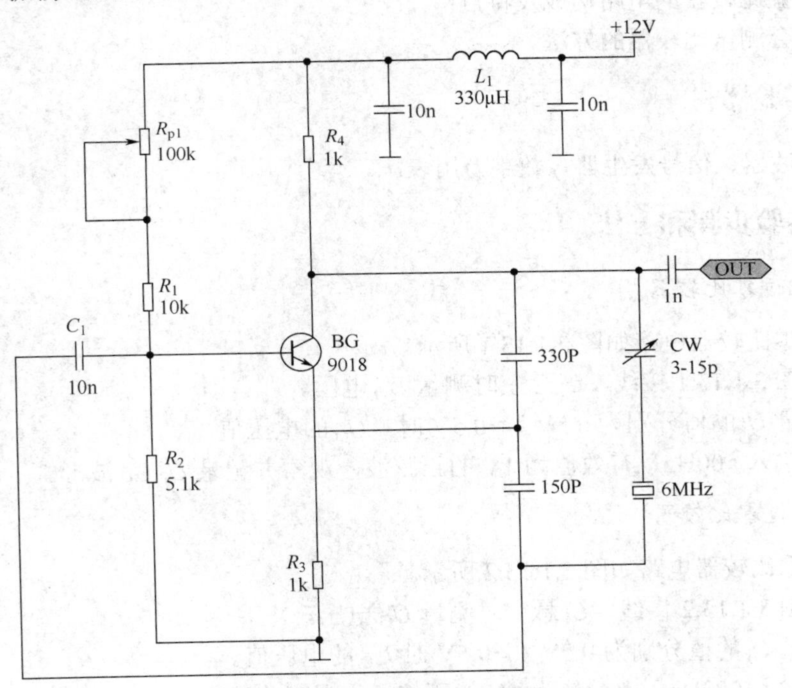

图 3.1.12.3　石英晶体振荡电路

（1）测量振荡器的静态工作点，调节 R_{p1}，测得 I_{Emin} 和 I_{Emax}。

（2）测量当静态工作点在上述范围时的振荡频率及输出电压。

（3）负载不同时对频率的影响，R_L 分别取 100k、10k、1k，测出电路振荡频率（电阻可以在设计区管针上插接取值），填入表 3.1.12.3，并与 LC 振荡器进行比较。

表 3.1.12.3　负载对频率的影响

R_L	100k	10k	1k
f(MHz)			

四、实验报告及要求

（1）画出实验电路的交流等效电路。
（2）比较晶体振荡器与LC振荡器带负载能力的差异，并分析原因。
（3）掌握如何肯定电路工作在晶体的频率上。
（4）根据电路给出的LC参数计算回路中心频率阐述石英晶体振荡电路的优点。

实验十三　电压比较器电路实验

电压比较器电路

一、实验目的

（1）掌握比较器的电路构成及特点；
（2）学会测试比较器的方法。

二、实验器材

双踪示波器、信号发生器、数字万用表。

三、实验步骤和方法

1．反相过零比较器

反相过零比较器电路如图3.1.13.1所示。
（1）按图3.1.13.1接线，U_i悬空时测量U_O电压。
（2）测量U_i的值分别为0.5V和−0.5V时，U_O的电压值。
（3）U_i输入500Hz、有效值为1V的正弦波，观察并记录U_i-U_O波形。

2．同相过零比较器

同相过零比较器电路如图3.1.13.2所示。
（1）按图3.1.13.2接线，U_i悬空时测量U_O电压。
（2）测量U_i的值分别为0.5V和−0.5V时U_O的电压值。
（3）U_i输入500Hz、有效值为1V的正弦波，观察并记录U_i-U_O波形。

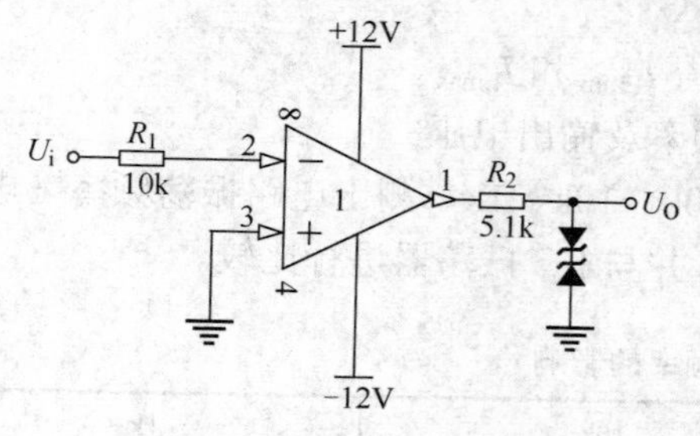

图3.1.13.1　反相过零比较器电路

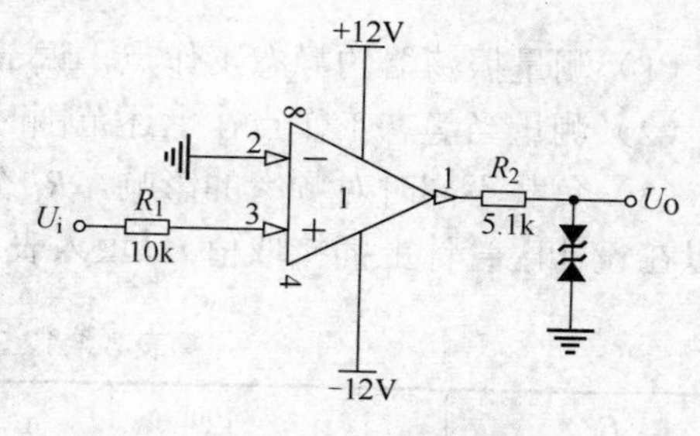

图3.1.13.2　同相过零比较器电路

3. 反相过门限比较器

反相过门限比较器电路如图 3.1.13.3 所示。

（1）按图 3.1.13.3 接线，U_i悬空时测量 U_O 电压。

（2）测量 U_i 的值分别为 1.5V 和−1.5V 时的 U_O 电压值。

（3）U_i 输入 500Hz、有效值为 2V 的正弦波，观察并记录 U_i-U_O 波形。

4. 同相过门限比较器

同相过门限比较器电路如图 3.1.13.4 所示。

（1）按图 3.1.13.4 接线，U_i悬空时测量 U_O 电压。

（2）测量 U_i 的值分别为 1.5V 和−1.5V 时 U_O 的电压值。

（3）U_i 输入 500Hz、有效值为 2V 的正弦波，并记录观察 U_i-U_O 波形。

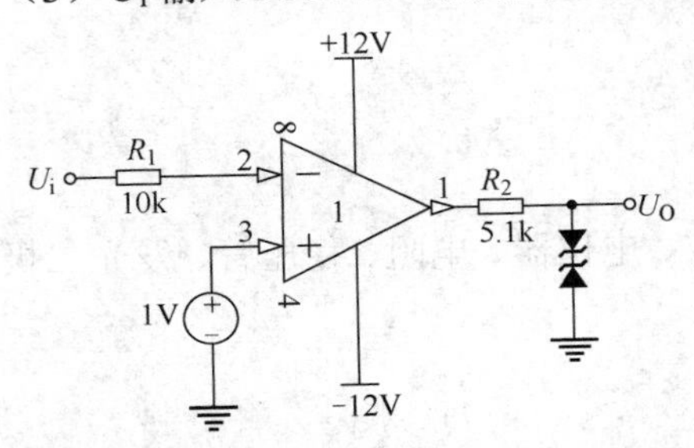

图 3.1.13.3　反相过门限比较器电路

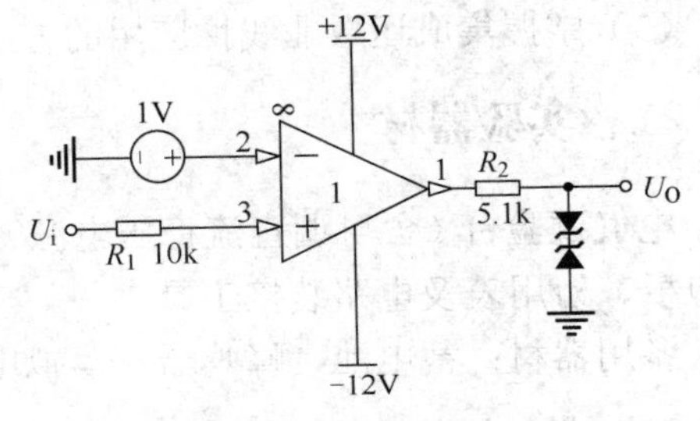

图 3.1.13.4　同相过门限比较器电路

5. 反相滞回比较器

反相滞回比较器电路如图 3.1.13.5 所示。

（1）按图 3.1.13.5 接线，并将 R_p 调为 100k，U_i 接直流信号源，测量 U_O 由$+U_{om}$→$-U_{om}$ 时 U_i 的临界值。

（2）同上，测量 U_O 由$-U_{om}$→$+U_{om}$ 时 U_i 的临界值。

（3）U_i 接 500Hz、有效值 1V 的正弦信号，观察并记录 U_i-U_O 波形。

（4）将电路中 R_p 调为 22kΩ，重复上述实验。

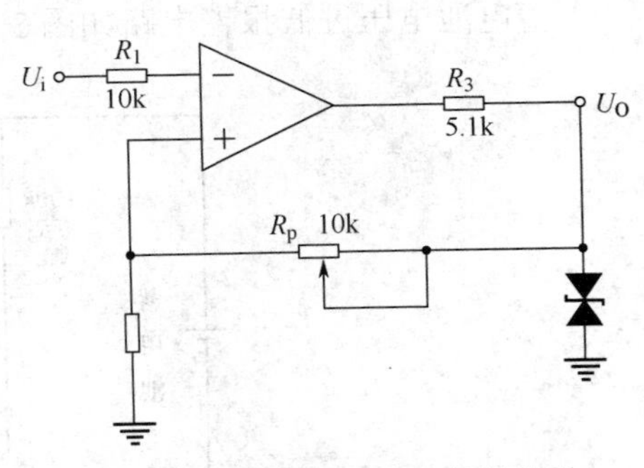

图 3.1.13.5　反相滞回比较器电路

6. 同相滞回比较器

同相滞回比较器电路如图 3.1.13.6 所示。

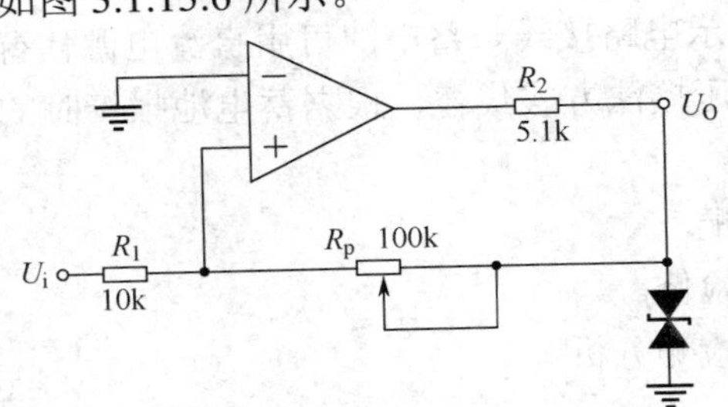

图 3.1.13.6　同相滞回比较器电路

（1）按图 3.1.13.6 所示电路接线，并将 R_p 调为 100k，U_i 接直流信号源，测量 U_O 由 $+U_{om}\to-U_{om}$ 时 U_i 的临界值。

（2）同上，测量 U_O 由 $-U_{om}\to+U_{om}$ 时 U_i 的临界值。

（3）U_i 接 500Hz、有效值 1V 的正弦信号，观察并记录 U_i-U_O 波形。

（4）将电路中 R_p 调为 22k，重复上述实验。

蓄电池电压过低报警电路

一、实验目的

（1）了解汽车中蓄电池应用的电压范围、低压报警方式；

（2）熟悉蓄电池电压过低报警电路的结构和工作原理；

（3）掌握集成运放非线性应用的方法。

二、实验器材

电气试验台（含可调直流稳压电源）、集成运放、电位器、电阻、稳压管、发光二极管、面包板、万用表及电路装接工具。

备用器材：蓄电池、蜂鸣器、模拟电路实验箱。

三、实验步骤和方法

蓄电池电压过低报警电路如图 3.1.13.7 所示。

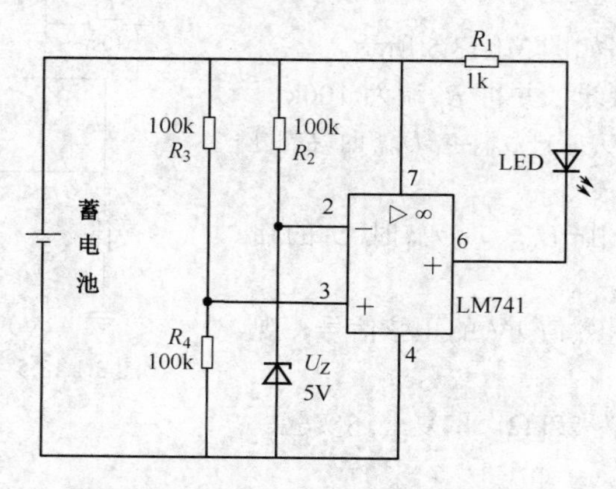

图 3.1.13.7　蓄电池电压过低报警电路

（1）按图 3.1.13.7 所示电路接线。蓄电池可用直流电源代替，蓄电池电压变化用可调直流电源或使用电位器分压接法方式代替，根据蓄电池报警时的电压值确定基准电压，选定稳压管。

（2）元器件检测与装配。

（3）电路调试及故障检修。

（4）检测记录与调试检测分析。

四、实验报告及要求

整理实验数据及波形图。

实验十四　非正弦波信号产生电路实验

方波发生电路

一、实验目的

（1）掌握方波发生电路的特点和分析方法；
（2）熟悉波形发生器设计方法。

二、实验器材

双踪示波器、数字万用表。

三、实验步骤和方法

1．方波发生电路

方波发生电路如图 3.1.14.1 所示，双向稳压管稳压值一般为 5～6V。

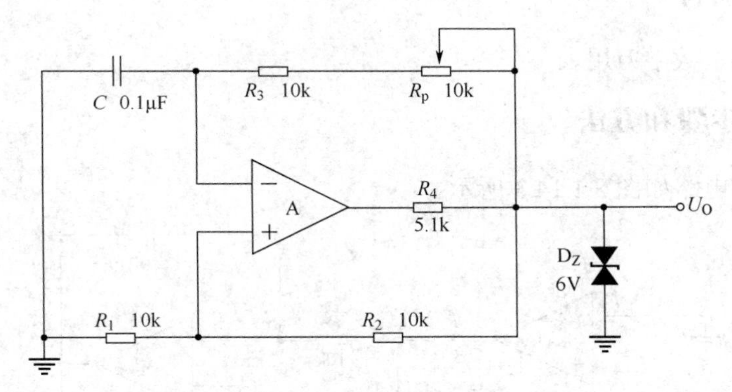

图 3.1.14.1　方波发生电路

（1）按图 3.1.14.1 所示电路接线，记录 U_c、U_O 波形及频率。
（2）分别测出 R=10k、110k 时的频率、输出幅值。

2．占空比可调的矩形发生电路

占空比可调的矩形波发生电路如图 3.1.14.2 所示。
（1）按图 3.1.14.2 所示电路接线，观察并测量电路的振荡频率、幅值及占空比。
（2）若要使占空比更大，应如何选择电路参数并用实验验证。

四、实验报告及要求

整理实验数据，绘制波形图。

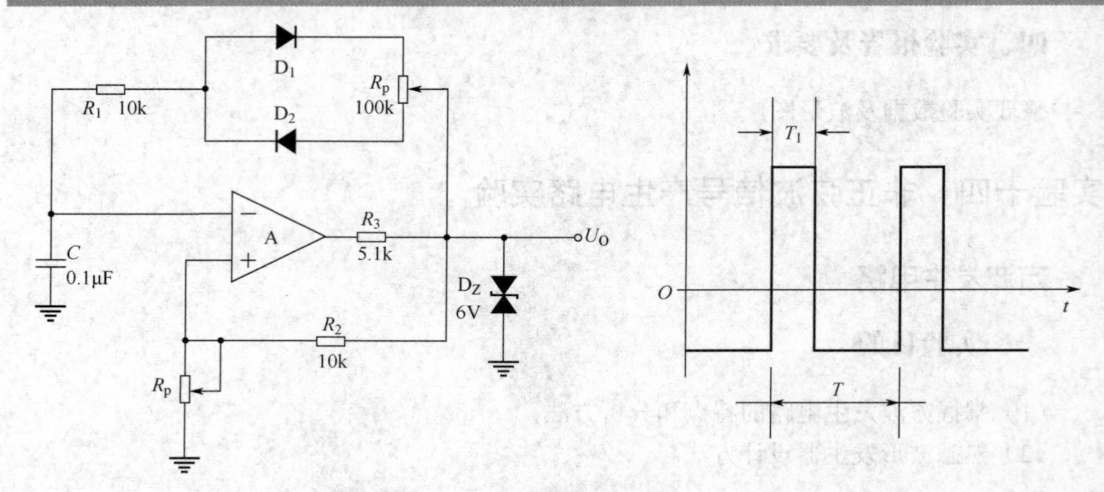

图 3.1.14.2　占空比可调的矩形波发生电路

三角波发生电路

一、实验目的

（1）掌握三角波发生电路的特点和分析方法；
（2）熟悉波形发生器设计方法。

二、实验器材

双踪示波器、数字万用表。

三、实验步骤和方法

三角波发生电路如图 3.1.14.3 所示。

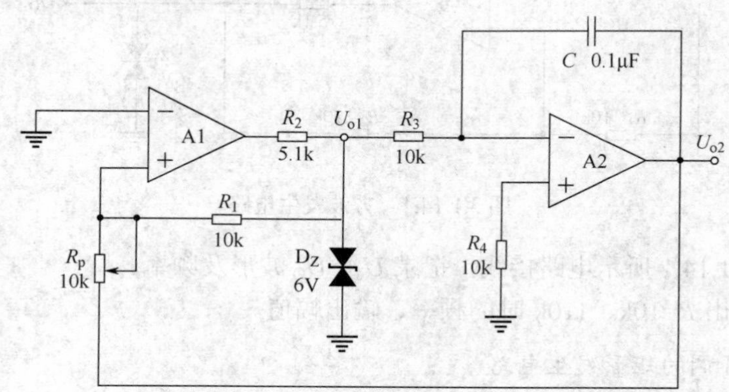

图 3.1.14.3　三角波发生电路

按图 3.1.14.3 所示电路接线，分别观测 U_{o1} 及 U_{o2} 的波形并记录。

四、实验报告及要求

整理实验数据，绘制波形图。

锯齿波发生电路

一、实验目的

（1）掌握锯齿波发生电路的特点和分析方法；
（2）熟悉波形发生器设计方法。

二、实验器材

双踪示波器、数字万用表。

三、实验步骤和方法

锯齿波发生电路如图 3.1.14.4 所示。

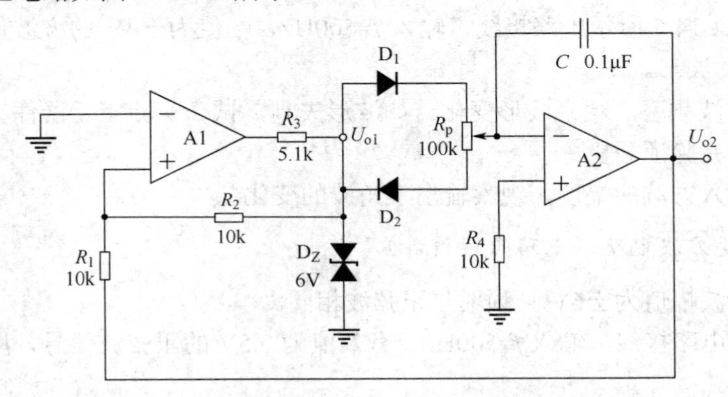

图 3.1.14.4　锯齿波发生电路

按图 3.1.14.4 所示电路接线，记录电路输出波形和频率。

四、实验报告及要求

整理实验数据，绘制波形图。

波形变换电路

一、实验目的

（1）熟悉波形变换电路的工作原理及特性；
（2）掌握波形变换电路的参数选择和调试方法。

二、实验器材

双踪示波器、函数发生器、数字万用表。

三、实验步骤和方法

1．方波变三角波

方波变三角波电路如图 3.1.14.5 所示。

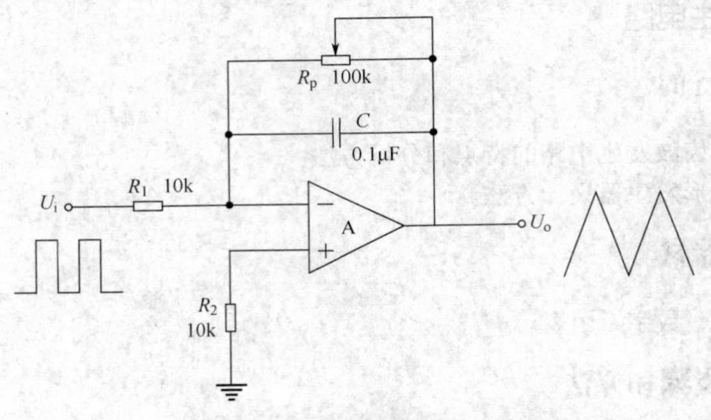

图 3.1.14.5　方波变三角波电路

（1）按图 3.1.14.5 所示电路接线，输入 f=500Hz、幅值为±4V 的方波信号，用示波器观察并记录 U_o 的波形。

（2）改变方波频率，观察波形变化。如波形失真，试在实验箱元器件参数允许范围内调整电路参数，并验证分析。

（3）改变输入方波的幅度，观察输出三角波的变化。

2. 正弦波变方波电路（电路自行设计）

（1）要求方波幅值为±6V 且频率与正弦波相同。

（2）按设计电路接线，输入 f=500Hz、有效值为 0.5V 的正弦波信号，用示波器观察并与设计要求对照。

（3）改变输入信号的频率和幅值，重复上述实验。

【注意】观察输入信号与输出信号相位是否一致。

四、实验报告及要求

1. 整理实验步骤、电路图、表格等。
2. 总结波形变换电路的特点。

实验十五　直流稳压电源电路实验

电子仪器设备都需要直流电源供电，一般都采用把交流电（220V 市电）转变为直流稳压电源。直流稳压电源由电源变压器、整流电路、滤波电路和稳压电路四部分组成。市电供给的交流电压 u_1（220V 50Hz）经电源变压器降压后，得到电路所需要的交流电压 u_2，经整流电路变换成方向不变、大小随时间变化的脉动电压 u_3，用滤波器滤出其交流分量，就可得到比较平直的直流电压 u_4。这样输出的直流电压还会随市电电压的波动或负载的变动而变化，为得到稳定的直流电压还需要稳压电路。

稳压电路可根据同负载连接情况分为并联稳压电路和串联稳压电路。

整流滤波与并联稳压电路

一、实验目的

（1）熟悉单相半波、全波、桥式整流电路；
（2）观察了解电容滤波作用；
（3）了解并联稳压电路。

二、实验器材

示波器、数字万用表。

三、实验内容和方法

1．半波整流电路和桥式整流电路

半波整流电路如图 3.1.15.1 所示，桥式整流电路如图 3.1.15.2 所示。按图 3.1.15.1 和图 3.1.15.2 所示电路接线，分别用示波器观察 V_2 及 V_L 的波形，并测量 V_2、V_L。

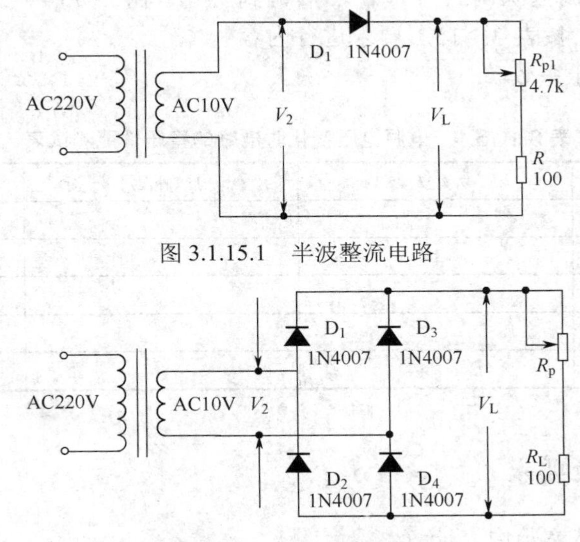

图 3.1.15.1　半波整流电路

图 3.1.15.2　桥式整流电路

2．电容滤波电路

电容滤波电路如图 3.1.15.3 所示。

（1）分别用不同电容接入电路，R_L 先不接，用示波器观察波形，用电压表测 V_L 并记录。

（2）接上 R_L，先用 R_L=1kΩ，重复上述实验并记录。

（3）将 R_L 改为 150Ω，重复上述实验。

3．并联稳压电路

二极管并联稳压电路如图 3.1.15.4 所示。

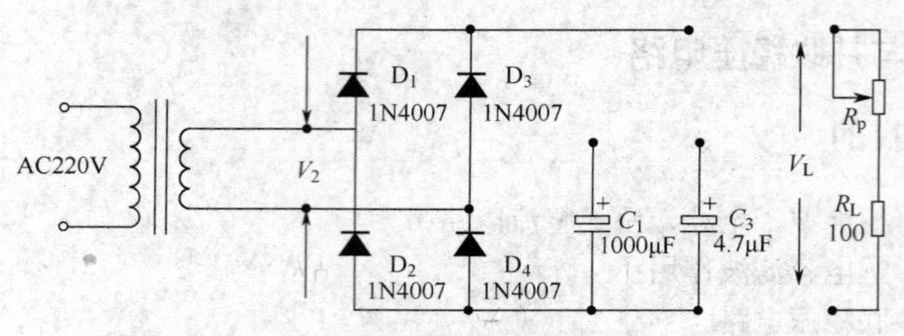

图 3.1.15.3　电容滤波电路

1）电源输入电压（10V）不变、负载变化时电路的稳压性能

改变负载电阻 R_L 使负载电流 I_L=1mA、5mA、10mA，分别测量 V_L、V_R、I_L、I_R，计算电源输出电阻。

2）负载不变、电源电压变化时电路的稳压性能

用可调的直流电压变化模拟 200V 电源电压变化，电路接入前将可调电源调到 10V，然后调到 8V、9V、11V、12V，按表 3.1.15.1 要求进行内容测量填表，并计算稳压系数。

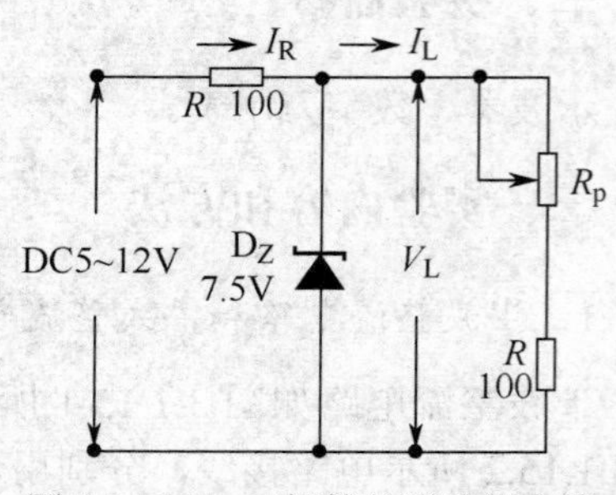

图 3.1.15.4　二极管并联稳压电路

表 3.1.15.1　电源电压变化时电路的稳压性能测试表

V_I	V_L（V）	I_L（mA）	I_R(mA)
10V			
8V			
9V			
11V			
12V			

四、实验报告及要求

整理实验数据并按实验内容计算。

串联稳压电路

一、实验目的

（1）研究稳压电源的主要特性，掌握串联稳压电路的工作原理；
（2）学会稳压电源的调试及测量方法。

二、实验器材

直流电压表、直流毫安表、示波器、数字万用表。

三、实验内容和方法

1．静态调试

（1）按图 3.1.15.5 所示电路接线，负载 R_L 开路，即稳压电源空载。

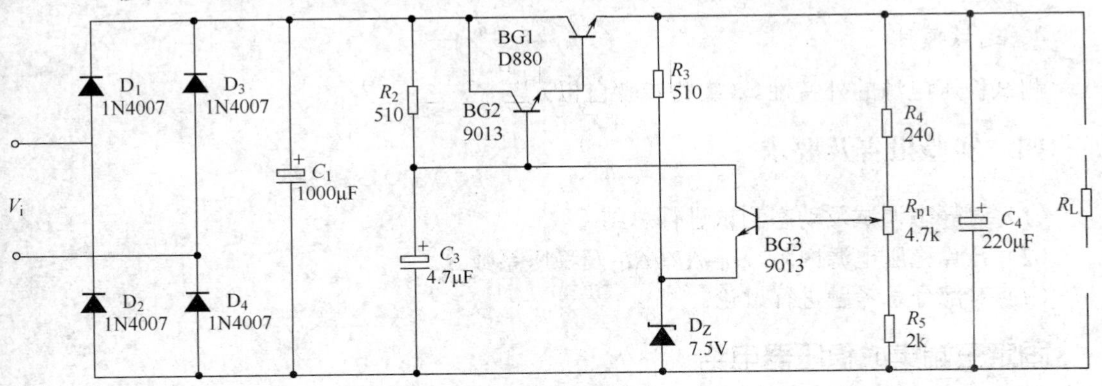

图 3.1.15.5　串联稳压电源电路

（2）输入交流 12V 电压，调整电位器 R_{P1}，使 U_O=9V。量测各三极管的 Q 点。

（3）测试输出电压的调节范围。

调节 R_{P1}，观察输出电压 U_O 的变化情况，记录 U_O 的最大值和最小值。

2．动态测量

1）测量电源稳压特性

使稳压电源处于空载状态，模拟电网电压波动±10%：即 U_i 由 AC12V 变到 AC10V。测量相应的 ΔU_O 根据

$$S=\frac{\Delta U_O/U_O}{\Delta U_i/U_i}$$

计算稳压系数。

2）测量稳压电源内阻

稳压电源的负载电流 I_L 由空载变化到额定值 I_L=100mA 时，测量输出电压 U_O 的变化量即可求出电源内阻 $r=|\Delta U_O/\Delta I_L|+100\%$。量测过程，使 U_i=10V 保持不变。

3）测试输出的纹波电压

在负载电流 I_L=100mA 条件下，用示波器观察稳压电源输入输出中的交流分量 U_O，描绘其波形，用晶体管毫伏表测量交流分量的大小。

思考题

（1）如果把图 3.1.15.5 电路中电位器的滑动端往上（或是往下）调，各三极管的 Q 点将如何变化？可以试一下。

（2）调节 R_L 时，V_3 的发射极电位如何变化？电阻 R_L 两端电压如何变化？

（3）如果把 C_4 去掉（开路），输出电压将如何？

（4）这个稳压电源哪个三极管消耗的功率大？按实验内容 2 中 3）的接线。

3．输出保护

（1）在电源输出端接上负载 R_L 同时串接电流表。并用电压表监视输出电压，逐渐减小

R_L 值，直到短路，注意 LED 发光二极管逐渐变亮，记录此时的电压值和电流值。

（2）逐渐加大 R_L 值，观察并记录输出电压值和电流值。

【注意】此实验内容短路时间应尽量短（不超过 5 秒），以防元器件过热。

思考题：如何改变电源保护值？

4．选做项目

测试稳压电源的外特性。（实验步骤自拟）

四、实验报告及要求

（1）对静态调试及动态测试进行总结。

（2）计算稳压电源内阻，$r_0=\Delta V_o/\Delta I_L$ 及稳压系数 S_r。

（3）对部分思考题进行讨论。

固定三端集成稳压器电路

一、实验目的

（1）了解集成稳压特性和使用方法；

（2）掌握直流稳压电源主要参数测试方法。

二、实验器材

示波器、数字万用表。

三、实验内容和方法

1．稳压器的测试

固定三端集成稳压器电路如图 3.1.15.6 所示。

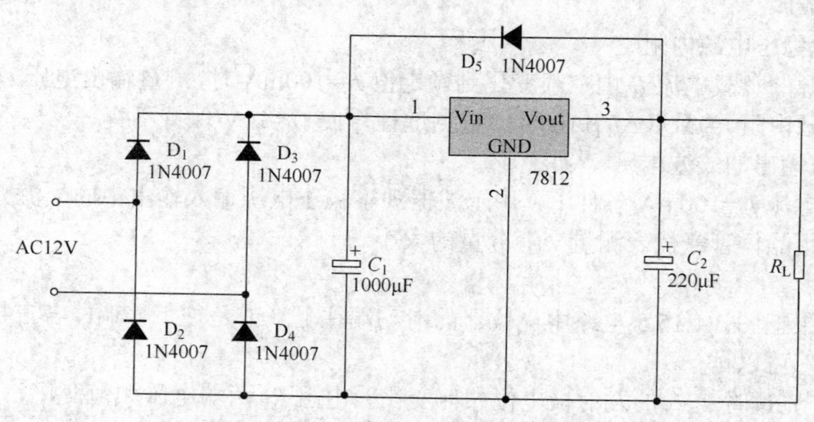

图 3.1.15.6　固定三端集成稳压器电路

测试内容：

（1）稳定输出电压。

（2）电压调整率。

（3）电流调整率。

（4）纹波电压（有效值或峰值）。

2．稳压器性能测试

用图 3.1.15.6 的电路，实验直流电源性能。

（1）保持稳定输出电压、最小输入电压。

（2）输出电流最大值及过流保护性能。

四、实验报告及要求

拟定实验步骤及记录表格。

可调三端集成稳压器电路

一、实验目的

（1）通过实际搭接电路，加深对三端稳压器件原理的理解；

（2）学会使用可调三端稳压器及测定可调三端稳压器的主要指标。

二、实验器材

示波器、数字万用表。

三、实验内容和方法

（1）按图 3.1.15.7 所示电路接线，调节 R_P，测量输出电压的变化范围。

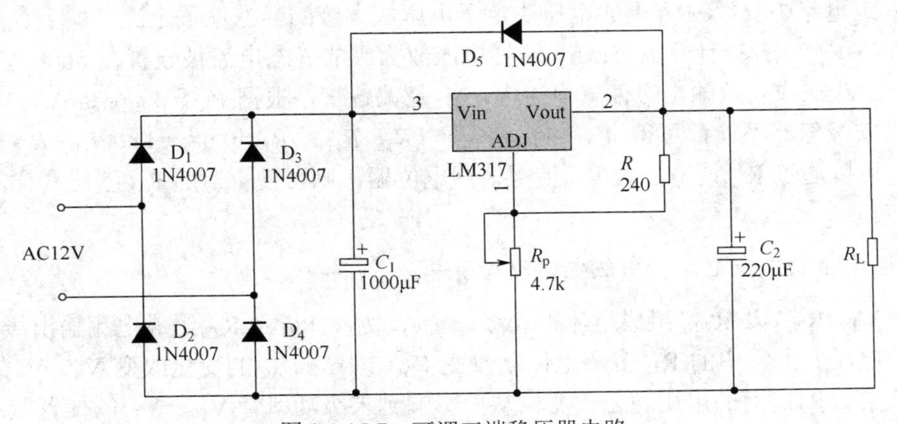

图 3.1.15.7　可调三端稳压器电路

（2）测量 3-2 端的直流电压、纹波电压及波形，记录数据。

（3）测量稳压电源动态内阻 R_o，当 R_L 变化时，记录数据（输出电压小于 9V）。

（4）通过输入电压与输出变化计算电压稳定系数 S。

四、实验报告及要求

整理数据，分析结果。

第二部分　模拟电子技术课程设计

3.2　模拟电子技术课程设计——晶体管功放的制作

3.2.1　电路原理简介

整机由左、右声道两块电路板组成，左声道的主电路如图 3.2.0.1 所示，电路供电电压 ±VCC=±50V。

1．输入级电路原理及计算

输入级在电路结构上是严格对称的，V_1、V_2与V_3、V_4组成双差分对称输入级，同时，R_3、R_4与R_{11}、R_{12}，R_5、R_6与R_8、R_9，R_7与R_{10}，R_{13}、D_1及C_3组成的稳压电路与R_{14}、D_2及C_4组成的稳压电路在结构上也是严格对称的。这种电路结构上的严格对称，加上对称的双电源（+VCC 与−VCC），使得双差分对称输入级的同向输入端（U_P）与反向输入端（U_N）的直流电位为 0V。

由V_1发射结、R_5、R_7及D_2组成的通路，列等式 $0-[V_{BE1}+I_1\times R_5+(I_1+I_2)\times R_7]=-V_{D2}$，计算电流$I_1=I_2=1.2mA$，同理，电流$I_3=I_4=1.2mA$，也就是将输入级的静态电流设置在 1.2mA。

2．电压放大级电路原理及计算

V_5、V_6组成电压放大级，R_{16}、R_{17}、R_{18}、V_7组成功放输出级偏置电路。

输入级电路中R_3及R_{11}上的电压决定了电压放大级的静态偏置电流。$U_{R3}=U_{BE5}+U_{R15}$，即 $I_1*R_3=U_{BE5}+I_3\times R_{15}$，计算$I_3=5mA$，这样电压放大级的静态电流被设置在 5mA 左右。R_{16}、R_{17}、R_{18}、V_7组成功放输出级偏置电路中，V_7是偏置管，根据 $V_{R18}=V_{BE7}=0.6V$，V_7的基极电流为微安级忽略不计，可得 $V_{AC}=V_{BC}+V_{BC}\times(R_{16}+R_{17})/R_{18}=0.6\times(1+(R_{16}+R_{17})/R_{18})$，显然$V_{AC}$可以通过$R_{18}$调节，若$R_{18}$使用多圈电位器，则可使$V_{AC}$随$R_{18}$缓慢变化，实现高精度调节。

3．电流推动级及电流输出级电路原理

V_8、V_9、$R_{20\text{-}1}$及$R_{20\text{-}2}$组成电流推动级，V_{10}、V_{11}、R_{21}及R_{22}组成电流输出级。

调节电压放大级中的R_{18}多圈电位器改变V_{AC}电压，V_{AC}的变化改变V_8、V_9的偏置状态，使$R_{20\text{-}1}$、$R_{20\text{-}2}$上的电压随之改变，从而影响到末级功率管V_{10}、V_{11}的偏置状态。

由于输出管在开始导通时集电极电流随V_{BE}急剧变化，V_{AC}以较高精度缓慢变化，可以很方便地控制偏置电流的大小，给偏置调节带来方便。同时，偏置三极管V_7与功率管一起固定在散热片上，当散热片温度异常升高时，偏置三极管集电极电流增加，集射电压反而下降，引起偏置下降，起热反馈、稳定偏置的作用。

4．交流电压串联负反馈电路及扬声器特性补偿电路原理

R_{25}、C_{10}及R_{26}组成交流电压串联负反馈电路，电压放大倍数确定为 $A_V=1+R_{25}/R_{26}=58$ 倍。L_1、R_{23}、R_{24}、C_9是扬声器特性补偿电路，使扬声器接近理想中的纯阻负载状态。

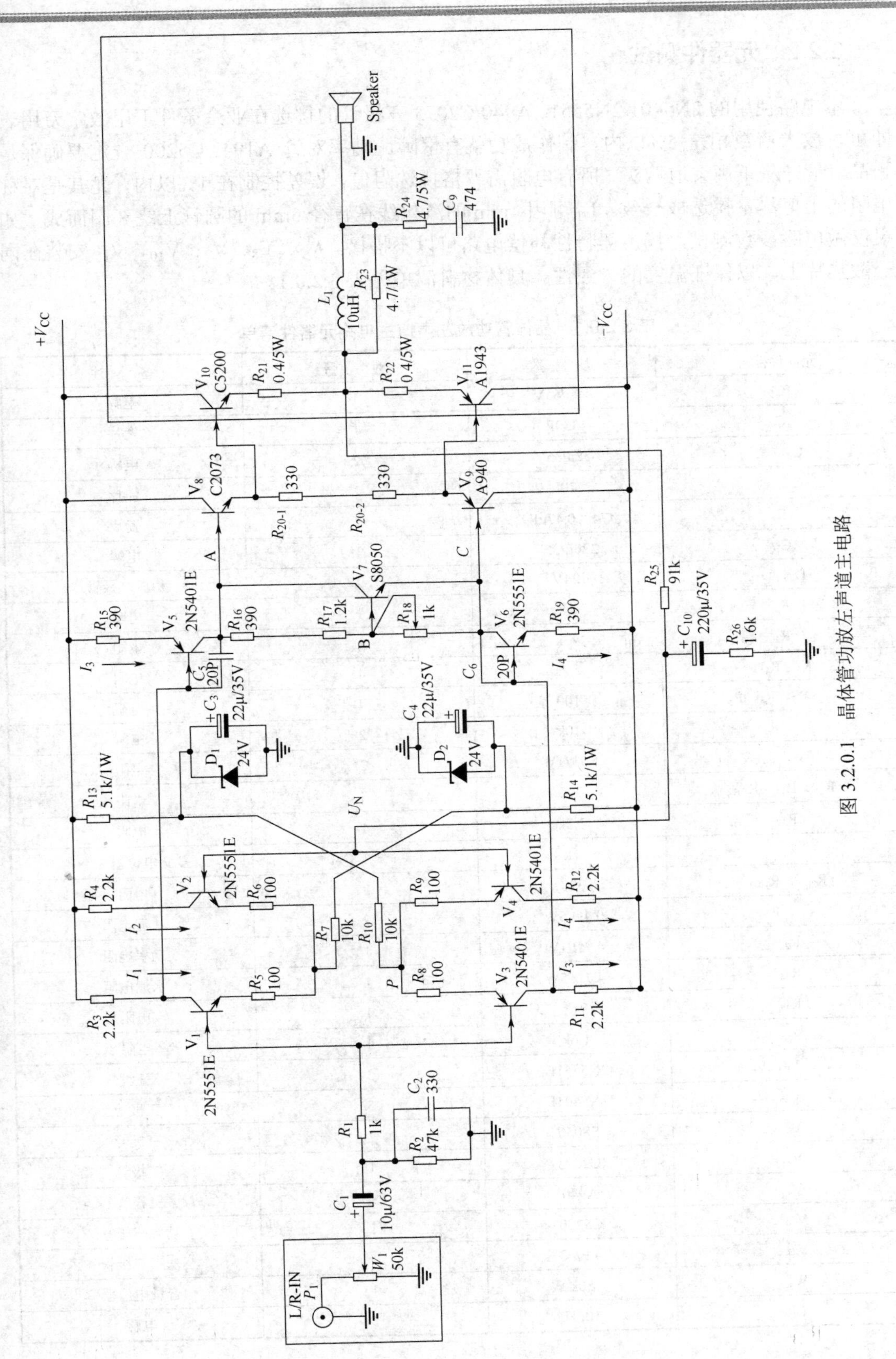

图 3.2.0.1　晶体管功放左声道主电路

3.2.2　元器件测试

本电路使用的2N5401/2N5551、A940/C2073三极管的挑选在业余条件下用数字万用表即可，放大倍数相差5%以内，制作成功就有保障。功率对管A1943/C5200一定要确保是正品，最好从正规渠道购买。所有电阻需严格挑选阻值，误差控制在1%以内，尤其是对称电阻的阻值尽量挑选成一致。L_1可用1mm的漆包线在直径5mm的圆管上绕8圈而成，如果仅做电路参数测试，扬声器特性补偿电路可以不搭接。V_7、V_8、V_9、V_{10}、V_{11}安装在同一散热片上，以保证温度的一致性。具体材料清单见表3.2.0.1。

表3.2.0.1　晶体管功放左声道主电路元器件清单

元器件标号	参　数	数　量	备　注
C_1	10μ/63V	1	电解
C_2	330P	1	瓷片
C_3、C_4	22μ/35V	2	电解
C_5、C_6	20P	2	瓷片
C_9	474（0.47μF）	1	瓷片
C_{10}	220μ/35V	1	电解
D_1、D_2	24V	2	稳压二极管
R_1	1k	1	电阻
R_2	47k	1	电阻
R_3、R_4、R_{11}、R_{12}	2.2k	4	电阻
R_5、R_6、R_8、R_9	100	4	电阻
R_7、R_{10}	10k	2	电阻
R_{13}、R_{14}	5.1k/1W	2	电阻
R_{15}、R_{16}、R_{19}	390	3	电阻
R_{17}	1.2k	1	电阻
R_{18}	1k	1	多圈电位器3296
R_{20-1}、R_{20-2}	333	2	电阻
R_{21}、R_{22}	0.4Ω/5W	2	水泥电阻
R_{23}	4.7Ω/1W	1	功率电阻
R_{24}	4.7Ω/5W	1	水泥电阻
R_{25}	91k	1	电阻
R_{26}	1.6k	1	电阻
V_1、V_2、V_6	2N5551E	3	三极管
V_3、V_4、V_5	2N5401E	3	三极管
V_7	S8050	1	三极管
V_8	C2073	1	三极管
V_9	A940	1	三极管
V_{10}	C5200	1	功率三极管
V_{11}	A1943	1	功率三极管
W_1	50k	1	音量电位器
L_1	10μH	1	电感

3.2.3　制作调试

模拟电路的制作调试方法不同于数字电路，尤其是本电路需要分模块一级一级来调试，输入级电路静态正常之后才能制作调试电压放大级，电压放大级静态满足设计要求之后才能制作调试电流推动级，电流推动级静态调整好之后才能制作电流输出级。

供电电路由200W环形变压器输出的双42V绕组经整流、滤波得到±50V的电压，即$\pm V_{CC}=\pm 50V$。

1．输入级电路制作调试

按图3.2.0.2所示电路接线，将输入电路的同向输入端U_P、反向输入端U_N强制接地，接通电源测量R_3、R_4、R_{11}与R_{12}上的电压为2.5V左右，如果差别太大，应该检查电路搭接是否正确，通常情况下，只要元器件经过严格挑选，电路搭接正确就不存在问题。

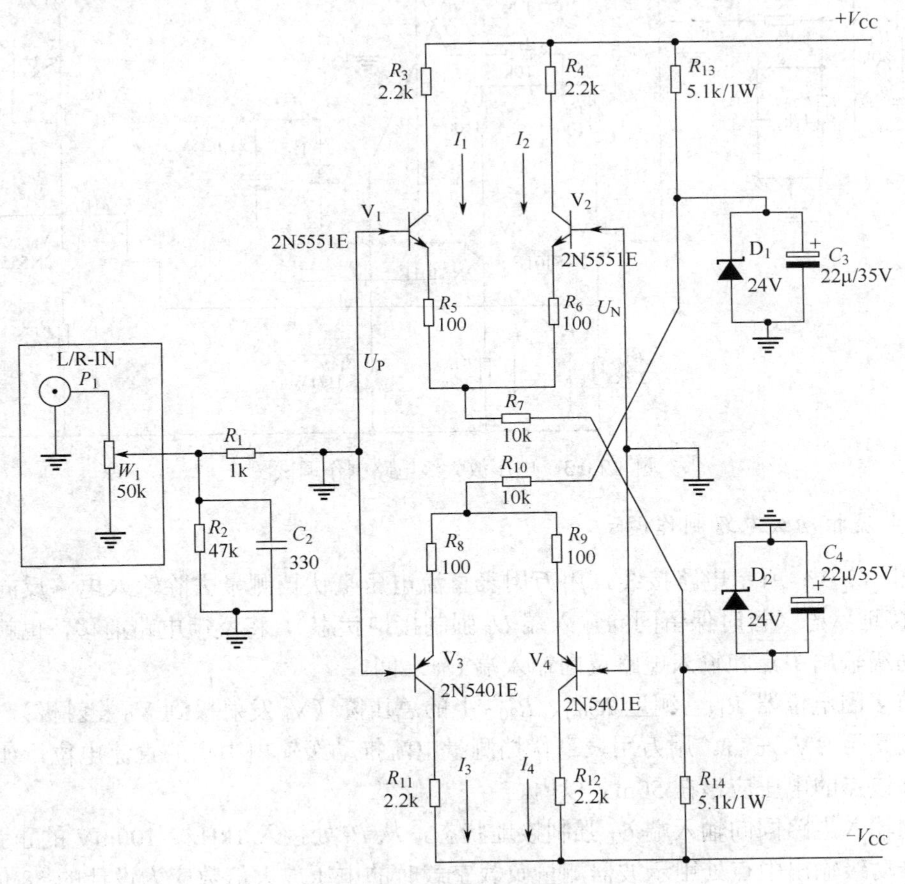

图3.2.0.2　输入级电路调试图

2．电压放大级电路制作调试

按图3.2.0.3所示电路接线，保持输入电路的同向输入端U_P、反向输入端U_N强制接地状态，接通电源，测量R_{15}及R_{19}上的电压为1.8V左右，如果差别太大，检查电路搭接是否正确。调节多圈电位器，同时测量V_{AC}电压，可以从1.8V开始向上连续可调，将V_{AC}电压调整至 1.8V 左右，进行第三级电路的制作调试。

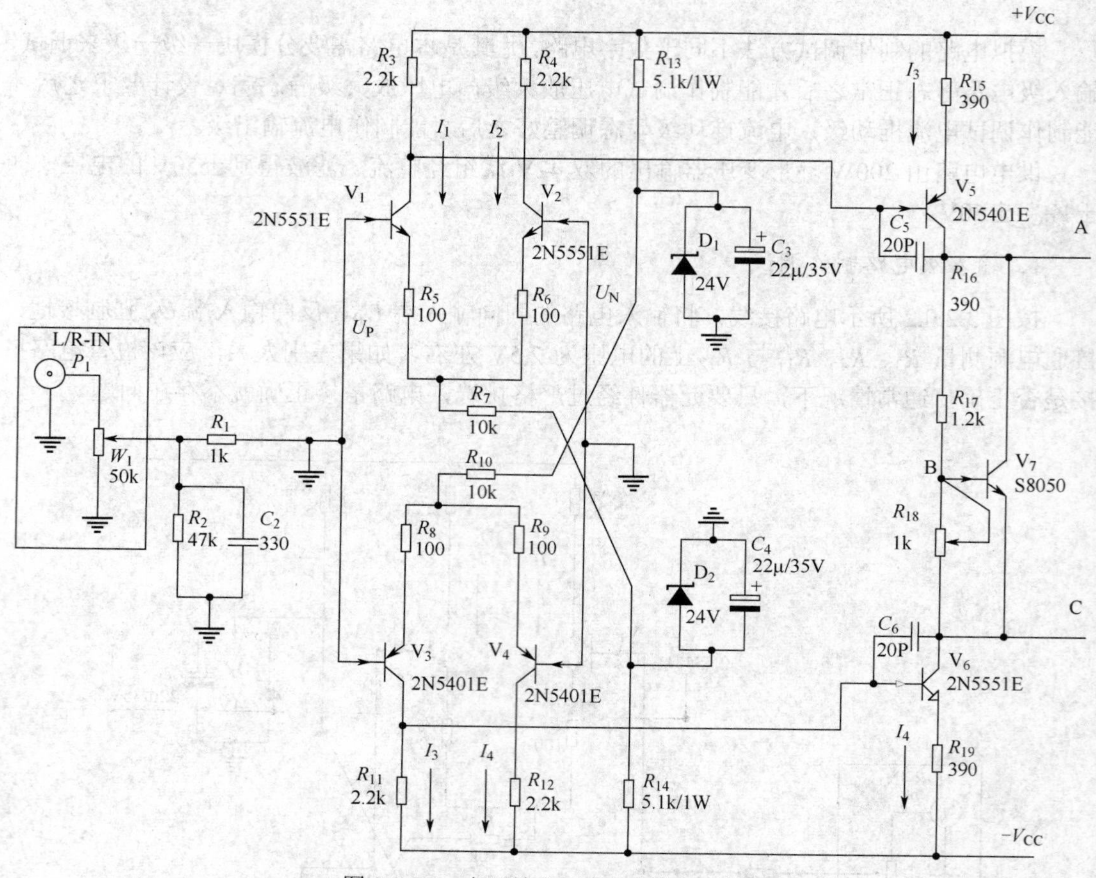

图 3.2.0.3　电压放大级电路制作调试图

3．电流推动级电路制作调试

按图 3.2.0.4 所示电路接线，用万用表直流电压毫伏挡测量去除输入电路反向输入端 U_N 强制接地状态（暂时保留同向输入端 U_P 强制接地状态），将反馈电路前移，也就是移到电流推动级输出中点和输入电路反向输入端 U_N 之间。

调节多圈电位器 R_{18}，测量 $R_{20\text{-}1}$、$R_{20\text{-}2}$ 上的总压降（V_8 发射极到 V_9 发射极），暂时将该电压调整至 1V 左右。用万用表毫伏挡测量电流推动级输出中点的直流电位，如果电路对称良好该点的电压应该在 50mV 以内。

去除输入电路同向输入端 U_P 强制接地状态，从 P_1 处接入 1kHz、100mV 的正弦信号，在电流推动级输出中点处用示波器测量负载空载时的电压放大倍数应为设计的 58 倍左右，同时输出信号波形无失真。

4．电流输出级电路制作调试

按图 3.2.0.1 所示电路接线，暂时保留同向输入端 U_P 强制接地状态，将反馈电路后移，也就是移到电流输出级电路的输出中点和输入电路反向输入端 U_N 之间。

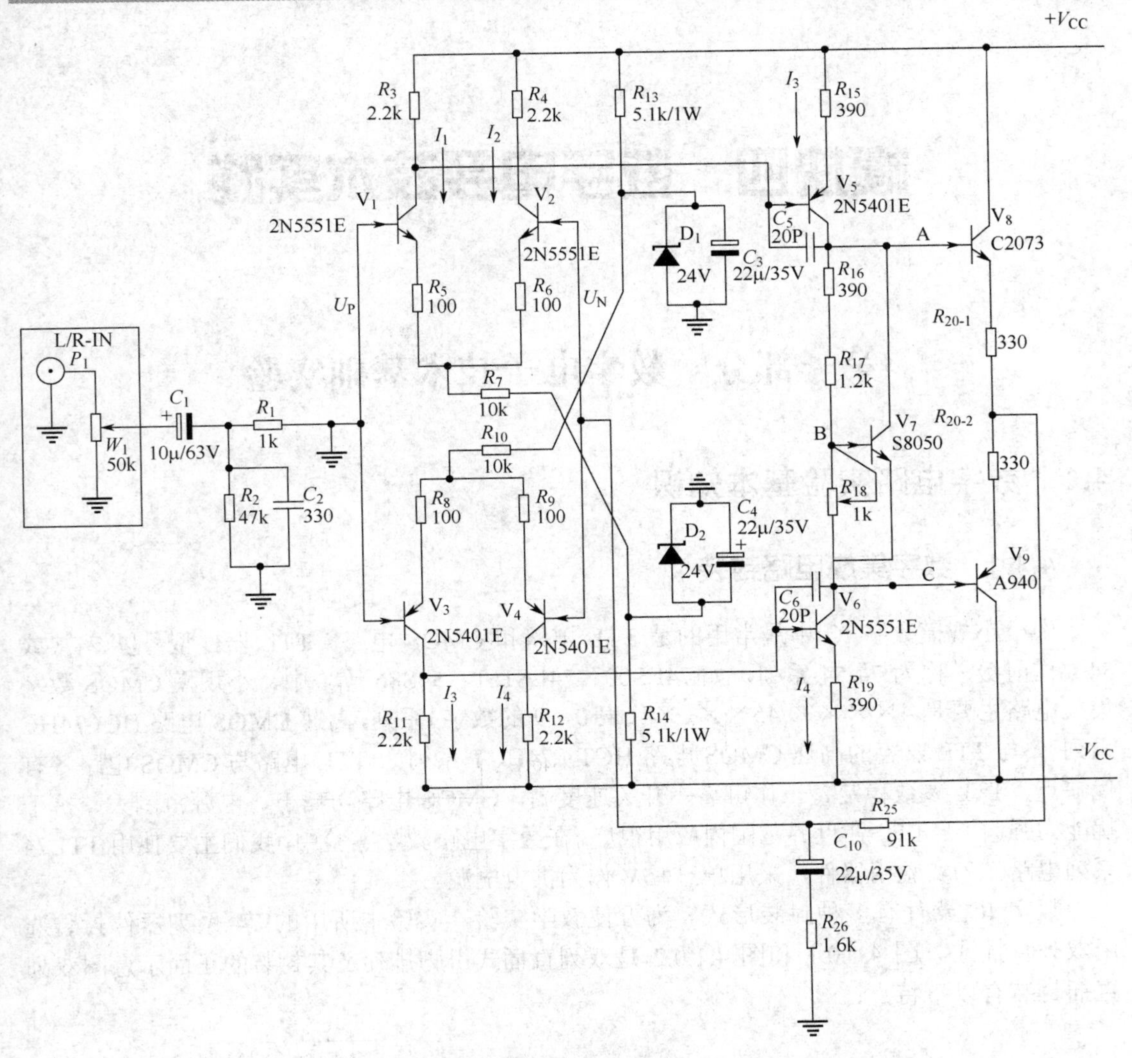

图 3.2.0.4　电流推动级电路制作调试图

调节多圈电位器 R_{18}，将电流输出级的静态电流调节至 50mA 左右，用万用表毫伏挡测量 R_{21}（或 R_{22}）的压降为 20mV 左右，如果电路对称良好电流输出级电路输出中点的直流电压应该在 50mV 以内。此过程最好分几步进行，每次增加一点，观察功率管是否异常，中点电位是否异常。

5．整机测试

去除输入电路同向输入端 U_P 强制接地状态，从 P_1 处接入 1kHz、100mV 的正弦信号，在电流输出级输出中点处用示波器测量负载空载时的电压放大倍数应为设计的 58 倍左右，同时输出信号波形无失真。

经过一段时间的连续观测，如无异常就可以加上测试信号或音乐信号进行试机了。本机可以方便地驳接各种前级，直接接上 CD 等现代数码音源，推动扬声器也不在话下。

模块四　数字电子技术实践

第一部分　数字电子技术基础实验

4.1　数字电路实验基本知识

4.1.1　数字集成电路封装

中、小规模数字 IC 中最常用的是 TTL 电路和 CMOS 电路。TTL 器件型号以 74（或 54）作前缀，称为 74/54 系列，如 74LS00、74LS161、54S86 等。中、小规模 CMOS 数字集成电路主要是 4××××/45××（×代表 0～9 的数字）系列，高速 CMOS 电路 HC（74HC 系列），与 TTL 兼容的高速 CMOS 电路 HCT（74HCT 系列）。TTL 电路与 CMOS 电路各有优缺点，TTL 参数稳定、工作可靠、开关速度高，CMOS 电路功耗小、电源范围大、抗干扰能力强。由于 TTL 在世界范围内应用很广，在数字电路教学实验中，我们主要使用 TTL74 系列电路作为实验用器件，采用单一+5V 作为供电电源。

数字 IC 器件有多种封装形式。为方便教学实验，实验中所用的 74 系列器件封装选用双列直插式。图 4.1.0.1 和图 4.1.0.2 是双列直插式引脚排列及其封装的正面示意图双列直插封装有以下特点：

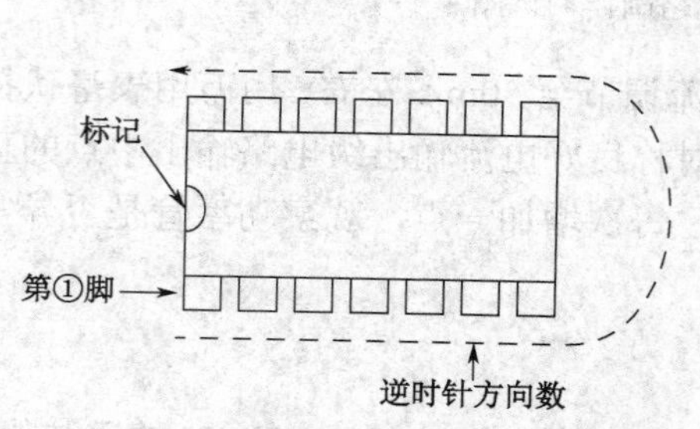

图 4.1.0.1　双列直插式引脚排列

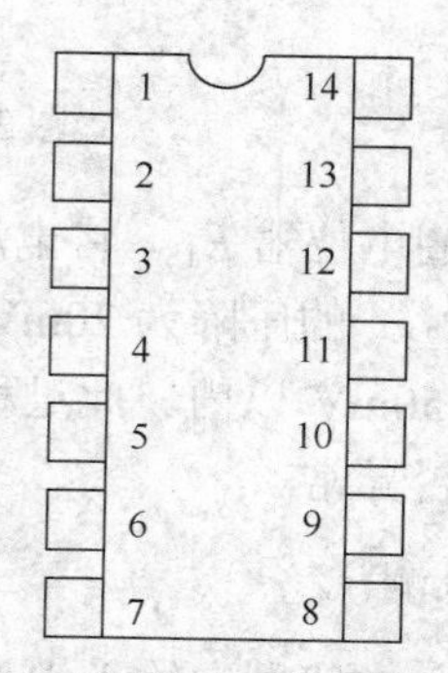

图 4.1.0.2　双列直插式封装图

（1）从正面（上面）看，器件一端有一个半圆的缺口，这是正方向的标志。从缺口左下边起，引脚按逆时针方向递增。图 4.1.0.2 中的数字表示引脚号。双列直插封装 IC 引脚数有 14 个、16 个、20 个、24 个、28 个等若干种。

（2）双列直插器件有两列引脚。引脚之间的间距是 2.54mm。两列引脚之间的距离有宽（15.24mm）、窄（7.62mm）两种。两列引脚之间的距离能够稍做改变，引脚间距不能改变。

将器件插入实验台上的插座中，或从插座中拔出时要小心，不要将器件引脚掰弯或折断。

（3）74 系列器件一般左下角的最后一个引脚是 GND，右上角的引脚是 V_{CC}。例如，14 引脚器件的引脚 7 是 GND，引脚 14 是 V_{CC}；20 引脚的器件引脚 10 是 GND，引脚 20 是 V_{CC}。但也有一些例外，例如 16 引脚的双 JK 触发器 74LS76，引脚 13（不是引脚 8）是 GND，引脚 5（不是引脚 16）是 V_{CC}。所以，使用集成电路器件时要先看清它的引脚图，找对电源和地，避免因接线错误造成器件损坏。

对于管脚较多的器件，拔出时应加小心，可以使用专门的起拔器，也可以使用镊子从对角缝隙轻轻拔出。

实验设备上的接线端上的接线采用自锁紧插头、插孔（插座）。使用自锁紧插头、插孔接线时，首先把插头插进插孔中，然后将插头按顺时针方向轻轻一拧则锁紧。拔出插头时，首先按逆时针方向轻轻拧一下插头，使插头和插孔之间松开，然后将插头从插孔中拔出。不要使劲拔插头，以免损坏插头和连线。

【注意】①实验前应先检查将要使用的每一根接线是否完好；②插、拔器件只能在关断电源的情况下进行。

4.1.2　数字电路测试及故障查找、排除

设计好一个数字电路后，要对其进行测试，以验证设计是否正确。测试过程中，发现问题要分析原因，找出故障所在，并解决它。

1. 数字电路测试

数字电路测试大体上分为静态测试和动态测试两部分。静态测试是指，给定数字电路若干组静态输入值，测试数字电路的输出值是否正确。数字电路设计好后，在实验台上连接成一个完整的线路。把线路的输入接逻辑开关输出，线路的输出接逻辑状态指示灯，按功能表或状态表的要求，改变输入状态，观察输入和输出之间的关系是否符合设计要求。静态测试是检查设计是否正确、接线是否无误的重要一步。

在静态测试基础上，按设计要求在输入端加动态脉冲信号，观察输出端波形是否符合设计要求，这是动态测试。有些数字电路只需进行静态测试即可，有些数字电路则必须进行动态测试。一般来说，时序电路应进行动态测试。

2. 数字电路故障的查找和排除

在数字电路实验中，出现问题是在所难免的。重要的是分析问题，找出出现问题的原因，从而解决它。通常，产生问题（故障）的原因有四个方面：器件故障、接线错误、设计错误和测试方法不正确。在查找故障过程中，首先要熟悉经常发生的典型故障。

1）器件故障

器件故障是器件失效或器件接插问题引起的故障，表现为器件工作不正常。器件失效肯定会引起电路工作不正常，这需要更换一个好器件。器件接插问题，如管脚折断或者器件的某个（或某些）引脚没有插到插座中等，也会使器件工作不正常。对于器件接插错误有时不易发现，需仔细检查。判断器件失效的方法是用集成电路测试仪测试器件。需要指出的是，一般的集成电路测试仪只能检测器件的某些静态特性。对负载能力等静态特性和上升沿、下降沿、延迟时间等动态特性，一般的集成电路测试仪不能测试。测试器件的这

些参数，须使用专门的集成电路测试仪。

2）接线错误

接线错误是最常见的错误。在教学实验中，绝大多数的故障是由接线错误引起的。常见的接线错误包括忘记接器件的电源和地；连线与插孔接触不良；连线经多次使用后，有可能外面塑料包皮完好，但内部线断；连线多接、漏接、错接；连线过长、过乱造成干扰。接线错误造成的现象多种多样，例如器件的某个功能块不工作或工作不正常，器件不工作或发热，电路中一部分工作状态不稳定等。解决方法大致包括：熟悉所用器件的功能及其引脚号，知道器件每个引脚的功能；器件的电源和地一定要接对、接好；检查连线和插孔接触是否良好；检查连线有无错接、多接、漏接；检查连线中有无断线。最重要的是接线前要画出接线图，按图接线，不要凭记忆随想随接；接线要规范、整齐，尽量走直线、短线，以免引起干扰。

3）设计错误

设计错误自然会造成实验结果与预想的不一致。原因是没有吃透实验要求，或者是没有掌握所用器件的原理。因此，实验前一定要理解实验要求，掌握实验线路原理，精心设计。初始设计完成后一般应对设计进行优化。最后画好逻辑图及接线图。

4）测试方法不正确

如果不发生前面所述三种错误，实验一般会成功。但有时测试方法不正确也会引起观测错误。例如，一个稳定的波形，如果用示波器观测，而示波器没有同步，则造成波形不稳的假象。因此，要学会正确使用所用仪器、仪表。在数字电路实验中，尤其要学会正确使用示波器。在对数字电路测试过程中，由于测试仪器、仪表加到被测电路上后，对被测电路相当于一个负载，因此测试过程中也有可能引起电路本身工作状态的改变，这点应引起足够注意。不过，在数字电路实验中，这种现象很少发生。

当实验中发现结果与预期不一致时，千万不要慌乱。应仔细观测现象，冷静思考问题所在。首先检查仪器、仪表的使用是否正确。在正确使用仪器、仪表的前提下，按逻辑图和接线图逐级查找问题出现在何处。通常从发现问题的地方，一级一级向前测试，直到找出故障的初始发生位置。在故障的初始位置处，首先检查连线是否正确。前面已经说过，实验故障绝大部分是由接线错误引起的，因此检查一定要认真、仔细。确认接线无误后，检查器件引脚是否全部正确插进插座中，有无引脚折断、弯曲、错插问题。确认无上述问题后，取下器件测试，以检查器件好坏，或者直接换一个好器件。如果器件和接线都正确，则需考虑设计问题。

4.1.3 数字逻辑电路实验的一般要求

实验是数字逻辑电路课程重要的数学环节，通过实验不仅能巩固和加深理解所学的数字电子技术知识，更重要的是在建立科学实证思维方面，在掌握基本的测试手段和方法上，在电平检测、波形测绘、数据处理方面，为学生毕业后走上工作岗位夯实基础。尽管各个实验的目的和内容不同，但为培养良好的学风，充分发挥学生的主观能动作用，促使其独立思考、独立完成实验并有所创新，我们对实验前、实验中和实验后分别提出如下基本要求：

1．实验前的要求

（1）认真阅读实验指导书，明确实验目的要求，理解实验原理，熟悉实验电路及集成芯片，拟出实验方法和步骤，设计实验表格。

（2）初步估算(或分析)实验结果(包括各项参数和波形)，写出预习报告。

2. 实验中的要求

（1）参加实验者要自觉遵守实验室规则。

（2）严禁带电接线、拆线或改接线路。

（3）根据实验内容合理分置实验现场。准备好实验所需的仪器设备和装置并安放适当。按照实验方案，选择合适的集成芯片，连接实验电路和测试电路。

（4）要认真记录实验条件和所得各项数据、波形。发生小故障时，应独立思考，耐心排除，并记下排除故障的过程和方法。实验过程中不顺利，并不是坏事，常常可以从分析故障中增强独立工作的能力。相反，实验“一帆风顺”不一定收获就大，能独立解决实验中所遇到的问题，把实验做成功，收获才是最大的。

（5）发生焦味、冒烟故障，应立即切断电源，保护现场，并报告指导教师和实验室工作人员，等待处理。

（6）实验结束时，应将记录结果交指导教师审阅签字。经指导教师同意后方可拆除线路，清理现场。

（7）室内仪器设备不准随意搬动调换，非本次实验所用的仪器设备，未经指导教师允许不得动用。没有弄懂仪器设备前，不得贸然使用。若损坏仪器设备，必须立即报告指导教师，作书面检查，责任事故要酌情赔偿。

（8）实验要严肃认真，要保持安静、整洁的实验环境。

3. 实验后的要求

实验后要求学生认真写好实验报告。

1）实验报告的内容

（1）实验目的。

（2）列出实验的环境条件，使用的主要仪器设备的名称编号，集成芯片的型号、规格、功能。

（3）扼要记录实验操作步骤，认真整理和处理测试的数据，绘制实验原理电路图和测试的波形，并列出表格或用坐标纸画出曲线。

（4）对测试结果进行理论分析，作出简明扼要的结论。找出产生误差的原因，提出减少实验误差的措施。

（5）记录产生故障情况，说明排除故障的过程和方法。

（6）写出本次实验的心得体会，以及改进实验的建议。

2）实验报告的要求

文理通顺、书写简洁、符号标准、图表规范、讨论深入、结论简明。

实验一　基本逻辑门电路功能测试及应用

一、实验目的

（1）熟悉数字电路实验箱的使用方法；

（2）掌握 TTL 与非门、与或门和异或门输入与输出之间的逻辑关系；
（3）熟悉 TTL 中、小规模集成电路的外形、管脚和使用方法；
（4）掌握集成门电路逻辑功能的转换；
（5）学会连接简单的组合逻辑电路。

二、实验原理

集成逻辑门电路是最简单、最基本的数字器件。掌握各种集成逻辑门，特别是集成与非门的功能是非常重要的，熟练而灵活地使用它们是必备的基本技能。

TTL 集成电路工作速度高、种类多、工作可靠，因而使用广泛。

1. TTL 门电路使用规则

（1）电源：V_{CC}：+5（±10%）V；
（2）输出严禁并联使用（OC 门、三态门除外）；
（3）输出不能直接接电源或地；
（4）不用的输入端悬空或接高电平；
（5）输出高电平“1”时 $U_{OH} \geqslant 2.4V$，输出低电平“0”时 $U_{OL} \leqslant 0.4V$。

本实验中使用的 TTL 集成门电路是双列直插型的集成电路，其管脚识别方法如下：将 TTL 集成门电路正面（印有集成门电路型号标记）正对自己，有缺口或有圆点的一端置向左方，左下方第一管脚即为管脚“1”，按逆时针方向数，依次为 1、2、3、4……。如图 4.1.1.1、图 4.1.1.2、图 4.1.1.3 所示。具体的各个管脚的功能可通过查找相关手册得知。本书实验所使用的器件均已在 4.2 附录中提供其功能。

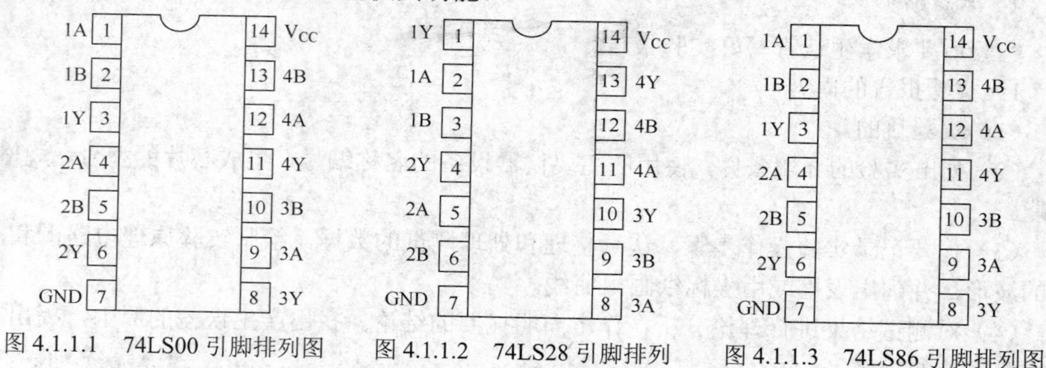

图 4.1.1.1 74LS00 引脚排列图　　图 4.1.1.2 74LS28 引脚排列　　图 4.1.1.3 74LS86 引脚排列图

2. 常用门电路的逻辑表达式

与非门：$Y=\overline{A\cdot B}$；非门：$Y=\overline{A}$；与门：$Y=A\cdot B$；或门 $Y=A+B$；
或非门：$Y=\overline{A+B}$；异或门：$Y=\overline{A}B+A\overline{B}$

3. 逻辑代数基本定理：

$$\overline{A\cdot B}=\overline{A}+\overline{B}；\ \overline{A+B}=\overline{A}\cdot\overline{B}$$

4. 简单组合逻辑电路的连接方法

根据被实现电路图找出相应的集成电路，正确连接电源；然后从电路图的输入端到输出端，采用分级分层的方式进行电路的连接；确认电路连接无误后接通电源。分级分层示意图如下图 4.1.1.4 所示。

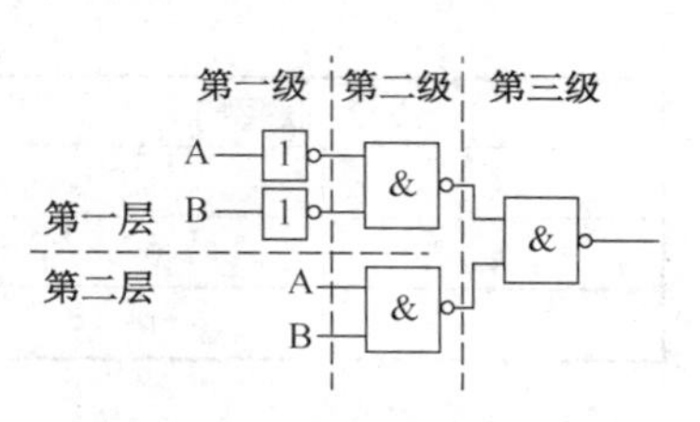

图 4.1.1.4　分级分层示意图

三、实验设备与器件

数字电路实验箱、四二与非门 74LS00（2 片）、四二或非门 74LS28（1 片）、四二异或门 74LS86（1 片）

四、实验内容

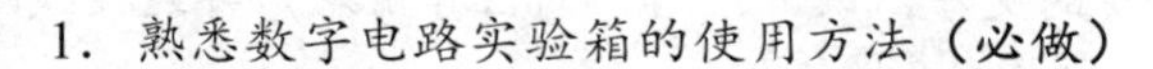

1．熟悉数字电路实验箱的使用方法（必做）

根据数字电路实验箱使用说明，使用万用表对直流稳压电源、逻辑开关等进行测量；使用示波器对各种信号源进行测量，了解并掌握各部分的作用。再将逻辑开关分别与逻辑状态显示、LED 数码显示连接起来，观察并记录随着逻辑开关变化，各种显示（逻辑状态显示、LED 数码显示）变化的情况，从而掌握显示的作用。

2．测试基本 TTL 门电路逻辑关系（必做）

74LS00 中包含 4 个二输入与非门，74LS28 中包含 4 个二输入或非门，74LS86 中包含 4 个二输入异或门，根据已给出第一个逻辑门逻辑关系的接线图搭接线路（测试其他逻辑门时的接线图与之类似）。

连接线路时，将各器件的引脚 7 接地，引脚 14 接电源（+5V）。图中的 K_1、K_2 是逻辑开关输出，LED_0 是逻辑状态显示灯。

（1）正确识别集成电路的管脚功能，给集成电路加上合适的工作电压。

（2）分别从 74LS00、74LS28、74LS86 各集成芯片的四个内部门电路中任选一个门电路，将门电路输入端接逻辑电平开关，输出端接逻辑电平显示灯。测试 74LS00 逻辑关系接线图如图 4.1.1.5 所示；测试 74LS28 逻辑关系接线图如图 4.1.1.6 所示；测试 74LS86 逻辑关系接线图如图 4.1.1.7 所示。

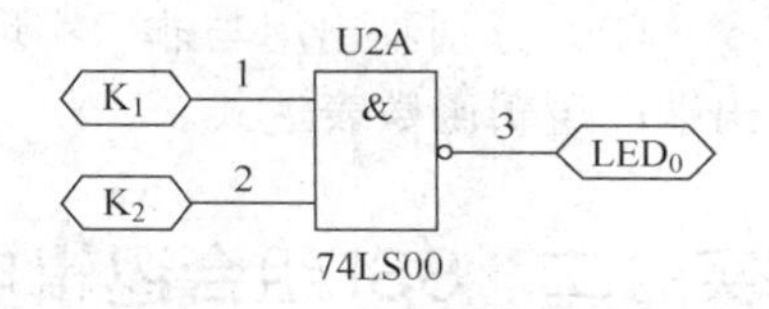

图 4.1.1.5　74LS00 逻辑关系接线图

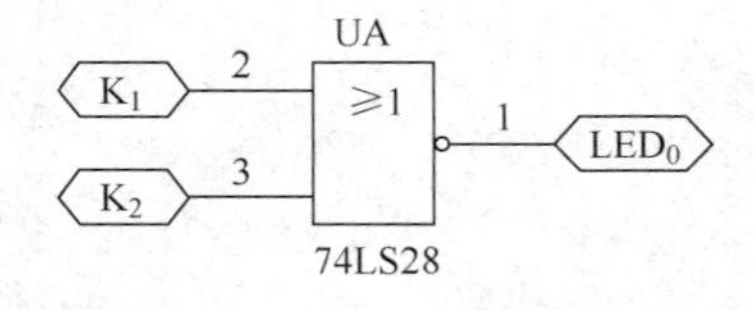

图 4.1.1.6　74LS28 逻辑关系接线图

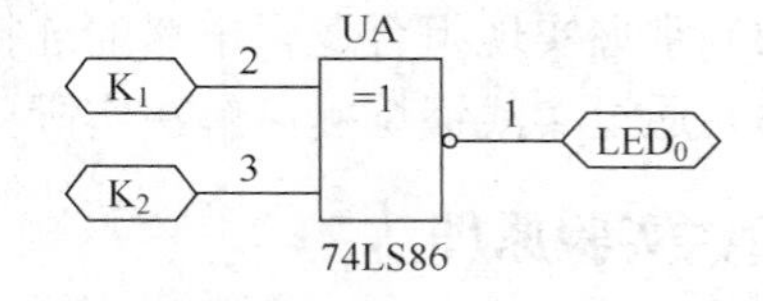

图 4.1.1.7　74LS86 逻辑关系接线图

（3）按表 4.1.1.1 要求改变输入端（A、B）的取值状态组合，观察输出端的状态变化情况，并与理论值进行分析对比后将实验结果记入表 4.1.1.1 中。

表 4.1.1.1　门电路逻辑状态表

输 入 状 态		输 出 状 态		
A	B	74LS00	74LS28	74LS86
0	0			

续表

输入状态		输出状态		
0	1			
1	0			
1	1			

3. 用与非门组成其他门电路（**必做**）

【注意】先写出逻辑表达式并进行必要的变形，设计电路，列出真值表；再连接线路，记录数据，验证其逻辑功能。

（1）用与非门组成非门。

（2）用与非门组成二输入或门。

（3）用与非门组成与或非门。

（4）用与非门组成异或门。

4. 用与非门实现组合逻辑功能（**选做**）

$$Y = \overline{A}\,\overline{C} + A\overline{B}C$$

五、实验报告

（1）分别记录与非门、或非门、异或门逻辑功能，填写真值表，并说明它们的逻辑意义。

（2）分别画出用与非门实现非门、或门、异或门、或非门的逻辑电路，并写出各个输出端的逻辑函数表达式。

实验二　SSI 组合逻辑电路的设计与分析

一、实验目的

（1）掌握组合逻辑电路的设计方法；

（2）掌握实现组合逻辑电路的连接和调试方法；

（3）通过实践锻炼提高解决实际问题的能力。

二、实验原理

1. 组合逻辑电路一般设计方法

根据给出的实际逻辑问题，求出实现这一逻辑功能的最简逻辑电路，这就是设计组合逻辑电路时要完成的工作。

通常，设计组合逻辑电路按下述步骤进行：

（1）列真值表。

① 对命题的因果关系进行分析，“因”为输入，“果”为输出，即“因”为逻辑变量，“果”为逻辑函数。

② 对逻辑变量赋值，即用逻辑 0 和逻辑 1 分别表示两种不同状态。

③ 对命题的逻辑关系进行分析，确定有几个输入、几个输出，按逻辑关系列出真值表。

（2）由真值表写出逻辑函数表达式。

（3）对逻辑函数进行化简。若由真值表写出的逻辑函数表达式不是最简形式，应利用公式法或卡诺图法进行逻辑函数化简，得出最简式。如果题目对所用器件有要求，还需将最简式转换成相应的形式。

（4）按最简式画出逻辑电路图。

组合逻辑电路设计流程图如图 4.1.2.1 所示。

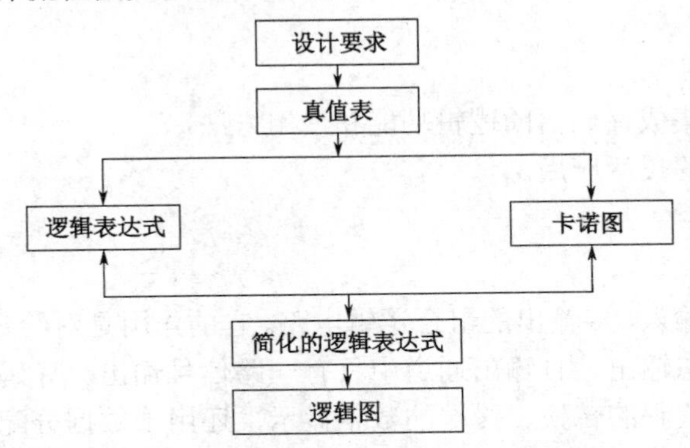

图 4.1.2.1　组合逻辑电路设计流程图

2．74LS10、74LS20 的引脚排列图（见 4.2 附录）

三、实验设备与器件

数字电路实验箱、四二输入与非门 74LS00（1 片）、四二输入异或门 74LS86（1 片）、三三输入与非门 74LS10（1 片）、二四输入与非门 74LS20（1 片）。

四、实验内容

要求：先根据题意，设计出逻辑电路图，拟出实验步骤，再接线并检查电路的逻辑功能，记录实验数据。

（1）设计一个判断四位二进制数大小的电路，输入四位二进制数 $A_3A_2A_1A_0$，当 $3 \leqslant A_3A_2A_1A_0 \leqslant 7$ 时，输出为 1，否则为 0。用与非门实现该设计电路。（**必做**）

（2）设计一个四人表决电路。当表决某个提案时，多数人同意，提案通过；若两人同意，其中一个人为董事长时，提案也通过。用与非门实现该设计电路。（**必做**）

（3）某工厂有三个车间 A、B、C，有一个自备电站，站内有两台发电机 M 和 N，N 的发电能力是 M 的两倍，如果一个车间开工，启动 M 就可以满足要求；如果两个车间开工，启动 N 就可以满足要求；如果三个车间同时开工，同时启动 M、N 才能满足要求。试用异或门和与非门设计一个控制电路，由车间开工情况来控制 M 和 N 的启动与否。（**必做**）

（4）设计一个路灯控制电路，要求在不同的地方都能控制路灯的亮和灭。当一个开关动作后灯亮，另一个开关动作后灯灭。用异或门实现该设计电路。（**选做**）

五、实验报告

（1）列写实验任务的设计过程，画出设计的逻辑电路图，并注明所用集成电路的引脚号。

（2）拟定记录测量结果的表格。记录实验结果，验证所设计电路的功能是否符合设计要求。

（3）总结用小规模数字集成电路设计组合电路的方法。

（4）总结在数字电路实验箱上实现逻辑电路时出现的问题和解决的方法。

实验三　译码器及其应用

一、实验目的

（1）掌握中规模集成译码器的逻辑功能和使用方法；

（2）学习译码器的灵活应用。

二、实验原理

译码器是一个多输入、多输出的组合逻辑电路。它的作用是对给定的代码进行“翻译”，变成相应的二进制状态输出，且输出通道中只有一路信号输出。译码器在数字系统中有广泛的用途，不仅用于代码的转换、终端的数字显示，还用于数据分配，存储器寻址和组合控制信号等。不同的功能可选用不同种类的译码器。

译码器可分为通用译码器和显示译码器两大类。前者又分为变量译码器和代码变换译码器。

变量译码器（又称二进制译码器），用以表示输入变量的状态，如 2 线－4 线、3 线－8 线和 4 线－16 线译码器。若有 n 个输入变量，则有 2^n 个不同的组合状态，就有 2^n 个输出端供其使用。而每一个输出所代表的函数对应于 n 个输入变量的最小项。

以 3 线－8 线译码器 74LS138 为例，图 4.1.3.1（a）、（b）分别为其逻辑图及引脚排列。

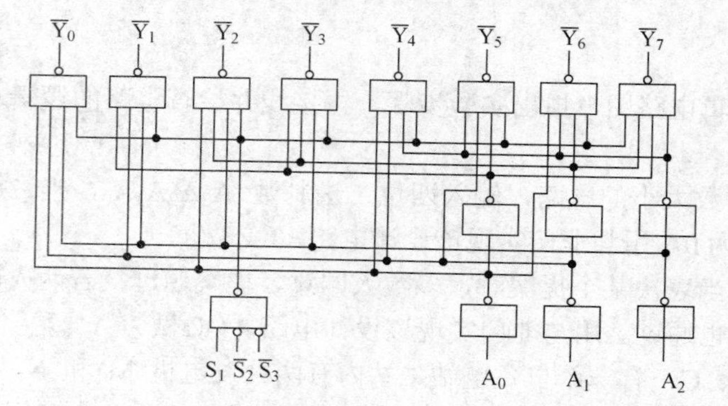

（a）3 线－8 线译码器 74LS138 逻辑图

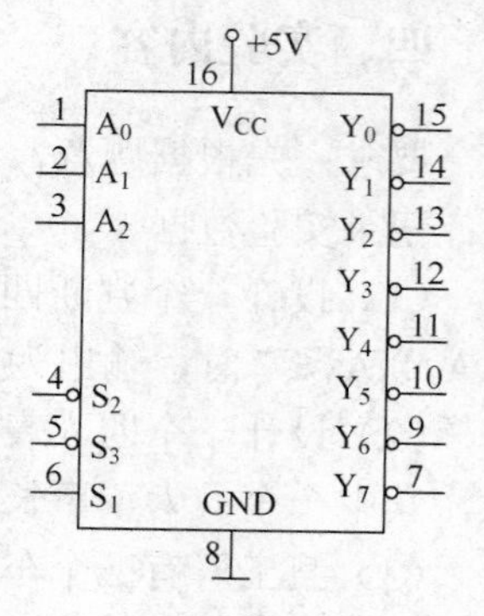

（b）3 线—8 线译码器 74LS138 引脚排列

图 4.1.3.1　3 线－8 线译码器及其引脚排列

其中：A_2、A_1、A_0 为地址输入端，$\overline{Y}_0 \sim \overline{Y}_7$ 为译码输出端，S_1、$\overline{S}_2$、$\overline{S}_3$ 为使能端。当 $S_1=1$，$\overline{S}_2+\overline{S}_3=0$ 时，器件使能，地址码所指定的输出端有信号（为 0）输出，其他所有输出端均无信号（全为 1）输出。当 $S_1=0$，$\overline{S}_2+\overline{S}_3=X$ 时，或 $S_1=X$，$\overline{S}_2+\overline{S}_3=1$ 时，译码器被禁止，所有输出同时为 1。

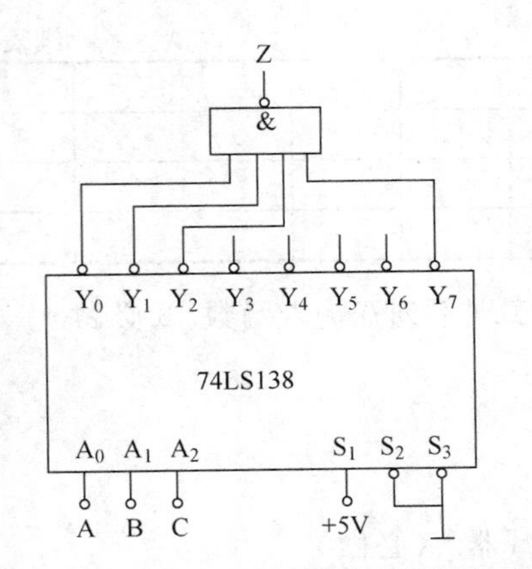

图 4.1.3.2　3 线—8 线译码器实现逻辑函数

用变量译码器实现逻辑函数，如图 4.1.3.2 所示，其实现的逻辑函数是：

$$Z = \overline{A}\,\overline{B}\,\overline{C} + \overline{A}\,\overline{B}C + \overline{A}B\overline{C} + ABC$$

利用使能端能方便地将两个 3 线—8 线译码器组合成一个 4 线—16 线译码器，如图 4.1.3.3 所示。

三、实验设备与器件

数字逻辑电路实验箱、3 线—8 线译码器 74LS138（2 片）、双四输入与非门 74LS20（1 片）、输入与非门 74LS308（2 片）。

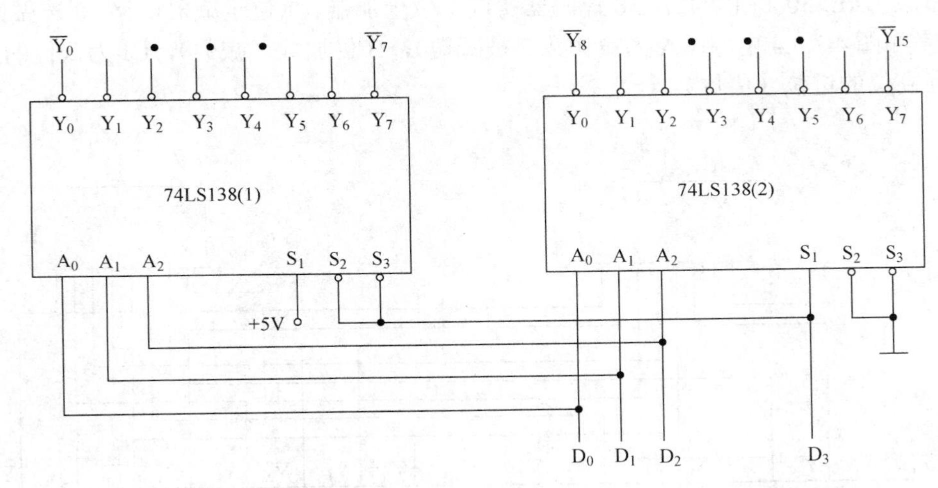

图 4.1.3.3　由两个 3 线—8 线译码器组合成一个 4 线—16 线译码器

四、实验内容

（1）74LS138 译码器逻辑功能测试。将译码器使能端 S_1、$\overline{S}_2$、$\overline{S}_3$ 及地址端 A_2、A_1、A_0 分别接至逻辑电平开关输出端口，八个输出端 $\overline{Y}_7 \cdots \overline{Y}_0$ 依次连接在逻辑电平显示器的八个输入口，拨动逻辑电平开关，按表 4.1.3.1 要求逐项测试 74LS138 的逻辑功能。

表 4.1.3.1　74LS138 的逻辑功能

输　入					输　出							
S_1	$\overline{S}_2+\overline{S}_3$	A_2	A_1	A_0	$\overline{Y}_0$	$\overline{Y}_1$	$\overline{Y}_2$	$\overline{Y}_3$	$\overline{Y}_4$	$\overline{Y}_5$	$\overline{Y}_6$	$\overline{Y}_7$
1	0	0	0	0								
1	0	0	0	1								
1	0	0	1	0								
1	0	0	1	1								
1	0	1	0	0								
1	0	1	0	1								

续表

1	0	1	1	0								
1	0	1	1	1								
0	×	×	×	×								
×	1	×	×	×								

（2）用 74LS138 译码器和 74LS20 双四输入与非门实现下列双输入函数。（**必做**）

要求：列真值表，设计并画出接线路，记录数据。

$$F_1 = \overline{A}\,\overline{B}C + A\overline{B}\,\overline{C} + BC$$

$$F_2 = \overline{B}\,\overline{C} + AB\overline{C}$$

（3）用 74LS138 和 74LS20 构成一个 1 位二进制全减器。（**必做**）

要求：列真值表，写出逻辑表达式，画出逻辑电路图，连接电路并记录数据。

（4）用 74LS30 和用 74LS138 译码器实现 1 位全加器、1 位全减器电路。（**选做**）

参考如图 4.1.3.4 电路。A 为被加数（被减数），B 位加数（减数），CI 为低位的进位，CO 为向高位的进位（借位）。

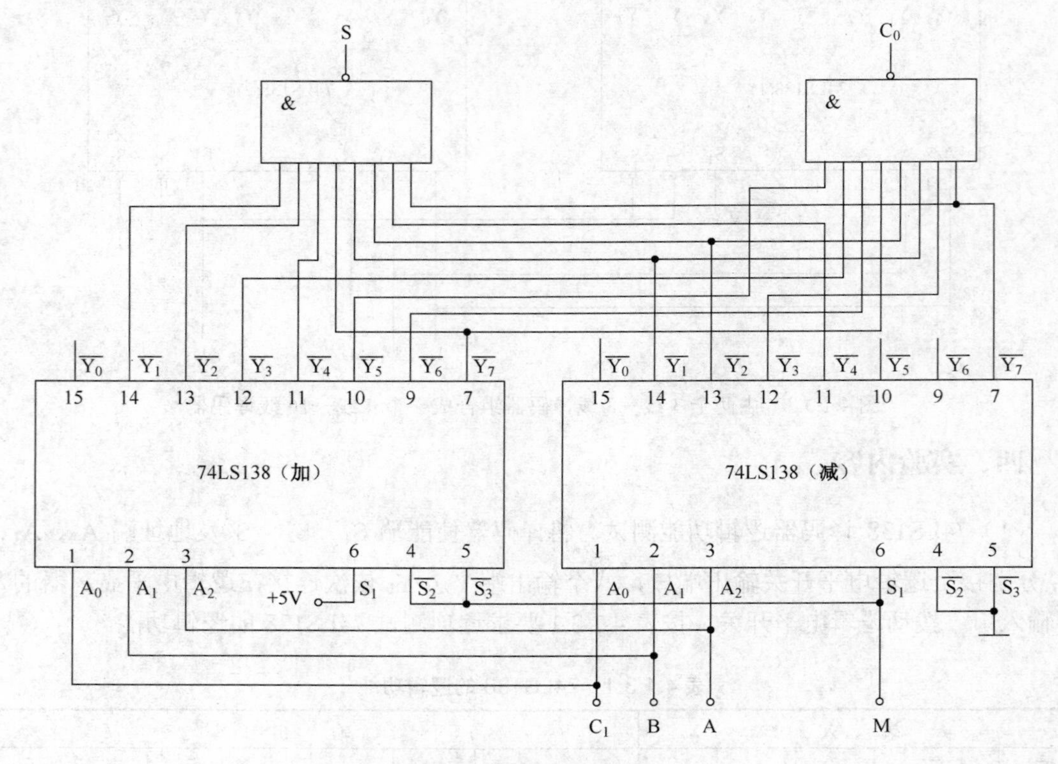

图 4.1.3.4　参考电路

五、实验报告

（1）整理实验结果，列出实测真值表。

（2）总结译码器的逻辑功能及灵活应用情况。

（3）对实验结果进行分析、讨论。

（4）交出完整的实验报告。

实验四　数据选择器及其应用

一、实验目的

（1）熟练掌握中规模集成数据选择器的逻辑功能及使用方法；

（2）掌握中规模集成数据选择器组成组合逻辑电路的方法；

（3）了解组合逻辑电路由小规模集成电路设计和由中规模集成电路设计的不同特点。

二、实验原理

数据选择器又叫多路开关。数据选择器在地址码（或叫选择控制）的控制下，从几个数据输入中选择一个并将其送到一个公共的输出端。数据选择器的功能类似一个多掷开关，如图 4.1.4.1 所示，图中有四路数据 D_0～D_3，通过选择控制信号 A_1、A_0（地址码）从四路数据中选中某一路数据送至输出端 Q。

数据选择器为目前逻辑设计中应用十分广泛的逻辑部件，它有二选一、四选一、八选一、十六选一等类别。

1．八选一数据选择器 74LS151

74LS151 为互补输出的八选一数据选择器，引脚排列如图 4.1.4.2 所示。选择控制端（地址端）为 A_2～A_0，按二进制译码，从 8 个输入数据 D_0～D_7 中选择 1 个需要的数据送到输出端 Y，$\overline{S}$ 为使能端，低电平有效。

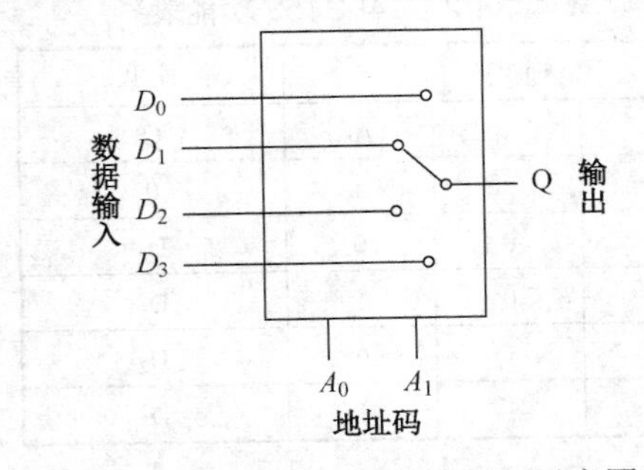

图 4.1.4.1　四选一数据选择器示意图

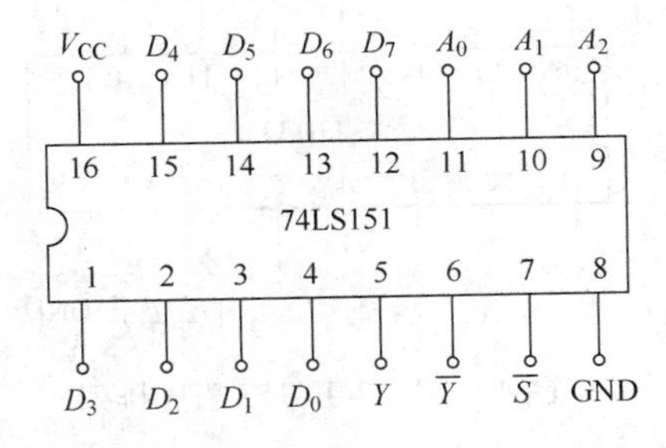

图 4.1.4.2　74LS151 引脚排列

数据选择器 74LS151 功能如表 4.1.4.1 所示，表中，×表示任意态，1 为高电平，0 为低电平。

表 4.1.4.1　数据选择器 74LS151 功能表

输　入				输　出	
$\overline{S}$	A_2	A_1	A_0	Y	$\overline{Y}$
1	×	×	×	0	1
0	0	0	0	D_0	$\overline{D_0}$
0	0	0	1	D_1	$\overline{D_1}$
0	0	1	0	D_2	$\overline{D_2}$

续表

输入				输出	
$\overline{S}$	A_2	A_1	A_0	Y	$\overline{Y}$
0	0	1	1	D_3	$\overline{D_3}$
0	1	0	0	D_4	$\overline{D}4$
0	1	0	1	D_5	$\overline{D_5}$
0	1	1	0	D_6	$\overline{D_6}$
0	1	1	1	D_7	$\overline{D_7}$

（1）使能端$\overline{S}$=1 时，无论 A_2～A_0 状态如何，均无输出（Y=0，$\overline{Y}$=1），数据选择器被禁止。

（2）使能端$\overline{S}$=0 时，数据选择器才工作，根据地址码 A_2、A_1、A_0 的状态选择 D_0～D_7 中某一个通道的数据输送至输出端 Y。

如 $A_2A_1A_0$=000，则选择 D_0 数据到输出端，即 Y=D_0。

如 $A_2A_1A_0$=001，则选择 D_1 数据到输出端，即 Y=D_1，其余类推。

由此可得，到八选一数据选择器的输出函数表达式（未考虑$\overline{S}$信号）为：

$$Y=\overline{A_2}\,\overline{A_1}\,\overline{A_0}\,D_0+\overline{A_2}\,\overline{A_1}A_0\,D_1+\overline{A_2}A_1\overline{A_0}D_2+\overline{A_2}A_1A_0\cdots+A_2A_1A_0D_7=\sum_{i=0}^{7}m_iD_i$$

2．双四选一数据选择器 74LS153

所谓双四选一数据选择器，就是在一块集成芯片上有两个四选一数据选择器。其引脚排列如图 4.1.4.3 所示，功能如表 4.1.4.2 所示。

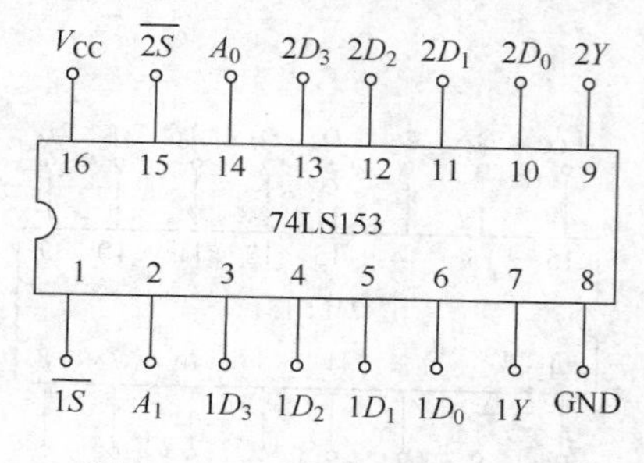

图 4.1.4.3　74LS153 引脚排列

表 4.1.4.2　74LS153 功能表

输入			输出
$\overline{S}$	A_1	A_0	Q
1	×	×	0
0	0	0	D_0
0	0	1	D_1
0	1	0	D_2
0	1	1	D_3

$1\overline{S}$、$2\overline{S}$ 为两个独立的使能端；A_1、A_0 为公用的地址输入端；$1D_0$～$1D_3$ 和 $2D_0$～$2D_3$ 分别为两个四选一数据选择器的数据输入端；Y_1、Y_2 为两个输出端。

（1）当使能端$1\overline{S}$（$2\overline{S}$）=1 时，数据选择器被禁止，无输出，Y=0。

（2）当使能端$1\overline{S}$（$2\overline{S}$）=0 时，数据选择器正常工作，根据地址码 A_1、A_0 的状态，将相应的数据 D_0～D_3 送到输出端 Y。

如 A_1A_0=00，则选择 D_0 数据到输出端，即 Y=D_0。

如 A_1A_0=01，则选择 D_1 数据到输出端，即 Y=D_1，其余类推。

由此可得，四选一数据选择器的输出函数表达式（未考虑$\overline{S}$信号）为：

$$Y=\overline{A_1}\,\overline{A_0}D_0+\overline{A_1}A_0D_1+A_1+\overline{A_0}D_2+A_1A_0D_3=\sum_{i=0}^{3}m_iD_i$$

数据选择器的用途很多，例如多通道传输、数码比较、并行码变串行码，以及实现逻辑函数等。

对四选一数据选择器，若将 A_1、A_0 作为两个输入变量，同时令 D_0～D_3 为第三个输入变量的适当状态（包括原变量、反变量、0、1），就可以在数据选择器的输出端产生任何形式的三变量组合逻辑函数。

同理，用具有 n 位地址码输入的数据选择器，可以产生任何形式输入变量不大于 $n+1$ 的组合逻辑函数。

三、实验设备与器件

数字电子技术实验箱、74LS153（1 片）、74LS151（1 片）、74LS04（1 片）。

四、实验内容

（1）用八选一数据选择器 74LS151 构成产生 10101101 的 8 位序列脉冲发生器，记录实验结果并画出输入和输出波形。**（必做）**

（2）用 74LS153 及辅助门电路设计一个交通灯故障报警电路。要求实现的功能是：交通灯有红、黄、绿三色，只有当其中一只亮时为正常，其余状态均为故障，出现故障时发出报警信号。**（必做）**

① 写出设计过程；

② 画出接线图；

③ 验证逻辑功能。

（3）用 74LS151 及辅助门电路设计一个密码电子锁电路，要求实现的功能是：锁上有四个锁孔 A、B、C、D，当按下 A 和 B、或 A 和 D、或 B 和 D 时，再插入钥匙，锁即打开。若按错了键孔，当插入钥匙时，锁打不开，并发出报警信号。**（必做）**

① 写出设计过程；

② 画出接线图；

③ 验证逻辑功能。

（4）设计一个路灯控制电路，要求实现的功能是：安装在不同地方的四个开关都能独立地将灯打开或熄灭。当一个开关动作后灯亮，另一个开关动作后灯灭。用 74LS151 实现该设计电路。**（选做）**

① 写出设计过程；

② 画出接线图；

③ 验证逻辑功能。

五、实验报告

（1）列写实验任务的设计过程，画出设计的逻辑电路图，并注明所用集成电路的引脚号。

（2）拟定记录测量结果的表格。

（3）总结 74LS153、74LS151 的逻辑功能、特点及用数据选择器设计组合逻辑电路的方法和步骤。

实验五 触发器功能测试及其应用

一、实验目的

（1）掌握 RS 触发器、D 触发器、JK 触发器的工作原理及逻辑功能；
（2）测试 JK 触发器、D 触发器的逻辑功能；
（3）掌握 RS 触发器、D 触发器、JK 触发器之间的相互转换；
（4）运用 D 触发器设计并制作应用电路（扩展提高内容）。

二、实验原理

触发器是一个具有记忆功能的二进制信息存储器件，是组成时序电路的最基本单元，也是数字电路中一种重要的单元电路，它在数字系统和计算机中有着广泛的应用。触发器具有两个稳定状态，用以表示逻辑状态“1”和“0”，在一定的外界信号作用下，可以从一个稳定状态翻转到另一个稳定状态。触发器有集成触发器和门电路组成的触发器。按其逻辑功能分，有 R-S 触发器、JK 触发器、D 触发器、T 触发器、T′触发器等。

1．集成 D 触发器 74LS74

在输入信号为单端的情况下，D 触发器用起来最为方便，其状态方程为：$Q^{n+1}=D$，输出状态的更新发生在 CP 脉冲的上升沿，故又称为上升沿触发的边沿触发器，触发器的状态只取决于时钟到来前 D 端的状态，D 触发器的应用很广，可用作数字信号的寄存器、移位寄存器、分频器和波形发生器等。

74LS74 是上升沿触发的双 D 触发器，其引脚排如图 4.1.5.1 所示。

其中：3、11 管脚为 CP 脉冲端，4、10 管脚为 PR 置位端，1、13 管脚为 CLR 复位端，PR 与 CLR 端均为低电平有效。

2．集成 JK 触发器 74LS76

在输入信号为双端的情况下，JK 触发器是功能完善、使用灵活和通用性较强的一种触发器。双 JK 触发器 74LS76，在时钟脉冲 CP 的下降沿（负跳变）发生翻转，它具有置 0、置 1、计数和保持功能。74LS76 引脚排列如图 4.1.5.2 所示。

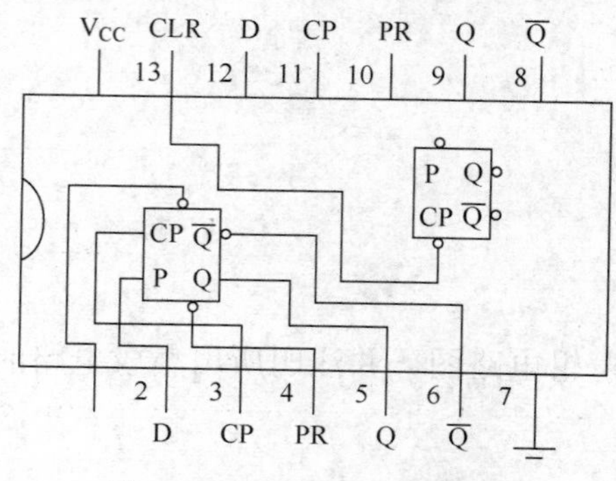

图 4.1.5.1 74LS74 引脚排列

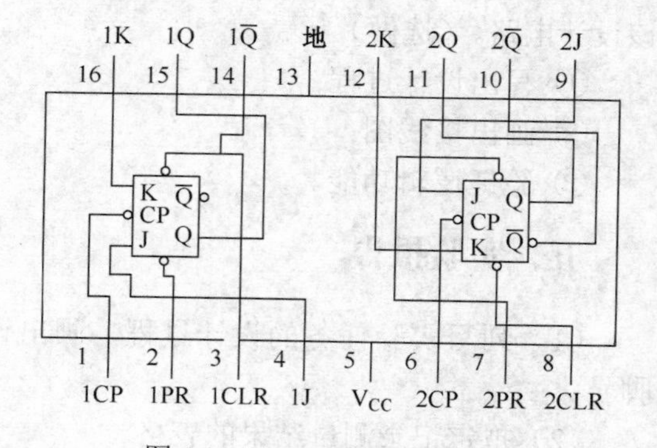

图 4.1.5.2 74LS76 引脚排列

JK 触发器的状态方程为：$Q^{n+1}=J\bar{Q}^n+\bar{K}Q^n$

J 和 K 是数据输入端，是触发器状态更新的依据，JK 触发器常被用作缓冲存储器、移位寄存器和计数器。

其中：1、6 管脚为 CP 脉冲端，2、7 管脚为 PR 置位端，3、8 管脚为 CLR 复位端，PR 与 CLR 端均为低电平有效。

三、实验设备与器件

数字电子技术实验箱、四二输入与非门 74LS00（1 片）、双 D 触发器 74LS74（1 片）、双 JK 触发器 74LS761（1 片）、双踪示波器。

四、实验内容

（1）用 74LS00 构成一个 RS 触发器（见图 4.1.5.3），$\overline{R}$、$\overline{S}$ 端接逻辑开关输出，$\overline{Q}$、Q 端接逻辑状态指示灯，改变 $\overline{R}$、$\overline{S}$ 的电平，观察现象并记录 $\overline{Q}$、Q 的值（见表 4.1.5.1）。**（必做）**

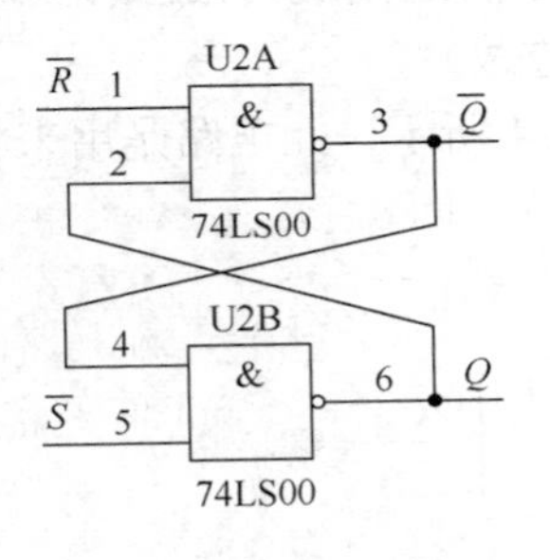

图 4.1.5.3 RS 触发器接线图

表 4.1.5.1 RS 触发器测试记录表

R	S	Q	$\overline{Q}$	功能说明
0	0			
0	1			
1	0			
1	1			

（2）测试双 D 触发器 74LS74、双 JK 触发器 74LS76 中两个触发器的逻辑功能。**（必做）**

① 将 CLR（复位）、PR（置位）引脚接实验箱的逻辑开关输出，Q、$\overline{Q}$ 引脚接逻辑状态指示灯，改变 CLR、PR 的电平，观察现象并记录 Q、$\overline{Q}$ 的值。

② 在步骤①的基础上，置 CLR、PR 引脚为高电平，CLK（时钟）引脚接单次脉冲。

a. 74LS74 中的 D 引脚接逻辑开关输出，在 D 为高电平和低电平的情况下，分别按单次脉冲按钮，观察现象并记录 Q、$\overline{Q}$ 的值（见表 4.1.5.2）。

表 4.1.5.2 D 触发器测试记录表

PR	CLR	CLK	D	Q^n	Q^{n+1}	$\overline{Q}^{n+1}$	功能说明
0	1	X	X	X			
1	0	X	X	X			
0	0	X	X	X			
1	1	↑	0	0			
1	1	↑	0	1			
1	1	↑	1	0			
1	1	↑	1	1			

b. 74LS76 中的 J、K 引脚接逻辑开关输出，在 J、K 分别为高电平和低电平的情况下，分别按单次脉冲按钮，观察现象并记录 Q、$\overline{Q}$ 的值（见表 4.1.5.3）。

表 4.1.5.3　JK 触发器测试记录表

PR	CLR	CLK	J	K	Q^n	Q^{n+1}	$\overline{Q}^{n+1}$	功能说明
0	1	X	X	X	X			
1	0	X	X	X	X			
0	0	X	X	X	X			
1	1	↓	0	0	0			
1	1	↓	0	0	1			
1	1	↓	0	1	0			
1	1	↓	0	1	1			
1	1	↓	1	0	0			
1	1	↓	1	0	1			
1	1	↓	1	1	0			
1	1	↓	1	1	1			

（3）设计由 D 触发器构成 JK 触发器的逻辑电路，并画出引脚连接图。**（必做）**

（4）触发器的应用：用触发器组成双相时钟脉冲电路。**（选做）**

用 JK 触发器及与非门构成的双相时钟脉冲电路如图 4.1.5.4 所示，此电路是用来将时钟脉冲 CP 转换成两相时钟脉冲 CP_A 及 CP_B，其频率相同、相位不同。

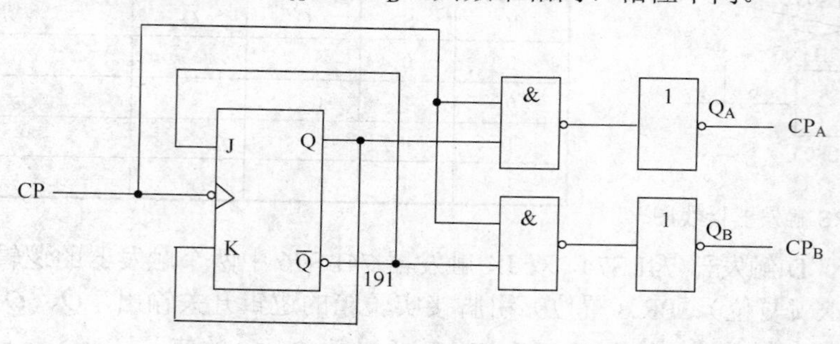

图 4.1.5.4　双相时钟脉冲电路

分析电路工作原理，并按图 4.1.5.4 所示电路在实验箱上接线，用双踪示波器同时观察 CP、CP_A，CP、CP_B 及 CP_A、CP_B 波形，并描绘之。

五、实验报告

（1）列写基本 RS 触发器、D 触发器、JK 触发器的逻辑功能及应用测试结果。

（2）总结观测到的波形，说明触发器的触发方式。

（3）体会触发器的应用。

（4）整理实验记录，并对结果进行分析。

实验六　计数器及其应用

一、实验目的和要求

（1）掌握计数器 74LS162 的功能；

（2）掌握计数器的级联方法；

（3）熟悉任意模计数器的构成方法；

（4）熟悉数码管的使用；

（5）掌握用双 JK 触发器构成同步计数器的方法。

二、实验原理

计数器是一个用以实现计数功能的时序部件，它不仅可用来计脉冲数，还常用于数字系统的定时、分频和执行数字运算以及其他特定的逻辑功能。

计数器种类很多。根据构成计数器中的各触发器是否使用同一个时钟脉冲源，分为同步计数器和异步计数器。根据计数制的不同，分为二进制计数器、十进制计数器和任意进制计数器。根据计数的增减趋势，分为加法计数器、减法计数器和可逆计数器。还有可预置数和可编程序功能计数器，等等。目前，无论是 TTL 还是 CMOS 集成电路，都有品种较齐全的中规模集成计数器。使用者只要借助于器件手册提供的功能表和工作波形图以及引出端的排列，就能正确地运用这些器件。

本实验选用 74LS162 做实验器件。74LS162 引脚图如图 4.1.6.1 所示。74LS162 是十进制 BCD 同步计数器。CLK 是时钟输入端，上升沿触发计数触发器翻转。允许端 CEP 和 CET 都为高电平时允许计数，允许端 T 为低时禁止 TC 产生。同步预置端 PE 加低电平时，在下一个时钟的上升沿将计数器置为预置数据端的值。清除端 SR 为同步清除，低电平有效，在下一个时钟的上升沿将计数器复位为 0。74LS162 的进位 TC 在计数值等于 9 时，进位 TC 为高电平，脉宽是 1 个时钟周期，可用于级联。

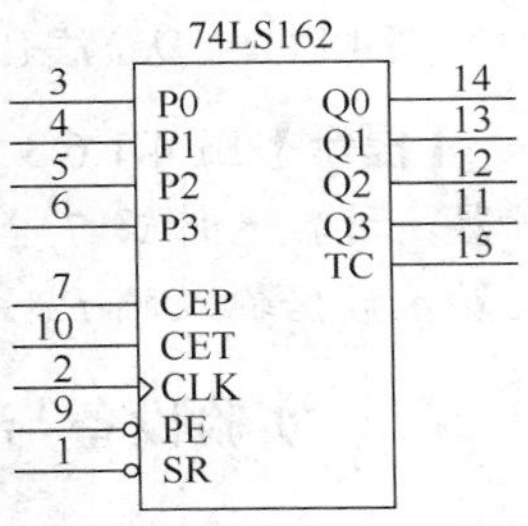

图 4.1.6.1　74LS162 引脚图

1．计数器的级联使用

一个十进制计数器只能表示 0～9 十个数，为扩大计数器范围，常用多个十进制计数器级联使用。

同步计数器往往设有进位（或借位）输出端，故可选用其进位（或借位）输出信号驱动下一级计数器。

2．用复位法获得任意进制计数器

假定已有 N 进制计数器，而需要得到一个 M 进制计数器时，只要 $M<N$，预定清零状态所有为 1 的输出端连入一个多输入端与非门电路，将门电路的输出连接到计数器的清零控制端。**预定清零状态的确定：**若所用计数器是同步清零，则 M−1 状态为预定清零状态；若所用计数器是异步清零，则 M 状态为预定清零状态。

3．利用预置数功能获得 M 进制计数器

置数法从根本上来说，是在预定状态时使计数器集成电路的置数控制端有效。

下面由两个实例来说明分别用复位法、置数法构成七进制计数器的接线方法：

例 1：用 1 片 74LS162 和 1 片 74LS00 采用复位法构成一个模七计数器，如图 4.1.6.2 所示。复位法构成的模七计数器接线图中，AK1 是按单脉冲按钮，LED0、LED1、LED2 和 LED3 是逻辑状态指示灯。

例 2：用 1 片 74LS162 和 1 片 74LS00 采用置数法构成一个模七计数器，如图 4.1.6.3 所示。图中，AK1 是按单脉冲按钮，LED0、LED1、LED2 和 LED3 是逻辑状态指示灯，H、L 分别为高电平、低电平接逻辑开关输出。

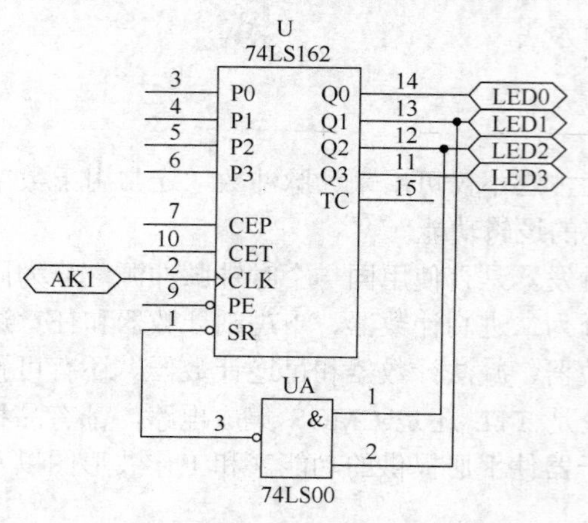

图 4.1.6.2　复位法七进制计数器接线图

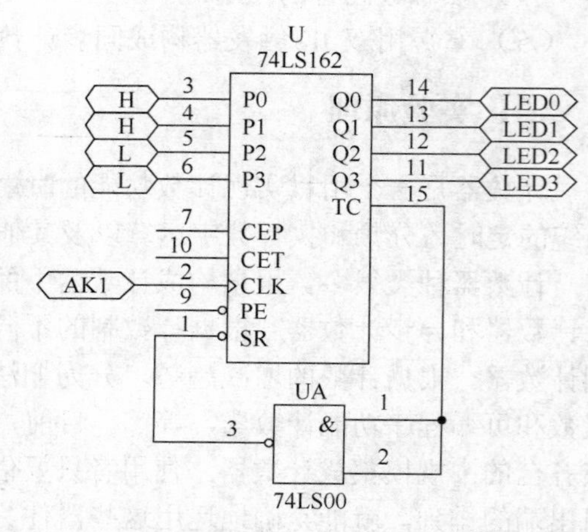

图 4.1.6.3　置位法七进制计数器接线图

【提示】图 4.1.6.3 中，置数端 P_3～P_0 置入 0011，由于 74LS162 为十进制 BCD 同步计数器，计数器计够 7 个数时刚好进位，因此，将进位端 TC 接置数端 PE，便可将 0011 再次置入数据输入端 P_3～P_0，如此循环进行七进制计数。

三、实验设备与器件

数字电子技术实验箱、同步 4 位 BCD 计数器 74LS162（2 片）、四二与非门 74LS00（1 片）、双 JK 触发器 74LS76（1 片）、八选一数据选择器 74LS151（1 片）。

四、实验内容

（1）用 1 片 74LS162 和 1 片 74LS00 采用复位法构成模 9 计数器。用单脉冲做计数时钟，观测并记录计数器 Q_D、Q_C、Q_B、Q_A 的状态（见表 4.1.6.1）。（必做）

① 按单脉按钮 AK1，Q_D、Q_C、Q_B、Q_A 的值变化如表 4.1.6.1 所示。

表 4.1.6.1　构成模 9 计数器状态转换表（复位法）

Q_D	Q_C	Q_B	Q_A
0	0	0	0

② 画出在连续计数时钟下 Q_A、Q_B、Q_C 和 Q_D 的波形图。

（2）用 1 片 74LS162 和 1 片 74LS00 采用置数法构成模 5 计数器。用单脉冲做计数时钟，观测并记录 Q_D、Q_C、Q_B、Q_A 的状态（见表 4.1.6.2）。**（必做）**

① 按单脉按钮 AK1，Q_D、Q_C、Q_B、Q_A 的值变化如表 4.1.6.2 所示。

表 4.1.6.2　模 5 计数器状态转移表（置数法）

Q_D	Q_C	Q_B	Q_A
0	0	1	1

② 画出在连续计数时钟下 Q_A、Q_B、Q_C 和 Q_D 的波形图。

（3）用一片 74LS76 构成一个三进制同步加法计数器。用单脉冲做计数时钟，观测并记录 Q_1、Q_0 的状态。**（必做）**

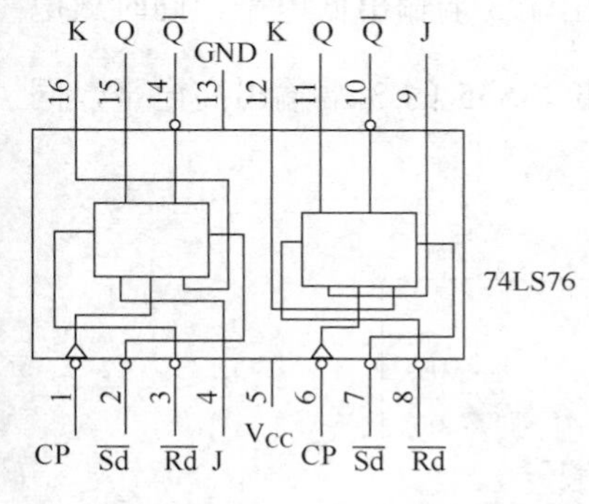

图 4.1.6.4　74LS76 引脚图

74LS76 集成电路为双 JK 触发器，其引脚图如图 4.1.6.4 所示。其中 J、K 为触发器的输入端，Q、$\overline{Q}$ 为两个输出端，$\overline{Sd}$ 为置“1”端，$\overline{Rd}$ 为置“0”端，CP 为时钟输入端。本实验中 $\overline{Sd}$，$\overline{Rd}$ 都接高电平。

（4）用 74LS162 和 74LS00 构成一个模 30 计数器。74LS162 的 Q_D、Q_C、Q_B、Q_A 分别接两个译码显示的 D、B、C、A 端。用单脉冲做计数时钟，观测数码管数字的变化，检验设计和接线是否正确。**（必做）**

（5）用计数器与数据选择器构成输出为 10010101 的序列信号发生器。**（选做）**

五、实验报告

（1）整理实验数据，分析实验波形。

（2）写出完整的实验报告。

实验七　555 时基电路及其应用

一、实验目的

（1）熟悉 555 型集成时基电路结构、工作原理及其特点；

（2）掌握 555 型集成时基电路的基本应用。

二、实验原理

集成时基电路又称为集成定时器或 555 电路，是一种数字、模拟混合型的中规模集成电路，应用十分广泛。它是一种产生时间延迟和多种脉冲信号的电路，其电路类型有双极型和 CMOS 型两大类，二者的结构与工作原理类似。几乎所有的双极型产品型号最后的三位数码都是 555 或 556：所有的 CMOS 产品型号最后四位数码都是 7555 或 7556，二者的逻辑功能和引脚排列完全相同，易于互换。555 和 7555 是单定时器。556 和 7556 是双定时器。双极型的电源电压 V_{CC}=+5～+15V，输出的最大电流可达 200mA，CMOS 型的电源电压为+3～+18V。

555 电路的工作原理如下：

555 电路的内部电路组成如图 4.1.7.1 所示。它含有两个电压比较器，一个基本 RS 触发器，一个放电开关管 T，比较器的参考电压由三只 5kΩ 的电阻器构成的分压器提供。它们分别使高电平比较器 A1 的同相输入端和低电平比较器 A2 的反相输入端的参考电平为 $\frac{2}{3}V_{CC}$ 和 $\frac{1}{3}V_{CC}$。A1 与 A2 的输出端控制 RS 触发器状态和放电管开关状态。当输入信号自 6 端输入并超过参考电平 $\frac{2}{3}V_{CC}$ 时，触发器复位，555 的输出端 3 端输出低电平，同时放电开关管导通。当输入信号自 2 端输入并低于时，触发器置位，555 的 3 端输出高电平，同时放电开关管截止。

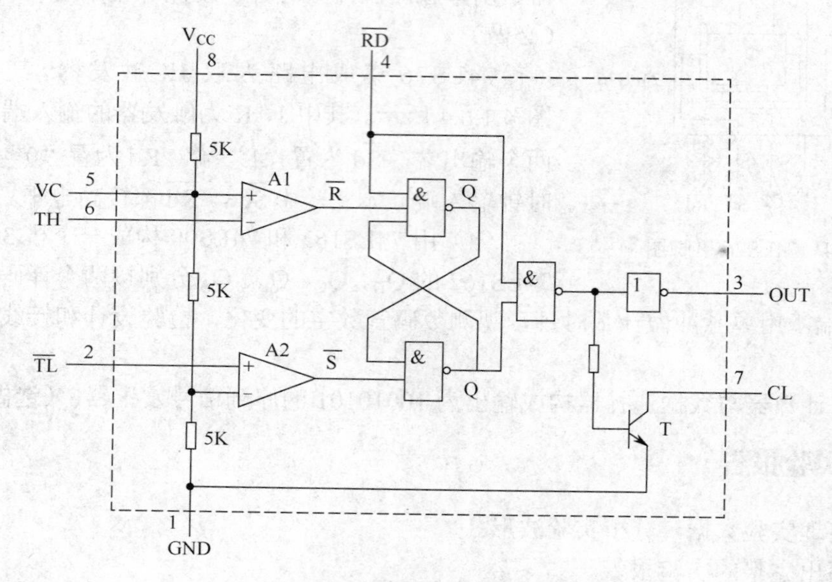

图 4.1.7.1　555 电路内部框图

555 电路引脚排列如图 4.1.7.2 所示。$\overline{RD}$ 是复位端（4 端），当 $\overline{RD}$=0 时，555 输出低电平。平时 $\overline{RD}$ 端开路或接 V_{CC}。VC 是控制电压端（5 端），平时输出 $\frac{2}{3}V_{CC}$ 作为比较器 A1 的参考电平，当 5 端外接一个输入电压，即改变了比较器的参考电平，从而实现对输出的另一种控制，在不接外加电压时，通常接一个 0.01μF 的电容器到地，起滤波作用，以消除外来的干扰，确保参考电平的稳定。

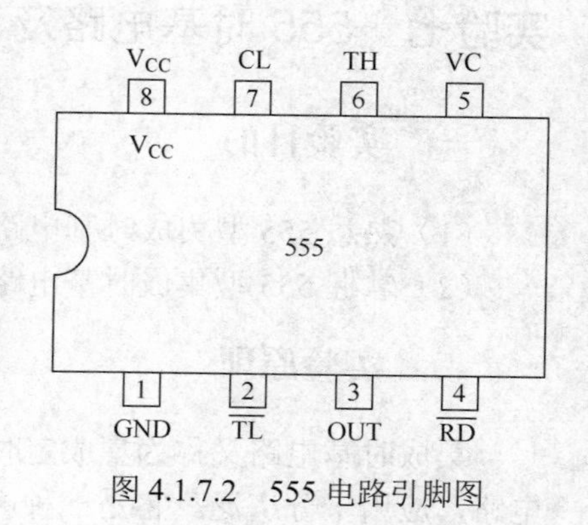

图 4.1.7.2　555 电路引脚图

T 为放电管，当 T 导通时，给接于 7 端的电容器提供低阻放电通路。

555 定时器主要是与电阻、电容构成充放电电路，并由两个比较器来检测电容器上的电压，以确定输出电平的高低和放电开关管的通断。利用它可以构成从微秒到数十分钟的延时电路、单稳态触发器、多谐振荡器、施密特触发器等脉冲产生或波形变换电路。

三、实验设备与器件

数字电子技术实验箱、双踪示波器、NE555（2 片）。

四、实验内容

1．构成单稳态触发器（必做）

由 555 定时器和外接定时元器件 R、C 构成的单稳态触发器，稳态时 555 电路输入端处于电源电平。内部放电开关管 T 导通，输出端为低电平，当有一个外部负脉冲触发信号经 C_1 加到 2 端时，并使 2 端电位瞬时低于 $\frac{1}{3}V_{CC}$，低电平比较器动作，单稳态电路即开始一个暂态过程，电容 C 开始充电，VC 按指数规律增长。当 VC 充电到 $\frac{2}{3}V_{CC}$ 时，高电平比较器动作，比较器 A_1 翻转，输出 Vo 从高电平返回低电平，放电开关管 T 重新导通，电容 C 上的电荷很快经放电开关管放电，暂态结束，恢复稳态。单稳态解发器电路图如图 4.1.7.3 所示，其波形如图 4.1.7.4 所示。

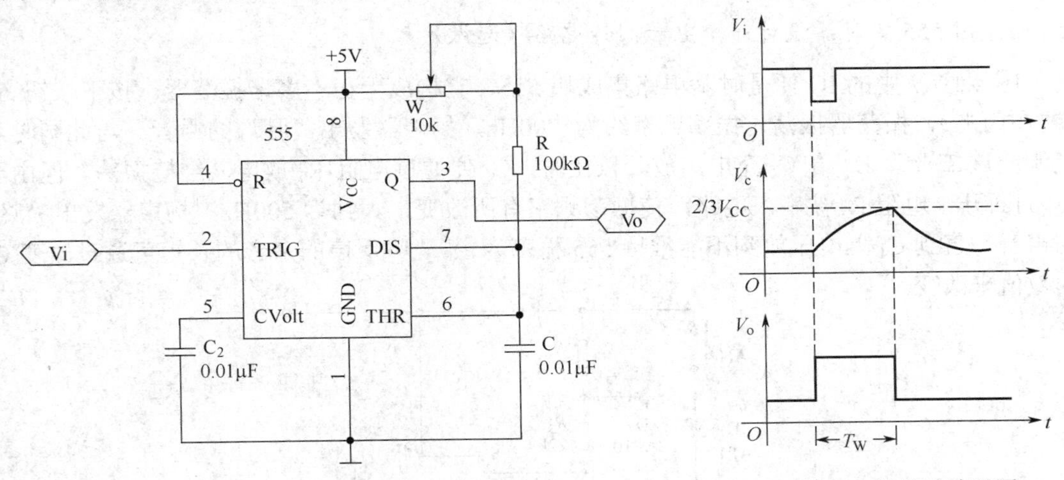

图 4.1.7.3　单稳态触发器电路图　　　图 4.1.7.4　单稳态触发器波形图

暂稳态的持续时间 t_W（即为延时时间）决定于外接元器件 R、C 值的大小，$t_W=1.1RC$。通过改变 R、C 的大小，可使延时时间在几个微秒到几十分钟之间变化。

（1）按图 4.1.7.3 所示电路接线，取 $R=100k\Omega$，$C=0.01\mu F$，输入信号 V_i 为 1kHz 的连续脉冲，用双踪示波器观测 V_i、V_C、Vo 的波形，测量幅度与暂稳时间。

（2）分别改变 R、C，观测 V_i、V_C、Vo 波形的变化，测量幅度及暂稳时间。

2．构成多谐振荡器（必做）

多谐振荡器电路图、波形图分别如图 4.1.7.5、图 4.1.7.6 所示，由 555 定时器和外接元

器件 R_1、R_2、C 构成多谐振荡器。电路没有稳态，仅存在两个暂稳态，电路也无须外加触发信号，利用电源通过 R_1、R_2 向 C 充电，以及 C 通过 R_2 向放电端 C_t 放电，使电路产生振荡。电容 C 在 $\frac{1}{3}V_{CC}$ 和 $\frac{2}{3}V_{CC}$ 之间充电和放电，输出信号的时间参数是：

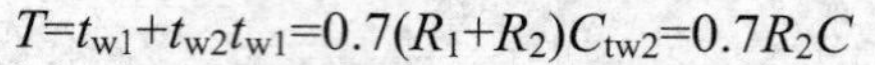

$$T=t_{w1}+t_{w2}t_{w1}=0.7(R_1+R_2)Ct_{w2}=0.7R_2C$$

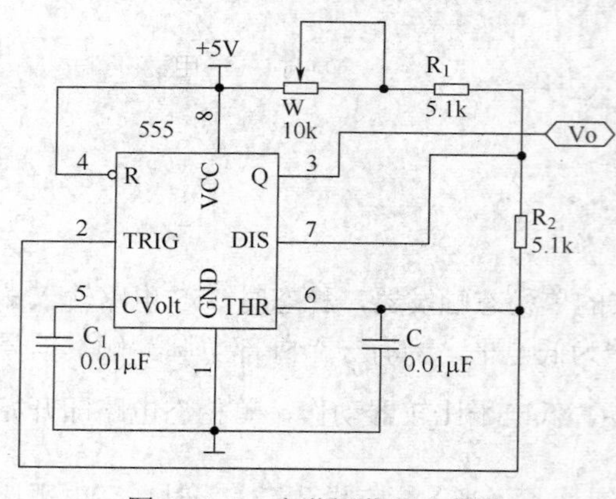

图 4.1.7.5　多谐振荡器电路图

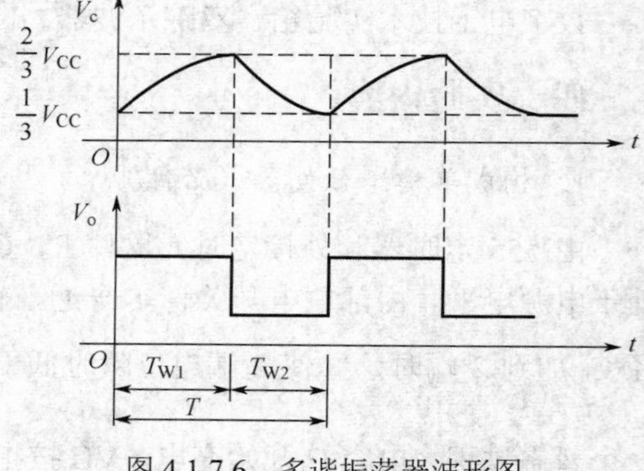

图 4.1.7.6　多谐振荡器波形图

一般要求 R_1 与 R_2 均应大于或等于 1kΩ，但 R_1+R_2 应小于或等于 3.3MΩ。

（1）按图 4.1.7.5 所示电路接线，用双踪示波器观测 V_C 与 V_o 的波形，测定振荡频率。

（2）分别改变 R_1、R_2、C 的值，观测波形及频率的变化。

3．用 555 定时器设计一个电子门铃电路（选做）

图 4.1.7.7 中的 IC 便是时基电路集成块 555，它构成无稳态多谐振荡器。按下按钮 A_N（装在门上），振荡器振荡，振荡频率约为 700Hz，扬声器发出“叮”的声音。与此同时，电源通过二极管 D_1 给 C_1 充电。放开按钮时，C_1 便通过电阻 R_1 放电，维持振荡。但由于 A_N 的断开，电阻 R_2 被串入电路，使振荡频率有所改变，大约为 500Hz，扬声器发出“咚”的声音。直到 C_1 上电压放到不能维持 555 振荡为止。“咚”声的余音的长短可通过改变 C_1 的数值来改变。

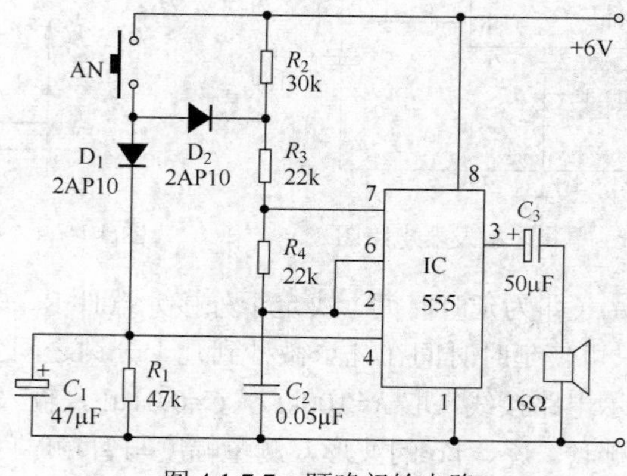

图 4.1.7.7　叮咚门铃电路

五、实验报告

（1）绘出详细的实验线路图及观测到的波形。

（2）分析、总结实验结果。

实验八　综合实验一

一、实验目的

（1）掌握利用 MSI 集成电路和集成门电路设计组合逻辑电路及时序逻辑电路的特点、方法；

（2）了解脉冲序列发生器的一般组成原理和方法；

（3）掌握时序逻辑电路的调试方法。

二、实验原理

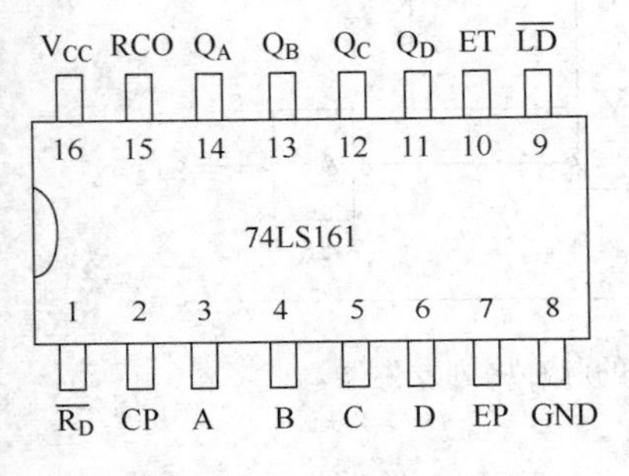

图 4.1.8.1　74LS161 引脚图

1. 中规模集成计数器

74LS161 是四位二进制可预置同步计数器，由于它采用 4 个主从 JK 触发器作为记忆单元，故又称为四位二进制同步计数器，其集成芯片引脚如图 4.1.8.1 所示。

该计数器由于内部采用了快速进位电路，所以具有较高的计数速度。各触发器翻转是靠时钟脉冲信号的正跳变上升沿来完成的。时钟脉冲每正跳变一次，计数器内各触发器就同时翻转一次，74LS161 的功能表如表 4.1.8.1 所示：

管脚符号说明：

V_{CC}—电源正端，接+5V；

$\overline{R_D}$ —异步置零（复位）端；

CP—时钟脉冲；

$\overline{LD}$ —预置数控制端；

A、B、C、D—数据输入端；

Q_A、Q_B、Q_C、Q_D—输出端；

RCO—进位输出端。

表 4.1.8.1　74LS161 逻辑功能表

输入									输出			
$\overline{R_D}$	$\overline{LD}$	ET	EP	CP	A	B	C	D	Q_A	Q_B	Q_C	Q_D
0	×	×	×	×	×	×	×	×	0	0	0	0
1	0	×	×	↑	a	b	c	d	a	b	c	d
1	1	1	1	↑	×	×	×	×	计数			
1	1	0	×	×	×	×	×	×	保持			
1	1	×	0	×	×	×	×	×	保持			

2. 脉冲序列发生器

脉冲序列发生器能够产生一组在时间上有先后的脉冲序列，利用这组脉冲可以使控制形成所需的各种控制信号。通常脉冲序列发生器由译码器和计数器构成。

用 74LS161 和 74LS138 及逻辑门产生脉冲序列，将 74LS161 接成十二进制计数器，然后接入译码器，电路如图 4.1.8.2 所示。

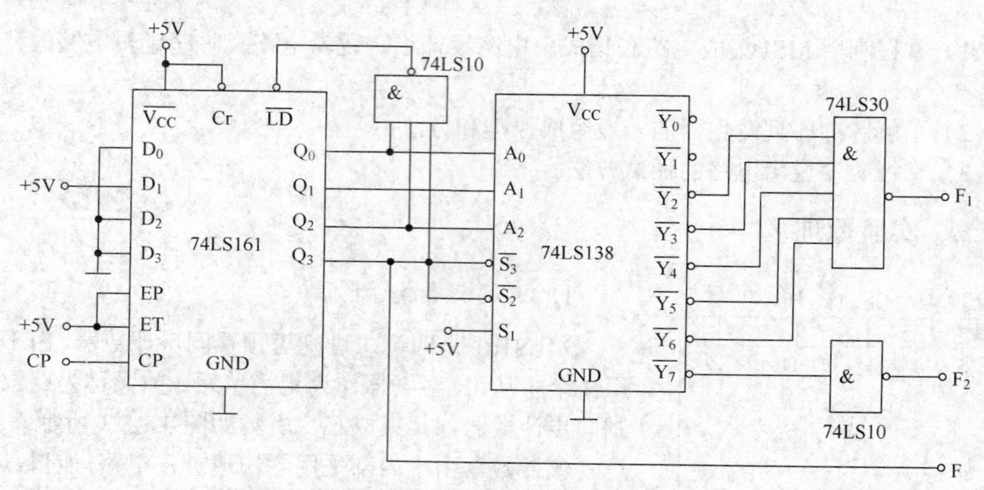

图 4.1.8.2 用 74LS161 和 74LS138 及逻辑门构成的脉冲序列发生器

三、实验设备与器件

数字电路实验箱、74LS00（2 片）、74LS138（1 片）、74LS161（1 片）、74LS86（1 片）。

四、实验内容

（1）设计彩灯循环电路，共 8 只彩灯，使其 7 红 1 绿，且这一绿灯循环右移。要求利用同步加法计数器 74161 及 3 线－8 线译码器 74LS138 和 74LS00 实现该控制电路中灯的往复循环闪亮。若要让红灯往复循环闪亮，设计改进电路。其中 CP 为连续脉冲，频率 $f \leqslant 10$Hz。**（必做）**

（2）设计一个迷彩灯控制电路。要求：5 个彩灯循环从第一盏到最后一盏顺次闪亮之后再从第四盏到第二盏反向闪亮。请分别设计出红灯循环与绿灯循环的电路。**（必做）**

（3）设计一个交通信号灯控制电路。三色灯红、绿、黄灯往复循环闪亮顺序要求如下：红（3s）→黄（1s）→绿（3s）→黄（1s）→红（3s）……**（选做）**

【注意】脉冲频率过高灯闪烁太快，过低灯的颜色变化很慢，都不利于观察。

五、实验报告

（1）详细记录电路的设计与实现过程。

（2）画出实验的原理图。

（3）分析设计电路的各部分功能及工作原理。

（4）分析实验中出现的故障及解决办法。

（5）总结数字系统的设计、调试方法。

实验九　综合实验二

一、实验目的

（1）学习数字电路中 D 触发器、分频电路、多谐振荡器、CP 时钟脉冲源等单元电路的综合运用；

（2）了解简单数字系统实验、调试及故障排除方法；

（3）提高数字电路的应用能力；

（4）掌握智力竞赛抢答器的工作原理和设计方法。

二、实验原理

图 4.1.9.1 所示为供四人用的智力竞赛抢答装置线路，用以判断抢答优先权。

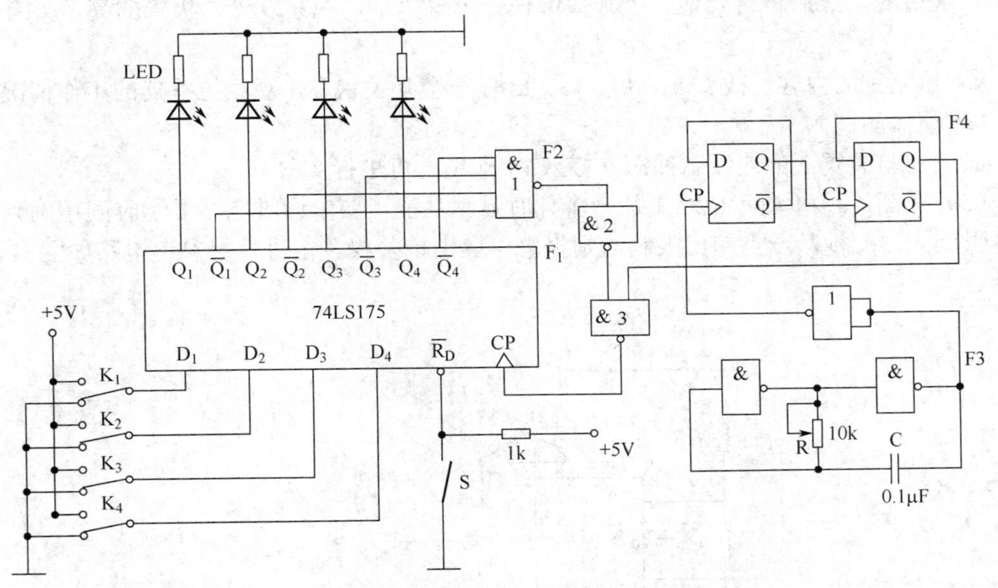

图 4.1.9.1　智力竞赛抢答装置原理图

图中，F_1 为四 D 触发器 74LS175，它具有公共置 0 端和公共 CP 端，引脚排列见附录；F_2 为双 4 输入与非门 74LS20；F_3 是由 74LS00 组成的多谐振荡器；F_4 是由 74LS74 组成的四分频电路，F_3、F_4 组成抢答电路中的 CP 时钟脉冲源，抢答开始时，由主持人清除信号，按下复位开关 S，74LS175 的输出 Q_1～Q_4 全为 0，所有发光二极管 LED 均熄灭，当主持人宣布“抢答开始”后，首先作出判断的参赛者立即按下开关，对应的发光二极管点亮，同时，通过与非门 F_2 送出信号锁住其余三个抢答者的电路，不再接收其他信号，直到主持人再次清除信号为止。

三、实验设备与器件

+5V 直流电源、逻辑电平开关、逻辑电平显示器、双踪示波器、数字频率计、直流数字电压表、74LS175、74LS20、74LS74、74LS00。

四、实验内容

（1）测试各触发器及各逻辑门的逻辑功能。

（2）按图 4.1.9.1 所示电路接线，抢答器五个开关接实验装置上的逻辑开关、发光二极管接逻辑电平显示器。

（3）断开抢答器电路中 CP 脉冲源电路，单独对多谐振荡器 F_3 及分频器 F_4 进行调试，调整多谐振荡器 10k 电位器，使其输出脉冲频率约 4kHz，观察 F_3 及 F_4 输出波形并测试其频率。

（4）测试抢答器电路功能。

接通+5V 电源，CP 端接实验装置上连续脉冲源，取重复频率约 1kHz。

① 抢答开始前，开关 k_1、k_2、k_2、k_4 均置“0”，准备抢答，将开关 S 置“0”，发光二极管全熄灭，再将 S 置“1”。抢答开始，k_1、k_2、k_3、k_4 某一开关置“1”，观察发光二极管的亮、灭情况，然后再将其他三个开关中任一个置“1”，观察发光二极管的亮、灭有否改变。

② 重复①的内容，改变 k_1、k_2、k_3、k_4 任一个开关状态，观察抢答器的工作情况。

③ 整体测试。

断开实验装置上的连续脉冲源，接入 F_3 及 F_4，再进行实验。

（5）在图 4.1.9.1 所示电路中加一个计时显示功能，要求计时电路显示时间精确到秒，最多限制为 30 秒，一旦超出限制，则报警，取消抢答权。定时报警参考电路如图 4.1.9.2 所示。

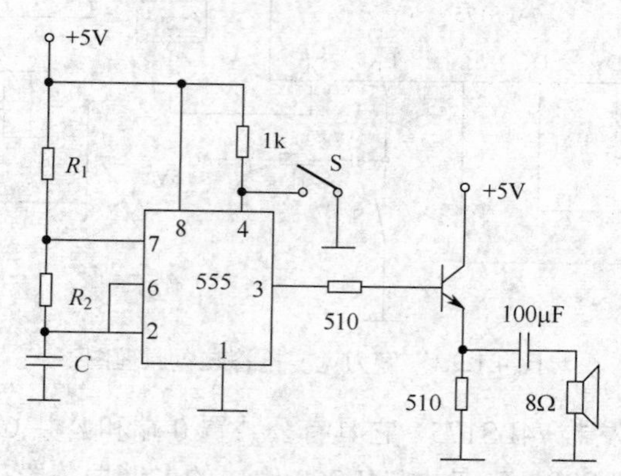

图 4.1.9.2　定时报警参考电路

当开关 S 打开时，定时器工作，反之电路停止振荡。振荡器的频率约为：

$$f=1.443/[(R_1+2R_2)C]$$

改变电阻或电容的大小，可以调节抢答时间。例如根据定时要求，采用固定电阻加旋转开关的方案，就很容易改变预置时间。

五、实验报告

（1）画出实验的原理电路和布线图。

（2）分析智力竞赛抢答装置各部分功能及工作原理。

（3）总结数字系统的设计、调试方法。

（4）分析实验中出现的故障及解决办法。

实验十　A/D 转换器实验

一、实验目的

（1）熟悉集成 A/D 转换器的工作原理、特性和使用方法；
（2）掌握大规模集成 A/D 转换器的功能及其典型应用。

二、实验原理

模/数转换器（A/D 转换器，ADC）用于在数字电子技术应用中把模拟信号转换为数字信号。完成这种转换的器件种类很多，特别是单片大规模集成 A/D 转换器的问世，为实现上述的转换提供了极大的方便。使用者借助于手册提供的器件性能指标及典型应用电路，即可正确使用这些器件。本实验将采用大规模集成电路 ADC0809 实现 A/D 转换。

ADC0809 是一个带有 8 通道多路模拟开关，能与微处理器兼容的 8 位 A/D 转换器，它是单片 CMOS 器件，采用逐次逼近法进行转换。图 4.1.10.1 所示为 ADC0809 的逻辑框图和引脚图。

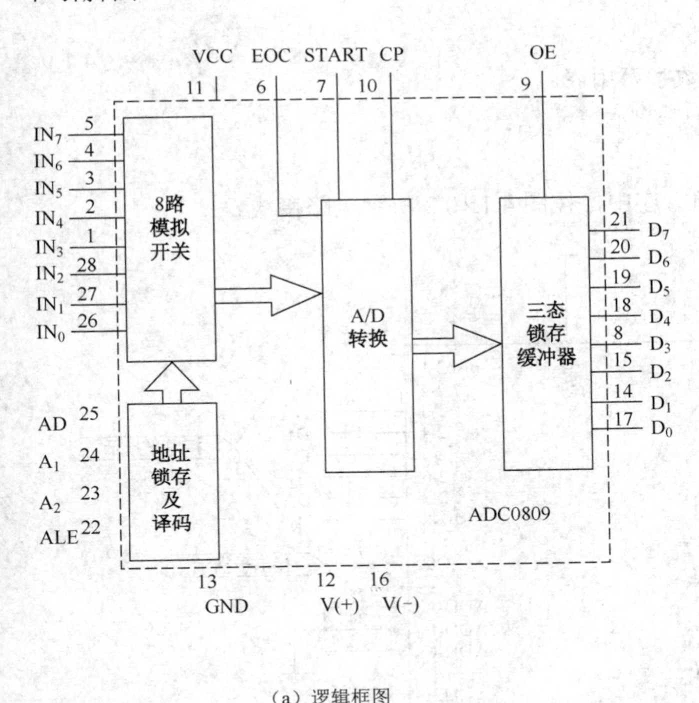

（a）逻辑框图

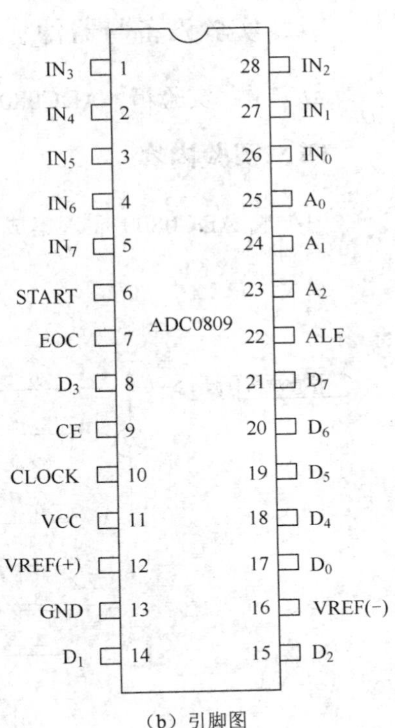

（b）引脚图

图 4.1.10.1　逻辑框图与引脚图

ADC0809 的引脚功能说明如下：

IN_0～IN_7—8 路模拟信号输入端；A_2、A_1、A_0—地址输入端。

根据 A_2、A_1、A_0 的地址编码选通 8 路模拟信号 IN_0～IN_7 中的任何一路进行 A/D 转换，地址译码与模拟输入通道的选通关系如表 4.1.10.1 所示。

表 4.1.10.1　地址译码与模拟输入通道的选通关系

被选模拟通道		IN_0	IN_1	IN_2	IN_3	IN_4	IN_5	IN_6	IN_7
地址	A_2	0	0	0	0	1	1	1	1
	A_1	0	0	1	1	0	0	1	1
	A_0	0	1	0	1	0	1	0	1

ALE：地址锁存允许输入信号，在此脚施加正脉冲，上升沿有效，此时锁存地址码，从而选通相应的模拟信号通道，以便进行 A/D 转换。

START：启动信号输入端，应在此脚施加正脉冲，当上升沿到达时，内部逐次逼近寄存器复位，在下降沿到达后，开始 A/D 转换过程。

EOC：转换结束输出信号（转换结束标志），高电平有效。

OE：输入允许信号，高电平有效。

CP：时钟信号输入端，外接时钟频率一般为几百千赫兹。

VCC：+5V 单电源供电。

VREF（+）、VREF（−）：基准电压的正极、负极。一般 VREF（+）接+5V 电源，VREF（−）接地。

D_7～D_0：数字信号端输出端。

三、实验设备与器件

数字电路实验箱、ADC0809、数字万用表。

四、实验内容

（1）将 ADC0809 插入集成电路管座中，按图 4.1.10.2 所示电路接线。

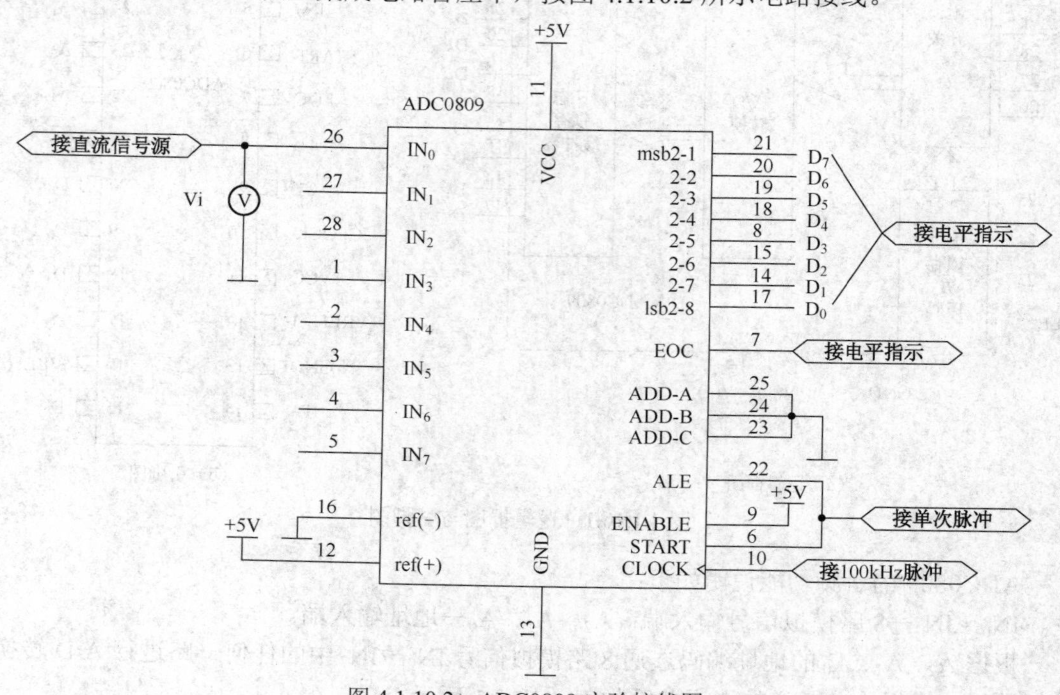

图 4.1.10.2　ADC0809 实验接线图

（2）逐次改变直流信号源的输出量，每改变一次数值，触发一下单次脉冲，启动 A/D 转换器，将转换结果填入表 4.1.10.2 中。

表 4.1.10.2　A/D 转换结果

输入模拟量	输出数字量								
Vi(V)	D_7	D_6	D_5	D_4	D_3	D_2	D_1	D_0	十进制数（D）
0									
0.5									
1.0									
1.5									
2.0									
2.5									
3.0									
3.5									
4.0									
4.5									
5.0									

五、实验报告

整理实验数据，分析实验结果。

4.2　附录

4.2.1　数字电路实验设备使用说明

（以 RXS-1A 数字电路实验箱为例，主要介绍本实验用到的模块）

RXS-1A 数字电路实验箱使用说明

RXS-1A 数字电路实验箱使用时，将配备的单相三芯电源线一端插入实验箱的右后侧电源插座，另一端接入 220V 市电即可使用。打开实验箱电源开关，指示灯亮，同时各电路电源指示灯亮，系统处于待用状态。

1．实验箱配备电源、信号源等

（1）直流稳压电源：四路，分别为±5V、±15V，其中±5V 共用一个 GND，±15V 共用一个 GND。

（2）交直流信号源：可根据所需信号选择输出信号，信号选择键按下 AC——交流输出，弹出时 DC——直流输出。调节幅度调节旋钮选择信号的幅度。

（3）固定脉冲信号源：输出 1Hz、1kHz、10kHz、100kHz 四种固定脉冲信号，可根据需要选择使用。

（4）单次脉冲信号源：按压一次触发键，分别从不同的输出端输出高低两种不同电平，电平的持续时间与触发键按压时间的长短保持一致。

（5）脉冲信号源：输出 1Hz～100kHz 脉冲信号，调节频率调节电位器可使输出脉冲信号频率连续可调。

（6）逻辑开关：共 12 位，每位对应一个变光二极管显示，按下输出高电平，显示红色；弹出输出低电平，显示绿色。

（7）逻辑状态显示：共 12 位，每位对应一个变光二极管显示，输入高电平，显示红色；输入低电平，显示绿色。

（8）LED 数码显示（带译码器驱动）：共 6 位，使用时，首先将电源开关按下（ON），然后从 DCBA 端输入 8421BCD 码，根据输入的编码可显示 0～9 十个数字。

2．使用注意事项

（1）严禁将直流稳压电源的输出直接加至各种信号源的输出端。

（2）实验过程中如需改接线，必须关掉电源后才能进行。

（3）实验过程中，若出现异常现象（如元器件发烫、有异味或冒烟等）应立即关断电源，保持现场，报告指导教师，查明原因，排除故障后方可继续实验。

（4）实验中暂时不用的仪器（如数字频率计）可关闭，以减少不必要的损耗。

（5）实验所用连线带锥度并具有自锁紧功能，插接时无须用力过大、过猛，插接牢固即可，拔出时，捏住插头逆时针旋转，即可轻松拔出，切不可猛扯，以免造成连线损坏。

（6）实验结束后，要关断电源，并将仪器设备、工具、连线等按规定整理好。

4.2.2 TTL 数字集成电路（仅列举本实验常用器件）

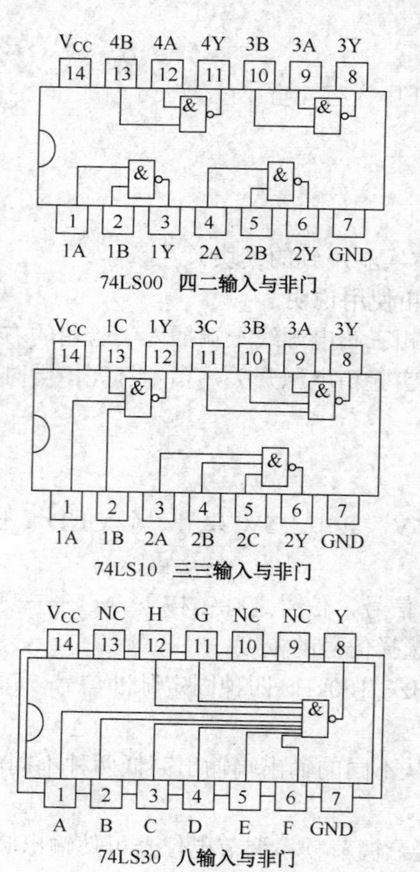

74LS00 四二输入与非门

74LS10 三三输入与非门

74LS30 八输入与非门

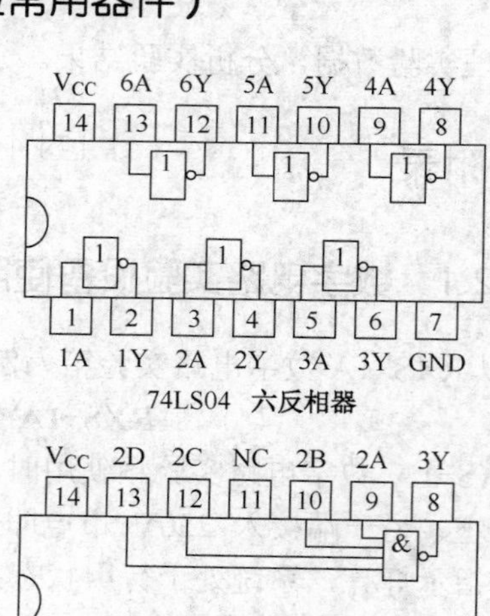

74LS04 六反相器

V_{CC} 2D 2C NC 2B 2A 3Y

1A 1B NC 1C 1D 1Y GND

74LS20 双四输入与非门

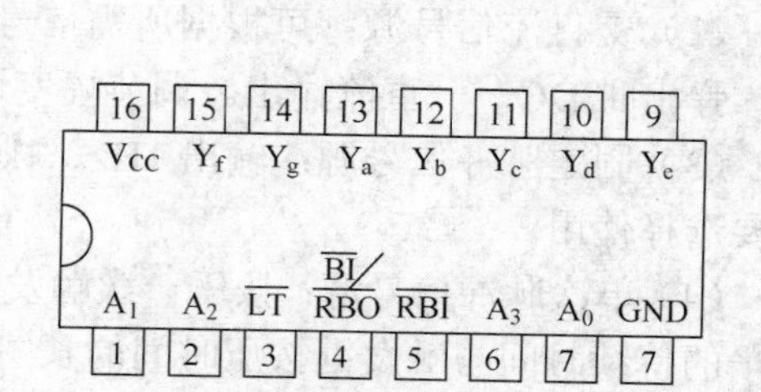

74LS48 4线—7线译码器/驱动器

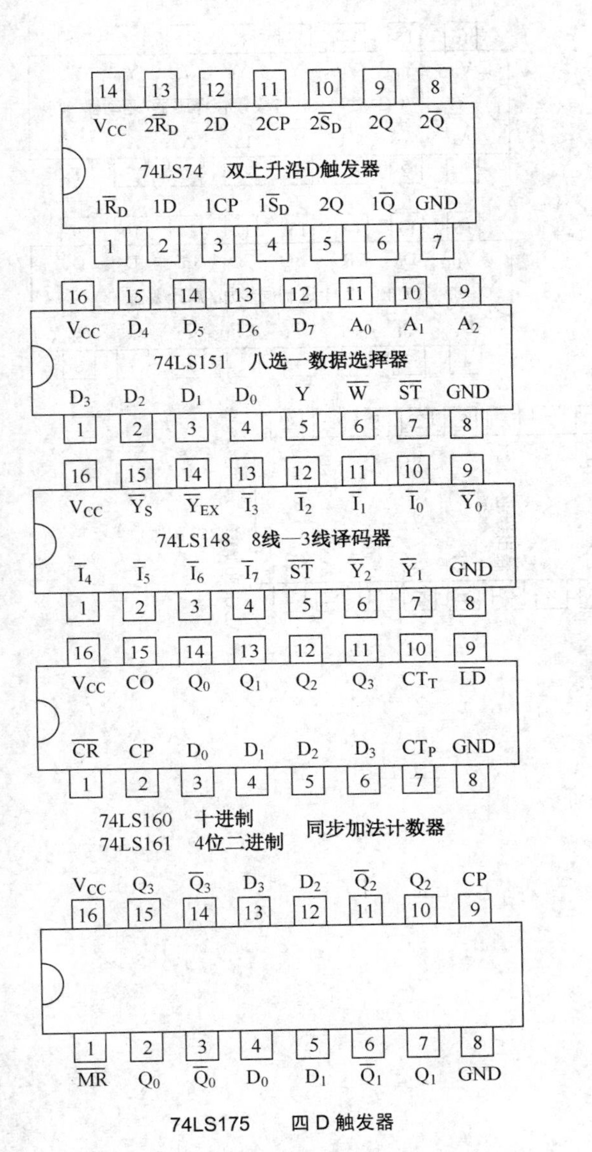

74LS86　四二输入异或门

74LS138　3线—8线译码器

74LS153　双四选一数据选择器

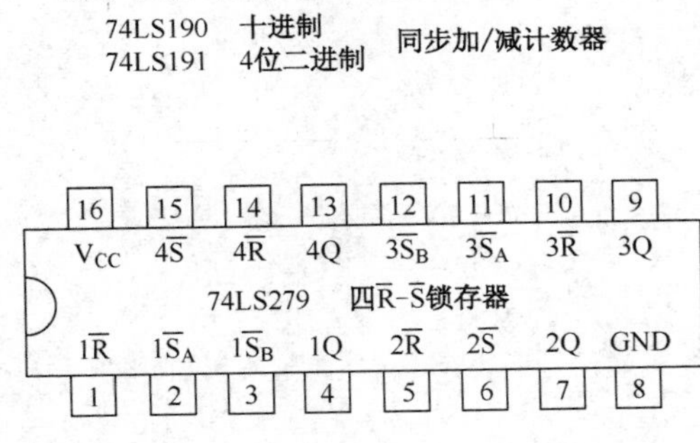

4.2.3　CMOS集成电路

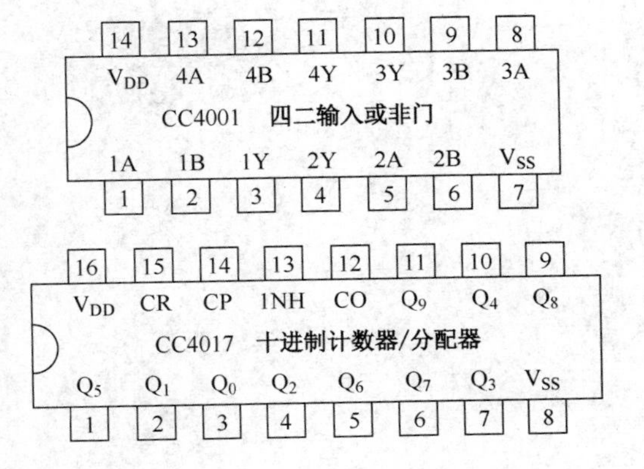

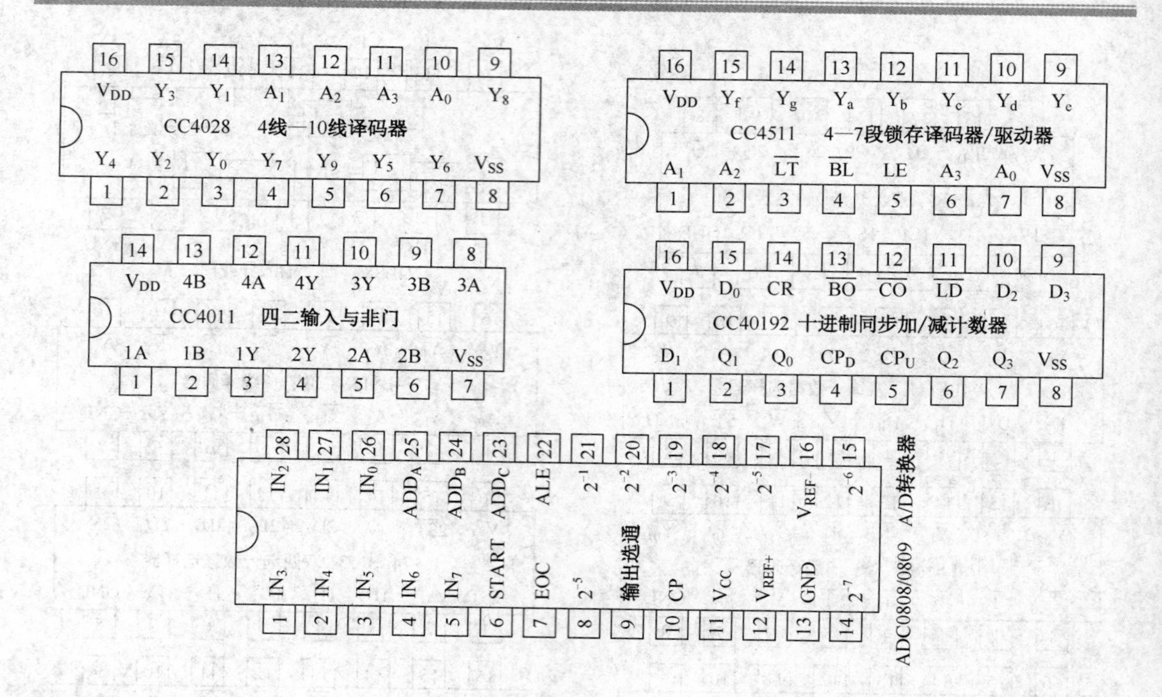
16 15 14 13 12 11 10 9
VDD Y3 Y1 A1 A2 A3 A0 Y8
CC4028 4线—10线译码器
Y4 Y2 Y0 Y7 Y9 Y5 Y6 VSS
1 2 3 4 5 6 7 8
16 15 14 13 12 11 10 9
VDD Yf Yg Ya Yb Yc Yd Ye
CC4511 4—7段锁存译码器/驱动器
A1 A2 LT BL LE A3 A0 VSS
1 2 3 4 5 6 7 8
14 13 12 11 10 9 8
VDD 4B 4A 4Y 3Y 3B 3A
CC4011 四二输入与非门
1A 1B 1Y 2Y 2A 2B VSS
1 2 3 4 5 6 7
16 15 14 13 12 11 10 9
VDD D0 CR BO CO LD D2 D3
CC40192 十进制同步加/减计数器
D1 Q1 Q0 CPD CPU Q2 Q3 VSS
1 2 3 4 5 6 7 8
28 27 26 25 24 23 22 21 20 19 18 17 16 15
IN2 IN1 IN0 ADDA ADDB ADDC ALE 2-1 2-2 2-3 2-4 2-5 VREF- 2-6
IN3 IN4 IN5 IN6 IN7 START EOC 2-5 输出选通 CP VCC VREF+ GND 2-7
1 2 3 4 5 6 7 8 9 10 11 12 13 14
ADC0808/0809 A/D转换器

第二部分 数字电子技术课程设计

4.3 数字电路课程设计

4.3.1 设计的一般方法和步骤

一个实用电路通常由若干单元电路组成。因此，电子电路的设计不仅包括单元电路设计，还包括总体电路的系统设计。随着微电子技术的发展，各种通用和专用的集成块大量出现，单元电路一般不需要进行设计，而只要正确选择集成块。为此，电子电路的系统设计就尤为重要。而对于初学者来说，从教学过程出发，课程设计应保留一定的单元电路设计内容。

电子电路的设计一般包括总体方案的设计和选择、单元电路的设计与选择、单元电路间的级联、绘制总体电路草图、总体电路试验、绘制正式的总体电路图等环节。

1. 总体方案的设计与选择

一个比较复杂的课题往往需要进行方案原理的构思，即用什么原理来实现课题的要求。因此，应对课题的任务要求和条件进行仔细的分析研究，找出关键问题，提出实现的原理与方法，并画出原理图。

原理方案是一个关系到设计全局的问题，应广泛收集、查阅资料，利用所学理论知识，提出尽可能多的方案，以便作合理的取舍。对所提方案的关键部分，应通过实验加以确认，验证其可行性。

原理方案提出后，还须对所提方案进行比较。在详细方案未完成之前，只能对原理方案的简单与复杂，实现的难易程度进行比较，并作出初步的选择。若几种方案难以取舍，可对其进行后序设计，得到总体电路后，就其性能、成本、体积等多方面进行分析比较，最后确定最优方案。

原理方案确定后便可确定总体方案。由于原理方案中每个原理框图只是原理性的，它可以由一个单元电路构成，也可能由多个单元电路构成，为了确定总体方案，必须将每一个框图具体到若干个单元电路。

2. 单元电路的设计与选择

总体方案确定后，便可进行单元电路设计与选择。单元电路的设计与选择主要包括电路结构的设计、元器件的选择和电路参数的计算等环节。

1）电路结构的设计

按照已确定的总体方案框图，对图中各模块分别进行设计，选择出满足要求的单元电路。因此，必须根据课题技术要求，详细拟出单元电路的性能指标，然后进行单元电路的结构设计。

2）元器件的选择

元器件的各类繁多，性能、价格各异，而且新产品不断涌现，选择余地颇大。究竟如何选择，则要比较。首先考虑是否满足单元电路的性能指标，再考虑价格、购买渠道、体积等因素，尽可能选用已有器件。

3）电路参数的计算

在单元电路和总体方案设计中，常常需要进行参数计算，如器件参数、电阻、电容等，还需对电路的性能进行估算，从而确认元器件，固定电路。

【注意】满足性能指标的参数不是唯一的，这就需要我们对各组参数进行综合分析，恰当地选择一组合适的参数。

3．单元电路间的级联

各单元电路确定以后，还要认真仔细地考虑它们之间的级联问题，如电气特性的相互匹配、信号耦合方式、时序配合，以及相互干扰等问题。

1）电气性能相互匹配问题

关于单元电路之间电气性能相互匹配的问题主要有：阻抗匹配、线性范围匹配、负载能力匹配、高低电平匹配等。数字单元电路之间的匹配主要考虑高低电平的匹配问题。若高低电平不匹配，则不能保证正常的逻辑功能，因此，必须增加电平转换电路。尤其是 CMOS 集成电路与 TTL 集成电路之间的连接，当两者的工作电源不同时（如 CMOS 为+15V，TTL 为+5V），两者之间必须加电平转换电路。

2）信号耦合方式

常见的单元电路之间的信号耦合方式有直接耦合、阻容耦合、变压器耦合和光电耦合四种。光电耦合方式是一种常用的方式，其主要是通过光电信号的转换变成电信号的传输，以达到前后级隔离的目的。

3）时序配合

单元电路之间信号作用的时序在数字系统中是非常重要的。一个数字系统有一个固定的时序。时序配合错乱，将导致系统工作失常。

时序配合是一个十分复杂的问题，为确定每个系统所需的时序，必须对该系统中各个单元电路的信号关系进行仔细的分析，画出各信号的波形关系图——时序图，确定出保证系统正常工作的信号时序，然后提出实现该时序的措施。

4．绘制总体电路草图

单元电路和它们之间连接关系确定后，就可以进行总体电路图的绘制。总体电路图是电子电路设计的结晶，是重要的设计文件，它不仅是电路安装和电路板制作等工艺设计的主要依据，而且是电路试验和维修时不可缺少的文件。总体电路涉及的方面和问题很多，不可能一次就把它画好，因为尚未通过试验的检验，所以不能算是正式的总体电路图，而只能是一个总体电路草图。

对绘制总体电路草图的要求是：能清晰工整地反映出电路的组成、工作原理、各部分之间的关系以及各种信号的流向。因此，图纸的布局、图形符号、文字标准等都应规范统一。

5．总体电路试验

由于电子元器件品种繁多且性能分散，电子电路设计与计算中又采用工程估算，加之设计中要考虑的因素相当多，所以，设计出的电路难免存在这样或那样的问题，甚至差错。

实践是检验设计正确与否的唯一标准，任何一个电子电路都必须通过试验检验，未能经过试验的电子电路不能算是成功的电子电路。通过试验可以发现问题，分析问题，找出解决问题的措施，从而修改和完善电子电路设计。只有通过试验，证明电路性能全部达到设计的要求后，才能绘制出正式的总体电路图。

电子电路试验应注意以下几点：

（1）审图。电子电路组装前应对总体电路草图全面审查一遍。尽早发现草图中存在的问题，以避免实验中出现过多反复或重大事故。

（2）电子电路组装。一般先在面包板上采用插接方式组装，或在多功能印刷板上采用焊接方式组装。有条件时也可试制印刷板后焊接组装。

（3）选用合适的试验设备。一般电子电路试验必备的设备有：直流稳压电源、万用表、信号源、双踪示波器等，其他专用测试设备视具体电路要求而定。

（4）试验步骤。先局部，后整体。即先对每个单元电路进行试验，重点是主电路的单元电路试验。可以先易后难，也可以依次进行，视具体情况而定。调整后再逐步扩展到整体电路。只有整体电路调试通过后，才能进行性能指标测试。性能指标测试合格才算试验完结。

6．绘制正式的总体电路图

经过总体电路试验后，可知总体电路的组成是否合理及各单元电路是否合适，各单元电路之间连接是否正确，元器件参数是否需要调整，是否存在故障隐患，以及解决问题的措施，从而为修改和完善总体电路提供可靠的依据。

绘制正式总体电路图的注意事项与画草图一样，只不过要求更严格，更工整。一切都应按制图标准绘图。

4.3.2　数字电路系统的组成和类型

1．数字电路系统的组成

电子技术领域，用来对数字信号进行采集、加工、传送、运算和处理的装置称为数字电路。一个完整的数字电路应包括输入电路、输出电路、控制电路、时基电路和若干子系统等。

如图 4.2.0.1 所示，各部分具有相对的独立性，在控制电路的协调和指挥下完成各自的功能，其中控制电路是整个系统的核心。

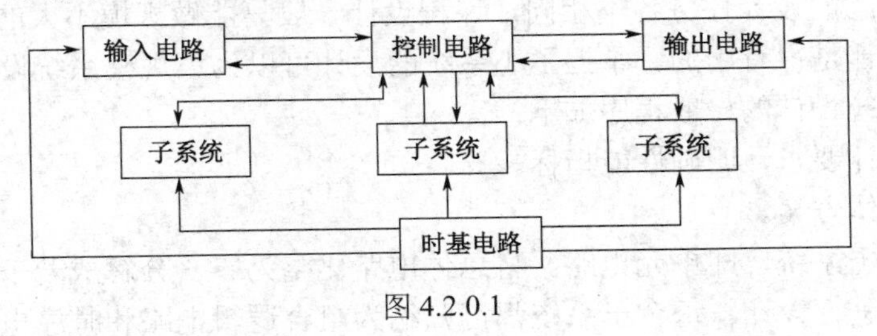

图 4.2.0.1

1）输入电路

输入电路的任务是将外部信号变换成数字电路能够接收和处理的数字信号。外部信号通常可分成模拟信号和开关信号两大类，如声、光、电、温度、湿度、压力及位移等物理量属于模拟量，而开关的闭合与打开、管子的导通与截止、继电器的得电与失电等属于开关量。这些信号都必须通过输入电路变换成数字电路能够接收的二进制逻辑电平。

2）输出电路

输出电路将经过数字电路运算和处理之后的数字信号变换成模拟信号或开关信号去推动执行机构。当然，在输出电路和执行机构之间常常还需要设置功放电路，以提供负载所要求的电压和电流值。

3）子系统

子系统又常称为单元电路，是对二进制信号进行算术运算或逻辑运算以及信号传输等功能的电路，每个子系统完成一项相对独立的任务，即某种局部的工作。

4）控制电路

控制电路将外部输入信号以及各子系统送来的信号进行综合分析，发出控制命令去管理输入、输出电路及各个子系统，使整个系统同步协调、有条不紊地工作。

5）时基电路

时基电路提供系统工作的同步时钟信号，使整个系统在时钟信号的作用下顺序完成各种操作。

2．数字电路系统的类型

（1）在数字电路系统中，有的全是由硬件电路来完成全部任务，有的除硬件电路外，还需要加上软件，即使用可编程器件，采用软、硬件结合的方法完成电路功能。根据系统中有无可编程器件，数字电路可分为可编程和不可编程两大类。可编程器件最典型的是微处理器，一片微处理器配上若干外围芯片构成硬件电路，再加上软件就可以构成一个功能强大的应用系统，其优点是单纯的硬件电路无法比拟的。除微处理器外，存储器、可编程逻辑阵列 PAL、通用可编程门阵列 GAL，以及各种可编程接口电路，这些器件的功能都可以通过软件来设置。

（2）由于微处理器在可编程器件中有一定的特殊性，因而，根据系统中是否使用微处理器，可将数字电路分为微处理控制和无微处理控制两大类。

（3）根据数字电路系统所完成的任务性质，可将数字电路分为数字测量系统、数字通信系统和数字控制系统三大类。

4.3.3 数字电路系统的设计步骤

由于每个课题的设计任务各不相同，课程设计一般只能做规模不大的小系统，在应用中，小系统的设计是很有用的。掌握了小系统的设计可以为大规模系统设计奠定基础。

数字电路系统设计的一般程序如下：

（1）分析设计要求，明确性能指标。

（2）确定单体方案。

（3）设计各子系统，即单元电路。将总体电路化整为零，分解成若干各子系统或单元电路，然后逐个进行设计。每个子系统都可归纳为组合逻辑电路和时序电路两大类。在设计时，应尽可能地选用合适的现成电路，芯片的选用应优先选中大规模集成电路，这样做不仅可以简化设计，而且有利于提高系统的可靠性。

（4）设计控制电路。控制电路具有如清零、复位、安排各子系统的时序先后及启动停止等功能。设计时最好先画出时序图，根据控制电路的任务和时序关系构思电路，选用合适的器件。

（5）各子系统设计完成后，要绘制系统原理图。在一定的图纸上合理布局。

（6）安装调试，反复修改，直止完善。

（7）总结设计报告。

4.3.4 课程设计论文格式

课程设计是针对某一门课程进行的较简单电路的设计，与一般工程论文书写格式相同。课程设计论文包括以下几个部分：

（1）论文标题。

（2）课程设计的技术指标和设计任务与要求。

（3）总体电路设计方案。包括：设计思想、总体电路的原理框图或流程图、单元电路的基本形式及级联等。这部分是电路设计的重点。

（4）单元电路设计。在总体电路原理框图的指导下进行单元电路的设计，包括单元电路的结构、形式、参数计算、元器件的选择等。

（5）所选元器件清单。以列表的方式列出所需元器件的详细清单，包括其名称、型号、数量、标称值等。

（6）列出所有的参考文献资料。

课程设计一 汽车尾灯控制电路的设计

通过对汽车尾灯控制电路的设计与制作，了解用MSI集成电路设计数字电路的一般方法。对于本教材给出的控制电路，我们首先要了解电路设计有哪些基本程序，电路是如何一步一步设计出来的，然后再进行组装调试，制作出满足设计要求的电路。通过这一过程的学习使同学们在今后面对电路设计的问题时不至于茫然，能够围绕电路设计的基本程序知道如何下手。

一、设计要求

汽车尾部左右两侧各有三个指示灯，用发光二极管模拟。

（1）汽车正常运行时指示灯全灭；

（2）右转弯时，右侧三个指示灯按右循环顺序点亮，形成向右转向的指示状态；

（3）左转弯时，左侧三个指示灯按左循环顺序点亮，形成向左转向的指示状态；

（4）临时刹车时，所有指示灯同时闪烁。

（5）以上控制要求用左、右转向的两个控制开关来实现。

（6）用中规模集成电路设计电路。

二、原理框图

设计思路：由于汽车左、右转弯时，三个指示灯循环点亮，可以用三进制计数器控制译码器电路顺序输出相应的电平信号（低电平或高电平），控制尾灯按要求点亮，如图4.2.1.1所示。

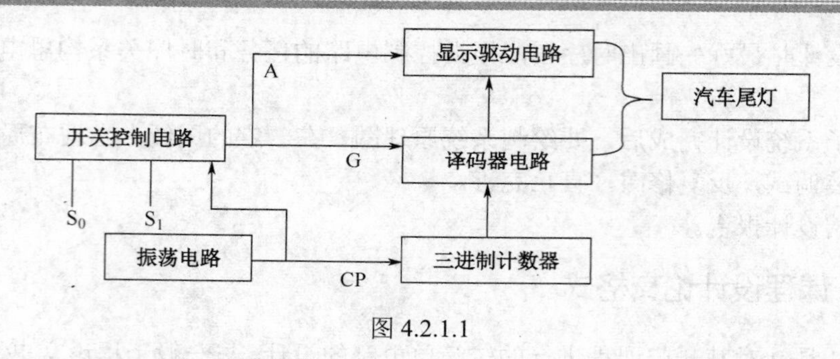

图 4.2.1.1

三、设计步骤与要求

（1）列出汽车尾灯与汽车运行状态关系表。

（2）列出汽车尾灯控制逻辑电路。（各指示灯与给定条件 S_1、S_0、CP、Q_1、Q_0 的逻辑关系）

（3）单元电路设计。

① 开关控制电路：直接与左、右转向开关 S_1、S_0 相关的电路。它根据 S_1、S_0 不同的组合状态输出不同的控制信号，使汽车尾灯实现四种不同的工作状态。

② 显示驱动电路：为发光管（即汽车尾灯）提供一定的工作电流。

③ 译码电路：决定汽车尾灯转向时，依次循环点亮的工作状态。

④ 三进制计数器：为译码电路提供不断循环的地址码。

⑤ 振荡电路：为计数器和发光管提供脉冲信号。

（4）汇总电路原理图，并简述其工作原理。

（5）列出电路元器件清单。

（6）电路安装与调试，记录实验现象。

（7）完成课程设计报告。

四、设计内容分析

1. 单元电路设计

1）振荡电路采用 CMOS4O11 组成振荡电路（非对称式多谐振荡器）

接通电源后，通过电容 C 充、放电作用在 G_2 的输出端得到矩形脉冲。

振荡周期：$T \approx 1.4RC$

设计要求：灯的闪亮间隔约为 0.2s，即 T=0.2s

选用电容为 104 型，即 $C=10\times10^4$pF

由此可算出电阻：$R=\dfrac{T}{1.4C}=\dfrac{0.2}{1.4\times10\times10^4\times10^{-12}}=1.43\text{M}\Omega$

查电子元器件手册，R 可选 1.3MΩ 或 1.5MΩ 的固定电阻器。给定元器件为 1MΩ，只是闪烁得更快一些。

2）三进制计数器电路

可由双 JK 触发器 74LS76 构成。$Q^{n+1}=J\overline{Q^n}+\overline{K}Q^n$

（1）画状态图，列状态转换（图 4.2.1.2，图 4.2.1.3，表 4.2.1.1）。

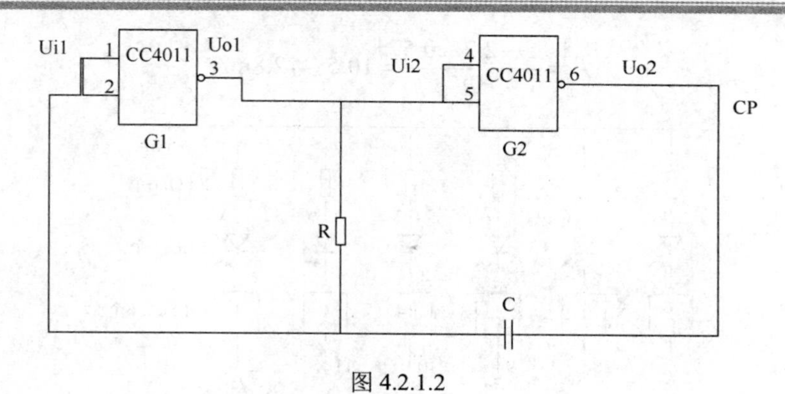

图 4.2.1.2

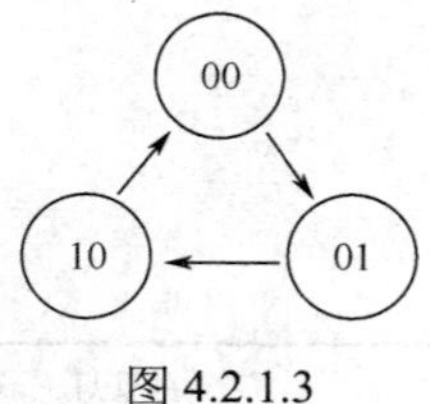

图 4.2.1.3

表 4.2.1.1

Q_2^n	Q_1^n	Q_2^{n+1}	Q_1^{n+1}
0	0	0	1
0	1	1	0
1	0	0	0

（2）求状态方程。

（3）求驱动动方程。

$$Q_2^{n+1}=Q_1^n\cdot\overline{Q_2^n}\ ;\quad J_2=Q_1^n;\ J_1=\overline{Q_2^n}$$

$$Q_1^{n+1}=\overline{Q_2^n}\cdot\overline{Q_1^n}\ ;\quad K_2=1\ ;\quad K_1=1$$

（4）画逻辑电路图（图 4.2.1.4）。

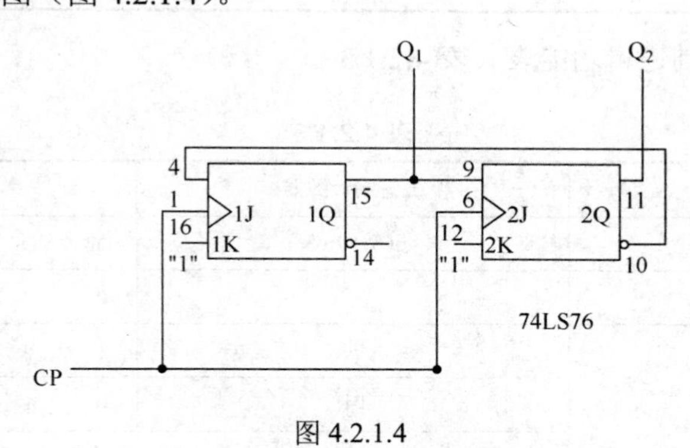

图 4.2.1.4

3）显示驱动电路

驱动电路由 6 个反相器构成，输出低电平发光二极管点亮（图 4.2.1.5）。

$$R=\frac{V_{\text{CC}}-V_{\text{F}}-V_{\text{OL}}}{I_{\text{F}}}=\frac{5-2.2-0.5}{10\text{mA}}=230\Omega$$

$$R=(200\pm20)\Omega$$

式中 V_{F}——发光管正向导通发光时的管压降，一般为 2.1～2.2V。

I_{F}——使发光管正常发光的工作电流，一般为 10mA，最大为 30～40mA。

$$I_{\mathrm{F}}=\frac{5-2.2-0.5}{R}=10.5\sim 12.8\mathrm{mA}$$

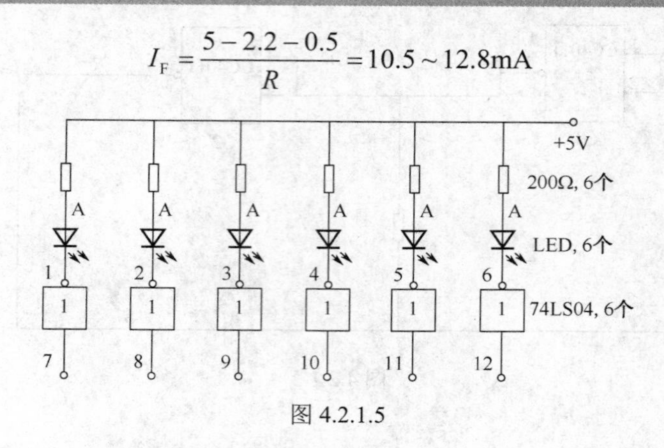

图 4.2.1.5

思考题：为什么要 6 个与非门？

4）译码电路、开关控制电路

（1）尾灯和汽车运行状态关系表（表 4.2.1.2）。

表 4.2.1.2

开关控制 S_1S_0	运行状态	左尾灯 $D_1D_2D_3$	右尾灯 $D_4D_5D_6$
00	正常运行	灯灭	灯灭
01	左转弯	按 D_1 D_2 D_3 顺序循环点亮	灯灭
10	右转弯	灯灭	按 D_4 D_5 D_6 顺序循环点亮
11	临时刹车	所有尾灯随时钟 CP 同时闪烁	

（2）汽车尾灯控制逻辑功能表（表 4.2.1.3）。

表 4.2.1.3

开 关 控 制 S_1S_0	三进制计数器 $Q_2(A_1)Q_1(A_0)$	六个指示灯 D_1	 D_2	 D_3	 D_4	 D_5	 D_6
00	××	0	0	0	0	0	0
01	00	1	0	0	0	0	0
	01	0	1	0	0	0	0
	10	0	0	1	0	0	0
10	00	0	0	1	0	0	0
	01	0	0	0	1	0	0
	10	0	0	0	0	0	1
11	××	CP	CP	CP	CP	CP	CP

译码电路由 3 线—8 线译码器 74LS138（表 4.2.1.4）和 6 个与非门构成，提供汽车尾灯的点亮信号。74LS138 的三个输入端 A_2、A_1、A_0 分别接 S_1、Q_2、Q_1。当 S_1=0，使能端信号 A=G=1，计数器的状态为 00、01、10 时，74LS138 对应的输出端 $\overline{Y_0}$、 $\overline{Y_1}$、 $\overline{Y_2}$ 依次为

“0”有效，即反相器 G_1-G_3 的输出端依次为 0，故指示灯 D_1-D_2-D_3 按顺序点亮示意汽车左转弯，若上述条件不变，而 S_1=1 时，则 74LS138 对应的输出端 $\overline{Y_4}$、$\overline{Y_5}$、$\overline{Y_6}$ 依次为“0”有效，即反相器 G_4-G_6 的输出依次为 0，故指示灯 D_4-D_5-D_6 按顺序点亮示意汽车右转弯。当 G=0、A=1 时 74LS138 的输出全为 1，G_1-G_6 的输出也全为 1，指示灯全灭灯；G=0、A=CP 时，指示灯随 CP 的频率闪烁。

表 4.2.1.4　74LS138 功能表

输　入					输　出							
ST_A	$\overline{ST_B}+\overline{ST_C}$	A_2	A_2	A_0	$\overline{Y_0}$	$\overline{Y_1}$	$\overline{Y_2}$	$\overline{Y_3}$	$\overline{Y_4}$	$\overline{Y_5}$	$\overline{Y_6}$	$\overline{Y_7}$
0	×	×	×	×	1	1	1	1	1	1	1	1
×	1	×	×	×	1	1	1	1	1	1	1	1
1	0	0	0	0	0	1	1	1	1	1	1	1
1	0	0	0	1	1	0	1	1	1	1	1	1
1	0	0	1	0	1	1	0	1	1	1	1	1
1	0	0	1	1	1	1	1	0	1	1	1	1
1	0	1	0	0	1	1	1	1	0	1	1	1
1	0	1	0	1	1	1	1	1	1	0	1	1
1	0	1	1	0	1	1	1	1	1	1	0	1
1	0	1	1	1	1	1	1	1	1	1	1	0

译码状态时，三进制计数器改变 74LS138 低位地址码，使输出端依次控制转向的汽车尾灯点亮。

使能端禁止时，输出全为高电平；

使能端使能时，$\overline{Y_0}\sim\overline{Y_7}$ 随地址码的变化依次输出低电平。

用使能端 G1 可控制转向与不转向两种状态。

A_2 为 0 时，$\overline{Y_0}\sim\overline{Y_3}$ 依次为低电平；A_2 为 1 时，$\overline{Y_4}\sim\overline{Y_7}$ 依次为低电平。

A_2 就具有区分左、右转向的作用。译码电路如图 4.2.1.6 所示。

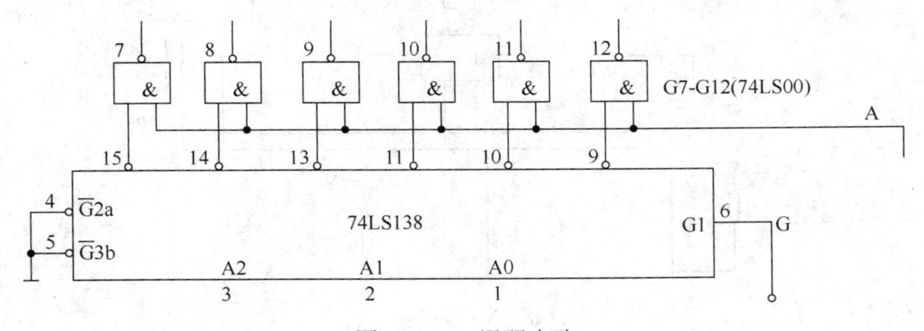

图 4.2.1.6　译码电路

74LS138 译码器使能端只能控制转向与不转向的状态，不转向时还有全灭和全部闪烁两种状态，就可由 6 个与非门控制。二输入与非门可分别传送两个不同的信号。

（3）开关控制电路。

① 根据开关的状态确定为译码电路提供控制信号 G 和 A（如表 4.2.1.5）。

表 4.2.1.5　G、A 逻辑功能表

开关控制		CP	使能信号	
S_1	S_0		G	A
0	0	×	0	1
0	1	×	1	1
1	0	×	1	1
1	1	CP	0	CP

② 用卡诺图化简得到 G、A 的表达式（如图 4.2.1.7 和图 4.2.1.8）。

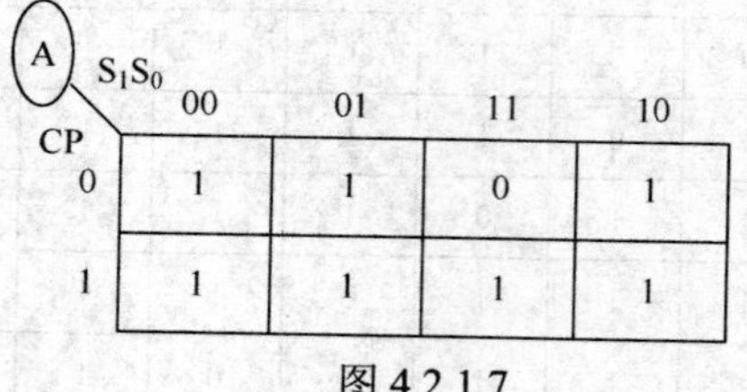

图 4.2.1.7

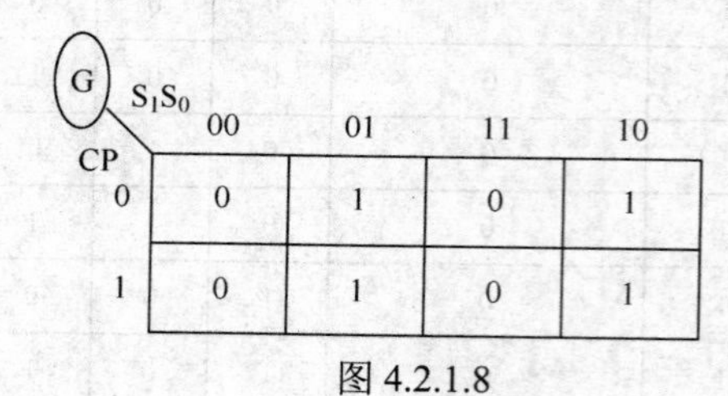

图 4.2.1.8

$$A=\overline{\overline{\overline{S_1S_0}}\cdot\overline{S_1S_0\cdot CP}}$$

$$G=\overline{S_1}S_0+S_1\overline{S_0}$$

2．画开关控制电路（图 4.2.1.9）

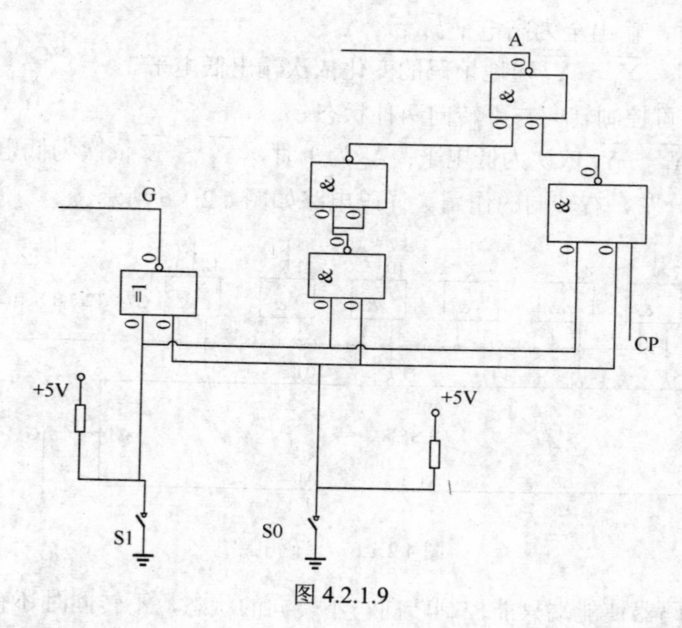

图 4.2.1.9

【技巧】为减少三输入门电路，可用一个二极管与门，电路可简化为图 4.2.1.10。

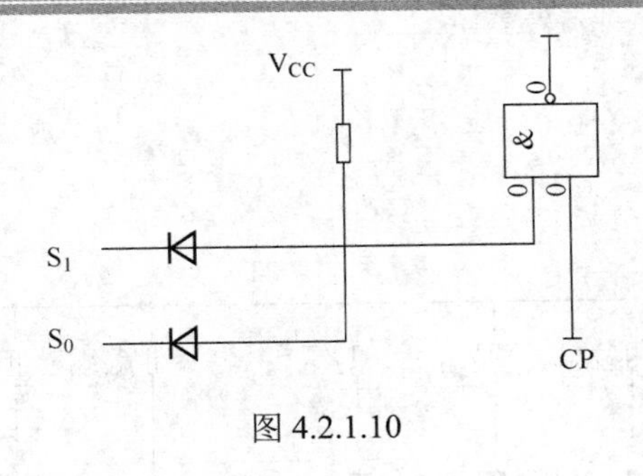

图 4.2.1.10

五、主要元器件（表 4.2.1.6）

表 4.2.1.6

序　号	元器件名称	型　号	数　量	备　注
1	双 JK 触发器	74LS76	1 片	CD4027B
2	四二输入与非门	74LS00	2 片	
3	6 反相器	74LS04	1 片	
4	3—8 线译码器	74LS138	1 片	
5	四二输入与非门	CC4011	1 片	
6	四二输入异或门	74LS86	1 片	
7	发光二极管	LED705	6 只	红、绿色各 3 只
8	普通二极管	IN4148	2 只	
9	电阻（200Ω/1MΩ）	RT-0.5	9 只/1 只	
10	电容（10×10^4pF）	104	1 只	
11	面包板		1 块	

六、汇总电路原理图

将各单元电路综合成整体电路原理图要考虑以下问题：

（1）考虑各单元电路之间的连线问题，从一个单元电路的什么地方连到另一个单元电路的什么地方。

（2）考虑元器件的利用问题。

参考电路如图 4.2.1.11 所示。

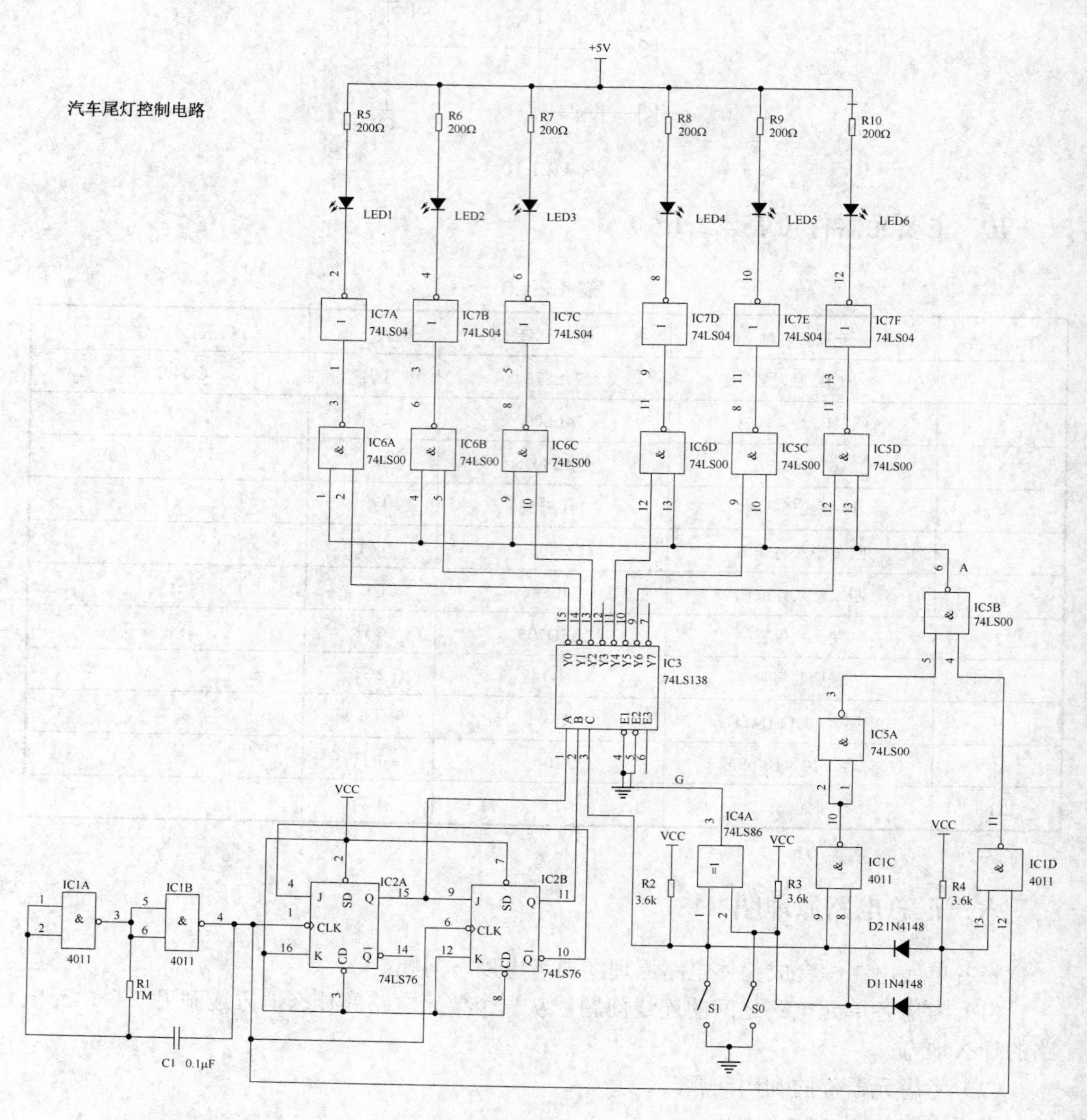
汽车尾灯控制电路
+5V
R5 200Ω
R6 200Ω
R7 200Ω
R8 200Ω
R9 200Ω
R10 200Ω
LED1
LED2
LED3
LED4
LED5
LED6
IC7A 74LS04
IC7B 74LS04
IC7C 74LS04
IC7D 74LS04
IC7E 74LS04
IC7F 74LS04
IC6A 74LS00
IC6B 74LS00
IC6C 74LS00
IC6D 74LS00
IC5C 74LS00
IC5D 74LS00
IC5B 74LS00
IC5A 74LS00
IC3 74LS138
IC4A 74LS86
IC1A 4011
IC1B 4011
IC1C 4011
IC1D 4011
IC2A
IC2B
74LS76
R1 1M
C1 0.1μF
R2 3.6k
R3 3.6k
R4 3.6k
D2 1N4148
D1 1N4148
S1
S0
VCC
A
G

图 4.2.1.11

七、电路连接举例（图 4.2.1.12）

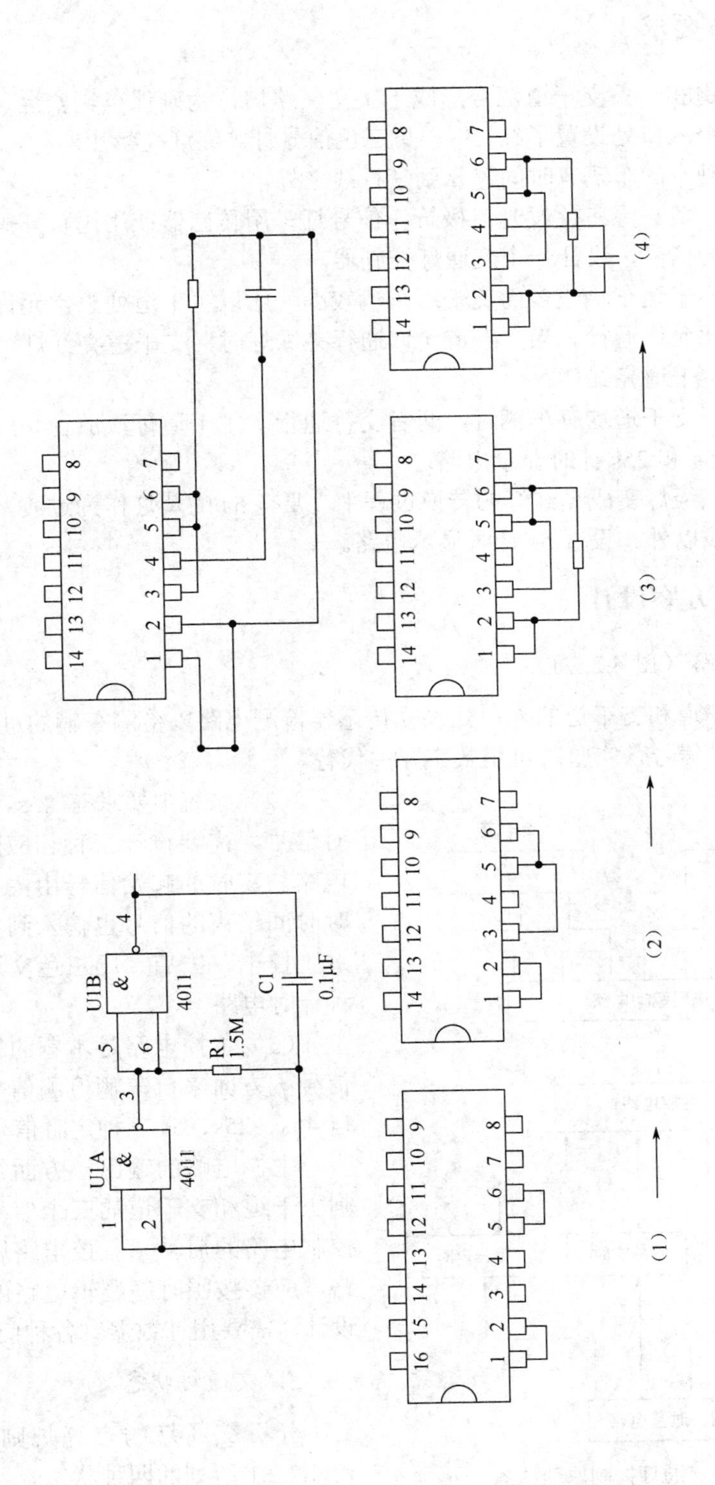

图 4.2.1.12　振荡电路

课程设计二　交通信号灯控制系统设计

一、任务要求

一条主干道和一条支干道汇合形成十字交叉路口，为确保车辆安全、迅速通行，在交叉路口的每一个入口处设置了红、绿、黄三色信号灯。红灯亮禁止通行，绿灯亮允许通行，黄灯亮则给行驶中的车辆有时间停靠到禁行线之外。

（1）用红、黄、绿三色发光二极管作信号灯，用传感器或用逻辑开关代替传感器检测车辆是否到来的信号，设计一个交通灯控制器。

（2）由于主干道车辆较多而支干道车辆较少，所以主干道处于常允许通行的状态，而支干道有车来才允许通行。当主干道允许通行亮绿灯时，支干道亮红灯。而支干道允许通行亮绿灯时，主干道亮红灯。

（3）当主、支干道均有车辆时，两者交替通行。主干道每次放行 45s，支干道每次放行 25s。设立 45s 和 25s 计时显示电路。

在每次由亮绿灯变成亮红灯的转换过程中，要亮 5s 的黄灯作为过渡，以使行驶车辆有时间停到禁止线以外。设置 5s 计时显示电路。

二、总体方案设计

1．设计思路（图 4.2.2.1）

（1）在主干道和支干道的入口处设立传感器检测电路以检测车辆的进出情况，并及时向主控电路提供信号，实验时可用数字开关代替。

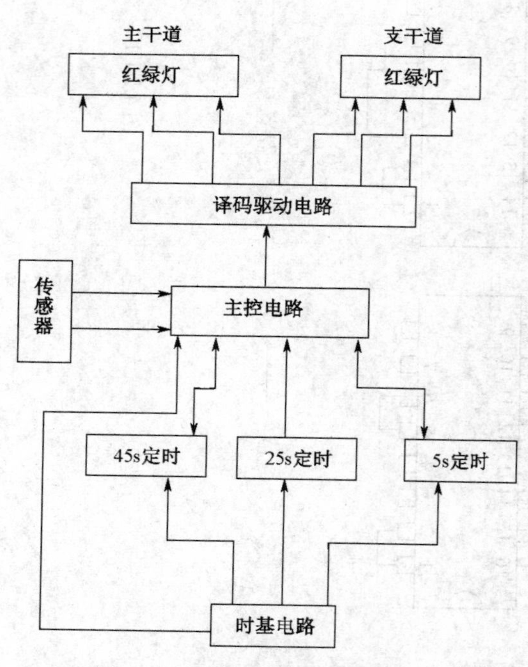

图 4.2.2.1　交通灯控制原理框图

（2）系统中要求有 45s、25s、5s 三种定时信号，需要设计三种相应的设计计时显示电路。定时的起始信号由主控电路给出，定时时间结束的信号也输入到主控电路，并通过主控电路去启、闭三色交通灯或启动另一种计时电路。

（3）主控电路是本题的核心，它的输入信号一方面来自车辆检测信号，另一方面来自 45s、25s、5s 三种定时信号。

主控电路的输出一方面经译码后分别控制主干道和支干道的三个信号灯，另一方面控制电路的启动。主控电路属于时序逻辑电路，应该按照时序逻辑电路的设计方法进行设计，需要用计数器、各种门电路及触发器。

2．交通灯状态

分析交通灯的点亮规则，可以归纳为表 4.2.2.1 所列的四种状态。

表 4.2.2.1　交通灯状态表

状　　态	主　干　道	支　干　道	时　　间
S_0（00）	绿灯亮，允许通过	红灯亮，不允许通过	45s
S_1（01）	黄灯亮，停车	红灯亮，不允许通过	5s
S_2（11）	红灯亮，不允许通过	绿灯亮，允许通过	25s
S_3（10）	红灯亮，不允许通过	黄灯亮，停车	5s

3．逻辑总图（图 4.2.2.2）

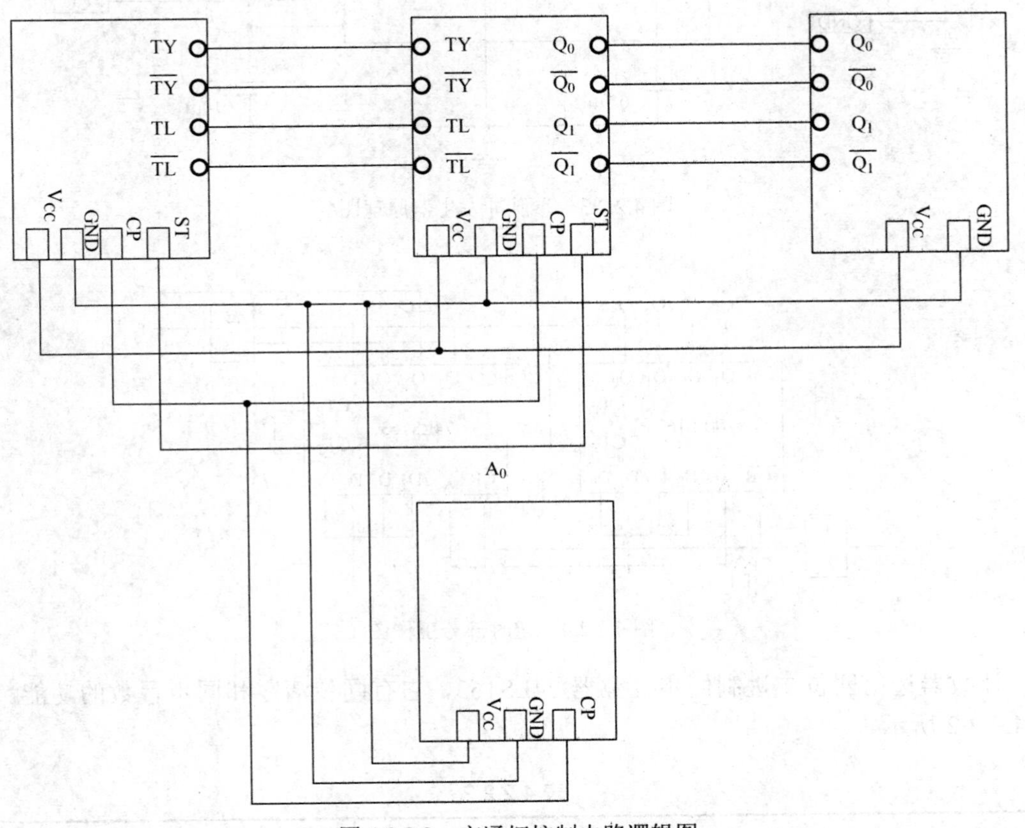

图 4.2.2.2　交通灯控制电路逻辑图

三、单元电路设计

1．秒脉冲发生器

秒脉冲发生器由 NE555 及外围电路组成如图 4.2.2.3 所示。

2．定时器

定时器由与系统秒脉冲同步的计数器构成，要求计数器在状态信号 ST 的作用下首先清零，然后在时钟脉冲上升沿的作用下开始增计数，向主控电路提供定时信号。如图 4.2.2.4 所示。

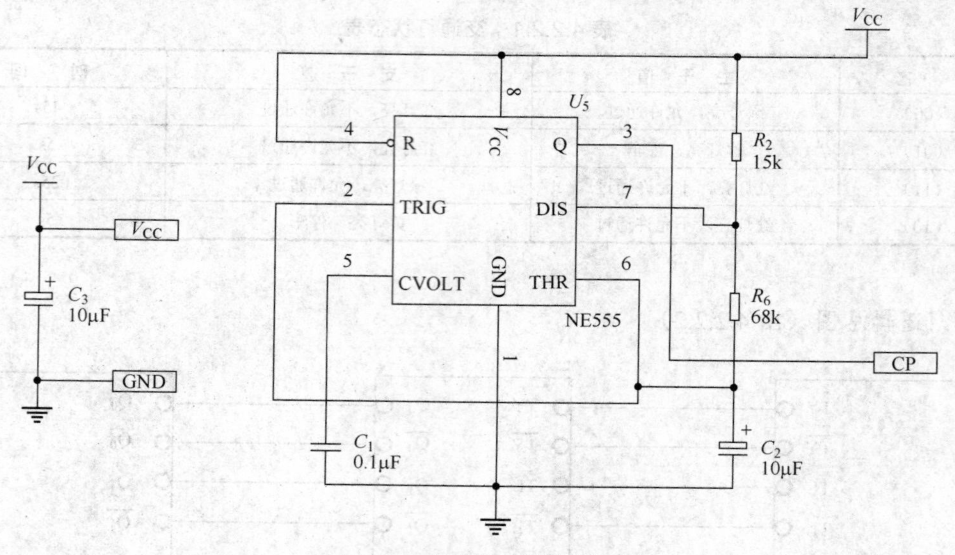

图 4.2.2.3　秒脉冲发生器原理图

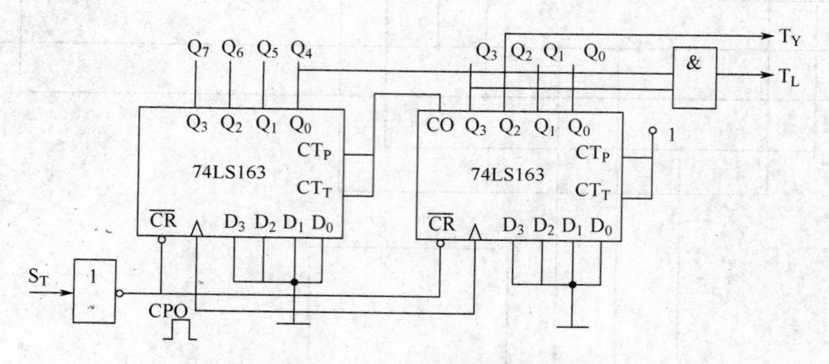

图 4.2.2.4　定时部分工作图

计数器选用四位二进制同步计数器 74LS163，它有同步清零和同步置数的功能。如表 4.2.2.2 所示。

表 4.2.2.2

输入									输出			
CR	LD	CT_P	CT_T	CP	D_0	D_1	D_2	D_3	O_0	O_1	O_2	O_3
0	X	X	X	↑	X	X	X	X	0	0	0	0
1	0	X	X	↑	d_0	d_1	d_2	d_3	d_0	d_1	d_2	d_3
1	1	1	1	↑	X	X	X	X	计数			
1	1	0	X	↑	X	X	X	X	保持			
1	1	X	0	↑	X	X	X	X	保持			

3．控制电路

控制电路是交通管理的核心，它应按照交通管理的规则控制信号灯工作状态转换，如表 4.2.2.3 所示。

表 4.2.2.3　控制转换状态表

输入				输出		
现态		状态转换条件		次态		状态转换信号
Q_1^n	Q_0^n	T_L	T_Y	Q_1^{n+1}	Q_0^{n+1}	S_T
0	0	0	x	0	0	0
0	0	1	x	0	1	1
0	1	X	0	0	1	0
0	1	X	1	1	1	1
1	1	0	x	1	1	0
1	1	1	x	1	0	1
1	0	X	0	1	0	0
1	0	X	1	0	0	1

根据上表写出状态方程和转换信号方程：

$$Q_1^{n+1}=\overline{Q}_1^n\overline{Q}_0^nT_Y+Q_1^nQ_0^n+Q_1^n\overline{Q}_0^n\overline{T_Y}$$

$$Q_0^{n+1}=\overline{Q}_1^n\overline{Q}_0^nT_L+Q_1^nQ_0^n+Q_1^nQ_0^n\overline{T_L}$$

$$S_T=\overline{Q}_1^n\overline{Q}_0^nT_L+\overline{Q}_1^nQ_1^nT_Y+Q_1^nQ_0^nT_L+Q_1^n\overline{Q}_0^nT_Y$$

根据上述方程，先用数据选择器 74LS153 来实现。控制电路原理图如图 4.2.2.5 所示。

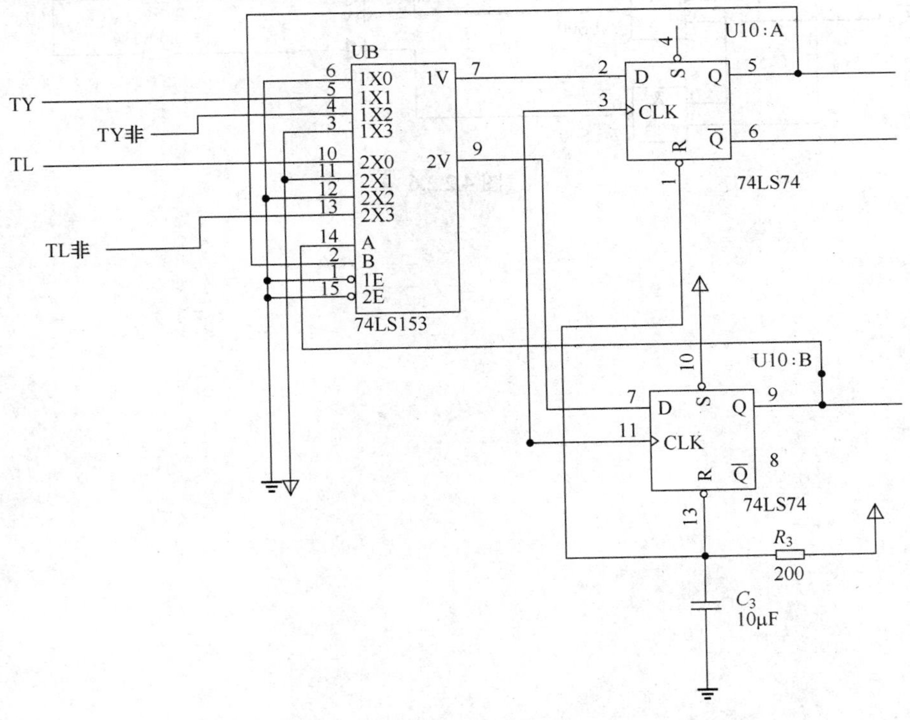

图 4.2.2.5

4．译码器

译码器的主要任务是将控制电路输出 Q_1、Q_0 的四种状态翻译成主干两种车道上的 6

个信号灯的工作状态。控制电路状态编码与信号灯之间的关系如表 4.2.2.4 所示。

表 4.2.2.4

Q_1Q_0	AG	AY	AR	BG	BY	BR
00	1	0	0	0	0	1
01	0	1	0	0	0	1
10	0	1	1	1	0	0
11	0	1	1	0	1	0

电路的结果最后通过发光二极管的正常闪烁来实现。译码器原理图如图 4.2.2.6 所示。

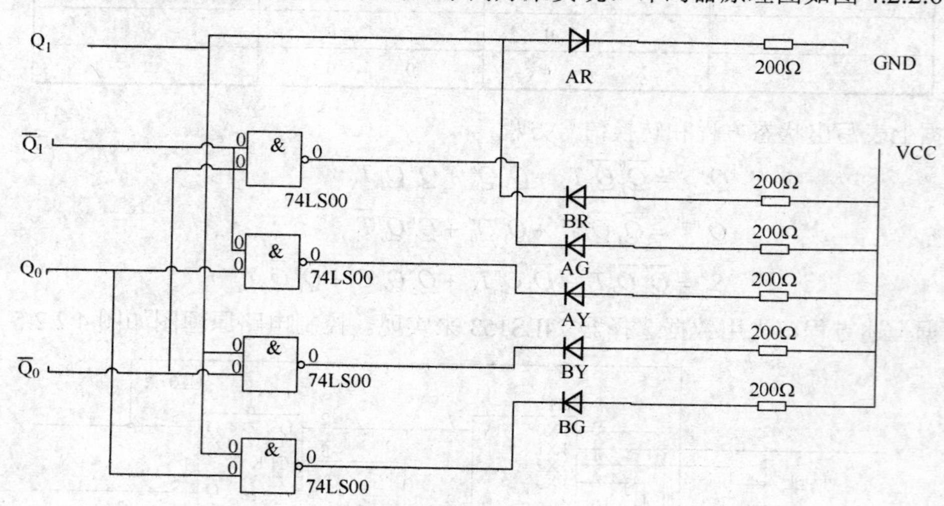

图 4.2.2.6

模块五 高频电子线路实验

第一部分 高频电子线路实验系统认识

5.1 高频电子线路实验系统简介

一、高频电子线路实验系统说明

本高频电子线路实验以某高频实验系统为依托进行设计编写，本教材选择了实验系统中的常规的实验单元模块，包含单元选频电路模块、小信号选频放大模块、正弦波振荡及VCO 模块、AM 调制及检波模块、FM 鉴频模块一、混频及变频模块、高频功放模块、综合实验模块等。

本实验系统的实验内容是根据高等教育出版社的《高频电子线路》一书而设计的。本高频电子实验设置了 20 个实验：其中主要的是单元实验，是为配合课程而设计的，主要帮助学生理解和加深课堂所学的内容；5 个系统实验是让学生了解每个复杂的无线收发系统，都是由一个个单元电路组成的。此外，学生还可以根据我们所提供的单元电路自行设计系统实验。

本实验系统力求电路原理清楚，重点突出，实验内容丰富。其电路设计构思新颖、技术先进、波形测量点选择准确，具有一定的代表性。同时，注重理论分析与实际动手相结合，以理论指导实践，以实践验证基本原理，旨在提高学生分析问题、解决问题的能力以及动手能力。

由于编者水平有限，书中难免存在一些缺点和错误，希望广大读者批评指正。

二、实验注意事项

（1）实验系统各个模块的转接是在实验箱上进行的，接通电源前应确保电源插座接地良好。

（2）每次安装实验模块之前应确保主机箱右侧的交流开关处于断开状态。为保险起见，建议拔下电源线后再安装实验模块。

（3）安装实验模块时，模块右边的双刀双掷开关要拨上，将模板四角的螺孔和母板上的铜支柱对齐，然后用黑色接线柱固定。四个接线柱要拧紧，以免造成实验模块与电源或者地接触不良。经仔细检查后方可通电实验。

（4）各实验模块上的双刀双掷开关、拨码开关、复位开关、自锁开关、手调电位器和旋转编码器均为磨损件，请不要频繁按动或旋转。

（5）请勿直接用手触摸芯片、电解电容等元器件，以免造成损坏。

（6）各模块中的3362电位器（蓝色正方形封装）是出厂前调试使用的。出厂后的各实验模块功能已调至最佳状态，无须另行调节这些电位器，否则将会对实验结果造成严重影响。若已调动请尽快复原；若无法复原，请与指导教师（或与仪器制造公司）联系。

（7）在关闭各模块电源之后，方可进行连线。连线时在保证接触良好的前提下应尽量轻插轻放，检查无误后方可通电实验。拆线时若遇到连线与孔连接过紧的情况，应用手捏住线端的金属外壳轻轻摇晃，直至连线与孔松脱，切勿旋转或用蛮力强行拔出。

（8）按动开关或转动电位器时，切勿用力过猛，以免造成元器件损坏。

三、高频电子线路实验箱简介

（一）产品组成

该产品由3种实验仪器、10个实验模块及实验箱体（含电源）组成。

1．实验仪器及主要指标

1）频率计

频率测量范围：50Hz～99MHz

输入电平范围：100mVrms～2Vrms

测量误差：≤±20ppm（频率低端≤±1Hz）

输入阻抗：1MΩ/10pF

2）信号源

输出频率范围：400kHz～45MHz（连续可调）

频率稳定度：10×10^{-4}

输出波形：正弦波，谐波≤-30dBc

输出幅度：1mV_{p-p}～1V_{p-p}（连续可调）

输出阻抗：75Ω

3）低频信号源

输出频率范围：200Hz～10kHz（连续可调，方波频率可达250kHz）

频率稳定度：10×10^{-4}

输出波形：正弦波、方波、三角波

输出幅度：10mV_{p-p}～5V_{p-p}（连续可调）

输出阻抗：100Ω

2．实验模块及电路组成

模块1：单元选频电路模块

该模块属于选件，非基本模块。包含LC并联谐振回路、LC串联谐振回路、集总参数LC低通滤波器、陶瓷滤波器、石英晶体滤波器等五种选频回路。

模块2：小信号选频放大模块

该模块包含单调谐放大电路、电容耦合双调谐放大电路、集成选频放大电路、自动增益控制电路（AGC）等四种电路。

模块3：正弦波振荡及VCO模块

该模块包含LC振荡电路、石英晶体振荡电路、压控LC振荡电路、变容二极管调频电路等四种电路。

模块 4：AM 调制及检波模块

该模块包含模拟乘法器调幅（AM、DSB、SSB）电路、二极管峰值包络检波电路、三极管小信号包络检波电路、模拟乘法器同步检波电路等四种电路。

模块 5：FM 鉴频模块一

该模块包含正交鉴频（乘积型相位鉴频）电路、锁相鉴频电路、基本锁相环路等三种电路。

模块 6：FM 鉴频模块二

该模块属于选件，非基本模块。包含双失谐回路斜率鉴频电路、脉冲计数式鉴频电路等两种电路。

模块 7：混频及变频模块

该模块包含二极管双平衡混频电路、模拟乘法器混频电路、三极管变频电路等三种电路。

模块 8：高频功放模块

该模块包含非线性丙类功放电路、线性宽带功放电路、集成线性宽带功放电路、集电极调幅电路等四种电路。

模块 9：波形变换模块

该模块属于选件，非基本模块。包含限幅电路、直流电平移动电路、任意波变方波电路、方波变脉冲波电路、方波变三角波电路、脉冲波变锯齿波电路、三角波变正弦波电路等七种电路。

模块 10：综合实验模块

该模块包含话筒及音乐片放大电路、音频功放电路、天线及半双工电路、分频器电路等四种电路。

（二）产品主要特点

（1）采用模块化设计，使用者可以根据需要选择模块，既可节约经费又方便今后升级。

（2）产品集成了多种高频电路设计及调试所必备的仪器，既可使学生在做实验时观察实验现象、调整电路时更加全面、更加有效，同时又可为学生在进行高频电路设计及调试时提供工具。

（3）实验箱各模块有良好的系统性，除单元选频电路模块及波形变换模块外，其余八个模块可组合成以下四种典型系统：

① 波调幅发射机（535kHz～1605kHz）。

② 超外差中波调幅接收机（535kHz～1605kHz，中频 465kHz）；

③ 半双工调频无线对讲机（10MHz～15MHz，中频 4.5MHz，信道间隔 200kHz）；

④ 锁相频率合成器（频率步进 40kHz～4MHz 可变）。

（4）实验内容非常丰富，单元实验包含了高频电子线路课程的大部分知识点，并有丰富的、有一定复杂性的综合实验。

（5）电路板采用贴片工艺制造，高频特性良好，性能稳定可靠。

（三）实验内容

（1）小信号调谐（单、双调谐）放大器实验　（模块 2）

（2）集成选频放大器实验　（模块 2）
（3）二极管双平衡混频器实验　（模块 7）
（4）模拟乘法器混频实验　（模块 7）
（5）三点式正弦波振荡器（LC、晶体）实验　（模块 3）
（6）晶体振荡器与压控振荡器实验　（模块 3）
（7）非线性丙类功率放大器实验　（模块 8）
（8）线性宽带功率放大器实验　（模块 8）
（9）集电极调幅实验　（模块 8）
（10）模拟乘法器调幅（AM、DSB、SSB）实验　（模块 4）
（11）包络检波及同步检波实验　（模块 4）
（12）变容二极管调频实验　（模块 3）
（13）正交鉴频及锁相鉴频实验　（模块 5）
（14）模拟锁相环实验　（模块 5）
（15）自动增益控制（AGC）实验　（模块 2）
（16）中波调幅发射机组装及调试实验　（模块 4、8、10）
（17）超外差中波调幅接收机组装及调试实验　（模块 2、4、7、10）
（18）锁相频率合成器组装及调试实验　（模块 5、10）
（19）半双工调频无线对讲机组装及调试实验（模块 2、3、5、7、8、10）
（20）斜率鉴频及脉冲计数式鉴频实验（选件模块 6，属选做实验）
（21）波形变换实验（选件模块 9，属选做实验）
（22）常用低通、带通滤波器特性实验（选件模块 1，属选做实验）
（23）LC 串、并联谐振回路特性实验（选件模块 1，属选做实验）

（四）需另配设备

实验台、20M 双踪示波器（数字或模拟）、万用表（数字或模拟）。

（五）附：产品布局简图及综合实验方框图

附一：产品布局简图（图 5.1.0.1）

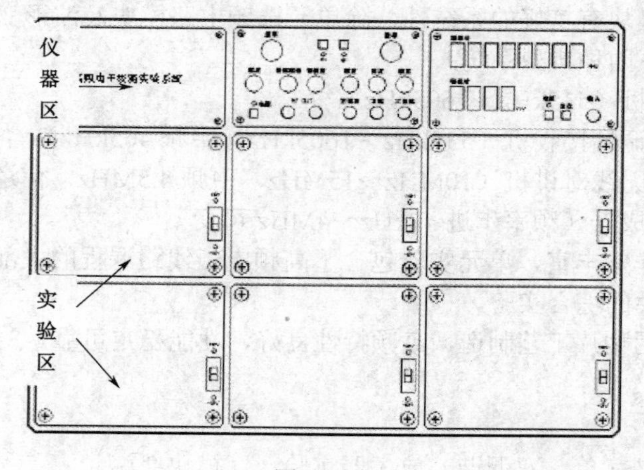

图 5.1.0.1

附二：综合实验方框图（图 5.1.0.2～图 5.1.0.6）

1. 自动增益控制

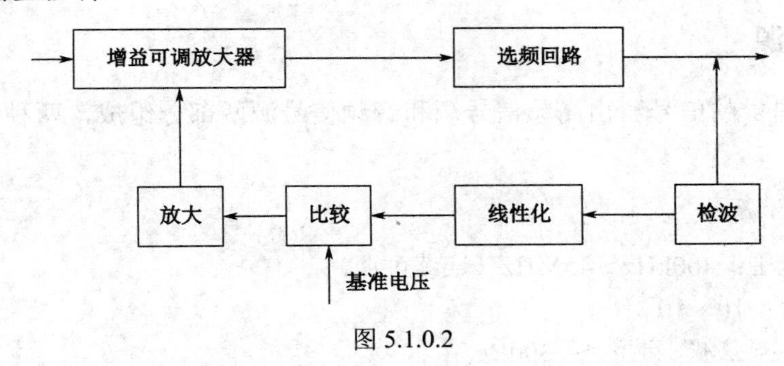

图 5.1.0.2

2. 中波调幅发射机

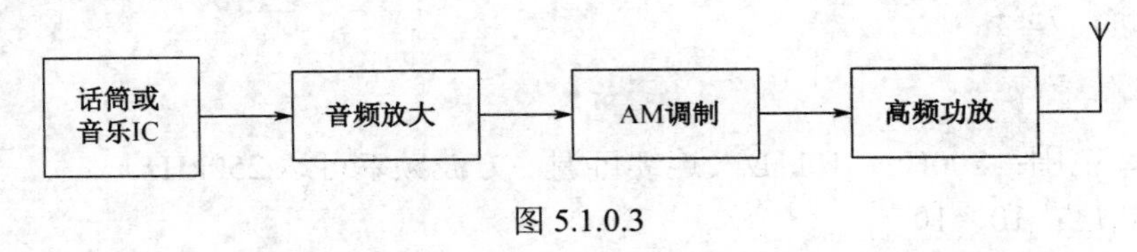

图 5.1.0.3

3. 超外差中波调幅接收机

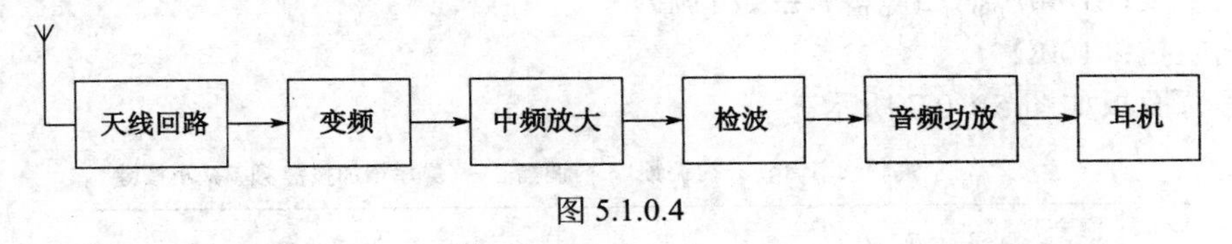

图 5.1.0.4

4. 锁相频率合成器

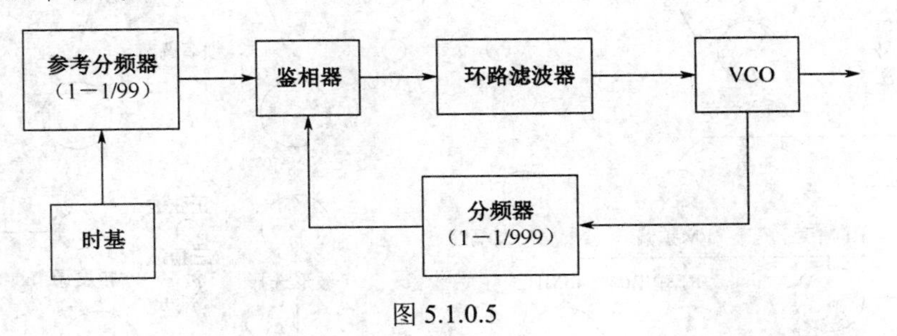

图 5.1.0.5

5. 半双工调频无线对讲机

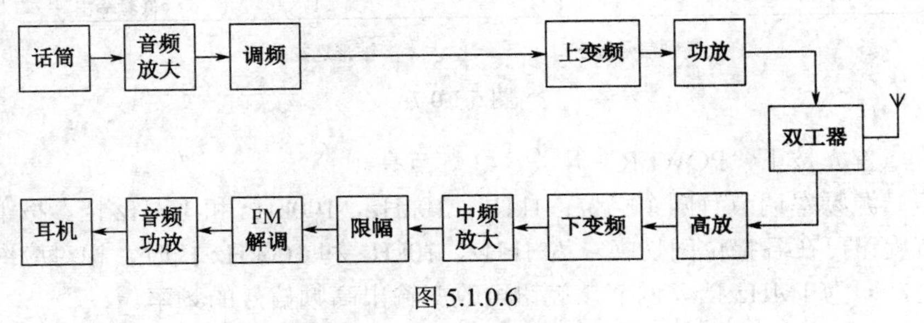

图 5.1.0.6

5.2 仪器介绍

一、信号源

本实验箱提供的信号源由高频信号源和音频信号源两部分组成，两种信号源的参数如下：

1．高频信号源

输出频率范围：400kHz～45MHz（连续可调）
频率稳定度：10×10^{-4}
输出波形：正弦波，谐波≤-30dBc
输出幅度：$1\text{m}V_{\text{p-p}}\sim1V_{\text{p-p}}$（连续可调）
输出阻抗：75Ω

2．音频信号源

输出频率范围：200Hz～10kHz（连续可调，方波频率可达250kHz）
频率稳定度：10×10^{-4}
输出波形：正弦波、方波、三角波
输出幅度：$10\text{m}V_{\text{p-p}}\sim5V_{\text{p-p}}$（连续可调）
输出阻抗：100Ω
信号源面板如图5.1.0.7所示。

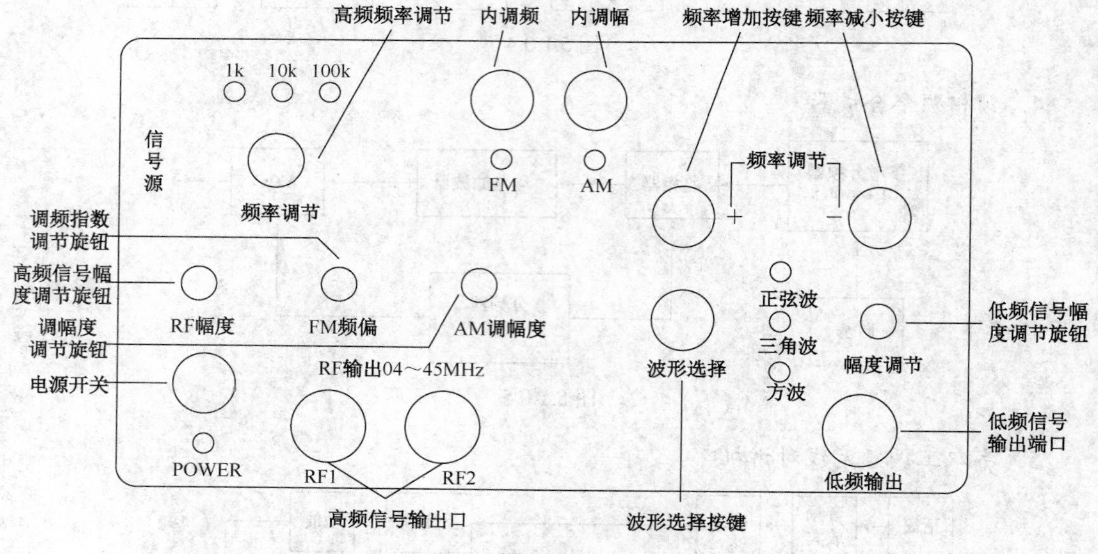

图5.1.0.7

使用时，首先按下“POWER”开关，红灯点亮。

高频信号源频率调节有四个挡位：1kHz，10kHz，100kHz和1MHz挡。按下面板左上的频率调节旋钮可在各挡位间切换，为1kHz、10kHz和100kHz挡时，相对应绿灯点亮，当三灯齐亮，即为1MHz挡。调节该旋钮可改变输出高频信号的频率。

音频信号源通过“波形选择”按键切换输出波形，并用相应的指示灯指示，如选择正弦波，则“正弦波”指示灯亮。通过“+”“-”按键可以增大、减小信号的频率。

调节“RF 幅度”旋钮可改变输出高频信号源的幅度，顺时针旋转幅度增加；调节“幅度调节”旋钮可改变输出音频信号源的幅度。

本信号源有内调制功能，“FM”开关按下，下方对应绿灯点亮，输出调频波，调制信号为信号源音频正弦波信号，载波信号为信号源高频信号；“FM”开关按上，绿灯灭，输出无调制的高频信号。“AM”开关按下，下方对应绿灯点亮，输出调幅波，调制信号为信号源音频正弦波信号，载波信号为信号源高频信号；“AM”开关按上，绿灯灭，输出无调制的高频信号。调节“FM 频偏”旋钮可改变调频波的调制指数，调节“AM 调幅度”旋钮可改变调幅波的调幅度。

面板下方为三个射频线插孔。“RF_1”和“RF_2”插孔输出 400kHz～45MHz 的正弦波信号（在观察频率特性的实验中，可将“RF_1”作为信号输入，“RF_2”通过射频跳线连接到频率计观察频率）；“低频输出”插孔输出 200Hz～10kHz 的正弦波、三角波、方波信号。

二、频率计

本实验箱自带高频频率计和音频频率计，用于观测信号频率。频率计面板如图 5.1.0.8 所示。

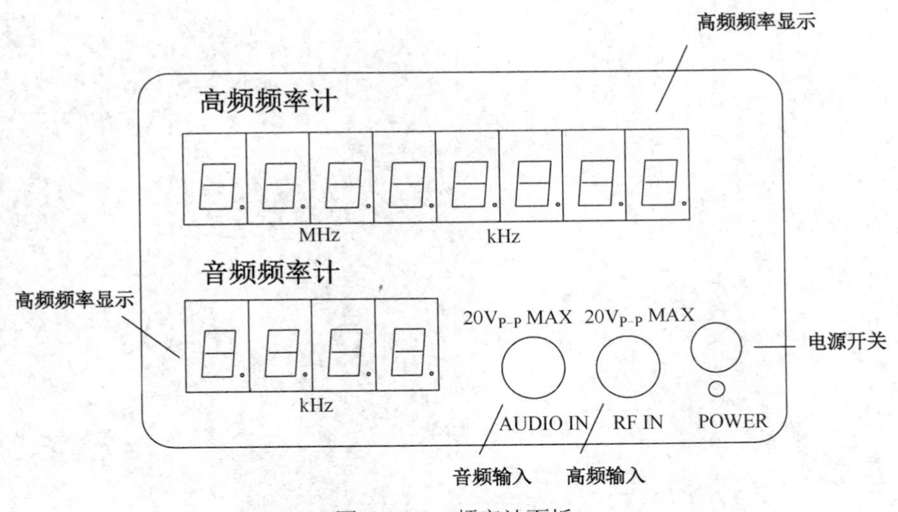

图 5.1.0.8　频率计面板

频率计参数如下：

频率测量范围：50Hz～99MHz

输入电平范围：100mVrms～2Vrms

测量误差：≤±20ppm（频率低端≤±1Hz）

输入阻抗：1MΩ/10pF

使用时，按下“POWER”开关，红灯点亮。

高频频率计显示部分由八个数码管组成。音频频率计显示部分由四个数码管组成。

高频频率计有 kHz 和 MHz 两个级别单位。当测量的频率低于 1MHz 时，图中所示的高频频率计“kHz”处的数码管的小数点亮，标识此时测量频率单位是“kHz”，例如，此小数点前的数字是500，小数点后的数字是123，则所测的频率是500.123kHz，即500123Hz；同理，当测量的频率高于1MHz时，图中所示的高频频率计“MHz”处的数码管的小数点亮，标识此时测量频率单位是“MHz”，例如，此小数点前的数字是15，小数点后的数字是123456，则所测的频率是15.123456MHz，即15123456Hz。

音频频率计有kHz和Hz两个级别单位。当测量的频率高于10kHz时，图中音频频率计“kHz”处的数码管的小数点亮，标识单位是“kHz”，读法与高频频率计的类似。当测量频率低于10kHz时，此时的频率测量单位是“Hz”，数码管显示的读数即测量的频率。

第二部分　高频电子线路实验

实验一　高频小信号调谐放大器测试

一、实验目的

（1）掌握小信号调谐放大器的基本工作原理；
（2）掌握谐振放大器电压增益、通频带及选择性的定义、测试及计算；
（3）了解高频小信号放大器动态范围的测试方法。

二、实验内容

（1）测量单调谐、双调谐小信号放大器的静态工作点。
（2）测量单调谐、双调谐小信号放大器的增益。
（3）测量单调谐、双调谐小信号放大器的通频带。

三、实验仪器

信号源模块、频率计模块、2 号板、双踪示波器、万用表、扫频仪（可选）。

四、实验原理

1．单调谐放大器

小信号谐振放大器是通信机接收端的前端电路，主要用于高频小信号或微弱信号的线性放大。其实验单元电路如图 5.2.1.1 所示。该电路由晶体管 Q_1、选频回路 T_1 两部分组成。它不仅对高频小信号进行放大，而且还有一定的选频作用。本实验中输入信号的频率 f_S=10.7MHz。基极偏置电阻 W_3、R_{22}、R_4 和射极电阻 R_5 决定晶体管的静态工作点。调节可变电阻 W_3 改变基极偏置电阻将改变晶体管的静态工作点，从而可以改变放大器的增益。

表征高频小信号调谐放大器的主要性能指标有谐振频率 f_0，谐振电压放大倍数 A_{v0}，放大器的通频带 B_W 及选择性（通常用矩形系数 $K_{r0.1}$ 来表示）等。

放大器各项性能指标及测量方法如下：

1）谐振频率

放大器的调谐回路谐振时所对应的频率 f_0 称为放大器的谐振频率，对于图 5.2.1.1 所示电路（也是以下各项指标所对应电路），f_0 的表达式为：

$$f_0 = \frac{1}{2\pi\sqrt{LC_\Sigma}}$$

式中　L——调谐回路电感线圈的电感量；

　　C_Σ——调谐回路的总电容，

$$C_\Sigma = C + P_1^2 C_{oe} + P_2^2 C_{ie}$$

式中　C_{oe}——晶体管的输出电容；

C_{ie}——晶体管的输入电容；

P_1——初级线圈抽头系数；

P_2——次级线圈抽头系数。

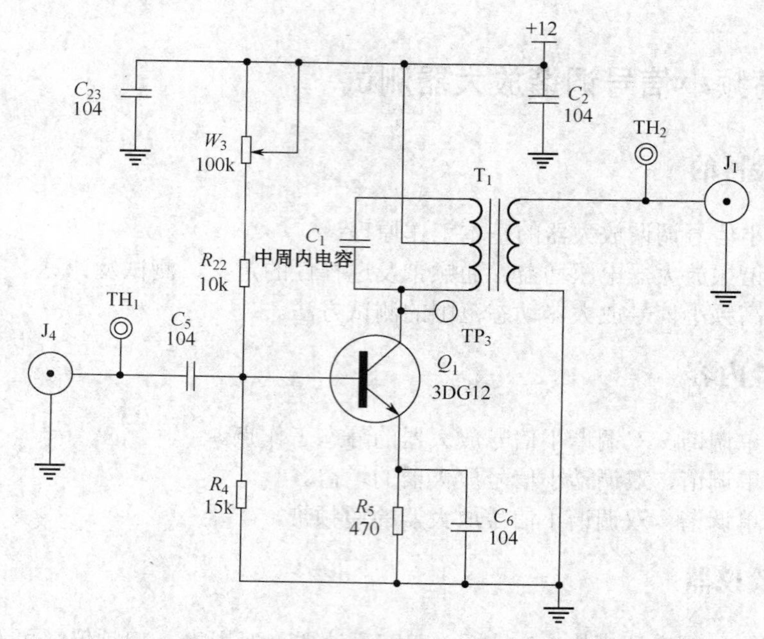

图 5.2.1.1 单调谐小信号放大电路

谐振频率 f_0 的测量方法是：用扫频仪作为测量仪器，测出电路的幅频特性曲线，调变压器 T 的磁芯，使电压谐振曲线的峰值出现在规定的谐振频率点 f_0。

2）电压放大倍数

放大器的谐振回路谐振时，所对应的电压放大倍数 A_{V0} 称为调谐放大器的电压放大倍数。A_{V0} 的表达式为：

$$A_{V0}=-\frac{V_0}{V_i}=\frac{-p_1p_2y_{fe}}{g_\Sigma}=\frac{-p_1p_2y_{fe}}{p_1^2g_{oe}+p_2^2g_{ie}+G}$$

式中 g_Σ——谐振回路谐振时的总电导。

【注意】 *y_{fe} 本身也是一个复数，所以谐振时输出电压 V_o 与输入电压 V_i 相位差不是 180° 而是为 $180^\circ+\Phi_{fe}$。*

A_{V0} 的测量方法是：在谐振回路已处于谐振状态时，用高频电压表测量图 5.1.1.1 中输出信号 V_0 及输入信号 V_i 的大小，则电压放大倍数 A_{V0} 由下式计算：

$$A_{V0}=V_0/V_i \text{ 或 } A_{V0}=20\lg(V_0/V_i)\text{dB}$$

3）通频带

由于谐振回路的选频作用，当工作频率偏离谐振频率时，放大器的电压放大倍数下降，习惯上称电压放大倍数 A_V 下降到谐振电压放大倍数 A_{V0} 的 0.707 倍时所对应的频率偏移为放大器的通频带 B_W，其表达式为：

$$B_W=2\Delta f_{0.7}=f_0/Q_L$$

式中 Q_L——谐振回路的有载品质因数。

分析表明，放大器的谐振电压放大倍数 A_{V0} 与通频带 B_W 的关系为 $A_{V0}\cdot B_W=\dfrac{|y_{fe}|}{2\pi C_\Sigma}$

上式说明，当晶体管选定即 y_{fe} 确定，且回路总电容 C_Σ 为定值时，谐振电压放大倍数 A_{V0} 与通频带 B_W 的乘积为一常数。这与低频放大器中的增益带宽积为一常数的概念是相同的。

通频带 B_W 的测量方法是：通过测量放大器的谐振曲线来求通频带宽。测量方法可以是扫频法，也可以是逐点法。逐点法的测量步骤是：先调谐放大器的谐振回路使其谐振，记下此时的谐振频率 f_0 及电压放大倍数 A_{V0}，然后改变高频信号发生器的频率（保持其输出电压 V_S 不变），并测出对应的电压放大倍数 A_{V0}。由于回路失谐后电压放大倍数下降，所以放大器的谐振曲线如图 5.2.1.2 所示。

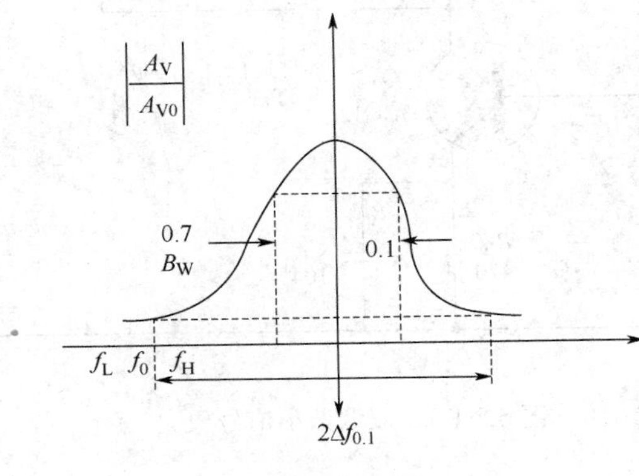

图 5.2.1.2

可得：

$$B_W=f_H-f_L=2\Delta f_{0.7}$$

通频带越宽，放大器的电压放大倍数越小。要想得到一定宽度的通频宽，同时又能提高放大器的电压增益，除选用 y_{fe} 较大的晶体管外，还应尽量减小调谐回路的总电容量 C_Σ。如果放大器只用来放大来自接收天线的某一固定频率的微弱信号，则可减小通频带，尽量提高放大器的增益。

2．双调谐放大器

为了克服单调谐回路放大器的选择性差、通频带与增益之间矛盾较大的缺点，可采用双调谐回路放大器。双调谐回路放大器具有频带宽、选择性好的优点，并能较好地解决增益与通频带之间的矛盾，从而在通信接收设备中广泛应用。

在双调谐放大器中，被放大后的信号通过互感耦合回路加到下级放大器的输入端，若耦合回路初、次级本身的损耗很小，则均可被忽略。

1）电压增益

$$A_{V0}=-\frac{v_0}{v_i}=\frac{-p_1p_2y_{fe}}{2g}$$

2）通频带

为弱耦合时，谐振曲线为单峰；

为强耦合时，谐振曲线出现双峰；

临界耦合时，双调谐放大器的通频带为：

$$B_W=2\Delta f_{0.7}=\sqrt{2}f_0/Q_L$$

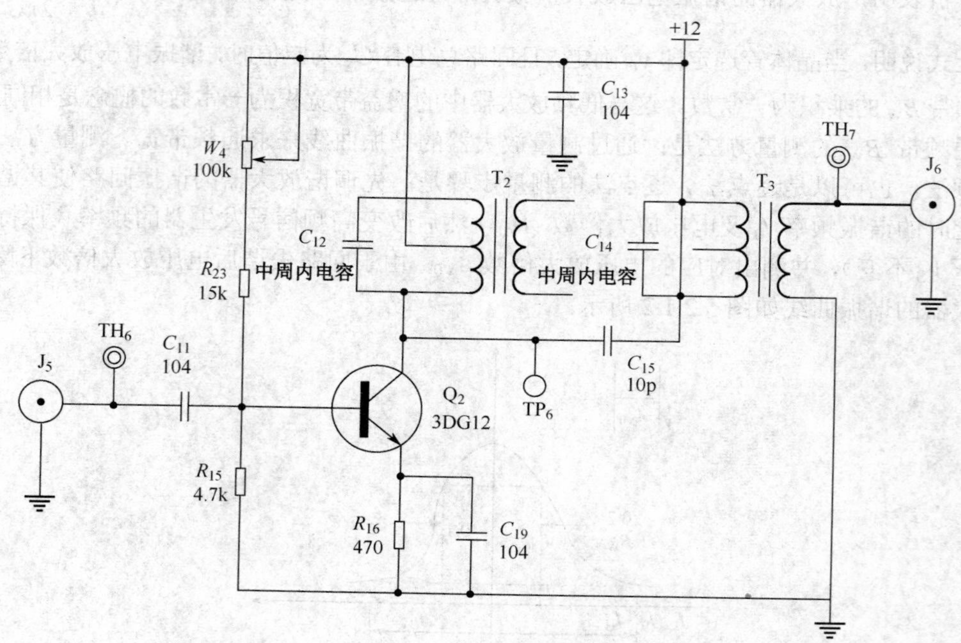

图 5.2.1.3 双调谐小信号放大

五、实验步骤参考

1．单调谐小信号放大器单元电路实验

（1）根据电路原理图熟悉实验板电路，并在电路板上找出与原理图相对应的各测试点及可调器件（具体指出）。

（2）打开小信号调谐放大器的电源开关，并观察工作指示灯是否点亮，红灯为+12V电源指示灯，绿灯为-12V 电源指示灯。（以后实验步骤中不再强调打开实验模块电源开关步骤）

（3）调整晶体管的静态工作点：在不加输入信号时用万用表（直流电压测量挡）测量电阻 R_4 和 R_5 两端的电压（即 V_{BQ} 与 V_{EQ}），调整可调电阻 W_3，使 V_{EQ}=1.6V，记下此时的 V_{BQ}，并计算出此时的 $I_{EQ}=V_{EQ}/R_5$（R_5=470Ω）

（4）关闭电源，按表 5.2.1.1 所示搭建好测试电路。（连线框图如图 5.2.1.4 所示）

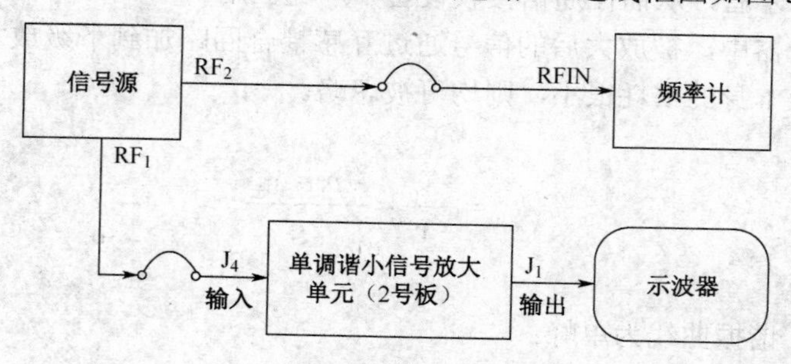

图 5.2.1.4 单调谐小信号放大连线框图

表 5.2.1.1

源　端　口	目 的 端 口	连 线 说 明
信号源：RF_1 （V_{p-p}=200mV，f=10.7MHz）	2 号板：J_4	射频信号输入
信号源：RF_2	频率计：RFIN	频率计实时观察输入频率

（5）按下信号源、频率计和 2 号板的电源开关，调节信号源“RF 幅度”和“频率调节”旋钮，使在 TH_1 处输出信号峰—峰值约为 200mV 频率为 10.7MHz 的高频信号。

① 测量谐振频率。将示波器探头连接在调谐放大器的输出端即 TH_2 上，调节示波器直到能观察到输出信号的波形，再调节中周磁芯使示波器上的信号幅度最大，此时放大器即被调谐到输入信号的频率点上。

② 测量电压增益 A_{v0}。在调谐放大器对输入信号已经谐振的情况下，用示波器探头在 TH_1 和 TH_2 分别观测输入和输出信号的幅度大小，则 A_{v0} 即为输出信号与输入信号幅度之比。

③ 测量放大器通频带。调节放大器输入信号的频率，使信号频率在谐振频率附近变化（以 20kHz 为步进间隔来变化），并用示波器观测各频率点的输出信号的幅度，在如下的“幅度—频率”坐标轴上标示出放大器的通频带特性。

【注意】观测点的频率间隔点可以设置大一些（如 100kHz，200kHz，或更大一点的），以便能够观察大一点频率范围的幅度频率特性。

设放大器处于谐振时的输出为 U_{Omax}，当频率增大时，输出电压下降到 $0.707U_{Omax}$ 时，对应的频率为上限频率 f_H，当频率减小时，输出电压下降到 $0.707U_{Omax}$ 时，对应的频率为下限频率 f_L，则通频带 $B_{W0.7}=f_H-f_L$。

2．双调谐小信号放大器单元电路实验

（1）打开双调谐小信号调谐放大器的电源开关，并观察工作指示灯是否点亮。

（2）调整晶体管的静态工作点：在不加输入信号时用万用表（直流电压测量挡）测量电阻 R_{15} 和 R_{16} 两端的电压（即 V_{BQ} 与 V_{EQ}），调整可调电阻 W_4，使 V_{EQ}=0.4V，记下此时的 V_{BQ}，并计算出此时的 $I_{EQ}=V_{EQ}/R_{16}$（R_{16}=1.5kΩ）。

（3）关闭电源，按表 5.2.1.2 所示搭建好测试电路。（连线框图如图 5.2.1.5 所示）

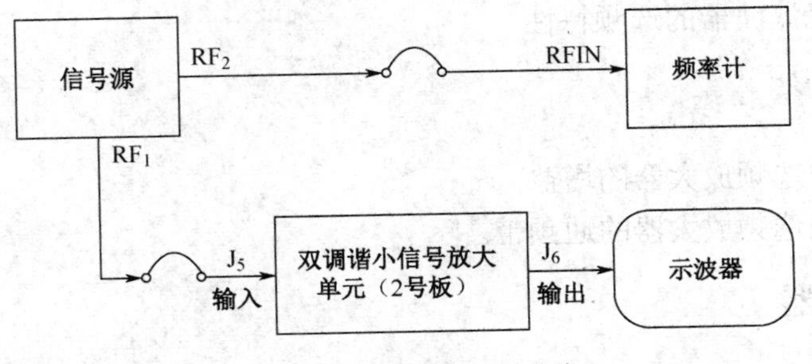

注：图中符号表示高频连接线。

图 5.2.1.5　双调谐小信号放大连线框图

表 5.2.1.2

源　端　口	目 的 端 口	连 线 说 明
信号源：RF_1（$V_{p\text{-}p}$=500mV，f=455kHz）	2 号板：J_5	射频信号输入
信号源：RF_2	频率计：RFIN	频率计实时观察输入频率

（4）按下信号源、频率计和 2 号板的电源开关，调节信号源“RF 幅度”和“频率调节”旋钮，使在 TH_1 处输出信号峰－峰值约为 500mV 频率为 455kHz 的高频信号。

① 测量谐振频率。

a．将示波器探头连接在调谐放大器的输入端 TH_6 上，调节示波器直到能观察到输出信号的波形。

b．首先调试放大电路的第一级中周，让示波器上被测信号幅度尽可能大，然后调试第二级中周，让示波器上被测信号的幅度尽可能大。

c．重复调第一级和第二级中周，直到输出信号的幅度达到最大。这样，放大器就谐振到输入信号的频点上。

② 测量电压增益 A_{v0}。在调谐放大器对输入信号已经谐振的情况下，用示波器探头在 TH_6 和 TH_7 分别观测输入和输出信号的幅度大小，则 A_{v0} 即为输出信号与输入信号幅度之比。

六、实验报告要求

（1）写明实验目的；
（2）画出实验电路的直流和交流等效电路；
（3）计算直流工作点，与实验实测结果比较；
（4）整理实验数据，并画出幅频特性。

实验二　集成选频放大器

一、实验目的

（1）熟悉集成放大器的内部工作原理；
（2）熟悉陶瓷滤波器的选频特性。

二、实验内容

（1）测量集成选频放大器的增益；
（2）测量集成选频放大器的通频带。

三、实验仪器

信号源模块、频率计模块、2 号板、双踪示波器、万用表、扫频仪（可选）。

四、实验原理

1．集成选频放大器的原理

集成选频放大器电路原理图如图 5.2.2.1 所示。

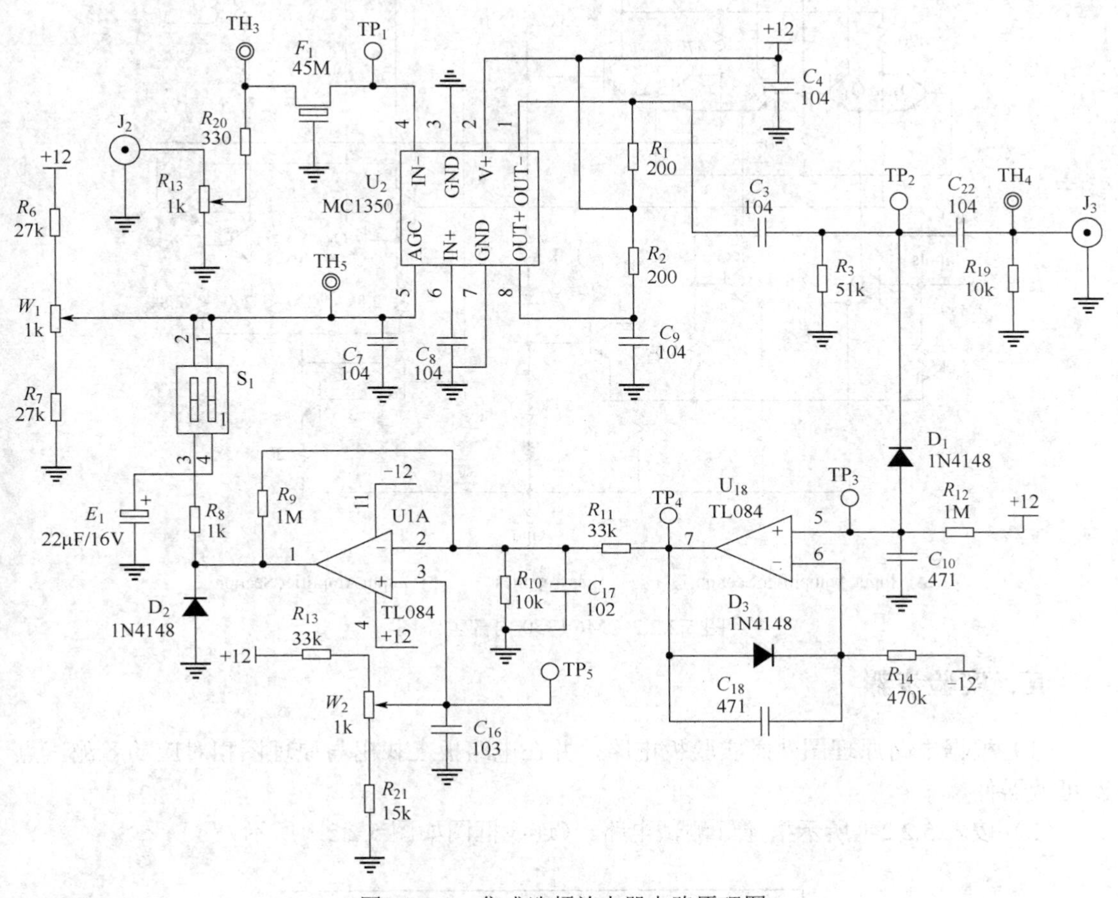

图 5.2.2.1　集成选频放大器电路原理图

由图 5.2.2.1 可知，本实验中涉及的集成选频放大器是带 AGC（自动增益控制）功能的选频放大器，放大 IC 用的是 Motorola 公司的 MC1350。

2．MC1350 放大器的工作原理

图 5.2.2.2 所示为 MC1350 单片集成放大器的电原理图。这个电路是双端输入、双端输出的全差动式电路，其主要用于中频和视频放大。

输入级为共射—共基差分对，Q_1 和 Q_2 组成共射差分对，Q_3 和 Q_6 组成共基差分对。除 Q_3 和 Q_6 的射极等效输入阻抗为 Q_1、Q_2 的集电极负载外，还有 Q_4、Q_5 的射极输入阻抗分别与 Q_3、Q_6 的射极输入阻抗并联，起着分流的作用。各个等效微变输入阻抗分别与该器件的偏流成反比。增益控制电压（直流电压）控制 Q_4、Q_5 的基极，以改变 Q_4、Q_5 分别和 Q_3、Q_6 的工作点电流的相对大小，当增益控制电压增大时，Q_4、Q_5 的工作点电流增大，射极等效输入阻抗下降，分流作用增大，放大器的增益减小。

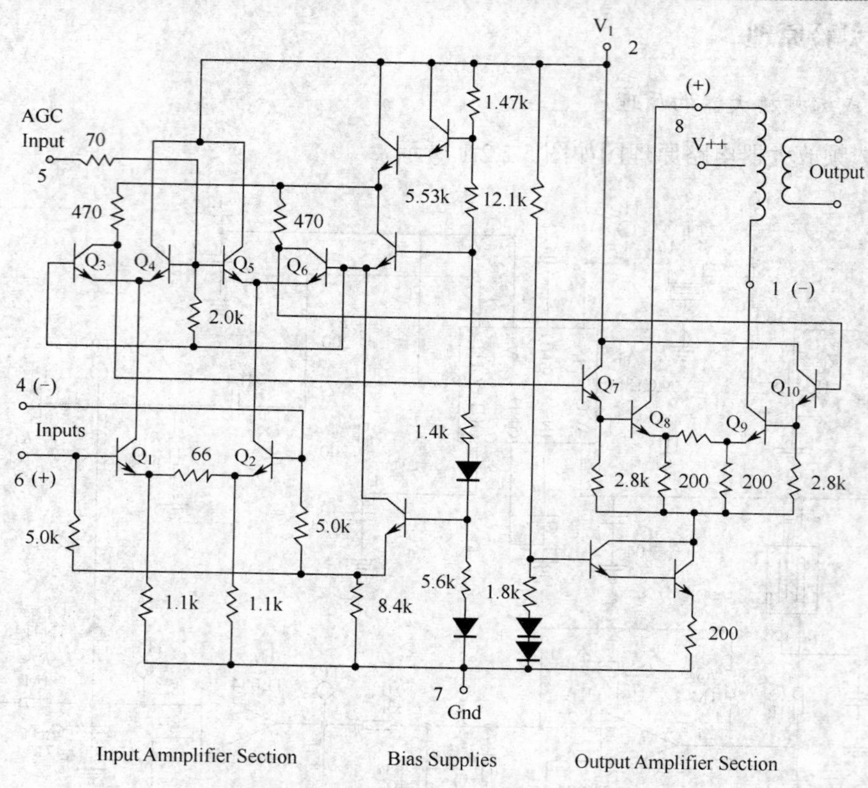

图 5.2.2.2　MC1350 内部电路图

五、实验步骤

（1）根据电路原理图熟悉实验板电路，并在电路板上找出与原理图相对应的各测试点及可调器件。

（2）按表 5.2.2.1 所示搭建好测试电路。（连线框图如图 5.2.2.3 所示）

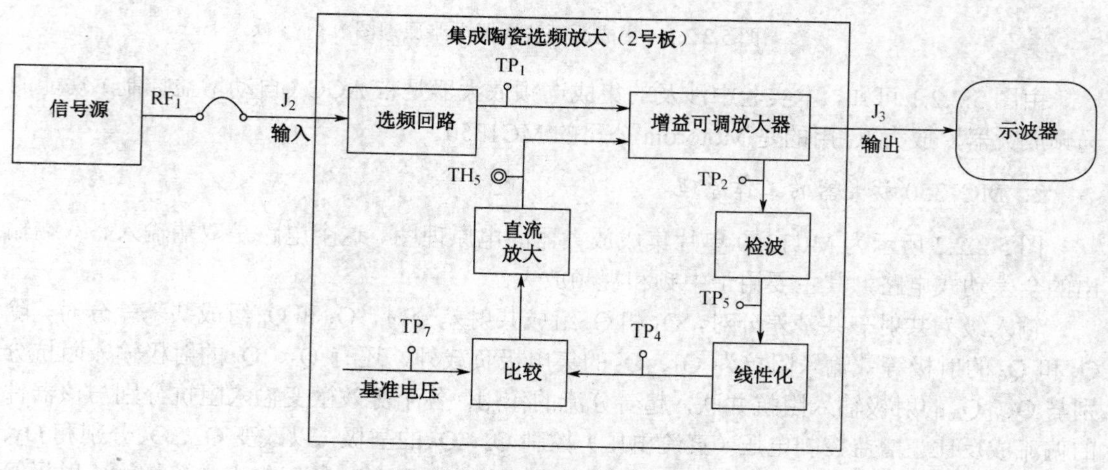

注：图中符号表示高频连接线。

图 5.2.2.3　集成选频放大器测试连接框图

表 5.2.2.1

源　端　口	目 的 端 口	连 线 说 明
信号源：RF_1 （$V_{p\text{-}p}$=100mV，f=4.5MHz）	2 号板：J_2	射频信号输入
信号源：RF_2	频率计：RFIN	频率计实时观察输入频率

① 测量电压增益 A_{v0}。将拨码开关 S_1 拨为“00”（所有拨码开关拨上为“1”，拨下为“0”，以后不多作说明），用示波器观测信号输出 TH_4，调节 W_1 使输出幅度最大。用示波器分别观测输入和输出信号的幅度大小，A_{v0} 即为输出信号与输入信号幅度之比。

② 测量放大器通频带。以 10k 挡步进调节信号源上频率调节旋钮，使其在 4.5MHz 左右变化，并用示波器观测各频率点的输出信号的幅度，然后就可以在如下的“幅度－频率”坐标轴上标示出放大器的通频带特性（见图 5.2.2.4）。

图 5.2.2.4

【注意】须测量二三十个点，画图用直角坐标纸。

六、实验报告要求

（1）计算集成选频放大器的增益。

（2）计算集成选频放大器的通频带。

（3）整理实验数据，并画出幅频特性。

实验三　二极管双平衡混频器及其应用

一、实验目的

（1）掌握二极管的双平衡混频器频率变换的物理过程；

（2）掌握晶体管混频器频率变换的物理过程和本振电压 V_0 和工作电流 I_e 对中频转出电压大小的影响；

（3）掌握集成模拟乘法器实现的平衡混频器频率变换的物理过程；

（4）比较上述三种混频器对输入信号幅度与本振电压幅度的要求。

二、实验内容

（1）研究二极管双平衡混频器频率变换过程和此种混频器的优缺点。

（2）研究这种混频器输出频谱与本振电压大小的关系。

三、实验仪器

信号源模块、频率计模块、3 号板、7 号板、双踪示波器。

四、实验原理与电路

1．二极管双平衡混频原理

二极管双平衡混频器的电路图示见图 5.2.3.1。图中 V_S 为输入信号电压，V_L 为本机振荡电压。在负载 R_L 上产生差频和和频，还夹杂有一些其他频率的无用产物，再接上一个滤波器（图中未画出）。

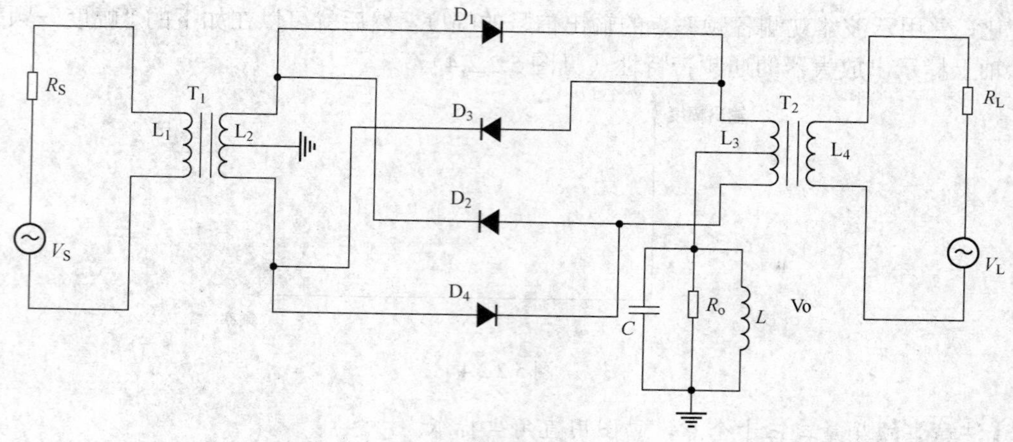

图 5.2.3.1　二极管双平衡混频器

二极管双平衡混频器的最大特点是工作频率极高，可达微波波段，由于二极管双平衡混频器工作于很高的频段。图 5.2.3.1 中的变压器一般为传输线变压器。

二极管双平衡混频器的基本工作原理是利用二极管伏安特性的非线性。众所周知，二极管的伏安特性为指数律，用幂级数展开为：

$$i = I_S(e^{\frac{v}{V_T}} - 1) = I_S[\frac{v}{V_T} + \frac{1}{2!}(\frac{v}{V_T})^2 + \cdots \frac{1}{n!}(\frac{v}{V_T})^n + \cdots$$

当加到二极管两端的电压 v 为输入信号 V_S 和本振电压 V_L 之和时，v^2 项产生差频与和频。其他项产生不需要的频率分量。由于上式中 u 的阶次越高，系数越小。因此，对差频与和频构成干扰最严重的是 v 的一次方项（因其系数比 v^2 项大一倍）产生的输入信号频率分量和本振频率分量。

用两个二极管构成双平衡混频器和用单个二极管实现混频相比，前者能有效地抑制无用产物。双平衡混频器的输出仅包含（$p\omega_L \pm \omega_S$）（p 为奇数）的组合频率分量，而抵消了 ω_L、ω_C 以及 p 为偶数（$p\omega_L \pm \omega_S$）众多组合频率分量。

下面我们直观地从物理方面简要说明双平衡混频器的工作原理及其对频率为 ω_L 及 ω_S 的抑制作用。

在实际电路中，本振信号 V_L 远大于输入信号 V_S。在 V_S 变化范围内，二极管的导通与否，完全取决于 V_L。因而本振信号的极性，决定了哪一对二极管导通。当 V_L 上端为正时，二极管 D_3 和 D_4 导通，D_1 和 D_2 截止；当上端为负时，二极管 D_1 和 D_2 导通，D_3 和 D_4 截止。

这样，将图 5.2.3.1 所示的双平衡混频器拆开成图 5.2.3.2（a）和（b）所示的两个单平衡混频器。

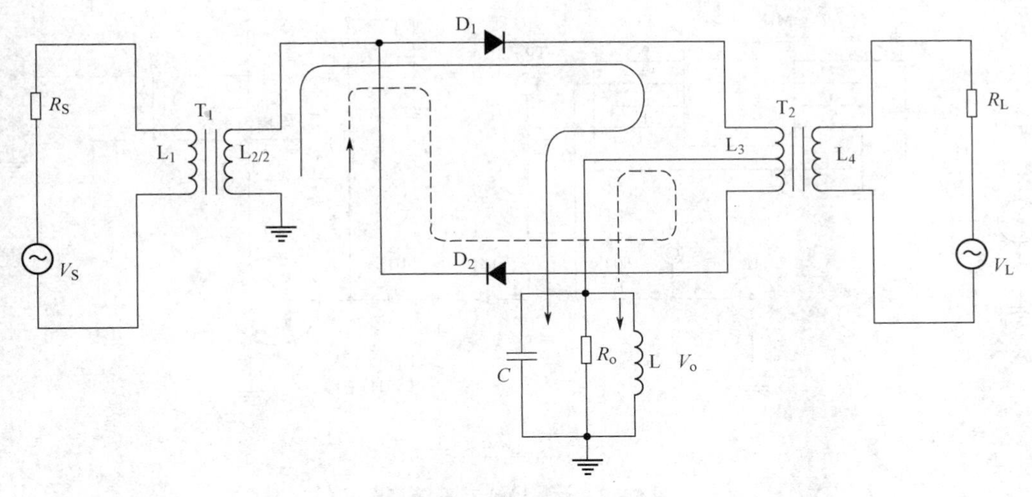

（a）V_L上端为负、下端正期间工作

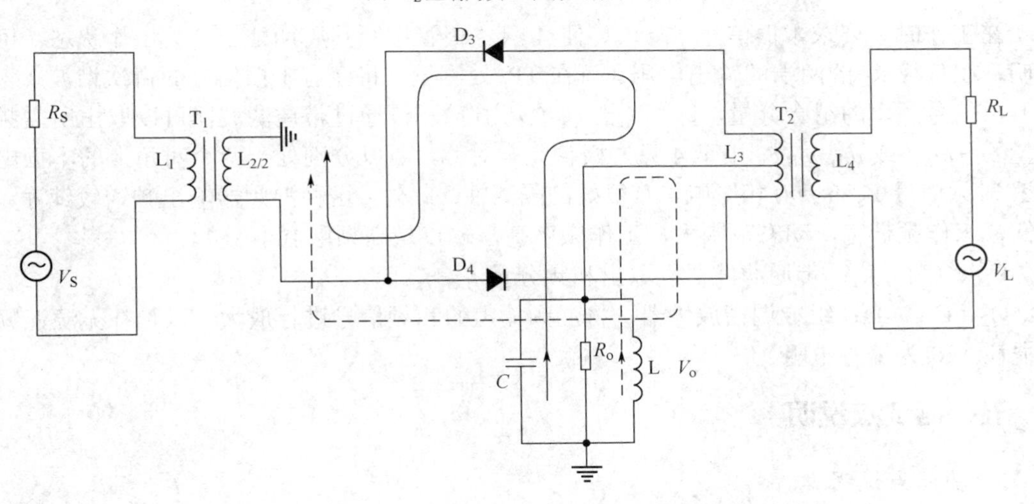

（b）V_L上端为正、下端为负期间工作

图 5.2.3.2　双平衡混频器拆开成两个单平衡混频器

由（a）和（b）可以看出，V_L单独作用在R_L上所产生的ω_L分量，相互抵消，故R_L上无ω_L分量。由V_S产生的分量在V_L上正下负期间，经D_3产生的分量和经D_4产生的分量在R_L上均是自下经上。但在V_L下正上负期间，则在R_L上均是自上经下。即使在V_L一个周期内，也是互相抵消的。但是V_L的大小变化控制二极管电流的大小，从而控制其等效电阻，因此，V_S在V_L瞬时值不同情况下所产生的电流大小不同，正是通过这一非线性特性产生相乘效应，出现差频与和频。

2．电路说明

图 5.2.3.3 所示为 4 只性能一致的二极管组成环路，具有本振信号V_L输入J_5和射频信号V_S输入J_2，它们都通过变压器将单端输入变为平衡输入并进行阻抗变换，TP_6为中频输

出口，是不平衡输出。

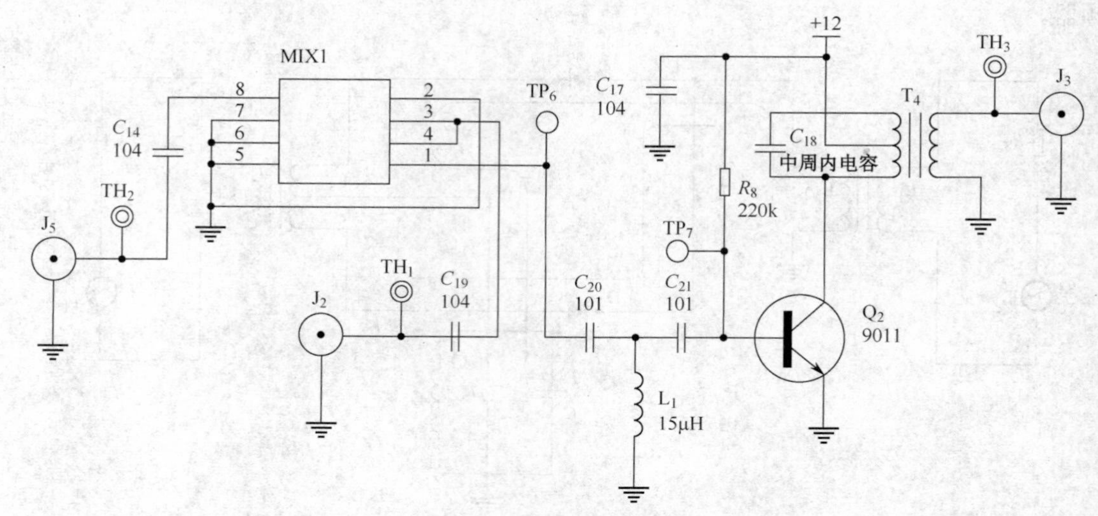

图 5.2.3.3　二极管双平衡混频

在工作时，要求本振信号 $V_L>V_S$。使 4 只二极管按照其周期处于开关工作状态，可以证明，在负载 R_L 的两端的输出电压（可在 TP_6 处测量）将会有本振信号的奇次谐波（含基波）与信号频率的组合分量，即 $p\omega_L\pm\omega_S$（p 为奇数），通过带通滤波器可以取出所需频率分量 $\omega_L+\omega_S$（或 $\omega_L-\omega_S$）。由于 4 只二极管完全对称，所以分别处于两个对角上的本振电压 V_L 和射频信号 V_S 不会互相影响，有很好的隔离性；此外，这种混频器输出频谱较纯净，噪声低，工作频带宽，动态范围大，工作频率高，缺点是高频增益小于 1。

C_{20}、C_{21}、L_1：带通滤波器，取出和频分量 $f_{LO}+f_s$。

Q_2、C_{18}、T_4：组成调谐放大器，将混频输出的和频信号进行放大，以弥补无源混频器的损耗（R_8 为偏置电阻）。

五、测试点说明

1．输入点说明

J_5：本振信号输入端（TH_2 为其测试口）

J_2：射频信号输入端（TH_1 为其测试口）

2．输出点说明

TP_6：混频器输出测试点

TP_7：带通滤波器输出

J_3：和频信号输出（TH_3 为其测试口）

六、实验步骤

（1）熟悉实验板上各元器件的位置及作用。

（2）按表 5.2.3.1 所示搭建好测试电路。（连线框图如图 5.2.3.4 所示）

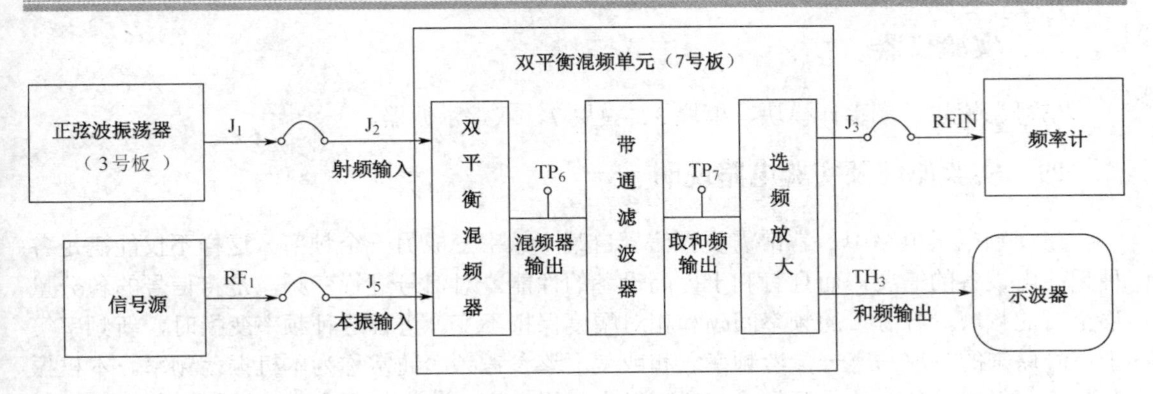

图 5.2.3.4　双平衡混频连线框图

表 5.2.3.1

源　端　口	目 的 端 口	连 线 说 明
信号源：RF_1（V_{p-p}=300mV，f=6.5MHz）	7 号板：J_5	本振信号输入
3 号板：J_1（V_{SP-P}=50mV，f_S=4.2MHz）	7 号板：J_2	射频信号输入
7 号板：J_3	频率计：RFIN	混频后信号输出

（3）将 3 号板上 S_1 拨为“00”，S_2 拨为“01”，调节中周 T_1 使 J_1 输出幅度最大，然后调节 W_2 改变输出信号幅度，使 J_1 输出 f_S=4.2MHz、V_{SP-P}=50mV。

（4）用示波器观察混频器输出点 TP_6 波形以及混频输出 TH_3 处波形（调节中周 T_4 使输出最大），并读出频率计上的频率。

（5）调节本振信号电压与输入信号电压相近，重做步骤（3）～（4）。

七、实验报告要求

（1）写出实验目的和任务；
（2）计算 MIXI 混频增益。

实验四　模拟乘法混频

一、实验目的

（1）了解集成混频器的工作原理；
（2）了解混频器中的寄生干扰。

二、实验内容

（1）研究平衡混频器的频率变换过程。
（2）研究平衡混频器输出中频电压 V_i 与输入信号电压及输入本振电压的关系。

三、实验仪器

信号源模块、频率计模块、模块 3、模块 7、双踪示波器。

四、实验原理及实验电路说明

在高频电子电路中，常常需要将信号自某一频率变成另一个频率。这样不仅能满足各种无线电设备的需要，而且有利于提高设备的性能。对信号进行变频，是将信号的各分量移至新的频域，各分量的频率间隔和相对幅度保持不变。进行这种频率变换时，新频率等于信号原来的频率与某一参考频率之和或差。该参考频率通常称为本机振荡频率。本机振荡频率可以由单独的信号源供给，也可以由频率变换电路内部产生。当本机振荡由单独的信号源供给时，这样的频率变换电路称为混频器。

混频器常用的非线性器件有二极管、三极管、场效应管和乘法器。本振用于产生一个等幅的高频信号 V_L，并与输入信号 V_S 经混频器后所产生的差频信号经带通滤波器滤出。

本实验采用集成模拟相乘器作混频电路实验。

因为模拟相乘器的输出频率包含有两个输入频率之差或和，故模拟相乘器加滤波器，滤波器滤除不需要的分量，取和频或者差频二者之一，即构成混频器。

图 5.2.4.1 所示为相乘混频器的方框图。设滤波器滤除和频，则输出差频信号。图 5.2.4.2 为信号经混频前后的频谱图。我们设信号是载波频率为 f_S 的普通调幅波，本机振荡频率为 f_L，输入信号为 $v_S = V_S \cos \omega_S t$，本机振荡信号为 $v_L = V_L \cos \omega_L t$。由相乘混频的框图可得输出电压：

$$v_0 = \frac{1}{2} K_F K_M V_L V_S \cos(\omega_L - \omega_S)t = V_0 \cos(\omega_L - \omega_S)t$$

式中 $v_0 = \frac{1}{2} K_F K_M V_L V_S$。

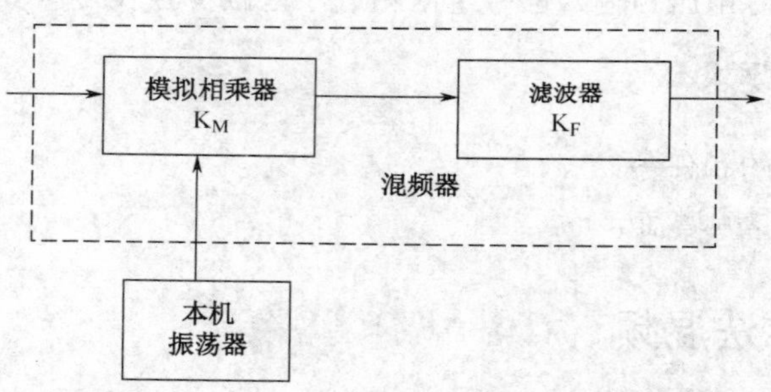

图 5.2.4.1　相乘混频器方框图

定义混频增益 A_M 为中频电压幅度 V_0 与高频电压 V_S 之比，就有

$$A_M = \frac{V_0}{V_S} = \frac{1}{2} K_F K_M V_L$$

图 5.2.4.3 所示为模拟乘法器混频电路，该电路由集成模拟乘法器 MC1496 完成。

MC1496 可以采用单电源供电，也可采用双电源供电。本实验电路中采用＋12V、－8V 供电。R_{12}（820Ω）、R_{13}（820Ω）组成平衡电路，F_2 为 4.5MHz 选频回路。本实验中输入信号频率为 f_S =4.2MHz（由 3 号板晶体振荡输出），本振频率 f_L =8.7MHz。

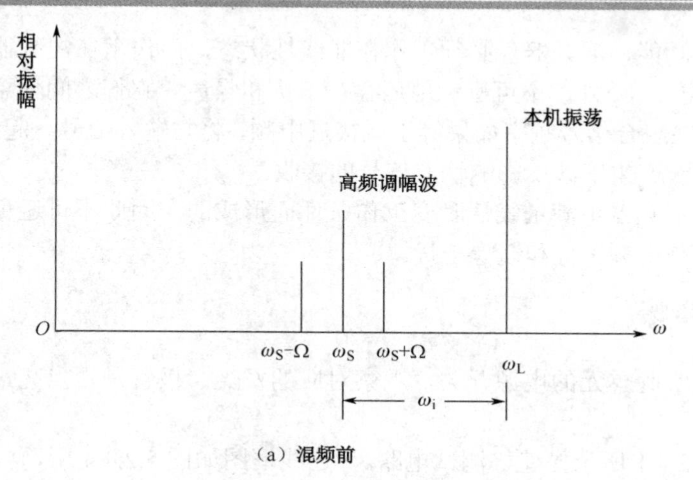

（a）混频前

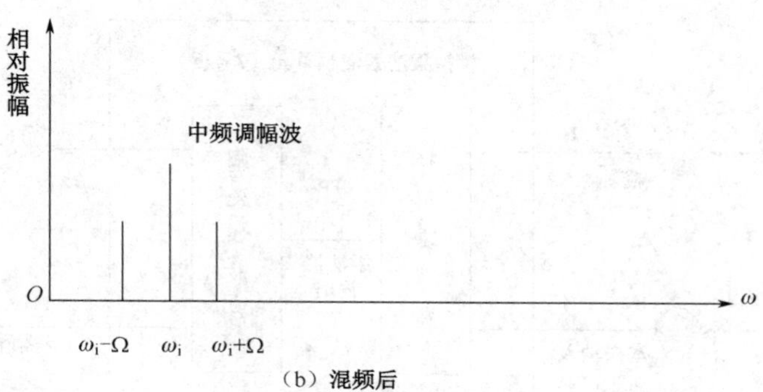

（b）混频后

图 5.2.4.2　混频前后的频谱图

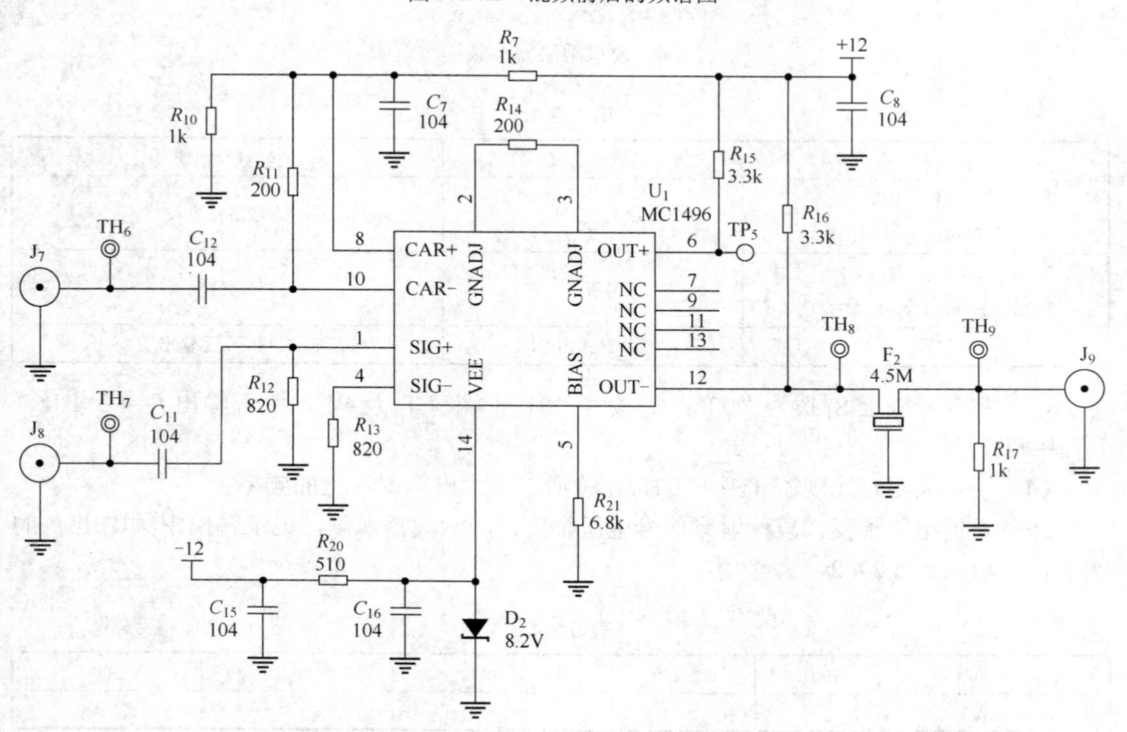

图 5.2.4.3　MC1496 构成的混频电路

为实现混频功能，混频器件必须工作在非线性状态，而作用在混频器上的除输入信号电压 V_S 和本振电压 V_L 外，不可避免地还存在干扰和噪声。它们之间任意两者都有可能产生组合频率，这些组合信号频率如果等于或接近中频，将与输入信号一起通过中频放大器、解调器，对输出级产生干涉，影响输入信号的接收。

干扰是由于混频器不满足线性时变工作条件而形成的，因此不可避免地会产生干扰，其中影响最大的是中频干扰和镜像干扰。

五、实验步骤

（1）打开本实验单元的电源开关，观察对应的发光二极管是否点亮，熟悉电路各部分元器件的作用。

（2）按表 5.2.4.1 所示搭建好测试电路。（连线框图如图 5.2.4.4 所示）。

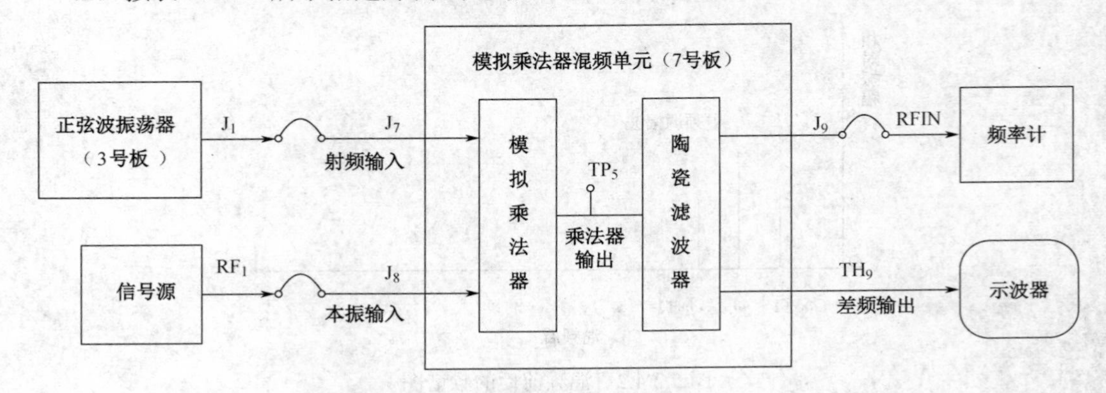

注：图中符号表示高频连接线。

图 5.2.4.4　模拟乘法器混频连线框图

表 5.2.4.1

源端口	目的端口	连线说明
信号源：RF_1（$V_{p\text{-}p}$=600mV，f=8.7MHz）	7 号板：J_8	本振信号输入
3 号板：J_1（$V_{SP\text{-}P}$=300mV，f_S=4.2MHz）	7 号板：J_7	射频信号输入
7 号板：J_9	频率计：RFIN	混频后信号输出

（3）将 3 号板上 S_1 拨为“00”，S_2 拨为“01”，调节 T_1 及 W_2，使 J_1 输出 f_S=4.2MHz、$V_{SP\text{-}P}$=300mV。

（4）用示波器对比观察 TH_8 和 TH_9 处波形，并读出频率计上的频率。

保持本振电压不变，改变射频信号电压幅度，用示波器观测，记录输出中频电压 V_i 的幅值，并填入表 5.2.4.2。

表 5.2.4.2

$V_{SP\text{-}P}$（mV）	100	200	300	400	500
$V_{iP\text{-}P}$（mV）					

（5）改变本振信号电压幅度，用示波器观测，记录输出中频电压 V_i 的幅值，并填入表 5.2.4.3。

表 5.2.4.3

V_{Lp-p}（mV）	200	300	400	500	600	700
V_{ip-p}（mV）						

六、实验报告要求

（1）整理实验数据，填写表 5.2.4.2 和表 5.2.4.3。

（2）绘制步骤（3）、（4）中所观测到的波形图，并作分析。

（3）归纳并总结信号混频的过程。

实验五　三点式正弦波振荡器

一、实验目的

（1）掌握三点式正弦波振荡器电路的基本原理、起振条件、振荡电路设计及电路参数计算；

（2）通过实验掌握晶体管静态工作点、反馈系数大小、负载变化对起振和振荡幅度的影响；

（3）研究外界条件（温度、电源电压、负载变化）对振荡器频率稳定度的影响。

二、实验内容

（1）熟悉振荡器模块各元器件及其作用。

（2）进行 LC 振荡器波段工作研究。

（3）研究 LC 振荡器中静态工作点、反馈系数以及负载对振荡器的影响。

（4）测试 LC 振荡器的频率稳定度。

三、实验仪器

模块 3、频率计、双踪示波器、万用表。

四、基本原理

将开关 S_2 的 1 拨上 2 拨下，S_1 全部断开，由晶体管 Q_3 和 C_{13}、C_{20}、C_{10}、C_{CI}、L_2 构成电容反馈三点式振荡器的改进型振荡器——西勒振荡器，电容 C_{CI} 可用来改变振荡频率。

$$f_0 = \frac{1}{2\pi\sqrt{L_2(C_{10}+C_{CI})}}$$

振荡器的频率约为 4.5MHz（计算振荡频率可调范围），振荡电路反馈系数 $F = \frac{C_{13}}{C_{13}+C_{20}} = \frac{100}{100+470} \approx 0.18$。

振荡器输出通过耦合电容 C_3（10pF）加到由 Q_2 组成的射极跟随器的输入端，因 C_3 容量很小，再加上射极跟随器的输入阻抗很高，可以减小负载对振荡器的影响。射极跟随器输出信号经 Q_1 调谐放大，再经变压器耦合从 J_1 输出。

五、实验步骤

（1）根据图 5.2.5.1 所示电路在实验板上找到振荡器各零件的位置并熟悉各元器件的作用。

（2）研究振荡器静态工作点对振荡幅度的影响。

① 将开关 S_2 的拨为“10”，S_1 拨为“00”，构成 LC 振荡器。

② 改变上偏置电位器 R_{A1}，记下 Q_3 发射极电流（$I_{eo}=\dfrac{V_e}{R_{10}}$，$R_{10}=1k\Omega$）（将万用表红表笔接 TP_4，黑表笔接地测量 V_E），并用示波器测量对应点 TP_1 的振荡幅度 V_{p-p}，填于表 5.2.5.1 中，分析输出振荡电压和振荡管静态工作点的关系。

表 5.2.5.1　振荡情况记录表

振荡状态	V_{p-p}	I_{eo}
起振		
停振		

【分析思路】静态电流 I_{CQ} 会影响晶体管跨导 g_m，而放大倍数和 g_m 是有关系的。在饱和状态下（I_{CQ} 过大），管子电压增益 A_V 会下降，一般取 I_{CQ}=1～5mA 为宜。

（3）测量振荡器输出频率范围。将频率计接于 J_1 处，改变 C_{CI}，用示波器从 TH_1 观察波形及输出频率的变化情况，记录最高频率和最低频率填于表 5.2.5.2 中。

表 5.2.5.2　频率记录表

f_{max}	
f_{min}	

六、实验报告要求

（1）分析静态工作点、反馈系数 F 对振荡器起振条件和输出波形振幅的影响，并用所学理论加以分析。

（2）计算实验电路的振荡频率 f_0，并与实测结果进行比较。

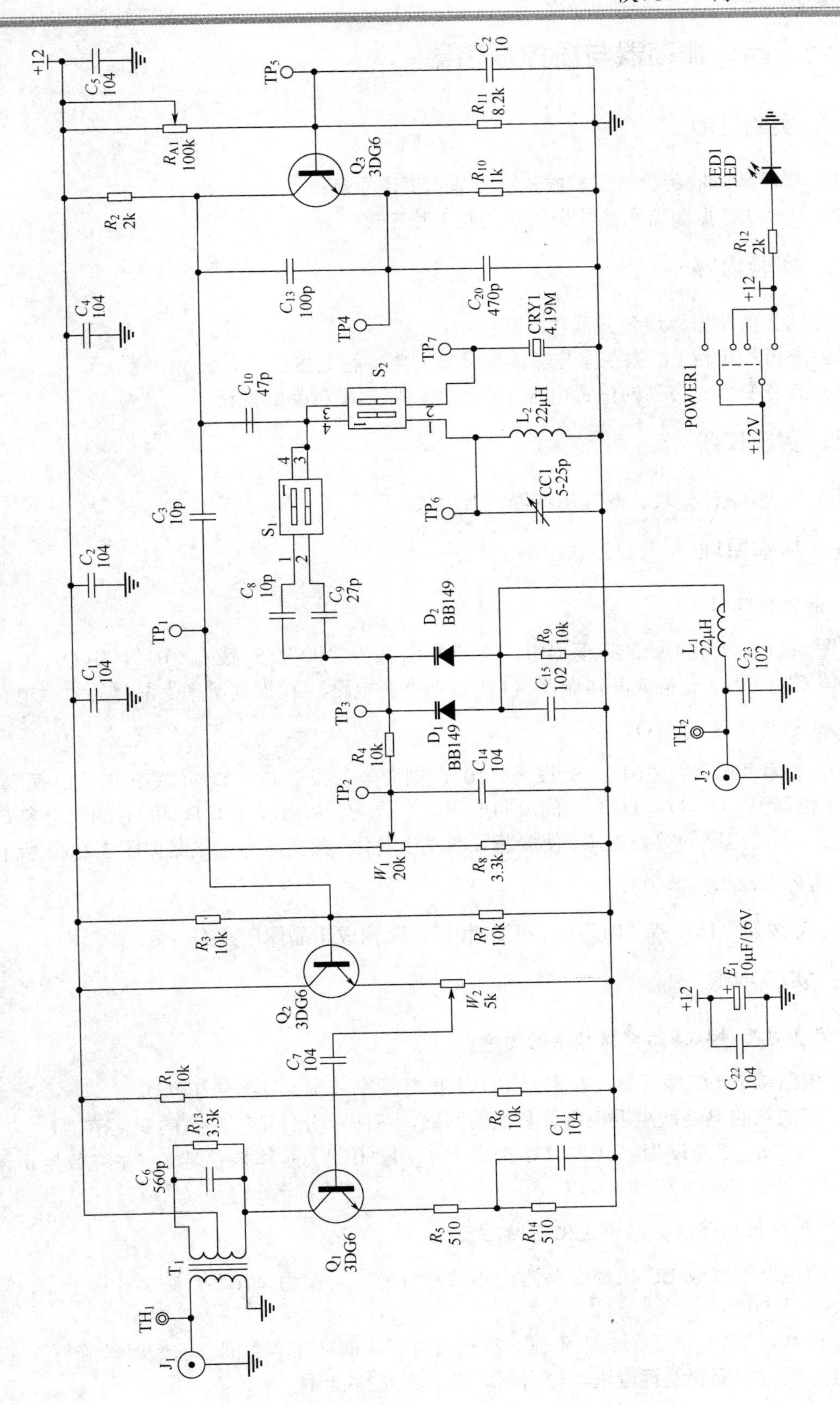

图 5.2.5.1　正弦波振荡器（4.5MHz）

实验六　晶体振荡器与压控振荡器

一、实验目的

（1）掌握晶体振荡器与压控振荡器的基本工作原理；
（2）比较 LC 振荡器和晶体振荡器的频率稳定度。

二、实验内容

（1）熟悉振荡器模块各元器件及其作用；
（2）分析与比较 LC 振荡器与晶体振荡器的频率稳定度；
（3）改变变容二极管的偏置电压，观察振荡器输出频率的变化。

三、实验仪器

模块 3、频率计模块、双踪示波器、万用表。

四、基本原理

1．晶体振荡器

在图 5.2.6.1 所示正弦波振荡器中，将开关 S_1 拨为“00”，S_2 拨为“01”，由 Q_3、C_{13}、C_{20}、晶体 CRY1 与 C_{10} 构成晶体振荡器（皮尔斯振荡电路），在振荡频率上晶体等效为电感。

2．压控振荡器（VCO）

将 S_1 拨为“10”或“01”，S_2 拨为“10”，则变容二极管 D_1、D_2 并联在电感 L_2 两端。当调节电位器 W_1 时，D_1、D_2 两端的反向偏压随之改变，从而改变了 D_1 和 D_2 的结电容 C_j，也就改变了振荡电路的等效电感，使振荡频率发生变化。其交流等效电路如图 5.2.6.2 所示。

3．晶体压控振荡器

开关 S_1 拨为“10”或“01”，S_2 拨为“01”，就构成了晶体压控振荡器。

五、实验步骤

1．温度对两种振荡器谐振频率的影响

（1）电路接成 LC 振荡器，在室温下记下振荡频率（频率计接于 J_1 处）。
（2）将加热的电烙铁靠近振荡管和振荡回路，每隔 1 分钟记下频率的变化值。
（3）开关 S_2 交替设为“10”（LC 振荡器）和“01”（晶体振荡器），并将数据记于表 5.2.6.1 中。

2．两种压控振荡器的频率变化范围比较

（1）将电路连接成 LC 压控振荡器，（S_1 为“10”，S_2 设为“10”），频率计接于 J_1，直流电压表接于 TP_3。
（2）将 W_1 调节从低阻值、中阻值、高阻值位置（即从左→中间→右顺时针旋转），分别将变容二极管的反向偏置电压、输出频率记于表 5.2.6.2 中。

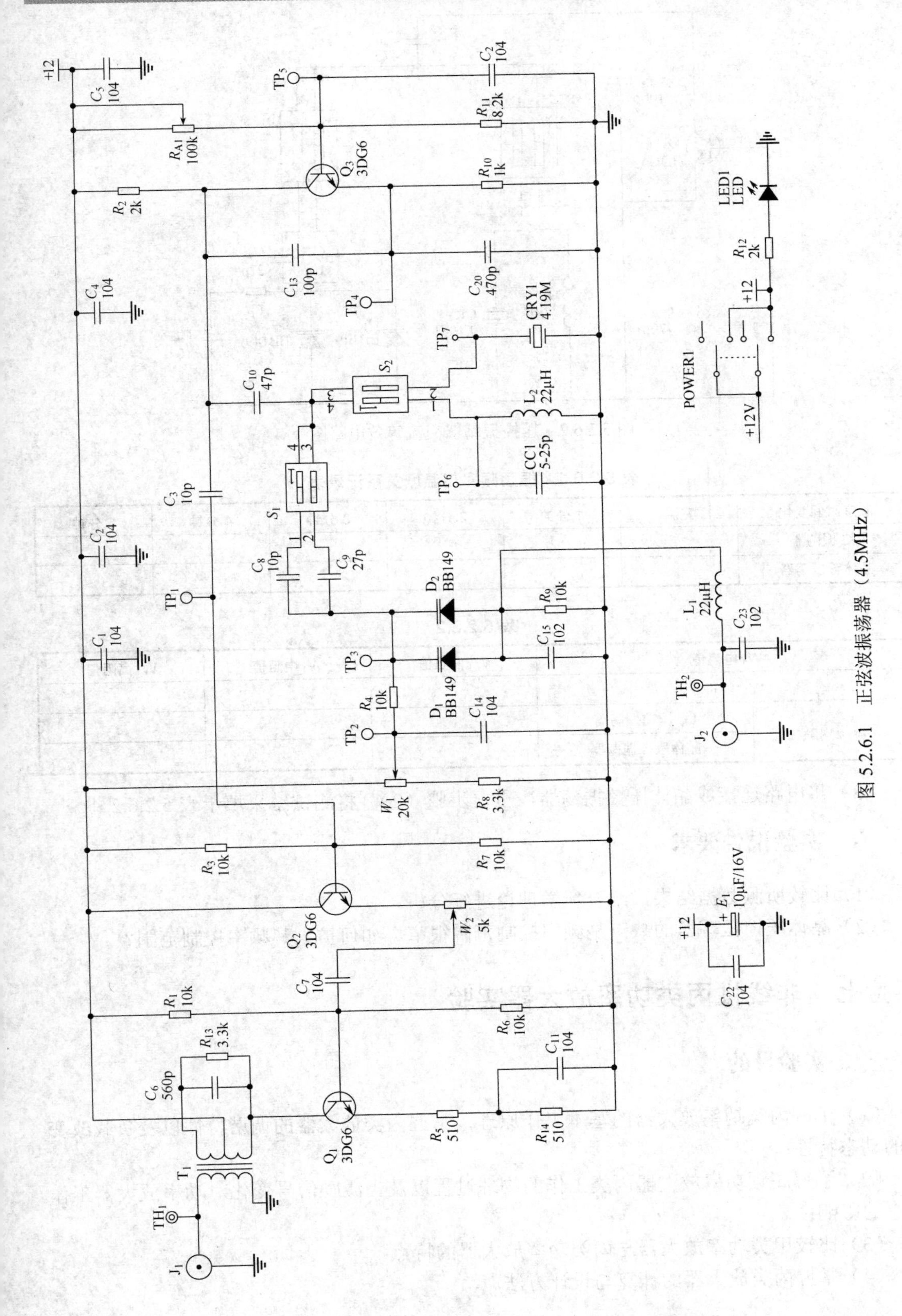

图 5.2.6.1　正弦波振荡器（4.5MHz）

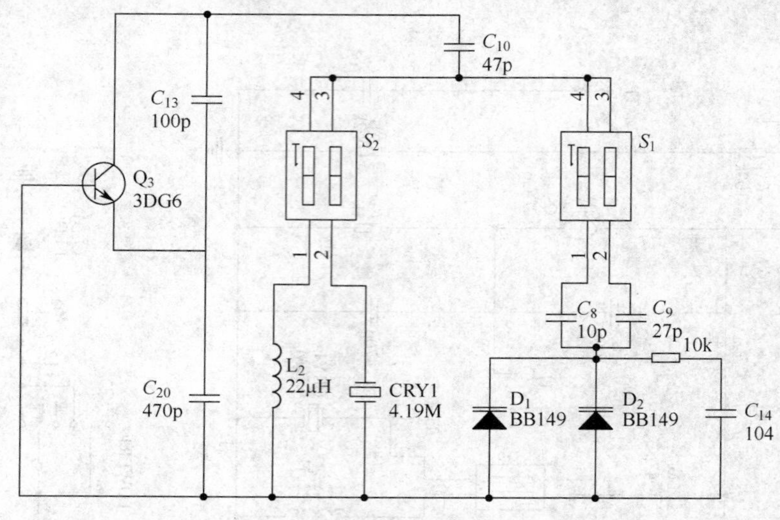

图 5.2.6.2　压控振荡器交流等效电路图

表 5.2.6.1　振荡频率与温度关系记录表

温度时间变化	室温	1 分钟	2 分钟	3 分钟	4 分钟	5 分钟
LC 振荡器						
晶体管振荡器						

表 5.2.6.2

W_1 电阻值		W_1 低阻值	W_1 中阻值	W_1 高阻值
V_{D1}（V_{D2}）				
振荡频率	LC 压控振荡器			
	晶体压控振荡器			

（3）将电路连接成晶体压控振荡器，重复步骤（2），将测试结果填于表 5.2.6.2 中。

六、实验报告要求

（1）比较所测数据结果，结合新学理论进行分析。

（2）晶体压控振荡器的缺点是频率控制范围很窄，如何扩大其频率控制范围？

实验七　非线性丙类功率放大器实验

一、实验目的

（1）了解丙类功率放大器的基本工作原理，掌握丙类放大器的调谐特性以及负载改变时的动态特性；

（2）了解高频功率放大器丙类工作的物理过程以及当激励信号变化对功率放大器工作状态的影响；

（3）比较甲类功率放大器与丙类功率放大器的特点；

（4）掌握丙类放大器的计算与设计方法。

二、实验内容

（1）观察高频功率放大器丙类工作状态的现象，并分析其特点；

（2）测试丙类功放的调谐特性和负载特性；

（3）观察激励信号变化、负载变化对工作状态的影响。

三、实验仪器

信号源模块、频率计模块、8 号板、双踪示波器、频率特性测试仪（可选）、万用表。

四、实验基本原理

放大器按照电流导通角 θ 的范围可分为甲类、乙类、丙类及丁类等不同类型。功率放大器电流导通角 θ 越小，放大器的效率 η 越高。

甲类功率放大器的 θ=180°，效率 η 最高只能达到 50%，适用于小信号低功率放大，一般作为中间级或输出功率较小的末级功率放大器。

非线性丙类功率放大器的电流导通角 $\theta < 90°$，效率可达到 80%，通常作为发射机末级功放以获得较大的输出功率和较高的效率。其特点是：通常用来放大窄带高频信号（信号的通带宽度只有其中心频率的 1%或更小），基极偏置为负值，电流导通角 $\theta < 90°$，为了不失真地放大信号，它的负载必须是 LC 谐振回路。

非线性丙类功率放大器电路原理图如图 5.2.7.1 所示，该实验电路由两级功率放大器组成。其中 Q_3（3DG12）、T_6 组成甲类功率放大器，工作在线性放大状态，R_{A3}、R_{14}、R_{15} 组成静态偏置电阻，调节 R_{A3} 可改变放大器的增益。W_1 为可调电阻，调节 W_1 可以改变输入信号幅度，Q_4（3DG12）、T_4 组成丙类功率放大器。R_{16} 为射极反馈电阻，T_4 为谐振回路，甲类功放的输出信号通过 R_{13} 送到 Q_4 基极作为丙类功率放大器的输入信号，此时只有当甲类功率放大器输出信号大于丙类功率放大器 Q_4 基极－射极间的负偏压值时，Q_4 才导通工作。与拨码开关相连的电阻为负载回路外接电阻，改变 S_1 拨码开关的位置可改变并联电阻值，即改变回路 Q 值。

下面介绍甲类功率放大器和丙类功率放大器的工作原理及基本关系式。

1．甲类功率放大器

1）静态工作点

如图 5.2.7.1 所示，甲类功率放大器工作在线性状态，电路的静态工作点由下列关系式确定：

$$v_{EQ} = I_{EQ}R_{15}, \quad I_{CQ} = \beta I_{BQ}, \quad v_{BQ} = v_{EQ} + 0.7\text{V}, \quad v_{CEQ} = V_{CC} - I_{CQ}R_{15}$$

2）负载特性

如图 5.2.7.1 所示，甲类功率放大器的输出负载由丙类功放的输入阻抗决定，两级间通过变压器进行耦合，因此甲类功放的交流输出功率 P_0 可表示为：

$$P_0 = \frac{P_H'}{\eta_B}$$

式中，P_H' ——输出负载上的实际功率；

η_B ——变压器的传输效率，一般取 η_B=0.75～0.85。

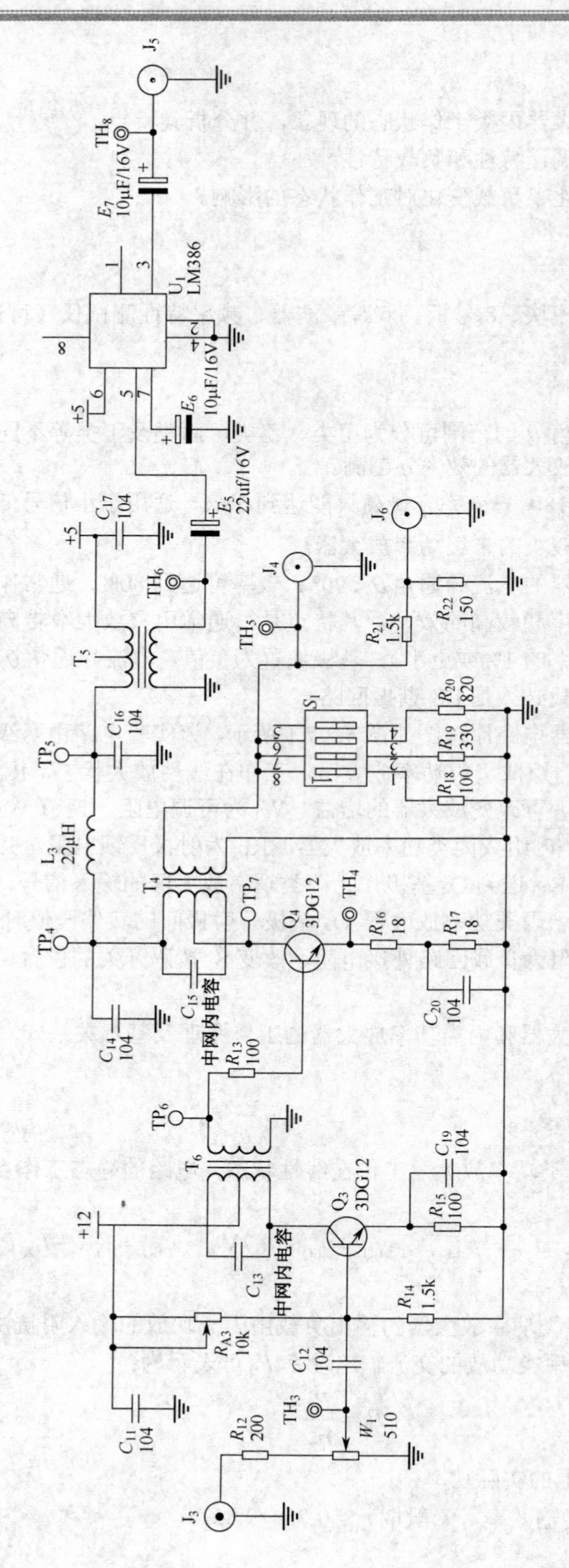

图 5.2.7.1　非线性丙类功率放大器原理图

图 5.2.7.2 所示为甲类功放的负载特性。为获得最大不失真输出功率，静态工作点 Q 应选在交流负载线 AB 的中点，此时集电极的负载电阻 R_H 称为最佳负载电阻。集电极的输出功率 P_C 的表达式为：

$$P_C = \frac{1}{2}V_{cm}I_{cm} = \frac{1}{2}\frac{V_{cm}^2}{R_H}$$

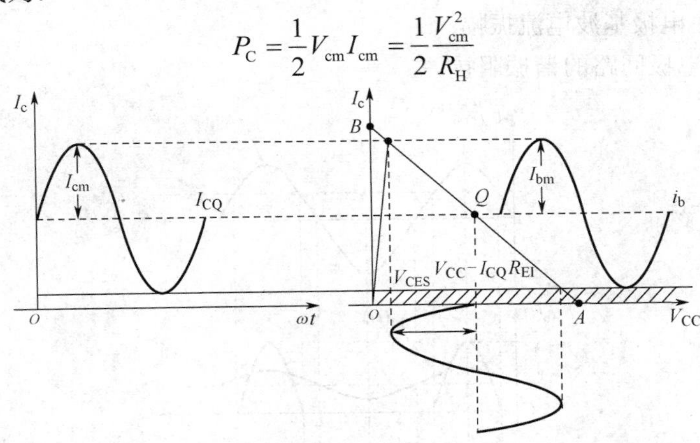

图 5.2.7.2　甲类功放的负载特性

式中　V_{cm}——集电极输出的交流电压振幅；

I_{cm}——交流电流的振幅，它们的表达式分别为：

$$V_{cm} = V_{CC} - I_{CQ}R_{15} - V_{CES}$$

式中　V_{CES}——饱和压降，V_{CES}≈1V；

$I_{cm} \approx I_{CQ}$。

如果变压器的初级线圈匝数为 N_1，次级线圈匝数为 N_2，则：

$$\frac{N_1}{N_2} = \sqrt{\frac{\eta_B R_H}{R'_H}}$$

式中　R'_H——变压器次级接入的负载电阻，即下级丙类功放的输入阻抗。

3）功率增益

与电压放大器不同的是，功率放大器有一定的功率增益。对于图 5.2.7.1 所示电路，甲类功率放大器不仅要为下一级功放提供一定的激励功率，而且还要将前级输入的信号进行功率放大，功率放大增益 A_P 的表达式为：

$$A_P = \frac{P_0}{P_i}$$

式中　P_i——放大器的输入功率，它与放大器的输入电压 V_{im} 及输入电阻 R_i 的关系为

$$V_{im} = \sqrt{2R_iP_i}$$

2．丙类功率放大器

1）基本关系式

丙类功率放大器的基极偏置电压 V_{BE} 是利用发射极电流的直流分量 I_{EO}（≈I_{CO}）在射极电阻上产生的压降来提供的，故称为自给偏压电路。当放大器的输入信号 v_i 为正弦波时，集电极的输出电流 i_C 为余弦脉冲波。利用谐振回路 LC 的选频作用可输出基波谐振电压 V_{c1}，电流 i_{c1}。图 5.2.7.3 画出了丙类功率放大器的基极与集电极间的电流、电压波形关系。分析

可得下列基本关系式：

$$V_{\mathrm{c1m}} = I_{\mathrm{c1m}} R_0$$

式中 V_{c1m} ——集电极输出的谐振电压即基波电压的振幅；

I_{c1m} ——集电极基波电流振幅；

R_0 ——集电极回路的谐振阻抗。

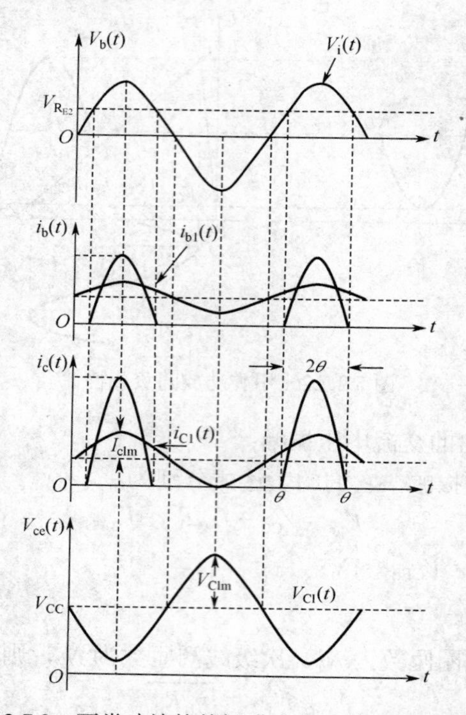

图 5.2.7.3　丙类功放的基极/集电极电流和电压波形

集电极输出功率：

$$P_{\mathrm{C}} = \frac{1}{2} V_{\mathrm{c1m}} I_{\mathrm{c1m}} = \frac{1}{2} I_{\mathrm{c1m}}^2 R_0 = \frac{1}{2}\frac{V_{\mathrm{c1m}}^2}{R_0}$$

电源 V_{CC} 供给的直流功率：

$$P_{\mathrm{D}} = V_{\mathrm{CC}} I_{\mathrm{CO}}$$

式中 I_{CO}——集电极电流脉冲 i_{C} 的直流分量。

放大器的效率：$\eta = \frac{1}{2} \cdot \frac{V_{\mathrm{c1m}}}{V_{\mathrm{CC}}} \cdot \frac{I_{\mathrm{c1m}}}{I_{\mathrm{CO}}}$

2）负载特性

当放大器的电源电压$+V_{\mathrm{CC}}$，基极偏压 v_{b}、输入电压（或称激励电压）v_{sm} 确定后，如果电流导通角选定，则放大器的工作状态只取决于集电极回路的等效负载电阻 R_{q}。谐振功率放大器的交流负载特性如图 5.2.7.4 所示。

由图 5.2.7.4 可见，当交流负载线正好穿过静态特性转移点 A 时，管子的集电极电压正好等于管子的饱和压降 V_{CES}，集电极电流脉冲接近最大值 I_{cm}。

此时，集电极输出的功率 P_{C} 和效率 η 都较高，放大器处于临界工作状态。R_{q} 所对应的值称为最佳负载电阻，用 R_0 表示，$R_0 = \dfrac{(V_{CC} - V_{CES})^2}{2P_0}$。

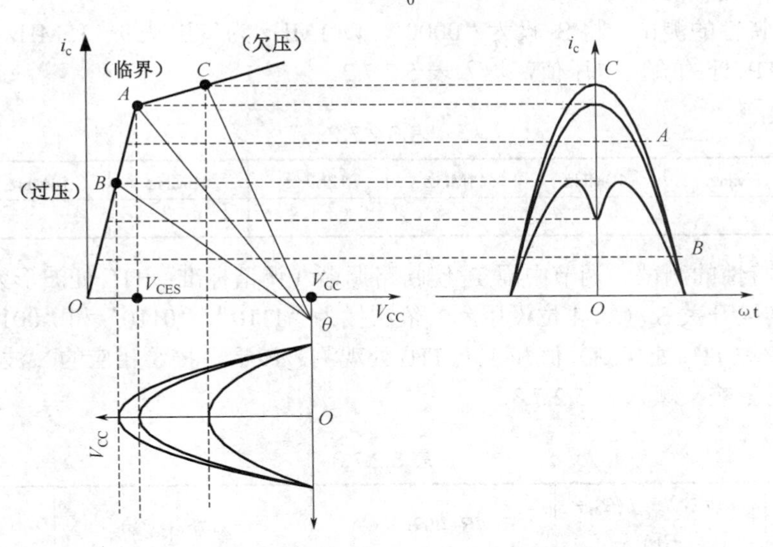

图 5.2.7.4　谐振功效的负载特性

当 $R_q<R_0$ 时，放大器处于欠压状态，如 C 点所示，集电极输出电流虽然较大，但集电极电压较小，因此输出功率和效率都较小。当 $R_q>R_0$ 时，放大器处于过压状态，如 B 点所示，集电极电压虽然比较大，但集电极电流波形有凹陷，因此输出功率较低，但效率较高。为兼顾输出功率和效率的要求，谐振功率放大器通常选择在临界工作状态。判断放大器是否为临界工作状态的条件是：$V_{CC} - V_{cm} = V_{CES}$。

五、实验步骤

（1）按表 5.2.7.1 所示搭建好测量电路。（连线框图如图 5.2.7.5 所示）

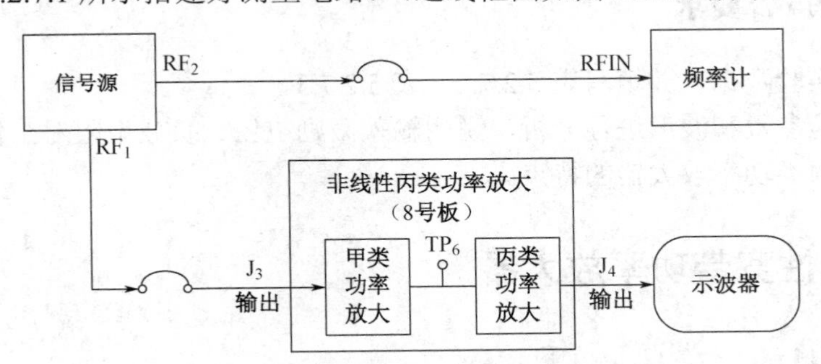

注：图中符号表示高频连接线。

图 5.2.7.5　非线性丙类功率放大电路连线框图

表 5.2.7.1

源　端　口	目 的 端 口	连 线 说 明
信号源：RF_1（$V_{p\text{-}p}$=300mV，f=10.7MHz）	8 号板：J_3	射频信号输入
信号源：RF_2	频率计：RFIN	频率计实时观察输入频率

（2）在前置放大电路中输入 J_3 处输入频率 f=10.7MHz（V_{p-p}≈300mV）的高频信号，调节 W_1 使 TP_6 处信号约为 6V。

① 调谐特性的测试。将 S_1 设为“0000”，以 1MHz 为步进从 9～15MHz 改变输入信号频率，记录 TP_6 处的输出电压值，填入表 5.2.7.2。

表 5.2.7.2

f_i	9MHz	10MHz	11MHz	12MHz	13MHz	14MHz	15MHz
V_0							

② 负载特性的测试。调节中周 T_4 使回路调谐（调谐标准：TH_4 处波形为对称双峰）。将负载电阻转换开关 S_1（第 4 位没用到）依次拨为“1110”、“0110”和“0010”，用示波器观测相应的 V_c（TH_5 处观测）值和 V_e（TH_4 处观测）波形，描绘相应的 i_e 波形，分析负载对工作波形的影响，填入表 5.2.7.3。

表 5.2.7.3

等效负载	$R_{18}//R_{19}//R_{20}//(R_{21}+R_{22})$	$R_{19}//R_{20}//(R_{21}+R_{22})$	$R_{20}//(R_{21}+R_{22})$	$R_{21}+R_{22}$
$R_L(\Omega)$	8	43	275	1650
V_{cP-P}(V)				
V_{eP-P}(V)				
i_e的波形				

（3）观察激励电压变化对工作状态的影响。先调节 T_4 将 i_e 波形调到凹顶波形，然后使输入信号由大到小变化，用示波器观察 i_e 波形的变化（观测 i_e 波形即观测 V_e 波形，$i_e=V_e/R_{16}+R_{17}$），用示波器在 TH_4 处观察。

六、实验报告要求

（1）整理实验数据，并填写表 5.2.7.2、表 5.2.7.3。

（2）对实验参数和波形进行分析，说明输入激励电压、负载电阻对工作状态的影响。

（3）分析丙类功率放大器的特点。

实验八　线性宽带功率放大器

一、实验目的

了解线性宽带功率放大器工作状态及其特点。

二、实验内容

（1）了解线性宽带功率放大器工作状态的特点；

（2）掌握线性功率放大器的幅频特性。

三、实验仪器

信号源模块、频率计模块、8 号板、双踪示波器、万用表、频率特性测试仪（可选）。

四、实验原理及实验电路说明

1．传输线变压器工作原理

现代通信的发展趋势之一是在宽波段工作范围内能采用自动调谐技术，以便于迅速转换工作频率。为满足上述要求，可以在发射机的中间各级采用宽带高频功率放大器，它不需要调谐回路，就能在很宽的波段范围内获得线性放大。但为了只输出所需的工作频率，发射机末级（有时还包括末前级）还要采用调谐放大器。当然，所付出的代价是输出功率和功率增益都降低了。因此，一般来说，宽带功率放大器适用于中、小功率级。对于大功率设备来说，采用宽带功放作为推动级同样也能节约调谐时间。

最常见的宽带高频功率放大器是利用宽带变压器做耦合电路的放大器。宽带变压器有两种形式：一种是利用普通变压器的原理，只采用高频磁芯，可工作到短波波段；另一种是利用传输线原理和变压器原理二者结合的所谓传输线变压器，这是最常用的一种宽带变压器。

传输线变压器是将传输线（双绞线、带状线或同轴电缆等）绕在高导磁芯上构成的，以传输线方式与变压器方式同时进行能量传输。图 5.2.8.1 所示为 4：1 传输线变压器，图 5.2.8.2 所示为传输线变压器的等效电路图。普通变压器上、下限频率的扩展方法是相互制约的。为扩展下限频率，就需要增大初级线圈电感量，使其在低频段也能取得较大的输入阻抗，如采用高磁导率的高频磁芯和增加初级线圈的匝数，但这样做将使变压器的漏感和分布电容增大，降低上限频率；为扩展上限频率，就需要减小漏感和分布电容，如采用低磁导率的高频磁芯和减少线圈的匝数，但这样做又会使下限频率提高。把传输线的原理应用于变压器，就可以提高工作频率的上限，并解决带宽问题。传输线变压器有两种工作方式：一种是按照传输线方式来工作，即在它的两个线圈中通过大小相等、方向相反的电流，磁芯中的磁场正好相互抵消。因此，磁芯没有功率损耗，磁芯对传输线的工作没有什么影响。这种工作方式称为传输线模式。另一种是按照变压器方式工作，此时线圈中有激磁电流，并在磁芯中产生公共磁场，有铁芯功率损耗。这种方式称为变压器模式。传输线变压器通常同时存在这两种模式，或者说，传输变压器正是利用这两种模式来适应不同的功用的。

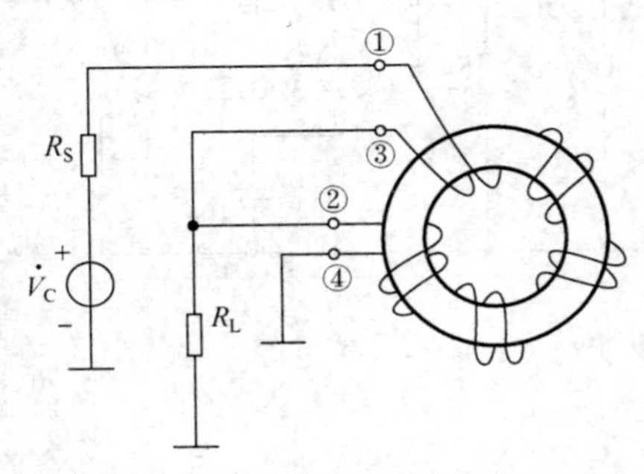

图 5.2.8.1　传输线变压器连接示意图

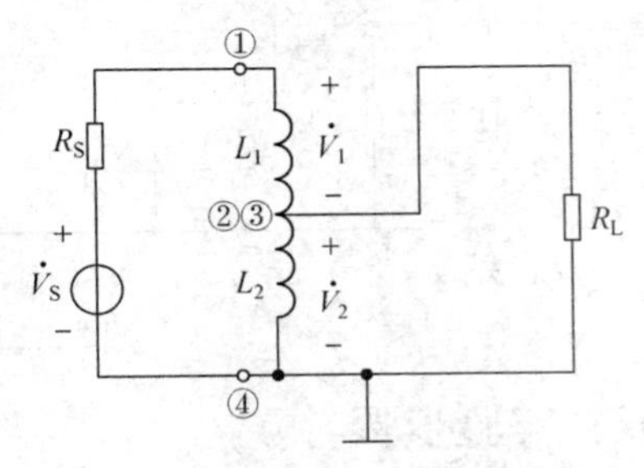

图 5.2.8.2　传输线变压器等效电路

当工作在低频段时，由于信号波长远大于传输线长度，分布参数很小，可以忽略，故变压器方式起主要作用。由于磁芯的磁导率很高，所以虽然传输线段短也能获得足够大的初级电感量，保证了传输线变压器的低频特性较好。

当工作在高频段时，传输线方式起主要作用，由于两根导线紧靠在一起，所以导线任意长度处的线间电容在整个线长上是均匀分布的，如图 5.2.8.3 所示。也由于两根等长的导线同时绕在一个高 μ 磁芯上，所以导线上每一线段 Δl 的电感也是均匀分布在整个线长上的，这是一种分布参数电路，可以利用分布参数电路理论分析，这里简单说明其工作原理。如果考虑到线间的分布电容和导线电感，将传输线看作由许多电感、电容组成的耦合链。当信号源加于电路的输入端时，信源将向电容 C 充电，使 C 储能，C 又通过电感放电，使电感储能，即电能变为磁能。然后，电感又与后面的电容进行能量交换，即磁能转换为电能。再往后电容与后面的电感进行能量交换，如此往复不已。输入信号就以电磁能交换的形式，自始端传输到终端，最后被负载所吸收。由于理想的电感和电容均不损耗高频能量，因此，如果忽略导线的欧姆损耗和导线间的介质损耗，则输出端能量将等于输入端的能量。即通过传输线变压器，负载可以取得信源供给的全部能量。因此，传输线变压器有很宽的带宽。

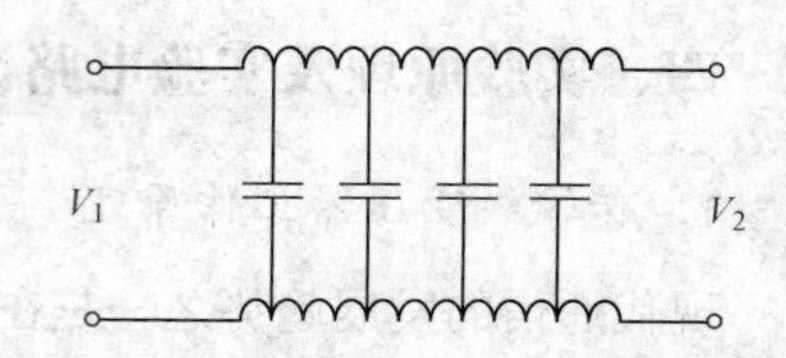

图 5.2.8.3　传输线变压器高频段等效电路

2．实验电路组成

本实验单元模块电路如图 5.2.8.4 所示。该实验电路由两级宽带、高频功率放大电路组成，两级功放都工作在甲类状态，其中 Q_1（3DG12）、L_1 组成甲类功率放大器，工作在线性放大状态，R_{A1}、R_7、R_8 组成静态偏置电阻，调节 R_{A1} 可改变放大器的增益。R_2 为本级交流负反馈电阻，展宽频带，改善非线性失真，T_1、T_2 两个传输线变压器级联作为第一级功放的输出匹配网络，总阻抗比为 16∶1，使第二级功放的低输入阻抗与第一级功放的高输出阻抗实现匹配，后级电路分析同前级。

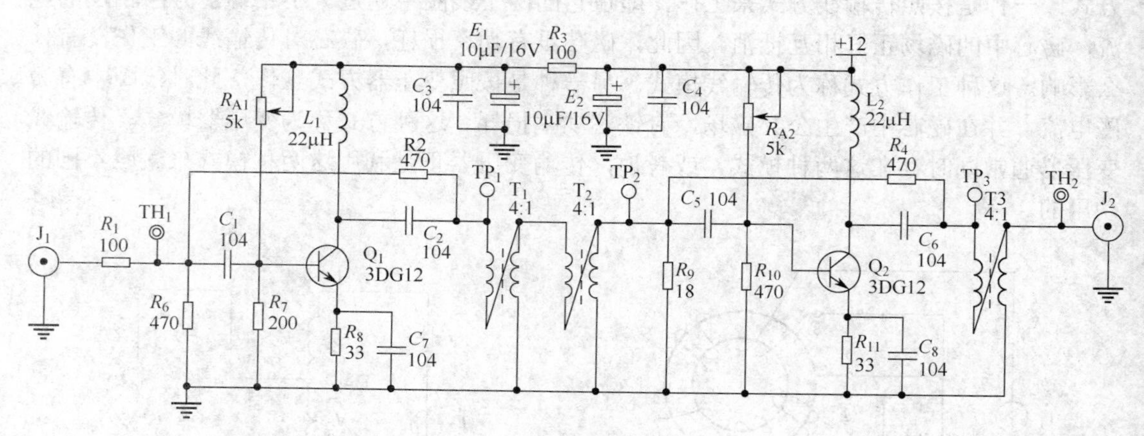

图 5.2.8.4　线性宽带功率放大

五、实验步骤

（1）按表 5.2.8.1 所示搭建测试电路。（连线框图如图 5.2.8.5 所示）

表 5.2.8.1

源　端　口	目 的 端 口	连 线 说 明
信号源：RF_1	8 号板：J_1	射频信号输入
信号源：RF_2	频率计：RFIN	频率计实时观察输入频率

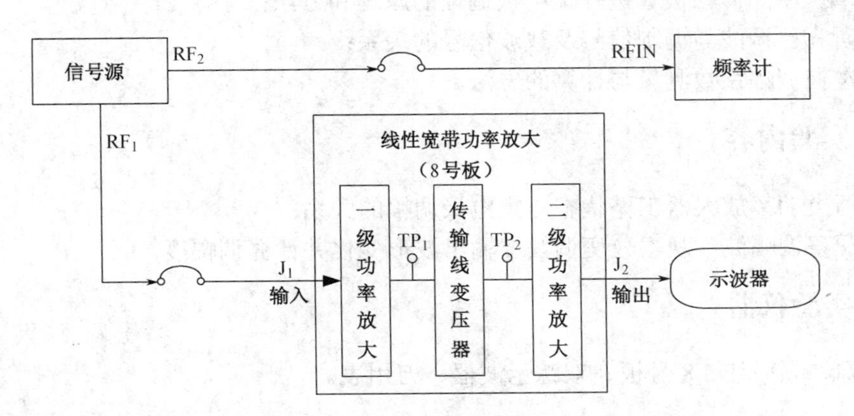

注：图中符号表示高频连接线。

图 5.2.8.5　线性宽带功率放大电路连线框图

（2）对照电路图 5.2.8.4，了解实验板上各元器件的位置与作用。

（3）调整静态工作点。不加输入信号，用万用表的电压挡（20V）挡测量三极管 Q_1 的射极电压（即射极电阻 R_8 两端电压），调整基极偏置电阻 R_{A1} 使 V_e=0.53V；测量三极管 Q_2 的射极电压（即射极电阻 R_{11} 两端电压），调整基极偏置电阻 R_{A2} 使 V_e=1.50V，根据电路计算静态工作点。

① 测量电压增益 A_{vo}。在 J_1 输入频率为 11.5MHz，$V_{p\text{-}p}$=50mV 的高频信号，用示波器测输入信号的峰－峰值 V_i（TH_1 处观察），测输出信号的峰－峰值为 V_o（TH_2 处观察），则小信号放大的电压放大倍数为 $A_{vo}=V_o/V_i$。

② 通频带的测量。频标置 10M/1M 挡位，调节扫频宽度使相邻两个频标在横轴上占有适当的格数，输入信号适当衰减，将扫频仪射频输出端送入电路输入端 J_1 处，电路输出端 J_2 接至扫频仪检波器输入端，调节输出衰减和 Y 轴增益，使谐振特性曲线在纵轴占有一定高度，读出其曲线下降 3dB 处对称点的带宽。

$$B_W=2\Delta f_{0.7}=f_H-f_L$$

画出幅频特性曲线（注：此电路放大倍数较大，扫频仪输出、输入信号都要适当衰减）。

③ 频率特性的测量。将峰－峰值 20mV 左右的高频信号从 J_1 处送入，以 0.1MHz 步进从 1MHz 到 1.6MHz，再以 1MHz 步进从 2MHz 到 45MHz，记录输出电压 V_o。自行设计表格，将数据填入表格中。

六、实验报告要求

（1）画出实验电路的交流等效电路。

（2）计算静态工作点，与实验实测结果比较。

（3）在坐标纸上画出线性功率放大器的幅频特性。

实验九　集电极调幅实验

一、实验目的

（1）掌握用晶体三极管进行集电极调幅的原理和方法；
（2）研究已调波与调制信号及载波信号的关系；
（3）掌握调幅系数测量与计算的方法。

二、实验内容

（1）丙类功率放大器工作状态与集电极调幅的关系；
（2）观察调幅波，观察改变调幅度输出波形变化并计算调幅度。

三、实验仪器

信号源、频率计、8 号板、双踪示波器、万用表。

四、实验原理与实验电路

1．集电极调幅的工作原理

集电极调幅就是用调制信号来改变高频功率放大器的集电极直流电源电压，以实现调幅。其基本电路如图 5.2.9.1 所示。

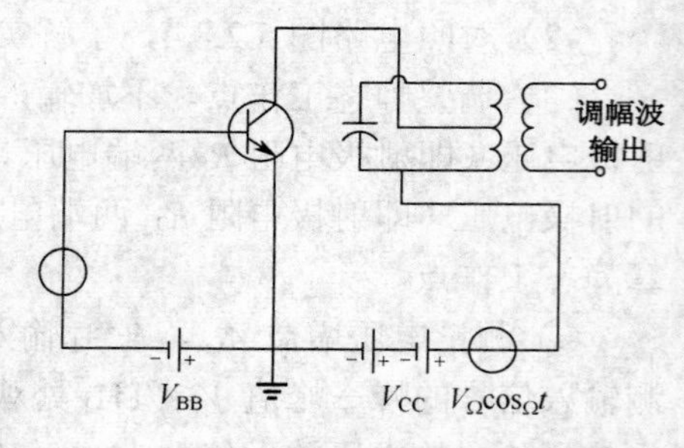

图 5.2.9.1　集电极调幅的基本过程

由图 5.2.9.1 可知，低频调制信号 $V_{\Omega}\cos_{\Omega}t$ 与直流电源 V_{CC} 相串联，因此放大器的有效集电极电源电压等于上述两个电压之和，它随调制信号波形而变化。因此，集电极的回路输出高频电压振幅将随调制信号的波形而变化。于是得到调幅波输出。

图 5.2.9.2（a）所示为 I_{c1m}、I_{CO} 随 V_{CC} 而变化的曲线。由于 $P_D = V_{CC}I_{CO}$，$P_0 = \frac{1}{2}I_{c1m}^2 R_P \propto I_{c1m}^2$，$P_C = P_D - P_0$，因而可以从已知的 I_{CO}，I_{c1m}

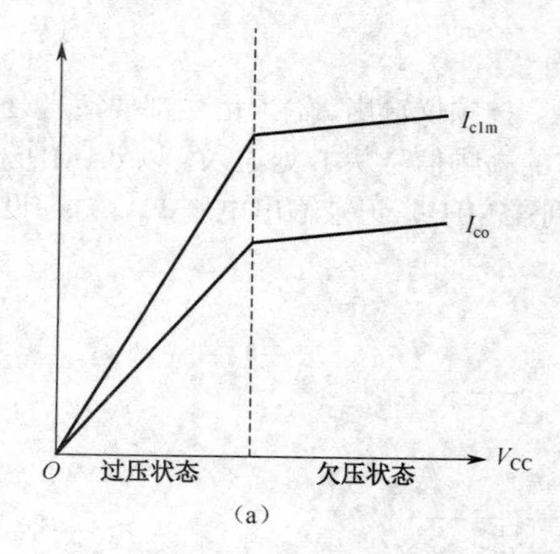

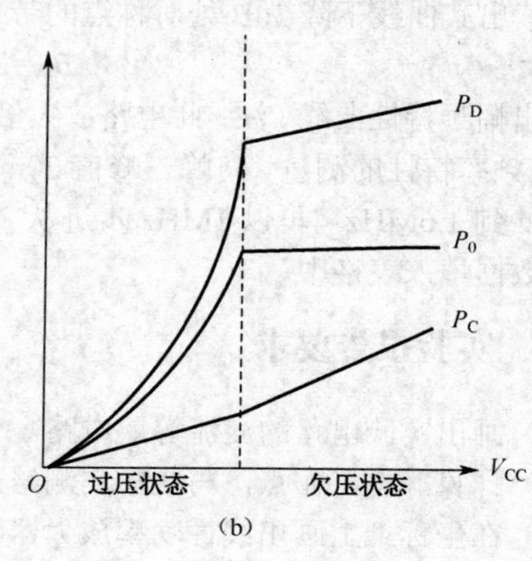

图 5.2.9.2　V_{CC} 对工作状态的影响

得出 P_D、P_0、P_C 随 V_{CC} 变化的曲线，如图 5.2.9.2（b）所示。由图可以看出，在欠压区，V_{CC} 对 I_{c1m} 与 P_0 的影响很小，但集电极调幅作用时通过改变 V_{CC} 来改变 I_{c1m} 与 P_0 才能实现。因此，在欠压区不能获得有效的调幅作用，必须工作在过压区，才能产生有效的调幅作用。

集电极调幅的集电极效率高，晶体管获得充分的应用，这是它的主要优点。其缺点是已调波的边频带功率 $P_{(\omega0\pm\Omega)}$ 由调制信号供给，因而需要大功率的调制信号源。

2．实验电路

实验电路图如图 5.2.9.3 所示。

Q_3 和 T_6、C_{13} 组成甲类功率放大器，高频信号从 J_3 输入；Q_4、T_4、C_{15} 组成丙类高频功率放大器，由 R_{16}、R_{17} 提供基极负偏压，丙类功率放大器的电压增益，R_{18}～R_{21} 为丙类功率放大器的负载。

音频信号从 J_5 输入，经集成运放 LM386 放大之后通过变压器 T_5 感应到次级，该音频电压 $v_\Omega(t)$ 与电源电压 V_{CC} 串联，构成 Q_4 管的等效电源电压 $V_{CC}(t)=V_{CC}+v_\Omega(t)$，在调制过程中 V_{CC}（t）随调制信号 $v_\Omega(t)$ 的变化而变化。如果要求集电极输出回路产生随调制信号 $v_\Omega(t)$ 规律变化的调幅电压，则应要求集电极电流的基波分量 I_{cm1}、集电极输出电压 $v_c(t)$ 随 $v_\Omega(t)$ 而变化。由振荡功放的理论可知，应使 Q_4 放大器在 $V_{CC}(t)$ 的变化范围内工作在过压区，此时输出信号的振幅值就等于电源供电电压 $V_{CC}(t)$；如果输出回路调谐在载波角频率 ω_o 上，则输出信号为：

$$V_C(t)=V_{CC}(t)\cos\omega_0 t=(V_{CC}+V_0\cos\omega_0 t)\cos\omega_0 t$$

从而实现了高电平调幅。

判断功放的三种工作状态的方法：

临界状态 $V_{CC}-V_{cm}=V_{CES}$

欠压状态 $V_{CC}-V_{cm}>V_{CES}$

过压状态 $V_{CC}-V_{cm}<V_{CES}$

式中　V_{cm}——各集电极输出电压的幅度；

V_{CES}——晶体管饱和压降。

调幅度：$m_a=\dfrac{V_{max}-V_{min}}{V_{max}+V_{min}}$（单音调制）

五、实验步骤

（1）按表 5.2.9.1 所示搭建好测试电路（连线框图如图 5.2.9.4 所示）。

表 5.2.9.1

源　端　口	目 的 端 口	连 线 说 明
信号源：RF_1（V_{p-p}=200mV，f=10.7MHz）	8 号板：J_3	高频信号输入
信号源：低频输出（V_{p-p}=200mV，f=1kHz）	8 号板：J_5	音频信号输入

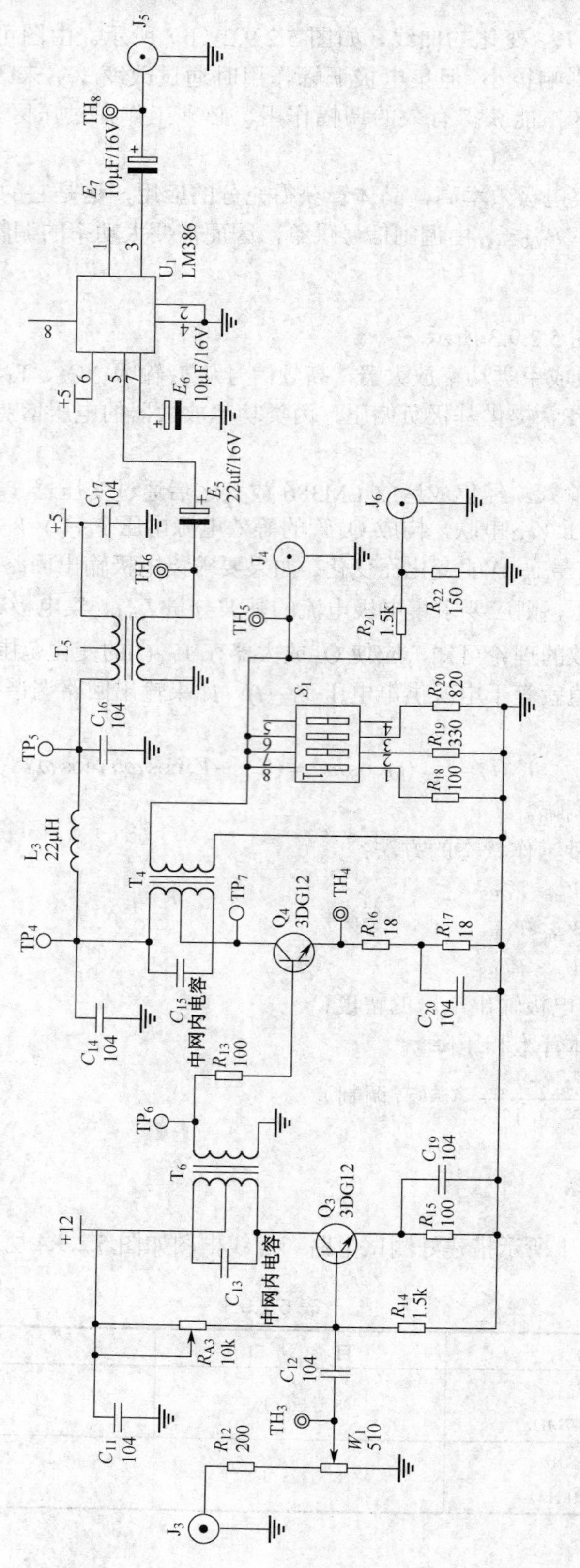

图 5.2.9.3 集电极调幅实验电路

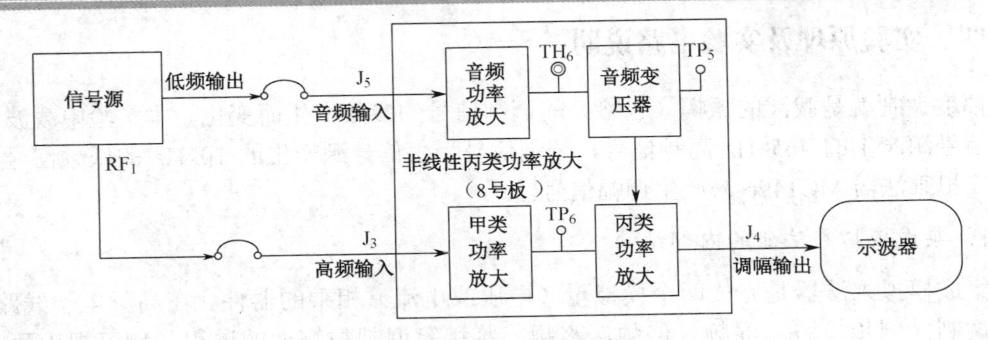

注：图中符号表示高频连接线。

图 5.2.9.4　集电极调幅连线框图

（2）从 J_3 处输入高频信号（在 TH_3 处观察），首先调节 T_6 使 TP_6 处波形最大，再调谐 T_4 使 TH_5 输出波形最大。

（3）将信号源提供的正弦波信号接至 J_5 处（在 TH_8 处观察），将拨码开关 S_1 拨为“1000”，从 TH_5 处观察输出波形。

（4）使 Q_4 管分别处于欠压状态（S_1 拨为“1110”）和过压状态（S_1 拨为“0000”），在 TH_5 处观察调幅波形，并计算调幅度。

（5）改变音频信号的输入电压，观察调幅波变化。

六、实验报告要求

（1）分析集电极调幅为何要选择在过压状态。

（2）分析调幅度与音频信号振幅的关系。

实验十　模拟乘法器调幅（AM、DSB、SSB）

一、实验目的

（1）掌握用集成模拟乘法器实现全载波调幅、抑制载波双边带调幅和音频信号单边带调幅的方法；

（2）研究已调波与调制信号以及载波信号的关系；

（3）掌握调幅系数的测量与计算方法；

（4）通过实验对比全载波调幅、抑制载波双边带调幅和单边带调幅的波形；

（5）了解模拟乘法器（MC1496）的工作原理，掌握调整与测量其特性参数的方法。

二、实验内容

（1）实现全载波调幅，改变调幅度，观察波形变化并计算调幅度；

（2）实现抑制载波的双边带调幅；

（3）实现单边带调幅。

三、实验仪器

信号源、频率计、4 号板、双踪示波器、万用表。

四、实验原理及实验电路说明

幅度调制就是载波的振幅（包络）随调制信号的参数变化而变化。本实验中载波是由高频信号源产生的 465kHz 高频信号，调制信号为由信号源产生的 10kHz 的低频信号。用集成模拟乘法器 MC1496 来产生调幅信号。

1．集成模拟乘法器的内部结构

集成模拟乘法器是完成两个模拟量（电压或电流）相乘的器件。在高频电子线路中，振幅调制、同步检波、混频、倍频、鉴频、鉴相等调制与解调的过程，均可视为两个信号相乘或包含相乘的过程。采用集成模拟乘法器实现上述功能比采用分离器件如二极管和三极管要简单得多，而且性能更优越。所以，目前无线通信、广播电视等方面应用较多。集成模拟乘法器常见产品有 BG314、F1595、F1596、MC1495、MC1496、LM1595、LM1596 等。

1）MC1496 的内部结构

在本实验中采用集成模拟乘法器 MC1496 来完成调幅作用。MC1496 是四象限模拟乘法器，其内部电路图和引脚图如图 5.2.10.1 所示。其中 V_1、V_2 与 V_3、V_4 组成双差分放大器，以反极性方式相连接，而且两组差分对的恒流源 V_5 与 V_6 又组成一对差分电路，因此，恒流源的控制电压可正可负，以此实现了四象限工作。V_7、V_8 为差分放大器 V_5 与 V_6 的恒流源。

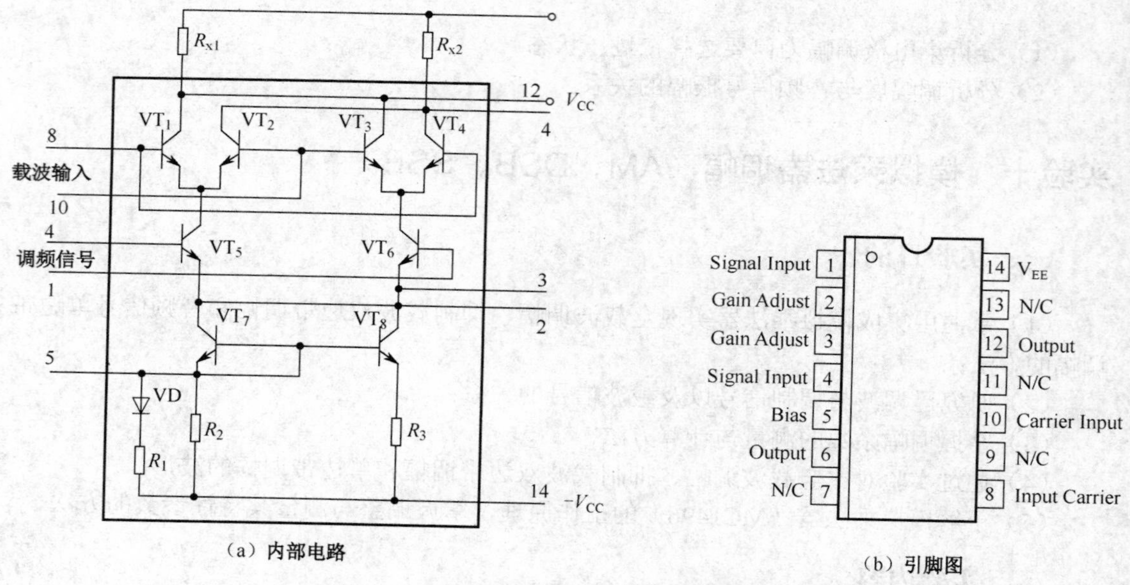

图 5.2.10.1　MC1496 的内部电路及引脚图

2）静态工作点的设定

（1）静态偏置电压的设置。静态偏置电压的设置应保证各个晶体管工作在放大状态，即晶体管的集—基极间的电压应大于或等于 2V，小于或等于最大允许工作电压。根据 MC1496 的特性参数，对于图 5.1.10.1 所示的内部电路，应用时，静态偏置电压（输入电压为 0 时）应满足下列关系：

$$v_8=v_{10},\ v_1=v_4,\ v_6=v_{12}$$

$$15V \geqslant v_6(v_{12})-v_8(v_{10}) \geqslant 2V$$

$$15V \geqslant v_8(v_{10})-v_1(v_4) \geqslant 2V$$

$$15V \geqslant v_1(v_4)-v5 \geqslant 2V$$

（2）静态偏置电流的确定。静态偏置电流主要由恒流源 I_0 的值来确定。

当器件为单电源工作时，引脚 14 接地，5 脚通过一电阻 V_R 接正电源 $+V_{CC}$ 由于 I_0 是 I_5 的镜像电流，所以改变 V_R 可以调节 I_0 的大小，即 $I_0 \approx I_5 = \dfrac{V_{CC}-0.7V}{V_R+500}$。

当器件为双电源工作时，引脚 14 接负电源 $-V_{ee}$，5 脚通过一电阻 V_R 接地，所以改变 V_R 可以调节 I_0 的大小，即 $I_0 \approx I_5 = \dfrac{V_{ee}-0.7V}{V_R+500}$。

根据 MC1496 的性能参数，器件的静态电流应小于 4mA，一般取 $I_0 \approx I_5 = 1\text{mA}$。在本实验电路中 V_R 用 6.8kΩ 的电阻 R_{15} 代替。

2．实验电路说明

用 MC1496 集成电路构成的调幅器电路图如图 5.2.10.2 所示。

图中 W_1 用来调节引出脚 1、4 之间的平衡，器件采用双电源方式供电（+12V、-8V），所以 5 脚偏置电阻 R_{15} 接地。电阻 R_1、R_2、R_4、R_5、R_6 为器件提供静态偏置电压，保证器件内部的各个晶体管工作在放大状态。载波信号加在 V_1-V_4 的输入端，即引脚 8、10 之间；载波信号 Vc 经高频耦合电容 C_1 从 10 脚输入，C_2 为高频旁路电容，使 8 脚交流接地。调制信号加在差动放大器 V_5、V_6 的输入端，即引脚 1、4 之间，调制信号 V_Ω 经低频耦合电容 E_1 从 1 脚输入。2、3 脚外接 1kΩ 电阻，以扩大调制信号动态范围。当电阻增大，线性范围增大，但乘法器的增益随之减小。已调制信号取自双差动放大器的两集电极（即引出脚 6、12 之间）输出。

3．双边带调幅方式

在不影响传输信号的前提下，将调幅波中的载波成分加以拟制，可大大节省发射机的功率。

设载波信号为：$u_c(t)=U_{cm}\cos\omega_c t$

单频调制信号为：$u_\Omega(t)=U_{\Omega m}\cos\Omega t$

则双边单调幅信号为：

$$u_{DSB}(t)=kU_{\Omega m}U_{cm}\cos\omega_c t\cos\Omega t=\frac{kU_{\Omega m}U_{cm}}{2}[\cos(\omega_c+\Omega)t+\cos(\omega_c-\Omega)t]$$

式中　k——比例系数。

可见，双边带调幅信号中仅包含两个边频，无载频分量

其频带宽度与普通调幅信号一样仍为调制信号频率的 2 倍。

【注意】双边带调幅信号不仅其包络已不再反映调制信号波形的变化，而且在调制信号波形过零点时高频相位有 180° 的突变。

由上式可以看到，在调制信号正半周，$\cos\Omega t$ 为正值，双边带调幅信号 $u_{DSB}(t)$ 与载波信号 $u_c(t)$ 同相；在调制信号负半周，$\cos\Omega t$ 为负值，双边带调幅信号 $u_{DSB}(t)$ 与载波信号 $u_c(t)$ 反相；所以在正负半周交界处，$u_{DSB}(t)$ 有 180° 相位突变。

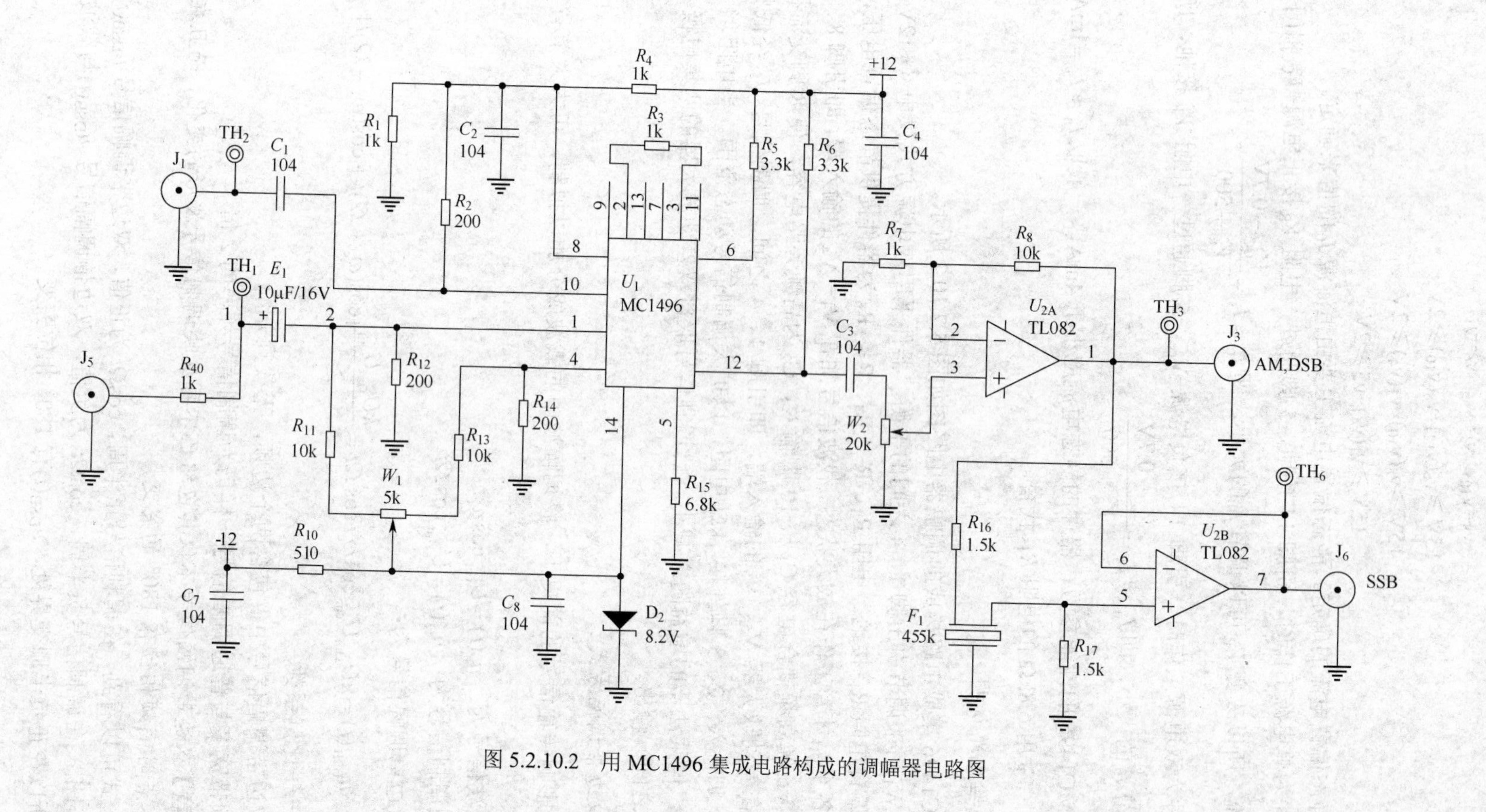

图 5.2.10.2 用 MC1496 集成电路构成的调幅器电路图

4．单边带调幅方式

单边带调幅方式是指仅发送上、下边带中的一个边带的调幅方式。从原理上讲，只要设法将双边带调幅信号中的一个边带成分取出，而将另一边带成分加以抑制便可得到单边带调幅信号。以发送下边带为例，设单频调制单边带调幅信号为：

$$u_{\mathrm{ssb}}(t)=\frac{kU_{\Omega\mathrm{m}}U_{\mathrm{cm}}}{2}\cos(\omega_{\mathrm{c}}-\Omega)t$$

由上式可见，单频调制单边带调幅信号是一个角频率为（ω_c-Ω）的单频正弦波信号，实验中用 10kHz 调制 465kHz 的单频调制双边带调幅信号用滤波法将其下边带信号滤出，为 455kHz 的单频正弦波信号，在 J_6（SSB 输出）可观测到等幅正弦波，如有调制包络，可通过调节 W_1 改变调幅度消除。滤波器原理见图 5.2.10.2。但是，一般应用中的单边带调幅信号波形因调制信号非单一频率都比较复杂。不过有一点是相同的，即单边带调幅信号的包络已不能反映调制信号的变化。单边带调幅信号的带宽与调制信号带宽相同，是普通调幅和双边带调幅信号带宽的一半。

产生单边带调幅信号的方法主要有滤波法、移相法以及二者相结合的相移滤波法。滤波法是根据单边带调幅信号的频谱特点，先产生双边带调幅信号，再利用带通滤波器取出其中一个边带信号的方法。

五、实验步骤

（1）静态工作点调测。无输入信号的情况下调节 W_1，使用万用表测得 U_1 第 1、4 脚的电压差接近 0V。（改变 W_1 可以使乘法器实现 AM、DSB/SSB 调制）

（2）按表 5.2.10.1 所示搭建好测试电路。（连线框图如图 5.1.10.3 所示）

表 5.2.10.1

源　端　口	目 标 端 口	端口连线说明
信号源：低频输出	4 号板：J_5	输入 10kHz 被调制信号
信号源：RF_1	4 号板：J_1	输入 465kHz 载波信号

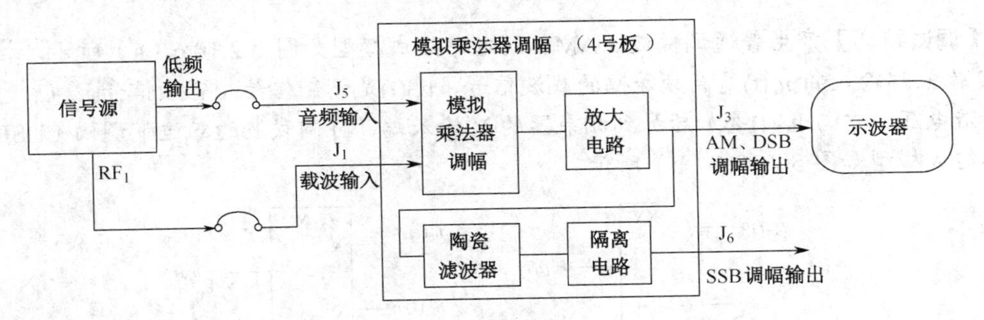

注：图中符号⌒表示高频连接线。

图 5.2.10.3　模拟乘法器调幅连线框图

① 抑制载波双边带振幅调制（DSB-AM）。调节信号源高频（幅度调节）、在 TH_2 测试钩用示波器观察，使峰－峰值约 500mV，调节信号源音频（幅度调节）、在 TH_1 测试钩用示波器观察，使峰峰值约 500mV。调节信号 W_1、在 TH_3 测试钩用示波器观察，使抑制载

波双边带调幅波信号如图 5.2.10.4，峰－峰值随 W_2 调节可在 1～10V 之间变化。

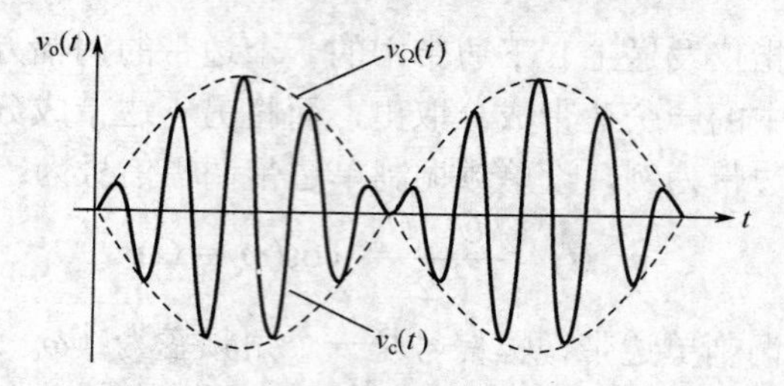

图 5.2.10.4　抑制载波调幅波形

② 抑制载波单边带振幅调制（SSB-AM）。步骤同抑制载波双边带振幅调制（DSB-AM），在 TH_6 测试钩用示波器观察，可观测到等幅正弦波，如有调制包络，可通过调节 W_1 改变调幅度消除。

③ 全载波振幅调制（AM）。步骤同抑制载波双边带振幅调制（DSB-AM），观测完 DSB、SSB 的波形后。适当调节 W_1、W_2，并逆时针旋转信号源音频（幅度调节）钮，在 TH_3 测试钩用示波器观察，使之出现如图 5.2.10.5 所示的有载波调幅信号的波形，最大峰－峰值约 2.5V。记下 AM 波对应 V_{max} 和 V_{min}，并计算调幅度 m。比较全载波振幅调制（AM）、抑制载波双边带振幅调制（DSB-AM）、抑制载波单边带振幅调制（SSB-AM）的波形。

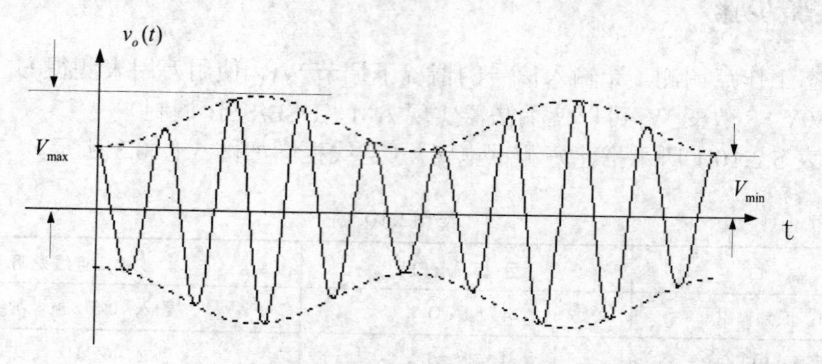

图 5.2.10.5　普通调幅波波形

【调试技巧】产生普通调幅波（AM）的电路组成模型如图 5.2.10.6（a）所示，相乘器的 X 输入端输入的 $u_c(t)$是高频等幅的载波信号，$u_\Omega(t)$是调制信号（音频信号），U_Q 为固定的直流电压，它与 $u_\Omega(t)$叠加后加到相乘器的 Y 输入端。抑制载波的双边带调幅（DSB）的电路组成模型如图 5.2.10.6（b）所示。

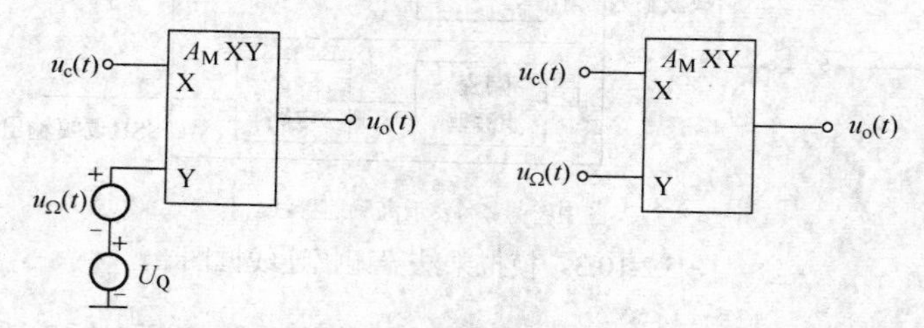

（a）普通调幅波电路组成模型　　（b）双边带调幅电路组成模型

图 5.2.10.6　AM、DSB 调幅电路组成模型

1．普通调幅波的调试方法：依据普通调幅波的电路组成模型，在图 5.2.10.2 电路的输入端 J_1 输入 f_c=465kHz，幅度为 600-800mV 的正弦波作为载波，调节电位器 W_1（使电位器滑片偏离中心位置,从而使相乘器 1、4 脚之间有静态电压,这个电压相当于模型图 5.2.10.6（a）中所加的直流电压 U_Q），使输出端 J_3 有输出载波（通常比输入的载波小）；从 J_5 端输入 1kHz 的音频信号作为调制信号，将调制信号的幅度调到 0，从 J_3 观察调制信号，此时为调幅度为 0（由调幅度公式 $m_a=(K_aU_{\Omega m})/U_Q$ 可以计算）的调幅波（仍然为等幅的正弦波）；再逐步增加调制信号的幅度 $U_{\Omega m}$，并调节时间扫描旋钮，使其扫描时基增加，在输出端能容易地看到普通调幅波。改变调制信号的幅度，分别观察调幅度为 0、0.3、……、1 和大于 1 的调幅波波形，完成后面的习题。

2．抑制载波的双边带调制，需将电位器 W_1 调在中间位置，此时模拟乘法器的 1、4 脚的静态电位相等，其直流电压 U_Q=0，电路组成模型如图 5.2.10.6（b）所示。

调试方法：在 J_1 加入 f_c=465kHz，幅度为 600～800mV 的载波，调制信号的幅度调到 0，调节电位器 W_1，使相乘器的输出最小（在示波器中显示为一条直线），此时，使调制信号的幅度从 0 开始增大，在输出端 J_3 就可以获得抑制载波的双边带（DSB）信号。（将音频信号的频率调至最大，即可测得清晰的抑制载波的调幅波）。

六、实验报告要求

（1）画出调幅实验中 m=30%、m=100%、m>100%的调幅波形，分析过调幅的原因。

（2）画出当改变 W_1 时能得到几种调幅波形，分析其原因。

（3）画出全载波调幅波形、抑制载波双边带及抑制载波的单边带调幅波形，比较三者的区别。

实验十一　包络检波及同步检波实验

一、实验目的

（1）进一步了解调幅波的原理，掌握调幅波的解调方法；

（2）掌握二极管峰值包络检波的原理；

（3）掌握包络检波器的主要质量指标、检波效率及各种波形失真的现象，分析产生的原因并思考克服的方法；

（4）掌握用集成电路实现同步检波的方法。

二、实验内容

（1）完成普通调幅波的解调；

（2）观察抑制载波的双边带调幅波的解调；

（3）观察普通调幅波解调中的对角切割失真、底部切割失真以及检波器不加高频滤波时的现象。

三、实验仪器

信号源、频率计、4 号板、双踪示波器、万用表。

四、实验原理及实验电路说明

检波过程是一个解调过程，它与调制过程正好相反。检波器的作用是从振幅受调制的高频信号中还原出原调制的信号。还原所得的信号，与高频调幅信号的包络变化规律一致，故又称为包络检波器。

假如输入信号是高频等幅信号，则输出就是直流电压。这是检波器的一种特殊情况，在测量仪器中应用比较多。例如某些高频伏特计的探头，就是采用这种检波原理。

若输入信号是调幅波，则输出就是原调制信号。这种情况应用最广泛，如各种连续波工作的调幅接收机的检波器即属此类。

从频谱来看，检波就是将调幅信号频谱由高频搬移到低频，如图 5.2.11.1 所示（此图为单音频 Ω 调制的情况）。检波过程也是应用非线性器件进行频率变换，首先产生许多新频率，然后通过滤波器，滤除无用频率分量，取出所需要的原调制信号。

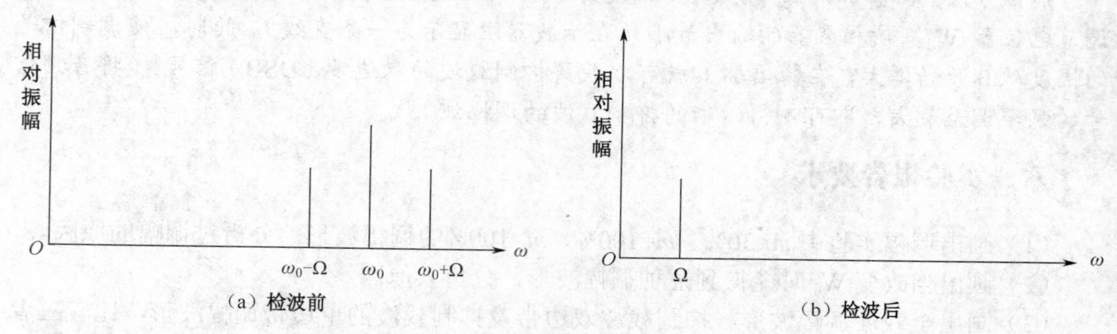

图 5.2.11.1　检波器检波前后的频谱

常用的检波方法有包络检波和同步检波两种。全载波振幅调制信号的包络直接反映了调制信号的变化规律，可以用二极管包络检波的方法进行解调。而抑制载波的双边带或单边带振幅调制信号的包络不能直接反映调制信号的变化规律，无法用包络检波进行解调，所以采用同步检波方法。

1．二极管包络检波的工作原理

当输入信号较大（大于 0.5V）时，利用二极管单向导电特性对振幅调制信号的解调，称为大信号检波。

大信号检波原理电路如图 5.2.11.2（a）所示。检波的物理过程如下：在高频信号电压的正半周时，二极管正向导通并对电容器 C 充电，由于二极管的正向导通电阻很小，所以充电电流 i_D 很大，使电容器上的电压 V_C 很快就接近高频电压的峰值。充电电流的方向如图 5.1.11.2（a）所示。

这个电压建立后通过信号源电路，又反向地加到二极管 D 的两端。这时二极管导通与否，由电容器 C 上的电压 V_C 和输入信号电压 V_i 共同决定。当高频信号的瞬时值小于 V_C 时，二极管处于反向偏置，管子截止，电容器就会通过负载电阻 R 放电。由于放电时间常数 RC 远大于调频电压的周期，故放电很慢。当电容器上的电压下降不多时，调频信号第二个正半周的电压又超过二极管上的负压，使二极管又导通。如图 5.2.11.2（b）中的 t_1 至 t_2 的时间为二极管导通的时间，在此时间内又对电容器充电，电容器的电压又迅速接近第二个高频电压的最大值。在图 5.2.11.2（b）中的 t_2 至 t_3 时间为二极管截止的时间，在此时间内电容器又通过负载电阻 R 放电。这样不断地循环反复，就得到图 5.2.11.2（b）中电压 V_c 的波形。因此，只要充电很快，即充电时间常数 $R_d \cdot C$ 很小（R_d 为二极管导通时的内阻）：而放电时间常数足够慢，即放电时间常数 RC 很大，满足 $R_d \cdot C \ll RC$，就可使输出电压 V_c 的幅度接近于输入电压 V_i 的幅度，即传输系数接近 1。另外，由于正向导电时间很短，放电时间常数又远大于高频电压周期（放电时 V_c 的基本不变），所以输出电压 V_c 的起伏是很小的，可看成与高频调幅波包络基本一致。而高频调幅波的包络又与原调制信号的形状相同，故输出电压 V_c 就是原来的调制信号，达到了解调的目的。

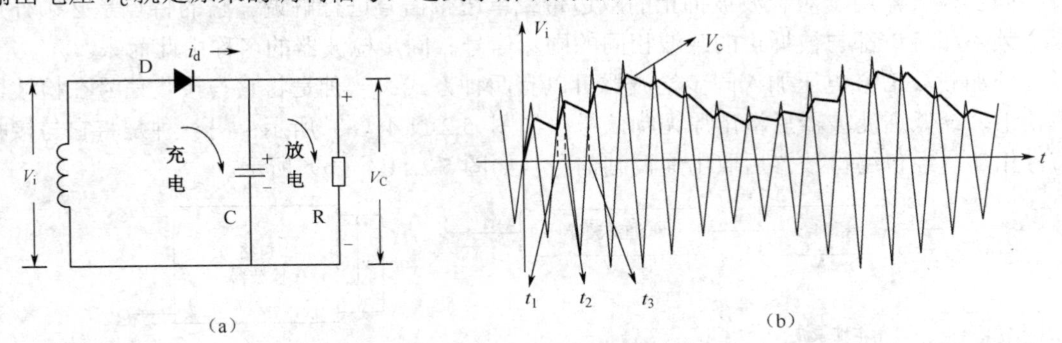

图 5.2.11.2　二极管包络检波的工作原理

本实验电路如图 5.2.11.3 所示，主要由二极管 D 及 RC 低通滤波器组成，利用二极管的单向导电特性和检波负载 RC 的充放电过程实现检波，所以 RC 时间常数的选择很重要。RC 时间常数过大，则会产生对角切割失真又称惰性失真。RC 常数太小，高频分量会滤不干净。综合考虑要求满足下式：

$$RC\Omega_{max} << \frac{\sqrt{1-m_a^2}}{m_a}$$

式中　m——调幅系数；

Ω_{max}——调制信号最高角频率。

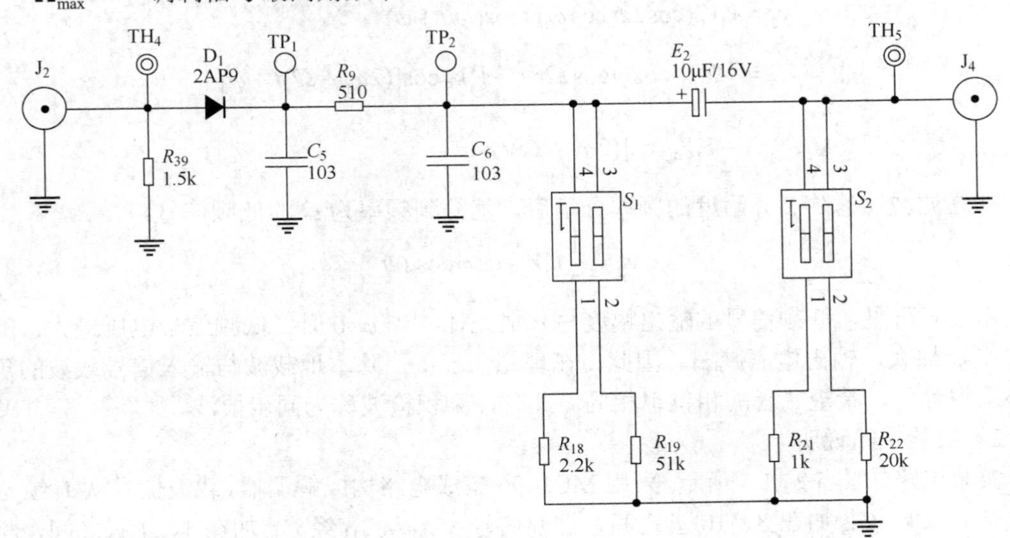

图 5.2.11.3　峰值包络检波（465kHz）

当检波器的直流负载电阻 R 与交流音频负载电阻 R_Ω 不相等，而且调幅度 m_a 又相当大时会产生负峰切割失真（又称底边切割失真），为保证不产生负峰切割失真应满足：

$$m_a < \frac{R_\Omega}{R}$$

2．同步检波

1）同步检波原理

同步检波器用于对载波被抑止的双边带或单边带信号进行解调。它的特点是必须外加一个频率和相位都与被抑止的载波相同的同步信号。同步检波器的名称由此而来。

外加载波信号电压加入同步检波器可以有两种方式：一种是将它与接收信号在检波器中相乘，经低通滤波器后检出原调制信号，如图 5.2.11.4（a）所示；另一种是将它与接收信号相加，经包络检波器后取出原调制信号，如图 5.2.11.4（b）所示。

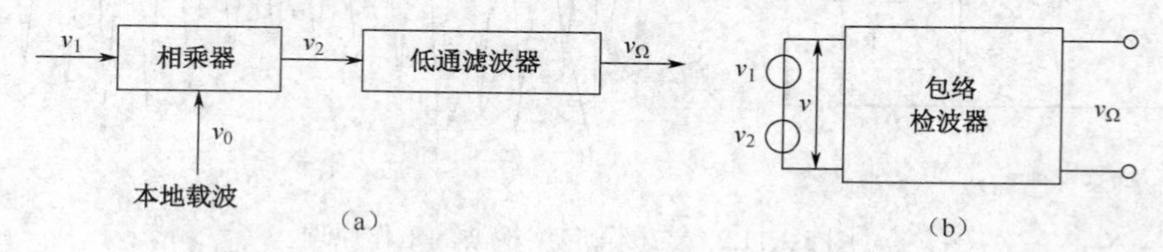

图 5.2.11.4　同步检波器方框图

本实验选用乘积型检波器。设输入的已调波为载波分量被抑止的双边带信号 v_1，即

$$v_1 = V_1 \cos \Omega t \cos \omega_1 t$$

本地载波电压：

$$v_0 = V_0 \cos(\omega_0 t + \varphi)$$

本地载波的角频率 ω_0 准确地等于输入信号载波的角频率 ω_1，即 $\omega_1=\omega_0$，但二者的相位可能不同；这里 φ 表示它们的相位差。

这时相乘输出（假定相乘器传输系数为 1）：

$$\begin{aligned} v_2 &= V_1 V_0 (\cos \Omega t \cos \omega_1 t) \cos(\omega_0 t + \varphi) \\ &= \frac{1}{2} V_1 V_0 \cos\varphi \cos \Omega t + \frac{1}{4} V_1 V_0 \cos[(2\omega_1 + \Omega)t + \varphi] \\ &\quad + \frac{1}{4} V_1 V_0 \cos[(2\omega_1 - \Omega)t + \varphi \end{aligned}$$

低通滤波器滤除 $2\omega_1$ 附近的频率分量后，就得到频率为 Ω 的低频信号：

$$v_\Omega = \frac{1}{2} V_1 V_0 \cos\varphi \cos \Omega t$$

由上式可见，低频信号的输出幅度与 φ 成正比。当 $\varphi=0$ 时，低频信号电压最大，随着相位差 φ 加大，输出电压减弱。因此，在理想情况下，除本地载波与输入信号载波的角频率必须相等外，希望二者的相位也相同。此时，乘积检波称为同步检波。

2）实验电路说明

实验电路如图 5.2.11.5 所示，采用 MC1496 集成电路构成解调器，载波信号从 J_8 经 C_{12}、W_4、W_3、U_3、C_{14} 加在 8、10 脚之间，调幅信号 V_{AM} 从 J_{11} 经 C_{20} 加在 1、4 脚之间，相乘后信号由 12 脚输出，经低通滤波器、同相放大器输出。

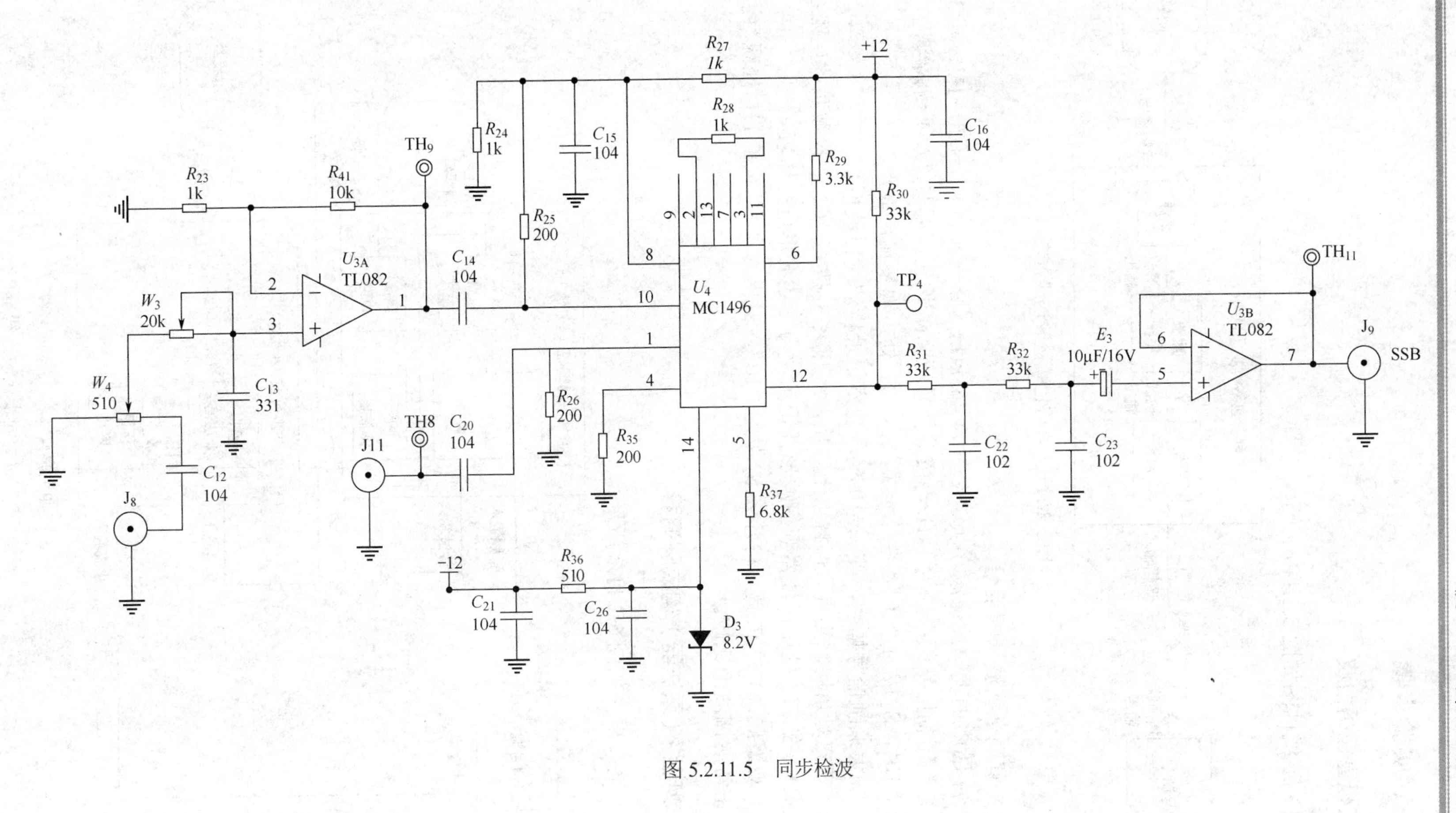
R27
1k
+12
R28
1k
R24
1k
C15
104
C16
104
TH9
R23
1k
R41
10k
R29
3.3k
R30
33k
R25
200
U3A
TL082
C14
104
TH11
U4
MC1496
TP4
W3
20k
U3B
TL082
J9
SSB
R31
33k
R32
33k
E3
10μF/16V
W4
510
C13
331
R26
200
TH8
C20
104
J11
R35
200
C22
102
C23
102
C12
104
J8
R37
6.8k
-12
R36
510
C21
104
C26
104
D3
8.2V

图 5.2.11.5　同步检波

五、实验步骤

二极管包络检波

（1）连线框图如图 5.2.11.6 所示。

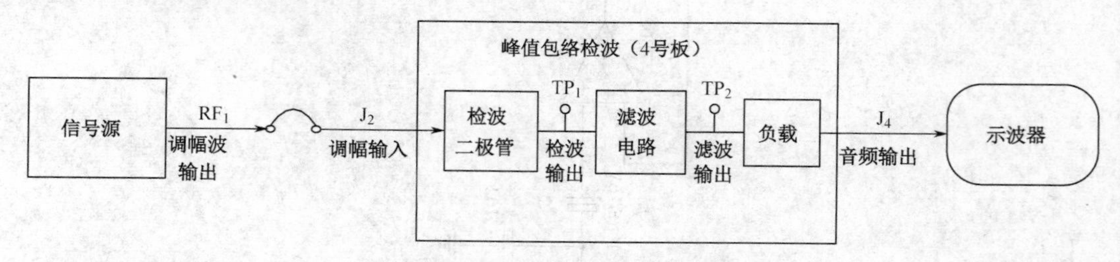

图 5.2.11.6　峰值包络检波连线框图

（2）解调全载波调幅信号。

① m<30%的调幅波检波。从 J_2 处输入 465kHz、峰－峰值 V_{p-p}=0.5～1V、m<30%的已调波（音频调制信号频率约为 1kHz，按下信号源 AM 按钮，调节"AM 调幅度"）。将开关 S_1 拨为"10"，S_2 拨为"00"，将示波器接入 TH_5 处，观察输出波形。

② 加大调制信号幅度，使 m=100%，观察记录检波输出波形。

（3）观察对角切割失真。保持以上输出，将开关 S_1 拨为"01"，检波负载电阻由 2.2kΩ 变为 20kΩ，在 TH_5 处用示波器观察波形并记录，与上述波形进行比较。

（4）观察底部切割失真。将开关 S_2 拨为"10"，S_1 仍为"01"，在 TH_5 处观察波形，记录并与正常解调波形比较。

集成电路（乘法器）构成解调器

（1）连线框图如图 5.2.11.7 所示。

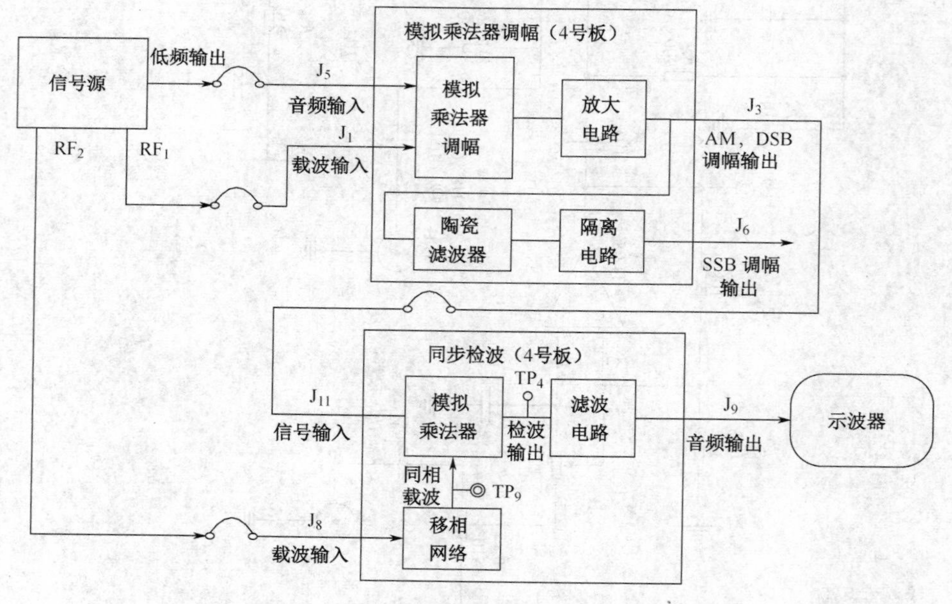

图 5.2.11.7　同步检波连线框图

（2）解调全载波信号。按调幅实验中实验内容获得调制度分别为30%、100%及>100%的调幅波。将它们依次加至解调器调制信号输入端 J_{11}，并在解调器的载波输入端 J_8 加上与调幅信号相同的载波信号，分别记录解调输出波形，并与调制信号进行对比。

（3）解调抑制载波的双边带调幅信号。按调幅实验中实验内容的条件获得抑制载波调幅波，加至解调器调制信号输入端 J_{11}，观察记录解调输出波形，并与调制信号进行比较。

六、实验报告要求

（1）通过一系列检波实验，将下列内容整理在表5.2.11.1内：

表5.2.11.1

输入的调幅波波形	m<30%	m=100%	抑制载波调幅波
二极管包络检波器输出波形			
同步检波输出			

（2）观察对角切割失真和底部切割失真现象并分析产生原因。

（3）从工作频率上限、检波线性以及电路复杂性三个方面比较二极管包络检波和同步检波。

实验十二　变容二极管调频实验

一、实验目的

（1）掌握变容二极管调频电路的原理；
（2）了解调频调制特性及测量方法；
（3）观察寄生调幅现象，了解其产生及消除的方法。

二、实验内容

（1）测试变容二极管的静态调制特性；
（2）观察调频波波形；
（3）观察调制信号振幅时对频偏的影响；
（4）观察寄生调幅现象。

三、实验仪器

信号源、频率计、3号板、双踪示波器、万用表、频偏仪（选用）。

四、实验原理及实验电路说明

1．变容二极管工作原理

调频就是载波的瞬时频率受调制信号的控制。其频率的变化量与调制信号呈线性关系。常用变容二极管实现调频。

变容二极管调频电路如图 5.2.12.1 所示。从 J_2 处加入调制信号，使变容二极管的瞬时反向偏置电压在静态反向偏置电压的基础上按调制信号的规律变化，从而使振荡频率也随调制电压的规律变化，此时从 J_1 处输出为调频波（FM）。C_{15} 为变容二极管的高频通路，L_1 为音频信号提供低频通路，L_1 和 C_{23} 又可阻止高频振荡进入调制信号源。

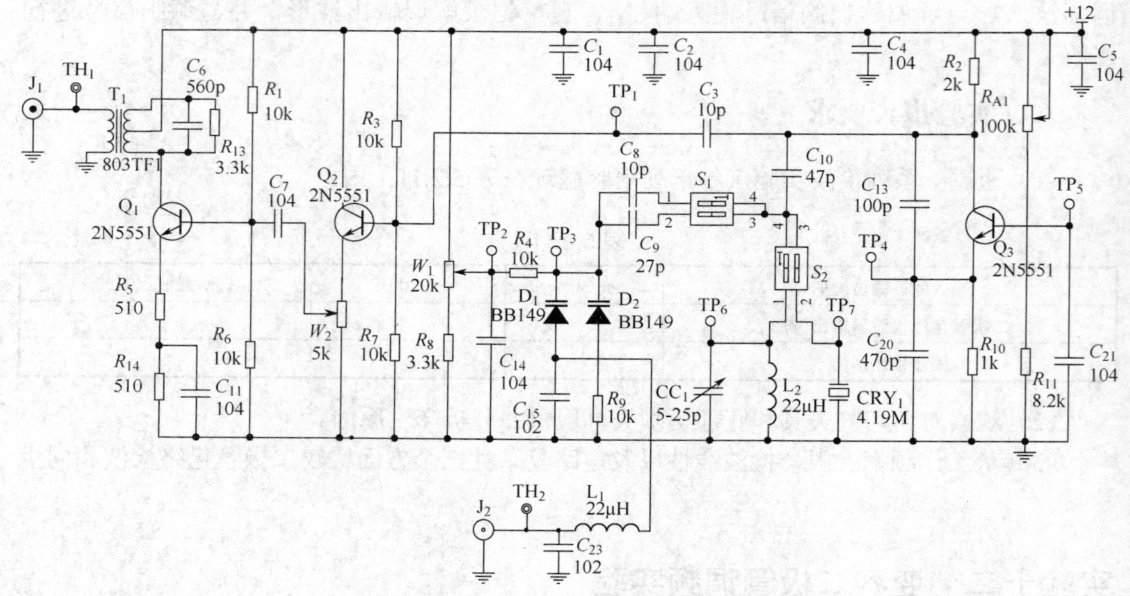

图 5.2.12.1　变容二极管调频

图 5.2.12.2 示出了当变容二极管在低频简谐波调制信号作用情况下，电容和振荡频率的变化示意图。在 5.2.12.2（a）中，U_0 是加到二极管的直流电压，当 $u=U_0$ 时，电容值为 C_0。u_Ω 是调制电压，当 u_Ω 为正半周时，变容二极管负极电位升高，即反向偏压增大；变容二极管的电容减小；当 u_Ω 为负半周时，变容二极管负极电位降低，即反向偏压减小，变容二极管的电容增大。在图 5.2.12.2（b）中，对应于静止状态，变容二极管的电容为 C_0，此时振荡频率为 f_0。

因为 $f=\dfrac{1}{2\pi\sqrt{LC}}$，所以电容小时，振荡频率高，而电容大时，振荡频率低。从图 5.2.12.2（a）中可以看到，由于 C-u 曲线的非线性，虽然调制电压是一个简谐波，但电容随时间的变化是非简谐波形，但是由于 $f=\dfrac{1}{2\pi\sqrt{LC}}$，$f$ 和 C 的关系也是非线性。不难看出，C-u 和 f-C 的非线性关系起着抵消作用，即得到 f-u 的关系趋于线性（见图 5.2.12.2（c））。

2．变容二极管调频器获得线性调制的条件

设回路电感为 L，回路的电容是变容二极管的电容 C（暂时不考虑杂散电容及其他与变容二极管相串联或并联电容的影响），则振荡频率为 $f=\dfrac{1}{2\pi\sqrt{LC}}$。为获得线性调制，频率振荡应该与调制电压呈线性关系，用数学表示为 $f=\mathrm{A}u$，式中 A 是一个常数。由以上二式可得 $\mathrm{A}u=\dfrac{1}{2\pi\sqrt{LC}}$，将上式两边平方并移项可得 $C=\dfrac{1}{(2\pi)^2L\mathrm{A}^2u^2}=Bu^{-2}$，这即是变容二极管调频器获得线性调制的条件。也就是说，当电容 C 与电压 u 的平方成反比时，振荡频率就与调制电压成正比。

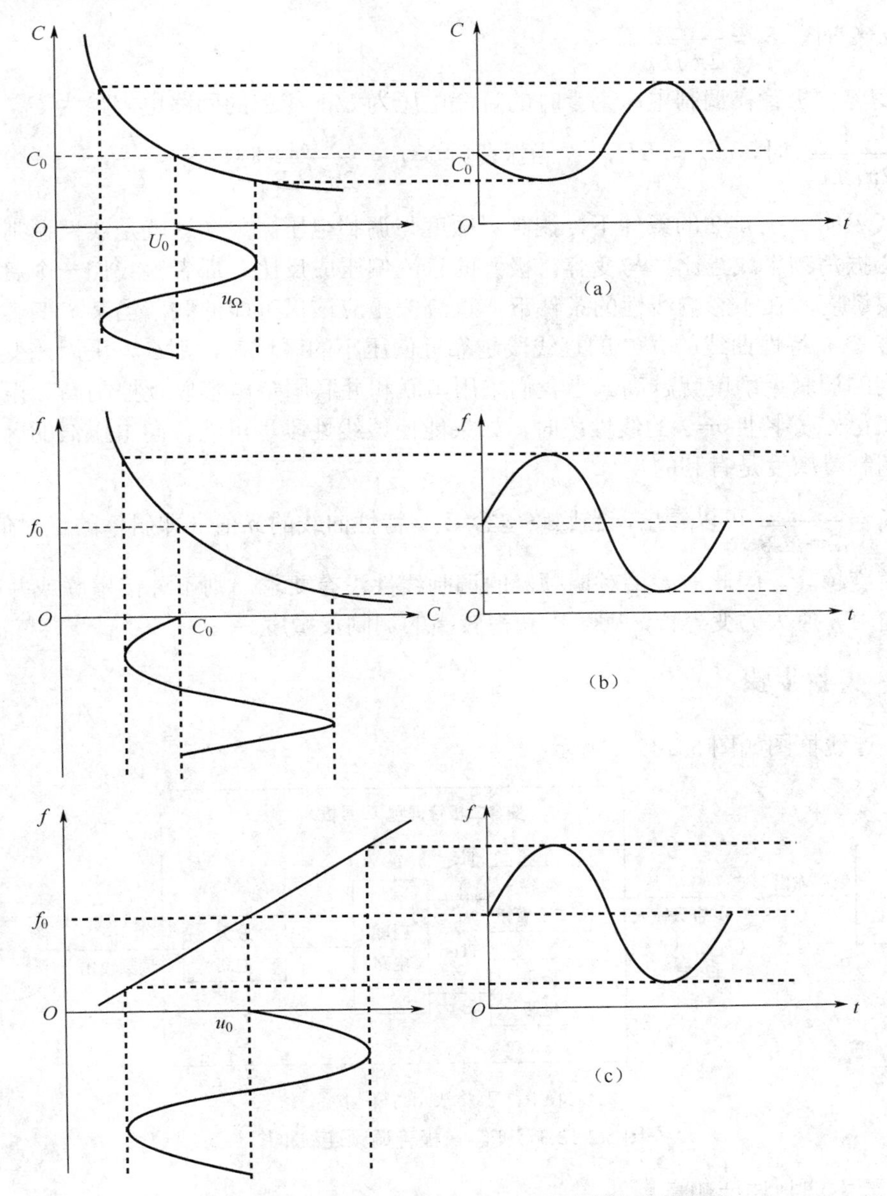

图 5.2.12.2　调制信号电压大小与调频波频率关系图解

3．调频灵敏度

调频灵敏度 S_f 是指每单位调制电压所产生的频偏。

设回路电容的 C–u 曲线可表示为 $C = Bu^{-n}$，式中 B 为一管子结构即电路串、并固定电容有关的参数。将上式代入振荡频率的表示式 $f = \dfrac{1}{2\pi\sqrt{LC}}$ 中，可得 $f = \dfrac{u^{\frac{n}{2}}}{2\pi\sqrt{LB}}$。

调制灵敏度：$S_f=\dfrac{\partial f}{\partial u}=\dfrac{nu^{\frac{n}{2}-1}}{4\pi\sqrt{LB}}$。

当 n=2 时，$S_f=\dfrac{1}{2\pi\sqrt{LB}}$。

设变容二极管在调制电压为零时的直流电压为 U_0，相应的回路电容量为 C_0，当振荡频率 $f_0=\dfrac{1}{2\pi\sqrt{LC_0}}$ 时，$C_0=BU_0^{-2}$；当振荡频率 $f_0=\dfrac{U_0}{2\pi\sqrt{LB}}$ 时，$S_f=\dfrac{f_0}{U_0}$。

上式表明，在 n=2 的条件下，调制灵敏度与调制电压无关（这就是线性调制的条件），而与中心振荡频率成正比，与变容二极管的直流偏压成反比。后者给我们一个启示，为提高调制灵敏度，在不影响线性的条件下，直流偏压应该尽可能低些，当某一变容二极管能使总电容 C–u 特性曲线的 n=2 的直线段越靠近偏压小的区域时，那么，采用该变容二极管所能得到的调制灵敏度就越高。当我们采用串联和并联固定电容以及控制高频振荡电压等方法来获得 C–u 特性 n=2 的线性段时，如果能使该线性段尽可能移向电压低的区域，那么对提高调制灵敏度是有利的。

由 $S_f=\dfrac{1}{2\pi\sqrt{LB}}$ 可以看出，当回路电容 C–u 特性曲线的 n 值（即斜率的绝对值）越大，调制灵敏度越高。因此，如果对调频器的调制线性没有要求，则不外接串联或并联固定电容，并选用 n 值大的变容管，就可以获得较高的调制灵敏度。

五、实验步骤

（1）连线框图如图 5.2.12.3 所示。

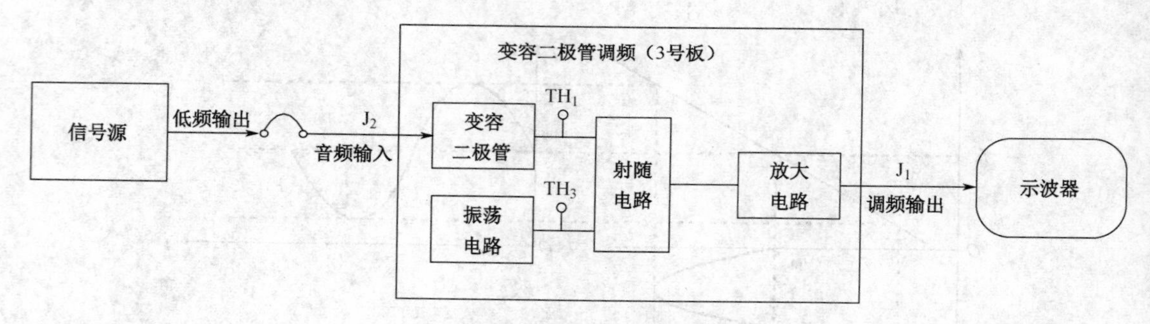

图 5.2.12.3　变容二极管调频连线框图

（2）静态调制特性测量。

① 将电路接成 LC 压控振荡器，J_2 端先不接音频信号，将频率计接于 J_1 处。

② 调节电位器 W_1，记下变容二极管 D_1、D_2 两端电压（用万用表在 TP_3 处测量）和对应输出频率，并记于表 5.2.12.1 中。

表 5.2.12.1

V_{D1}(V)										
F_0(MHz)										

（3）动态测试。

① 将电位器 W_1 置于某一中值位置，将峰一峰值为 5V、频率为 1kHz 的音频信号（正弦波）从 J_2 输入。将 S_2 拨为“10”，S_1 为“10”或“01”。

② 在 TH_1 用示波器观察，改变 W_1 或中周 T_1 来改变调制度，可以看到调频信号，有寄生调幅现象。由于载波很高，频偏很小，因此看不到明显的频率变化的调频波。但用频偏仪可以测量频偏。

六、实验报告要求

（1）在坐标纸上画出静态调制特性曲线，并求出其调制灵敏度。说明曲线斜率受哪些因素的影响。

（2）画出实际观察到的 FM 波形，并说明频偏变化与调制信号振幅的关系。

实验十三　正交鉴频及锁相鉴频实验

一、实验目的

（1）熟悉相位鉴频器的基本工作原理；

（2）了解鉴频特性曲线（S 曲线）的正确调整方法。

二、实验内容

（1）调测鉴频器的静态工作点；

（2）并联回路对波形的影响；

（3）用逐点法或扫频法测鉴频特性曲线，由 S 曲线计算鉴频灵敏度 S_d 和线性鉴频范围 $2\Delta f_{max}$。

三、实验仪器

信号源，频率计，5 号板，双踪示波器，万用表。

四、实验原理及实验电路说明

1. 乘积型鉴频器

1）鉴频原理

鉴频是调频的逆过程，广泛采用的鉴频电路是相位鉴频器。鉴频原理是：先将调频波经过一个线性移相网络变换成调频调相波，然后再与原调频波一起加到一个相位检波器进行鉴频。因此，实现鉴频的核心部件是相位检波器。

相位检波又分为叠加型相位检波和乘积型相位检波，利用模拟乘法器的相乘原理可实现乘积型相位检波，其基本原理是：在乘法器的一个输入端输入调频波 $v_s(t)$，设其表达式为：

$$v_s(t) = V_{sm}\cos[w_c + m_f \sin \Omega t]$$

式中，m_f 为调频系数，$m_f = \Delta\omega / \Omega$ 或 $m_f = \Delta f / f$，其中 $\Delta\omega$ 为调制信号产生的频偏。

另一输入端输入经线性移相网络移相后的调频调相波 $v_s'(t)$，设其表达式为：

$$v_s'(t) = V_{sm}' \cos\{\omega_c + m_f \sin\Omega t + [\frac{\pi}{2} + \varphi(\omega)]\} = V_{sm}' \sin[\omega_c + m_f \sin\Omega t + \varphi(\omega)]$$

式中，第一项为高频分量，可以被滤波器滤掉；第二项是所需要的频率分量，只要线性移相网络的相频特性 $\varphi(\omega)$ 在调频波的频率变化范围内是线性的，当 $|\varphi(\omega)| \leqslant 0.4\text{rad}$ 时，$\sin\varphi(\omega) \approx \varphi(\omega)$。因此，鉴频器的输出电压 $v_o(t)$ 的变化规律与调频波瞬时频率的变化规律相同，从而实现了相位鉴频。所以，相位鉴频器的线性鉴频范围受到移相网络相频特性的线性范围的限制。

（2）鉴频特性

相位鉴频器的输出电压 V_o 与调频波瞬时频率 f 的关系称为鉴频特性，其特性曲线（或称 S 曲线）如图 5.2.13.1 所示。鉴频器的主要性能指标是鉴频灵敏度 S_d 和线性鉴频范围 $2\Delta f_{max}$。S_d 是鉴频器输入调频波单位频率变化所引起的输出电压的变化量，通常用鉴频特性曲线 $V_o - f$ 在中心频率 f_0 处的斜率来表示，即 $S_d = V_o / \Delta f$，$2\Delta f_{max}$ 为鉴频器不失真解调调频波时所允许的最大频率线性变化范围，$2\Delta f_{max}$ 可在鉴频特性曲线上求出。

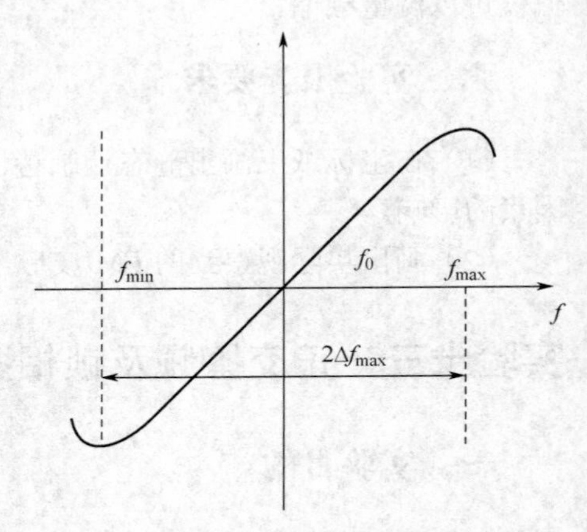

图 5.2.13.1 相位鉴频特性

3）乘积型相位鉴频器

用 MC1496 构成的乘积型相位鉴频器实验电路如图 5.2.13.2 所示。其中，C_{13} 与并联谐振回路 L_1C_{18} 共同组成线性移相网络，将调频波的瞬时频率的变化转变成瞬时相位的变化。分析表明，该网络的传输函数的相频特性 $\varphi(\omega)$ 的表达式为 $\varphi(\omega) = \frac{\pi}{2} - \arctan[Q(\frac{\omega^2}{\omega_o^2} - 1)]$。

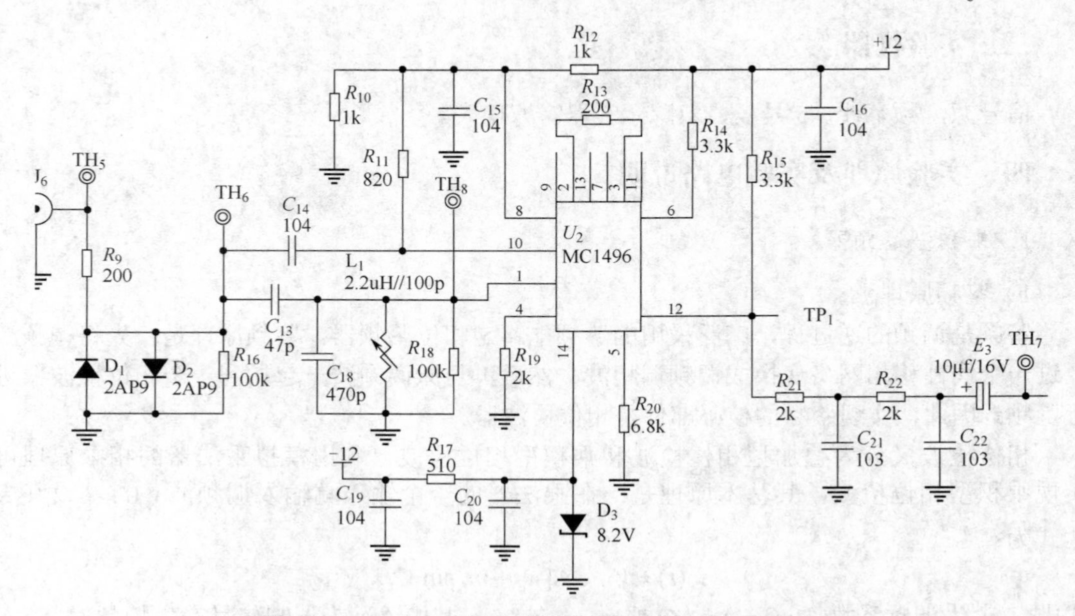

图 5.2.13.2 正交鉴频（乘积型相位鉴频）（4.5MHz）

当$\frac{\Delta\omega}{\omega_o} \ll 1$时，上式可近似表示为：

$$\varphi(\omega)=\frac{\pi}{2}-\arctan(Q\frac{2\Delta\omega}{\omega_o})\text{或}\varphi(\omega)=\frac{\pi}{2}-(Q\frac{2\Delta\omega}{\omega_o})$$

式中 f_0——回路的谐振频率，与调频波的中心频率相等；

Q——回路品质因数；

Δf——瞬时频率偏移。

相移φ与频偏Δf的特性曲线如图 5.2.13.3 所示。

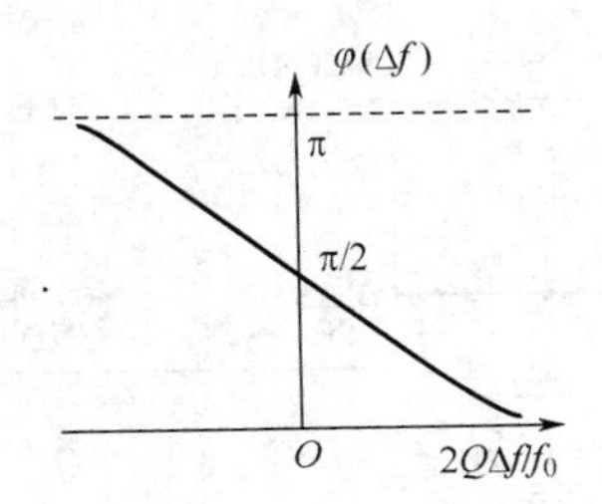

图 5.2.13.3 移相网络的相频特性

由图可见，在$f=f_0$即$\Delta f=0$时相位等于$\frac{\pi}{2}$，在Δf范围内，相位随频偏呈线性变化，从而实现线性移相。MC1496 的作用是将调频波与调频调相波相乘，其输出经 RC 滤波网络输出。

2．锁相鉴频

锁相环由相位比较器 PD、低通滤波器 LF、压控振荡器 VCO 三个部分组成一个环路，如图 5.2.13.4 所示。

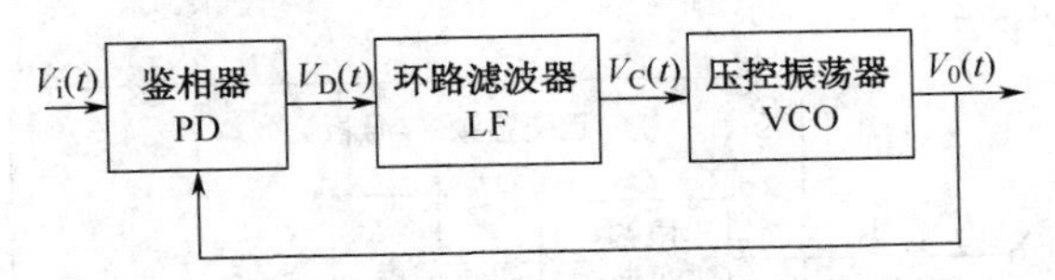

图 5.2.13.4 基本锁相环方框图

锁相环是一种以消除频率误差为目的的反馈控制电路。当调频信号没有频偏时，若压控振荡器的频率与外来载波信号频率有差异时，通过相位比较器输出一个误差电压。这个误差电压的频率较低，经过低通滤波器滤去所含的高频成分，再去控制压控振荡器，使振荡频率趋近于外来载波信号频率，于是误差越来越小，直至压控振荡频率和外来信号一样，压控振荡器的频率被锁定在外来信号相同的频率上，环路处于锁定状态。

当调频信号有频偏时，和原来稳定在载波中心频率上的压控振荡器相位比较的结果，相位比较器输出一个误差电压，如图 5.2.13.5 所示，以使压控振荡器向外来信号的频率靠近。

由于压控振荡器始终想要和外来信号的频率锁定，为达到锁定的条件，相位比较器和低通滤波器向压控振荡器输出的误差电压必须随外来信号的载波频率偏移的变化而变化。也就是说，这个误差控制信号就是一个随调制信号频率而变化的解调信号，即实现了鉴频。

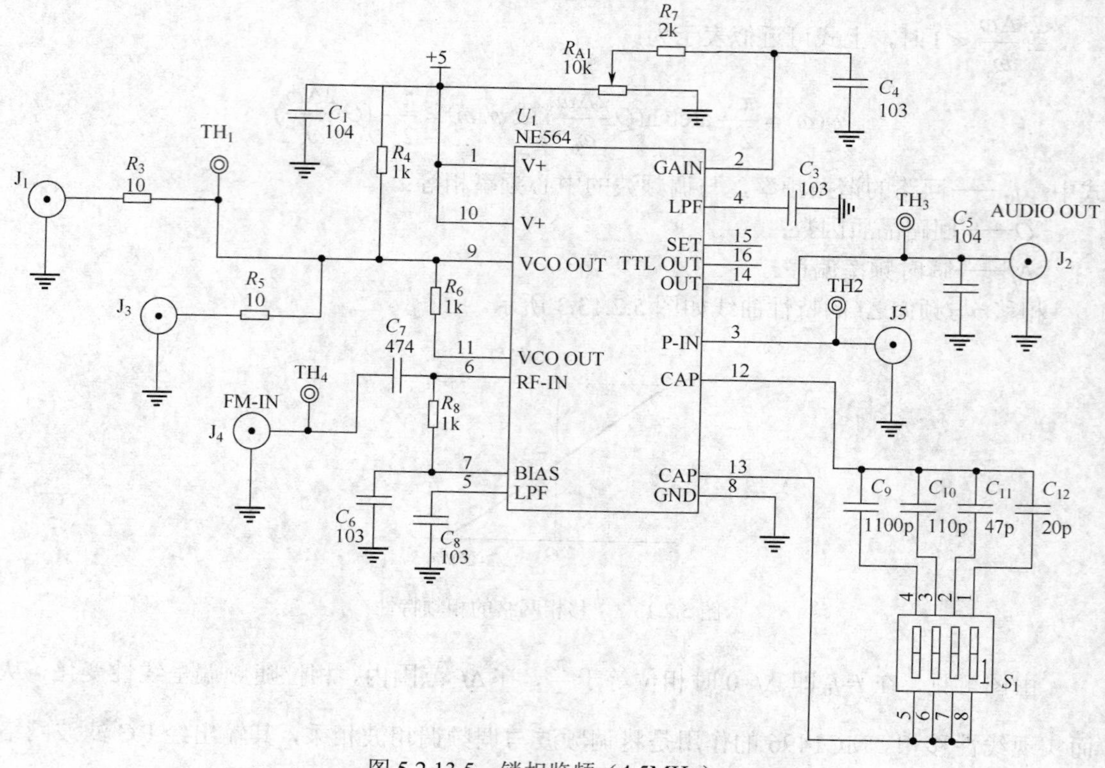

图 5.2.13.5 锁相鉴频（4.5MHz）

五、实验步骤

1．乘积型鉴频器

（1）连线框图如图 5.2.13.6 所示。

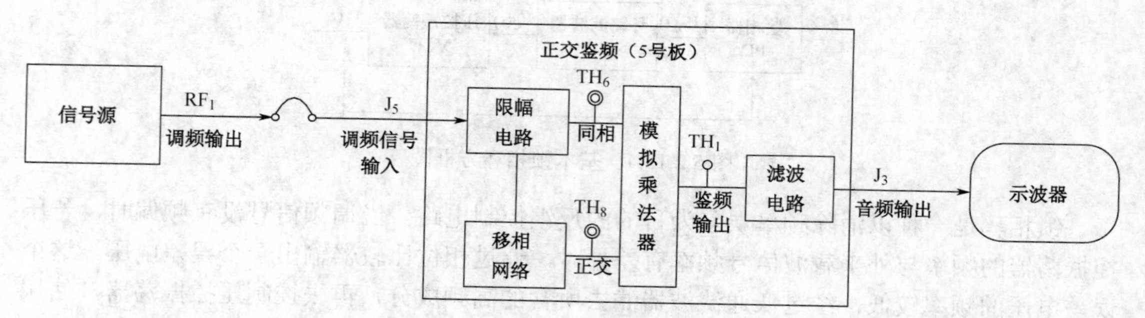

注：图中符号 表示高频连接线。

图 5.2.13.6 正交鉴频连线框图

（2）将峰－峰值 $V_{p\text{-}p}$=500mV 左右 f_C=4.5MHz、调制信号的频率 f_Ω=1kHz 的调频信号从 J_6 端输入，按下“FM”开关，将“FM 频偏”旋钮旋到最大。

（3）调节谐振回路电感 L_1 使输出端获得的低频调制信号 $v_o(t)$ 的波形失真最小，幅度最大。

（4）鉴频特性曲线（S 曲线）的测量。测量鉴频特性曲线的常用方法有逐点描迹法和扫频测量法。

逐点描迹法的操作是：

① 鉴频器的输出端 V_0 接数字万用表（置于“直流电压”挡），于测量 TP_1 处输出电压 V_0 值（调谐并联谐振回路，使其谐振）；

② 改变高频信号发生器的输出频率（维持幅度不变），记下对应的输出电压值，并填入表 5.2.13.1 中；最后根据表中测量值描绘 S 曲线。

表 5.2.13.1　鉴频特性曲线的测量值

F(MHz)	4.0	4.1	4.2	4.3	4.4	4.5	4.6	4.7	4.8	4.9	5.0
V_0(mV)											

2．锁相鉴频

将 S_1 拨为 0010，如表 5.2.13.2 所示。

表 5.2.13.2

源　端　口	目 的 端 口	连 线 说 明
信号源：RF_1FM（$V_{p\text{-}p}$=500mV，f=4.5MHz）	5 号板：J_4	FM 信号输入
5 号板：J_3	5 号板：J_5	参考输入
信号源：低频输出	频率计：AUDIOIN	调制信号
5 号板：J_2	频率计：RFIN	解调信号

（1）将 $V_{p\text{-}p}$=500mV、f_C=4.5MHz、调制信号的频率 f_Ω=1kHz 的调频信号从 J_4 输入。

（2）连接 J_3 和 J_5，观察 J_2 输出的解调信号，并与调制信号进行对比。

（3）改变调制信号的频率，观察解调信号的变化。对比解调信号和音频信号频率是否一致。

（4）改变 R_{A1}，观察 J_1、J_2 处波形。

六、实验报告要求

（1）整理实验数据，完成实验报告。

（2）说明乘积型鉴频的原理。

（3）根据实验数据绘出鉴频特性曲线。

（4）说明锁相鉴频的原理。

实验十四　模拟锁相环实验

一、实验目的

（1）了解用锁相环构成的调频波解调原理；

（2）学习用集成锁相环构成的锁相解调电路。

二、实验内容

（1）掌握锁相环锁相原理；
（2）掌握同步带和捕捉带的测量方法。

三、实验仪器

信号源、频率计、5 号板、双踪示波器。

四、实验原理及实验电路说明

1．锁相环路的基本组成

锁相环由相位比较器 PD、低通滤波器 LF、压控振荡器 VCO 三个部分组成一个闭合环路，输入信号为 $V_i(t)$，输出信号为 $V_0(t)$，反馈至输入端，如图 5.2.14.1 所示。

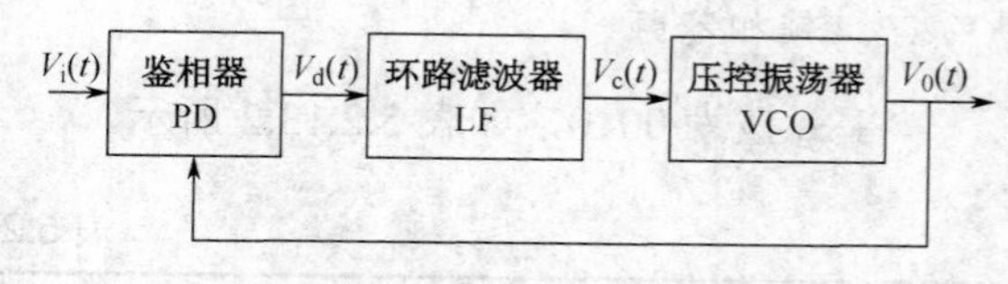

图 5.2.14.1　锁相环组成框图

1）压控振荡器（VCO）

VCO 是本控制系统的控制对象，被控参数通常是其振荡频率，控制信号为加在 VCO 上的电压，故称为压控振荡器，也就是一个电压－频率变换器，实际上还有一种电流－频率变换器，但习惯上仍称为压控振荡器。

2）鉴相器（PD）

PD 是一个相位比较装置，用来检测输出信号 $V_0(t)$与输入信号 $V_i(t)$之间的相位差 $\theta_e(t)$，并把 $\theta_e(t)$转化为电压 $V_d(t)$输出，$V_d(t)$称为误差电压，通常 $V_d(t)$作为一直流分量或一低频交流量。

3）环路滤波器（LF）

LF 作为一低通滤波电路，其作用是滤除因 PD 的非线性而在 $V_d(t)$中产生的无用的组合频率分量及干扰，产生一个只反映 $\theta_e(t)$大小的控制信号 $V_e(t)$。

按照反馈控制原理，如果由于某种原因使 VCO 的频率发生变化使得与输入频率不相等，这必将使 $V_0(t)$与 $V_i(t)$的相位差 $\theta_e(t)$发生变化，该相位差经过 PD 转换成误差电压 $V_d(t)$，此误差电压经 LF 滤波后得到 $V_c(t)$，由 $V_c(t)$去改变 VCO 的振荡频率，使趋近于输入信号的频率最后达到相等。环路达到最后的这种状态就称为锁定状态，当然由于控制信号正比于相位差，即 $V_d(t) \propto \theta_e(t)$。

因此在锁定状态，$\theta_e(t)$不可能为零，换言之，在锁定状态 $V_0(t)$与 $V_i(t)$仍存在相位差。

2．锁相环锁相原理

锁相环是一种以消除频率误差为目的的反馈控制电路，它的基本原理是利用相位误差电压去消除频率误差，所以当电路达到平衡状态后，虽然有剩余相位误差存在，但频率误差可以降低到零，从而实现无频差的频率跟踪和相位跟踪。

当调频信号没有频偏时，若压控振荡器的频率与外来载波信号频率有差异时，通过相位比较器输出一个误差电压。这个误差电压的频率较低，经过低通滤波器滤去所含的高频成分，再去控制压控振荡器，使振荡频率趋近于外来载波信号频率，于是误差越来越小，直至压控振荡频率和外来信号一样，压控振荡器的频率被锁定在与外来信号相同的频率上，环路处于锁定状态。

当调频信号有频偏时，和原来稳定在载波中心频率上的压控振荡器相位比较的结果，相位比较器输出一个误差电压，如图 5.2.14.2 所示，以使压控振荡器向外来信号的频率靠近。由于压控振荡器始终想要和外来信号的频率锁定，为达到锁定的条件，相位比较器和低通滤波器向压控振荡器输出的误差电压必须随外来信号的载波频率偏移的变化而变化。也就是说，这个误差控制信号就是一个随调制信号频率而变化的解调信号，即实现了鉴频。

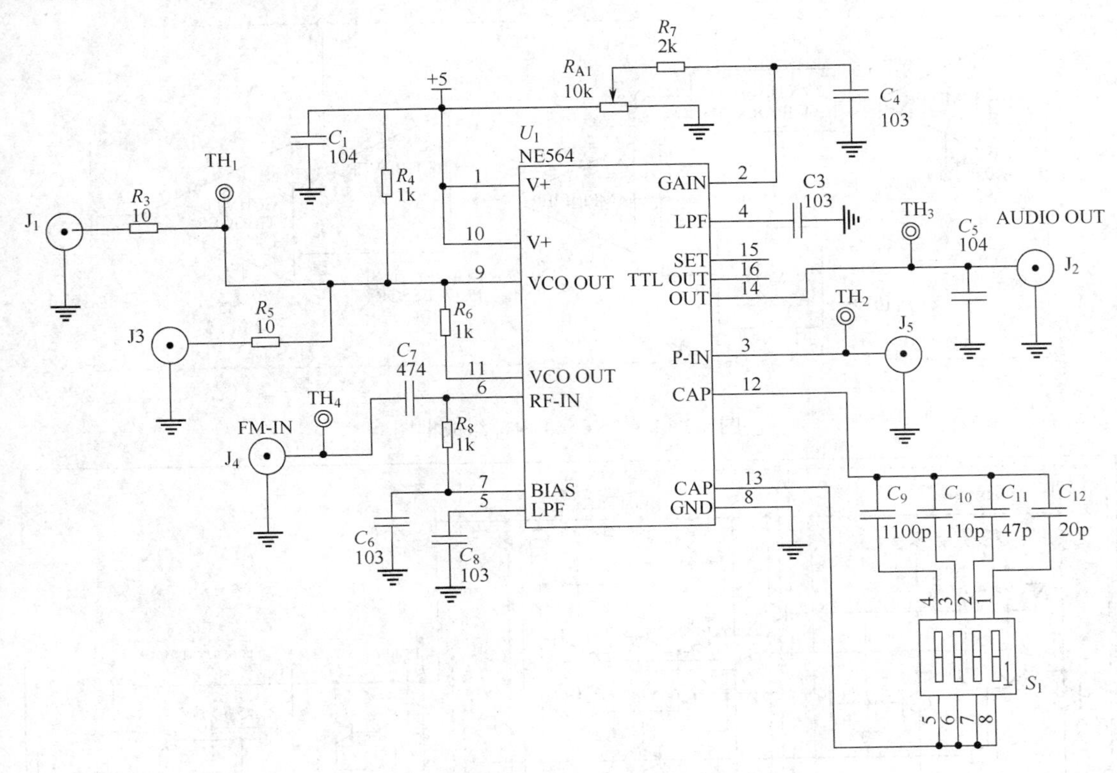

图 5.2.14.2　锁相环（PLL）

3．同步带与捕捉带

同步带是指从 PLL 锁定开始，改变输入信号的频率 f_i（向高或向低两个方向变化），直到 PLL 失锁（由锁定到失锁），这段频率范围称为同步带。

捕捉带是指锁相环处于一定的固有振荡频率 f_V，并当输入信号频率 f_i 偏离 f_V 上限值 $f_{i\max}$ 或下限值 $f_{i\min}$ 时，环路还能进入锁定，则称 $f_{i\max}-f_{i\min}=\Delta f_v$ 为捕捉带。

测量的方法是从 J_4 输入一个频率接近于 VCO 自由振荡频率的高频调频信号，先增大载波频率直至环路刚刚失锁，记此时的输入频率为 f_{H1}，再减小 f_i，直到环路刚刚锁定为止，记此时的输入频率为 f_{H2}，继续减小 f_i，直到环路再一次刚刚失锁为止，记此时的频率为 f_{L1}，再一次增大 f_i，直到环路再一次刚刚锁定为止，记此时频率为 f_{L2}。

由以上测试可计算得：

同步带为：$f_{H1}-f_{L1}$

捕捉带为：$f_{H2}-f_{L2}$

4．集成锁相环 NE564 介绍

在本实验中，所使用的锁相环为高频模拟锁相环 NE564，其最高工作频率可达到 50MHz，采用+5V 单电源供电，特别适用于高速数字通信中 FM 调频信号及 FSK 移频键控信号的调制、解调，无须外接复杂的滤波器。NE564 采用双极性工艺，其内部组成框图如图 5.2.14.3 所示，其内部电路原理图如图 5.2.14.4 所示。

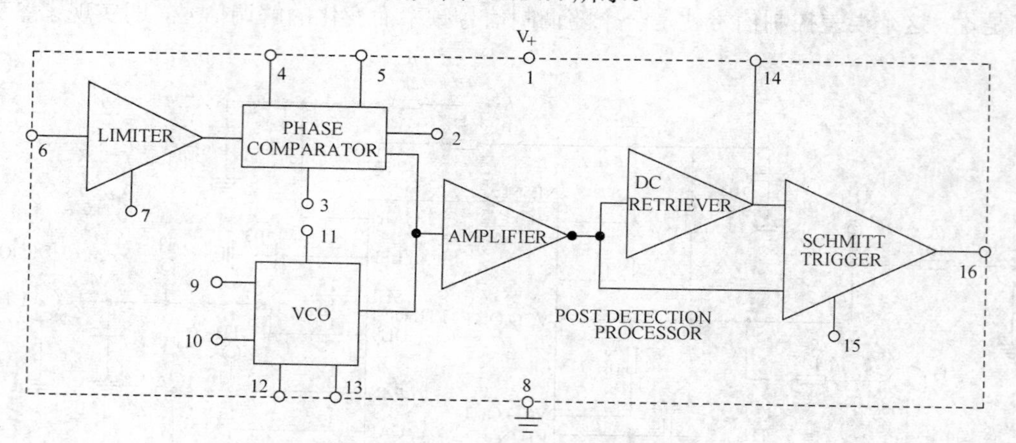

图 5.2.14.3　NE564 内部组成框图

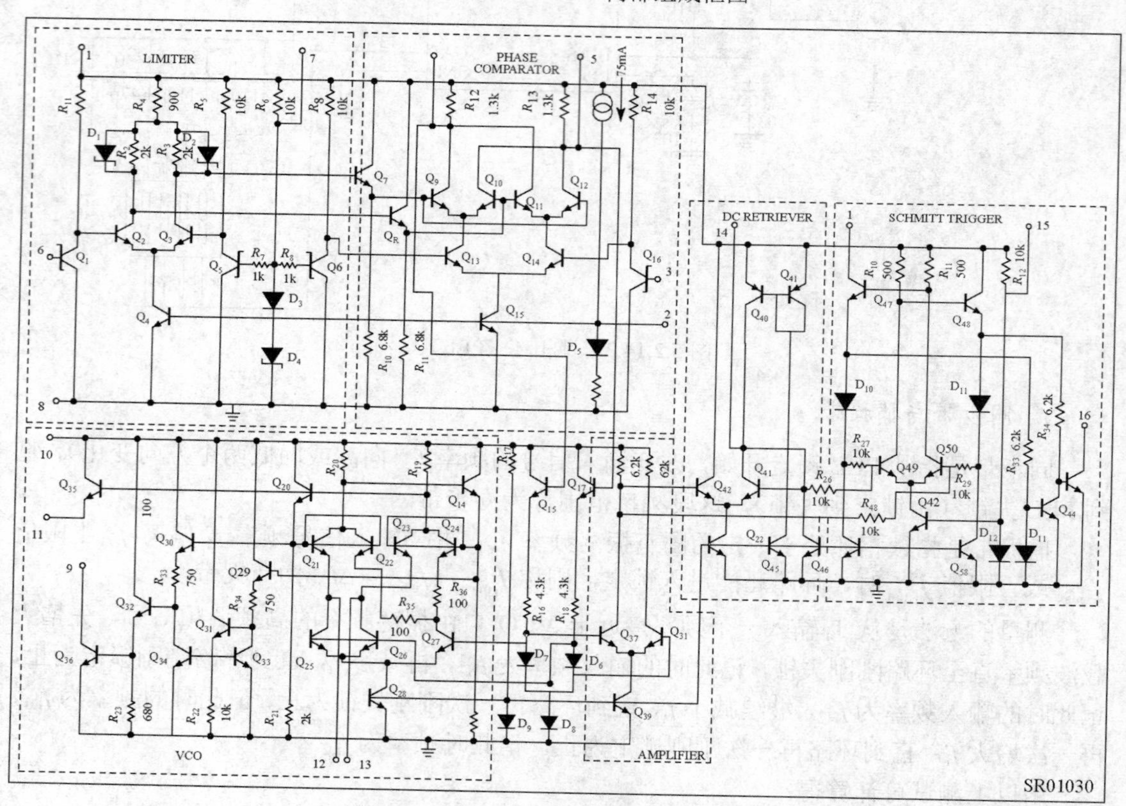

图 5.2.14.4　NE564 内部电路原理图

A_1 为限幅放大器，它主要由原理图中的 Q_1～Q_5 及 Q_7、Q_8 组成 PNP、NPN 互补的共集一共射组合差分放大器，由于 Q_2、Q_3 负载并联有肖特基二极管 D_1、D_2，故其双端输出电压被限幅在 $2V_D$=0.3～0.4V。因此可有效抑制 FM 调频信号输入时干扰所产生的寄生调幅。Q_7、Q_8 为射极输出差放，以作缓冲，其输出信号送鉴相器。

相位比较器（鉴相器）PD 内部含有限幅放大器，以提高对 AM 调幅信号的抗干扰能力；外接电容 C_3、C_8 与内部两个对应电阻（阻值 R=1.3kΩ）分别组成一阶 RC 低通滤波器用来滤除比较器输出的直流误差电压中的纹波，其截止角频率为 $\omega_C=\dfrac{1}{RC_3}$。

滤波器的性能对环路入锁时间的快慢有一定影响，可根据要求改变 C_3、C_8 的值。在本实验电路中，改变 R_{A1} 可改变引脚 2 的输入电流，从而实现环路增益控制。

压控振荡器 VCO 是一改进型的射极定时多谐振荡器。主电路由 Q_{21}、Q_{22} 与 Q_{23}、Q_{24} 组成。其中，Q_{22}、Q_{23} 两射极通过 12、13 脚外接定时电容 C，Q_{21}、Q_{24} 两射极分别经过电阻 R_{22}、R_{23} 接电源 Q_{27}、Q_{25}，Q_{26} 也作为电流源，Q_{17}、Q_{18} 为控制信号输入缓冲极。接通电源，Q_{21}、Q_{22} 与 Q_{23}、Q_{24} 双双轮流导通与截止，电容周期性充电与放电，于是 Q_{22}、Q_{23} 集电极输出极性相反的方形脉冲。根据特定设计，固有振荡频率 f 与定时电容 C 的关系可表示为：

$$C\approx\frac{1}{2200f}$$

振荡频率 f 与 C 的关系曲线如图 5.2.14.5 所示。VCO 有两个电压输出端，其中，VCO_{01} 输出 TTL 电平；VCO_{02} 输出 ECL 电平。

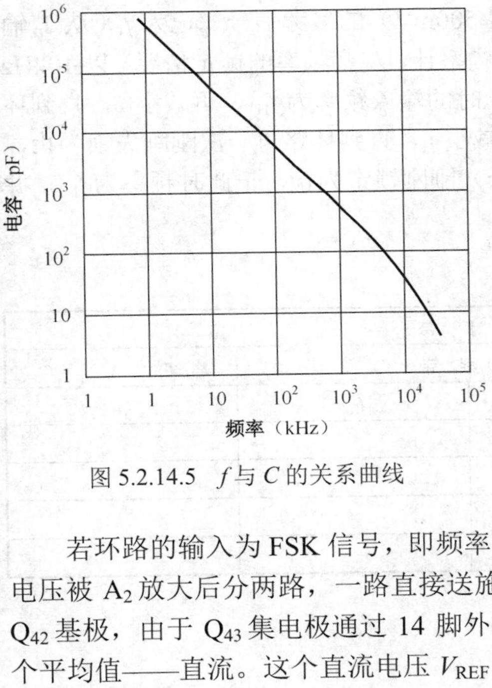

图 5.2.14.5　f 与 C 的关系曲线

输出放大器 A_2 与直流恢复电路 A_3 是专为解调 FM 信号与 FSK 信号而设计的。输出放大器 A_2 由 Q_{37}、Q_{38}、Q_{39} 组成，显然这是一恒流源差分放大电路，来自鉴相器的误差电压由 4、5 脚输入，经缓冲后，双端送入 A_2 放大。直流恢复电路由 Q_{42}、Q_{43}、Q_{44} 等组成，电流源 Q_{40} 作 Q_{43} 的有源负载。

若环路的输入为 FSK 信号，即频率在 f_1 与 f_2 之间周期性跳变的信号，则鉴相器的输出电压被 A_2 放大后分两路，一路直接送施密特触发器的输入，另一路送直流恢复电路 A_3 的 Q_{42} 基极，由于 Q_{43} 集电极通过 14 脚外接一滤波电容，到直流恢复电路的输出电压就是一个平均值——直流。这个直流电压 V_{REF} 再送施密特触发器另一输入端就作为基极电压。

若环路的输入为 FM 信号，A_3 用作线性解调 FM 信号时的后置鉴相滤波器，那么在锁定状态，14 脚的电压就是 FM 解调信号。

施密特触发器是专为解调 FSK 信号而设计的，其作用就是将模拟信号转换成 TTL 数字信号。直流恢复输出的直流基准电压 V_{REF}（经 R_{26} 到 Q_{49} 基极）与被 A_2 放大了的误差电压 V_{dm} 分别送入 Q_{49} 和 Q_{50} 的基极，V_{dm} 与 V_{REF} 进行比较，当 $V_{dm}>V_{REF}$ 时，则 Q_{50} 导通，Q_{49} 截止，从而迫使 Q_{54} 截止，Q_{55} 导通，于是 16 脚输出低电平。当 $V_{dm}<V_{REF}$ 时，Q_{49} 导通，Q_{50} 截止，从而迫使 Q_{54} 导通 Q_{55} 截止，16 脚输出高电平。通过 15 脚改变 Q_{52} 的电流大小，可改变触发器上下翻转电平，上限电平与下限电平之差也称为滞后电压 V_H。调节 V_H 可消除因载波泄漏而造成的误触发而出现的 FSK 解调输出，特别是在数据传输速率比较

高的场合，并且此时 14 脚滤波电容不能太大。

ST 的回差电压可通过10脚外接直流电压进行调整，以消除输出信号 TTL_0 的相位抖动。

五、实验步骤

（1）锁相环自由振荡频率的测量。将 5 号板开关 S_1 依次设为“1000”“0100”“0010”“0001”（即选择不同的定时电容），从 TH_1 处观察自由振荡波形，并填入表 5.2.14.1。

表 5.2.14.1

		波　形	频率（MHz）	幅度（$V_{p\text{-}p}$）
S_1=1000	C=20pF			
S_1=0100	C=47pF			
S_1=0010	C=110pF			
S_1=0001	C=1100pF			

（2）同步带和捕捉带的测量。将 S_1 设为 0010（即 VCO 的自由振荡频率为 4.5MHz），J_3 和 J_5 用连接线连接，并将 4.5MHz（峰－峰值约 500mV）的参考信号（记为 f_i）从 J_4 输入，从 TH_1 处观察 VCO 的输出信号，并将 J_1 连到频率计，观察频率的锁定情况，以 10kHz 为步进，先增大载波频率直至环路刚刚失锁，记此时的输入频率为 f_{H1}，再减小 f_i，直到环路刚刚锁定为止，记此时的输入频率为 f_{H2}，继续减小 f_i，直到环路再一次刚刚失锁为止，记此时的频率为 f_{L1}，再一次增大 f_i，直到环路再一次刚刚锁定为止，记此时频率为 f_{L2}，并填入表 5.2.14.2。

表 5.2.14.2

S_1=0010 4.5MHz	同　步　带			
		捕　捉　带		
	f_{L1}	f_{L2}	f_{H2}	f_{H1}
1				
2				
3				
4				

由以上测试可计算得：

同步带为：f_{H1}−f_{L1}

捕捉带为：f_{H2}−f_{L2}

（3）改变 R_{A1} 的阻值（顺时针旋转，阻值变大；逆时针旋转，阻值变小），重做步骤（2），在 J_1 处观察 VCO 输出波形的幅度、同步带和捕捉带的变化。

六、实验报告要求

（1）整理实验数据，按要求填写实验报告。

（2）说明锁相环解调原理。

（3）分析 R_{A1} 在电路中的作用。

（4）同步带和捕捉带的测量方法。

实验十五　自动增益控制（AGC）

一、实验目的

（1）掌握 AGC 工作原理；

（2）掌握 AGC 主放大器的增益控制范围。

二、实验内容

（1）比较没有 AGC 和有 AGC 两种情况下输出电压的变化范围；

（2）测量 AGC 的增益控制范围。

三、实验仪器

信号源、频率计、2 号板、双踪示波器。

四、实验原理

图 5.2.15.1 是以 MC1350 作为小信号选频放大器并带有 AGC 的电路图，F_1 为陶瓷滤波器（中心频率为 4.5MHz），选频放大器的输出信号通过耦合电容连接到输出插孔 J_3。输出信号另一路通过检波二极管 D_1 进入 AGC 反馈电路。R_{12}、C_{10} 为检波负载，这是一个简单的二极管包络检波器。运算放大器 U_{1B} 为直流放大器，其作用是提高控制灵敏度。检波负载的时间常数 $C_{10}\cdot R_{12}$ 应远大于调制信号（音频）的一个周期，以便滤除调制信号，避免失真。这样，控制电压是正比于载波幅度的。但时间常数也不宜过大，时间常数过大将导致跟不上信号在传播过程中发生的随机变化。

跨接于运放 U_{1B} 的输出端与反相输入端的电容 C_{18}，其作用是进一步滤除控制信号中的调制频率分量。二极管 D_3 可对 U_{1B} 输出控制电压进行限幅。

W_2 提供比较电压，反相放大器 U_{1A} 的 2、3 两端电位相等（虚短），等于 W_2 提供的比较电压，只有当 U_{1B} 输出的直流控制信号大于此比较电压时，U_{1A} 才能输出 AGC 控制电压。

对接收机中 AGC 的要求是，在接收机输入端的信号超过某一值后，输出信号几乎不再随输入信号的增大而增大。根据这一要求，可以拟出实现 AGC 控制的方框图，如图 5.2.15.2 所示。

图 5.2.15.2 中，检波器将选频回路输出的高频信号变换为与高频载波幅度成比例的直流信号，经直流放大器放大后，和基准电压进行比较后作为接收机输入端的电压。不超过所设定的电压值时，直流放大器的输出电压也较小，加到比较器上的电压低于基准电压，此时环路断开，AGC 电路不起控。如果接收机输入端的电压超过所设定的值，相应的直流放大器的输出电压也增大，这时，送到比较器上的电压就会超过基准电压。这样，AGC 电路开始起控，即对主放大器的增益起控制作用。当主放大器（可控增益）的输出电压随接收机输入信号增大而增大时，直流放大器的输出电压控制主放大器使其增益下降，其输出电压也下降，保持基本稳定。

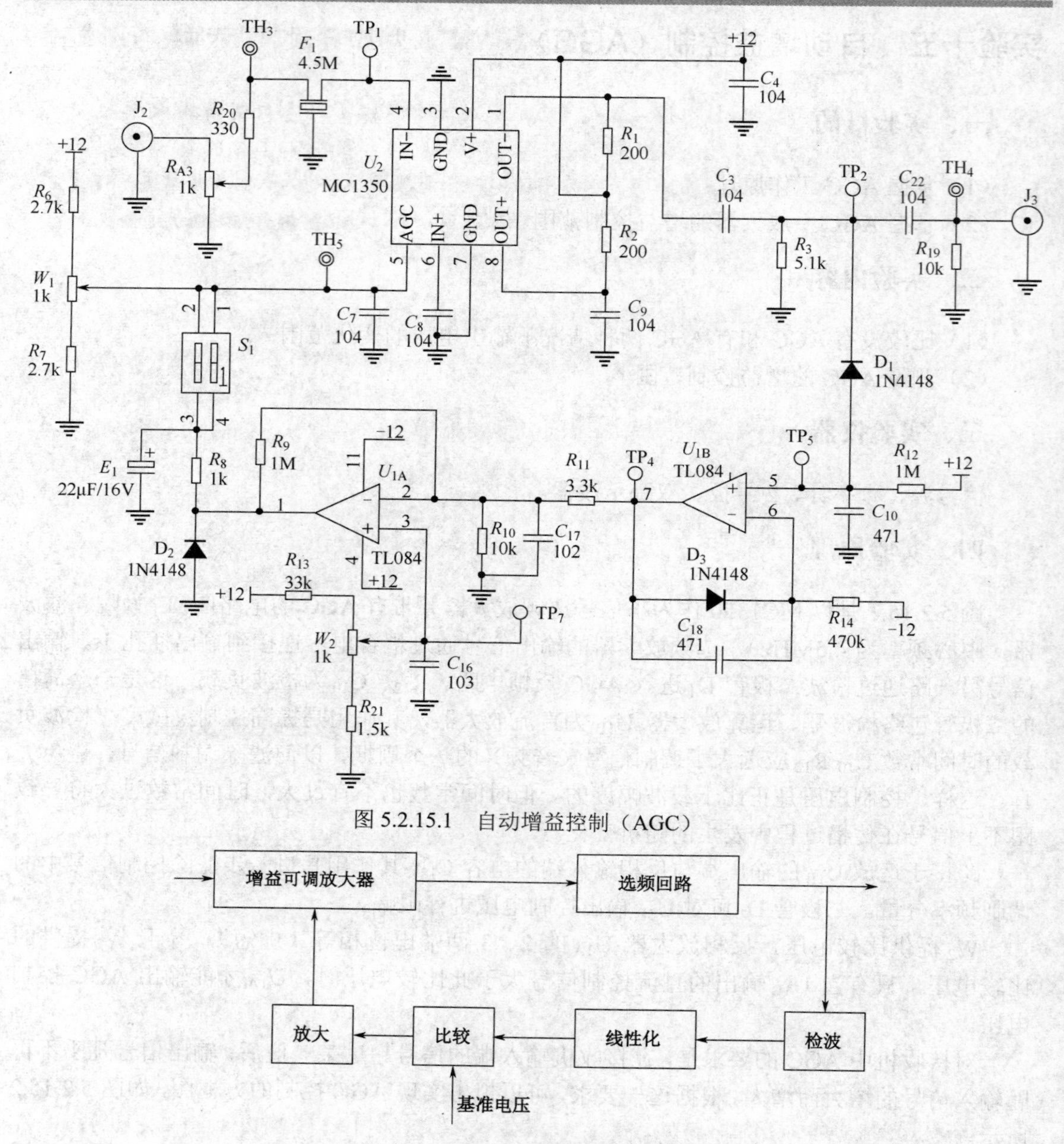

图 5.2.15.1 自动增益控制（AGC）

图 5.2.15.2 自动增益控制方框图

AGC 电路的主要性能指标：

（1）动态范围。对于 AGC 电路来说，希望其输出信号振幅的变化越小越好，同时也希望在输出信号电平幅度维持不变时输入信号振幅 U_{im} 的变化越大越好，在给定输出信号允许的变化范围内，允许输入信号振幅的变化越大，则表明 AGC 电路的动态范围越大，性能越好。

AGC 电路的动态增益范围 M_{AGC} 为：

$$M_{AGC}=\frac{m_i}{m_o}=\frac{v_{immax}/v_{immin}}{v_{ommax}/v_{ommin}}=\frac{v_{om\,min}/v_{immin}}{v_{om\,max}/v_{immax}}=\frac{A_{1max}}{A_{1min}}$$

用分贝表示为：

$$M_{\mathrm{AGC}}(\mathrm{dB}) = 20\lg m_{\mathrm{i}} - 20\lg m_{\mathrm{o}} = 20\lg A_{1\max} - 20\lg A_{1\min}$$

式中　m_{i}——AGC 电路允许的输入信号振幅最大值与最小值之比，$m_{\mathrm{i}} = \dfrac{v_{\mathrm{immax}}}{v_{\mathrm{immin}}}$；

m_{o}——AGC 电路限定的输出信号振幅最大值与最小值之比，$m_{\mathrm{o}} = \dfrac{v_{\mathrm{om\,max}}}{v_{\mathrm{om\,min}}}$；

$A_{1\max}$——输入信号振幅最小时可控增益放大器的增益，即最大增益；

$A_{1\min}$——输入信号振幅最大时可控增益放大器的增益，即最小增益。

（2）响应时间。从可控增益放大器输入信号振幅变化到放大器增益改变所需的时间为 AGC 电路的响应时间，响应时间过慢起不到 AGC 效果，响应时间过快又会造成输出信号振幅出现起伏变化。所以要求 AGC 电路的反应既要能跟得上输入信号振幅变化的速度，又不能过快。

（3）信号失真。要求 AGC 电路所引起的失真尽可能小。

五、实验步骤

（1）按如图 5.2.15.3 所示框图连接电路。

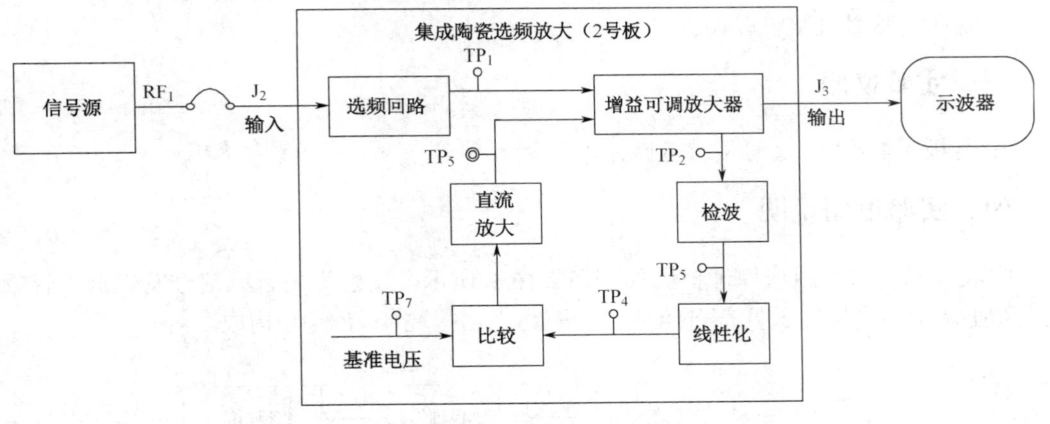

注：图中符号表示高频连接线。

图 5.2.15.3　AGC 控制电路连线框图

（2）用示波器观察、测量开环时动态范围（断开 S_1）。设定输入信号频率为 4.5MHz，幅度为 40～100mV。并填写表 5.2.15.1。

$$M_{\text{开环}} = \frac{A_{1\max}(\text{开环})}{A_{1\min}(\text{开环})}$$

表 5.2.15.1

$v_{\mathrm{im\,min}}$		$v_{\mathrm{im\,max}}$	
$v_{\mathrm{om\,min}}$		$v_{\mathrm{om\,max}}$	

（3）用示波器观察、测量闭环时动态范围（接通 S_1）。设定输入信号频率为 4.5MHz，幅度为 40～400mV。并填写表 5.2.15.1。

$$M_{AGC}=\frac{A_{1\max}}{A_{1\min}}$$

六、实验报告要求

（1）整理实验数据，按要求填写实验报告。
（2）分析 AGC 工作原理。
（3）测试 AGC 主放大器的增益控制范围。
（4）比较没有 AGC 和有 AGC 两种情况下输出电压的变化范围。

实验十六　中波调幅发射机组装及调试

一、实验目的

（1）在模块实验的基础上掌握调幅发射机整机组成原理，建立调幅系统概念；
（2）掌握发射机系统联调的方法，培养解决实际问题的能力。

二、实验内容

完成调幅发射机整机联调。

三、实验仪器

10 号板、4 号板、8 号板、双踪示波器。

四、实验电路说明

中波调幅发射机组成原理框图如图 5.2.16.1 所示，发射机由音频信号发生器、音频放大、AM 调制、高频功放四部分组成。实验箱上由模块 4、8、10 构成。

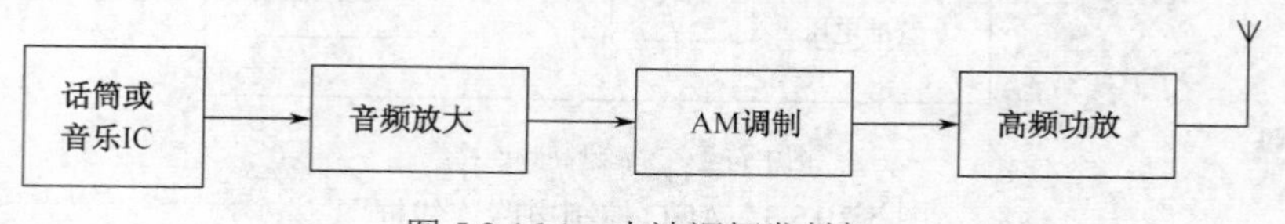

图 5.2.16.1　中波调幅发射机

五、实验步骤

（1）关闭电源，按如下方式连线（见表 5.2.16.1）。

表 5.2.16.1

源　端　口	目 的 端 口	连 线 说 明
10 号板：J_6	4 号板：J_5	放大后的音频信号输入 AM 调制
信号源：RF_1 （$V_{p\text{-}p}$=500mV，f=1MHz）	4 号板：J_1	AM 调制载波输入
4 号板：J_3	8 号板：J_7	调制后的信号输入高频功放
8 号板：J_8	10 号板：TX_1	信号发射

（2）将模块 10 的 S_1 的拨为“01”，即选通音乐信号，经 U_4 放大从 J_6 输出，调节 W_2 使 J_6 处信号峰－峰值为 200mV 左右（在 TH_9 处观测）。

（3）J_1 输入 1MHz、$V_{p\text{-}p}$=500mV 的正弦波信号作为载波，用示波器在 4 号板的 TH_2 处观测。

（4）调节 4 号板上 W_1 使得有载波出现，调节 W_2 从 TH_3 处观察输出波形，使调幅度适中。

（5）将 AM 调制的输出端（J_3）连到集成线性宽带功率放大器的输入端 J_7，从 TH_9 处可以观察到放大的波形。

（6）将已经放大的高频调制信号连到模块 10 的天线发射端 TX_1，并按下开关 J_2，这样就将高频调制信号从天线发射出去了，观察 10 号板上 TH_3 处波形。

六、实验报告要求

（1）写出实验目的任务；

（2）画出调幅发射机组成框图和对应点的实测波形并标出测量值大小；

（3）写出调试中遇到的问题，并分析说明。

实验十七　超外差中波调幅接收机组装及调试

一、实验目的

（1）在模块实验的基础上掌握调幅接收机组成原理，建立调幅系统概念；

（2）掌握调幅接收机系统联调的方法，培养解决实际问题的能力。

二、实验内容

完成调幅接收机整机联调。

三、实验仪器

耳机、10 号板、7 号板、2 号板、4 号板、双踪示波器、万用表。

四、实验电路说明

接收机由天线回路、变频电路、中频放大电路、检波器、音频功放、耳机等六部分组成，实验箱上由模块 2，4，7，10 构成，如图 5.2.17.1 所示。

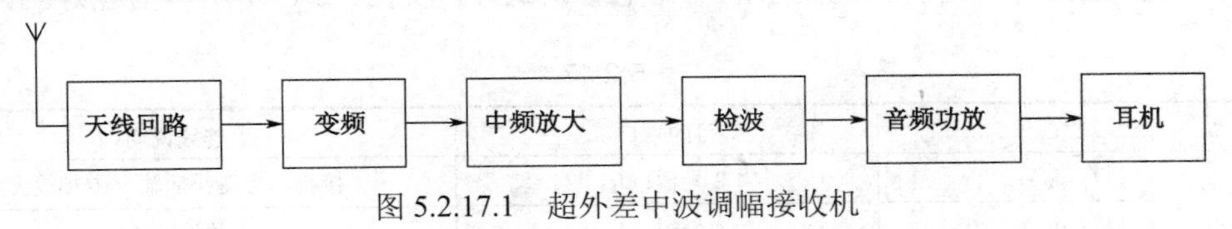

图 5.2.17.1　超外差中波调幅接收机

1．天线回路

从天线接收进来的高频信号首先进入输入调谐回路。天线回路的任务是：

① 通过天线收集电磁波，使之变为高频电流。

② 选择信号。在众多的信号中，只有载波频率与输入调谐回路相同的信号才能进入收音机。

2．变频和本机振荡级

从输入回路送来的调幅信号和本机振荡器产生的等幅信号一起送到变频级，经过变频级产生一个新的频率，这一新的频率恰好是输入信号频率和本振信号频率的差值，称为差频。例如，输入信号的频率是535kHz，本振频率是1000kHz，那么它们的差频就是1000kHz−535kHz=465kHz；当输入信号是1605kHz时，本机振荡频率也跟着升高，变成2070kHz。也就是说，在超外差式收音机中，本机振荡的频率始终要比输入信号的频率高一个465kHz。这个在变频过程中新产生的差频比原来输入信号的频率要低，比音频却要高得多，因此，我们称之为中频。无论原来输入信号的频率是多少，经过变频以后都变成一个固定的中频，然后再送到中频放大器继续放大，这是超外差式收音机的一个重要特点。以上三种频率之间的关系可以用下式表达：

本机振荡频率−输入信号频率=中频

3．中频放大级

由于中频信号的频率固定不变而且比高频略低（我国规定调幅收音机的中频为465kHz），所以它比高频信号更容易调谐和放大。通常，中放级包括1～2级放大及2～3级调谐回路，这使超外差式收音机灵敏度和选择性比直放式收音机都提高了许多。可以说，超外差式收音机的灵敏度和选择性在很大程度上就取决于中放级性能的好坏。

4．检波、电压放大电路

经过中放后，中频信号进入检波级，检波级也要完成两个任务：一是在尽可能减小失真的前提下把中频调幅信号还原成音频。二是将检波后的直流分量送回到中放级。从检波级输出的音频信号很小，只有几毫伏到几十毫伏。电压放大的任务就是将它放大几十至几百倍。

5．功率放大级

电压放大级的输出虽然可以达到几伏，但是它的带负载能力还很差，这是因为它的内阻比较大，只能输出不到1mA的电流，所以还要再经过功率放大才能推动扬声器还原成声音。

五、实验步骤

（1）按照之前各单元实验的要求把单元电路调试好，按表5.2.17.1所示搭建好测试电路。

表5.2.17.1

源端口	目的端口	连线说明
7号板：J_6	2号板：J_5	接收信号变频后输入中频放大
2号板：J_6	4号板：J_7	检波输入
4号板：J_{10}	10号板：J_1	音频功放
10号板：耳机接口	耳机	信号接收

（2）慢慢调谐模块 7 的双联电容调谐盘，使接收到音乐信号。如果接收到的信号不理想，则将 1.5m 的延长线夹到模块 7 的 TH_{10}。

（3）观察各点波形，并记录下来。

六、实验报告要求

（1）说明调幅接收机组成原理。

（2）根据调幅接收机组成框图测出对应点的实测波形，并标出测量值大小。

实验十八　锁相频率合成器组装及调试

一、实验目的

（1）理解高频模拟锁相环路法本振频率合成的原理；

（2）掌握锁相环频率合成的方法。

二、实验内容

（1）测量频率合成器输出频率与分频比的关系；

（2）调测频率合成器的输出波形。

三、实验仪器

5 号板、10 号板、频率计、双踪示波器。

四、实验原理

晶体振荡器能产生稳定度很高的固定频率。若要改变频率则需要更换晶体。LC 振荡器改换频率虽很方便，但频率稳定度又很低。用锁相环实现的频率合成器，既有频率稳定度高又有改换频率方便的优点。

频率合成的一般含义是：将给定的某一基准频率（用频率稳定而且准确的振荡器所产生的频率），通过一系列的频率算术运算，在一定频率范围内，获得频率间隔一定、稳定度和基准频率相同、数值上与输入频率成有理数比的大量新频率的一种技术。

锁相环的原理在模拟锁相环中已经详细讲述，这里讲述锁相频率合成的方法。将参考信号 f_i 进行 M 分频，从 J_4 输入，将 VCO 输出信号 f_o 进行 N 分频从 J_5 输入，根据锁相环的知识可知 $f_i/M=f_o/N$ 即推出 $f_o=N\dfrac{f_i}{M}$，适当选择 M，可以得到不同的间隔频率（步进）；适当选择 N，可以得到不同的频率；N 的取值范围要满足 $f_L \leqslant f_o \leqslant f_H$（$f_L \sim f_H$ 为 VCO 的捕获带）。

锁相频率合成系统框图如图 5.2.18.1 所示（主时基为 4MHz）。

五、实验步骤

（1）按表 5.2.18.1 所示搭建好测试电路。

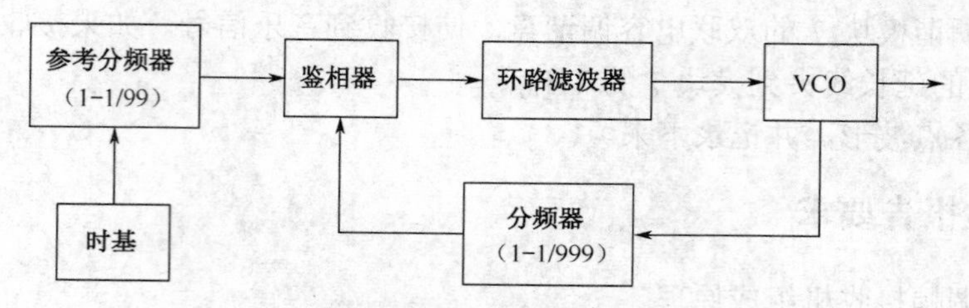

图 5.1.18.1　锁相频率合成器

（2）将 10 号板参考信号分频开关 S_2 置于“10000000”（即 M 为十进制 80）。5 号板锁相环中心频率开关 S_1 置于“0001”，并将电源开关拔下。

表 5.2.18.1

源　端　口	目 的 端 口	连 线 说 明
10 号板：J_3	5 号板：J_4	参考分频信号输入鉴相器
5 号板：J_3	10 号板：J_4	VCO 输出到分频器输入
10 号板：J_5	5 号板：J_5	分频器输出到鉴相器参考输入
5 号板：J_1	频率计：RFIN	合成频率输出

（3）调节 5 号板 S_3 改变输入信号的分频数 N，观察频率计的显示、合成频率幅度的大小，并填写表 5.2.18.2（顺时针旋转 RA_1 可增加捕获带的带宽）。

表 5.2.18.2

输入信号分频数 N	6	7	8	9	10
输出电压 $V_{p\text{-}p}$					
输出频率（kHz）					

（4）改变模块 5 中 S_1 的设置，改变 M、N 的值，合成新的频率，自行设计表格（例如 S_1 设为“0010”，锁相环中心频率为 4.5Mz，将参考信号进行 40 分频，即步进 100kHz，输入信号的分频数 N 取值在 40～60 之间）。

【说明】拨码开关 S_2、S_3 用二进制码表示十进制数，对应值如下：S_2 的 1、2、3、4 表示十位数，5、6、7、8 表示个位数，拨上为 1，拨下为 0，11111111 表示 165；S_3 的 1、2、3、4 表示百位数，5、6、7、8 表示十位数，9、10、11、12 表示个位数，拨上为 1，拨下为 0，111111111111 表示 1665。

六、实验报告要求

（1）写出频率合成器实验的基本原理。

（2）整理实验数据填于表中。

（3）分析实测波形和频率锁定的范围。

（4）在锁相环中心频率为 10MHz、20MHz 的高频时，S_2 分频后的信号已严重变形失真，无法使锁相环锁定，利用实验箱中的资源解决此问题，并验证。

实验十九　半双工调频无线对讲机实验

一、实验目的

（1）在模块实验的基础上掌握调频发射机、接收机、整机组成原理，建立调频系统概念；
（2）掌握系统联调的方法，培养解决实际问题的能力。

二、实验内容

（1）完成调频发射机整机联调；
（2）完成调频接收机整机联调；
（3）进行调频发送与接收系统联调。

三、实验仪器

高频实验箱（2台）双踪示波器（1台）。

四、实验电路说明

半双工调频发射、接收机组成原理框图如图5.2.19.1所示，发射机由音频信号发生器、音频放大、调频、上变频、功放等电路组成。接收机则由高放、下变频、中频放大、限幅、FM解调、音频功放、耳机等部分组成。

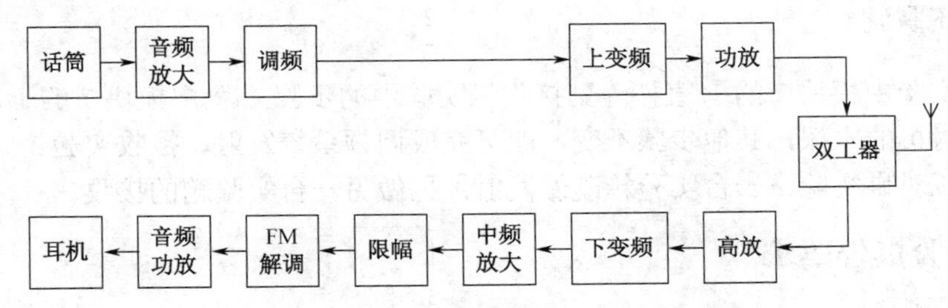

图5.2.19.1　半双工调频无线对讲机系统框图

五、实验步骤

FM发射机实验

（1）将模块10的S_1拨为“01”，即选通音乐信号，经U_4放大从J_6输出，调节W_2使TH_9处信号峰－峰值为200mV左右。

（2）将模块10的J_6连接到模块3的J_2，将模块3的S_1、S_2均置1，调节CC_1使J_1端输出频率接近4.5MHz，调节W_2和中周T_1使波形的幅度为400mV左右。

（3）按表5.2.19.1所示搭建好测试电路。

表5.2.19.1

源　端　口	目 的 端 口	连 线 说 明
10号板：J_6	3号板：J_2	音频放大后信号输入调频
3号板：J_1	7号板：J_2	射频输入混频器

续表

源　端　口	目 的 端 口	连 线 说 明
信号源：RF_1（$V_{p-p}\approx$700mV，f=6.2MHz）	7 号板：J_5	本振信号输入
7 号板：J_3	8 号板：J_3	混频输出至功放
8 号板：J_4	10 号板：TX_1	信号发射

FM 接收机实验

按表 5.2.19.2 所示搭建好测试电路。

表 5.2.19.2

源　端　口	目 的 端 口	连 线 说 明
10 号板：RX_1	2 号板：J_4	接收信号送入高频放大
2 号板：J_1	7 号板：J_7	放大输出至混频器射频输入
信号源：RF_1（$V_{p-p}\approx$700mV，f=6.2MHz）	7 号板：J_8	本振信号输入
7 号板：J_9	2 号板：J_2	混频输出至中频放大
2 号板：J_3	5 号板：J_6	FM 解调输入
5 号板：J_7	10 号板：J_1	解调输出至音频功放
10 号板：耳机孔	耳机	接收输出

调频系统联调

发射机实验中模块 7 的 J_3 直接连到接收机实验中的步骤（1）中模块 7 的 J_8，接收机的本振共用发射机的本振，其他步骤不变，即可完成调频系统发射、接收实验。

做半双工对讲实验，一台实验箱既做发射，也做另一台实验箱的接收。

六、实验报告要求

（1）画出调频发射机组成框图对应点的实测波形和大小。

（2）写出调试中遇到的问题，并分析说明。

实验二十　斜率鉴频及脉冲计数式鉴频

一、实验目的

（1）掌握斜率鉴频器及脉冲计数式鉴频器工作原理；

（2）熟悉鉴频器主要技术指标及其测试方法。

二、实验内容

（1）观察双失谐回路输出波形；

（2）观察脉冲计数式鉴频器的输出波形；

（3）观察与调试双失谐回路鉴频特性曲线。

三、实验仪器

高频实验箱、双踪示波器、频率特性测试仪（可选）、万用表。

四、实验基本原理

1. 斜率鉴频器工作原理

双失谐回路斜率鉴频平衡输出（4.5MHz）如图 5.2.20.1 所示，电路中有两个单失谐回路斜率鉴频器，当等幅的调频波 Vs 同时加到两个共发射极单失谐回路鉴频器晶体管的基极时，晶体管输出端的并联谐振回路 L_1、C_3 和 L_2、C_8 的谐振频率分别为 f_{01} 和 f_{02}。它们对称地处于调频波的载频——中心频率 f_0 的两边。设 $f_{01}>f_0>f_{02}$，这样，当输入信息是一个被图 5.2.20.2（a）所示的简谐被调制的调频波（如图 5.2.20.2（b）所示）时，Q_1 集电极输出的调频—调幅波形如图 5.2.20.2（c）所示，它的特点是频率高时幅度大，频率低时幅度小。Q_2 的集电极输出的调频——调幅波形如图 5.2.20.2（d）所示，它的特点是频率高时幅度小，频率低时幅度大。检波负载电容 C_4 和 C_9 上的电压分别如图 5.2.20.2（e）和（f）所示，A、B 两点间输出电压为 $v_{AB}=v_{C4}-v_{C9}$，如图 5.2.20.2（g）所示。从图中可以看出，总的交变分量比单边的增大一倍，而且正负半周趋于对称。这是由于谐振回路的谐振特性使得一边鉴频输出交流幅度较大时，另一边鉴频输出交流幅度正好较小。

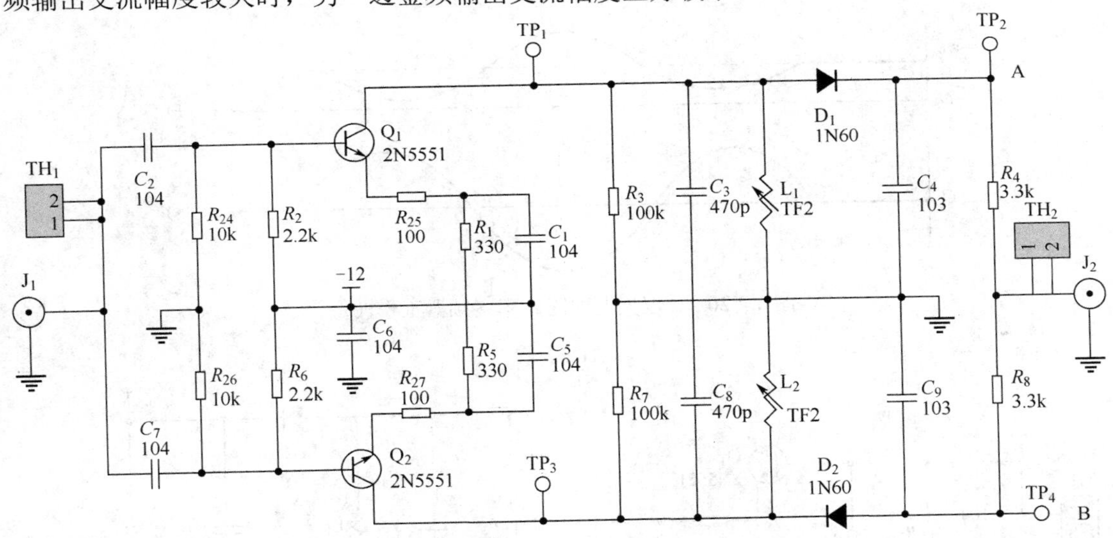

图 5.2.20.1　双失谐回路斜率鉴频平衡输出（4.5MHz）

【注意】v_{AB} 是平衡输出，只有从 A、B 两点之间取出鉴频电压，才是失真较小的对称波形，但任一点对地的波形都是失真比较大的不对称波形。如需要获得不平衡输出，不能简单地将一端接地。一般有两种方法将平衡输出转换为不平衡输出。其一是将 A、B 两点分别接至一个差动放大器的两个输入端，从放大管的一个集电极取出鉴频电压。其二是采用图 5.2.20.3 所示电路，和图 5.2.20.1 相比，图 5.2.20.3 中的二极管 D_2 调转了极性，且鉴频输出电压不是取自 A、B 两点，而是取自 R_4 和 R_8 中间对地点，故输出是不平衡的（如在 R_4 与 R_8 之间串接一个 10k 电位器，从电位器中间抽头再串接一个 0.003μF 地电容取出鉴频电压，则其对称性可以微调）。图 5.2.20.3 为一实用电路，其中心工作频率为 4.5MHz，工作频宽为±400kHz。

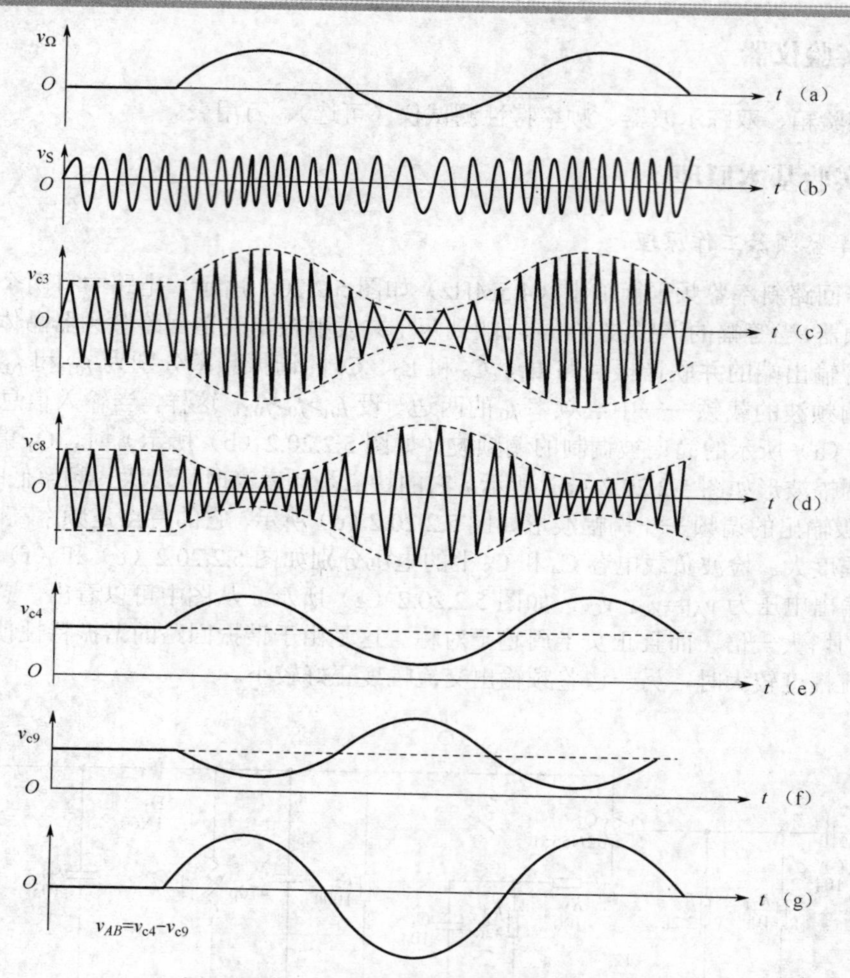

图 5.2.20.2 双失谐回路斜率鉴频器工作波形

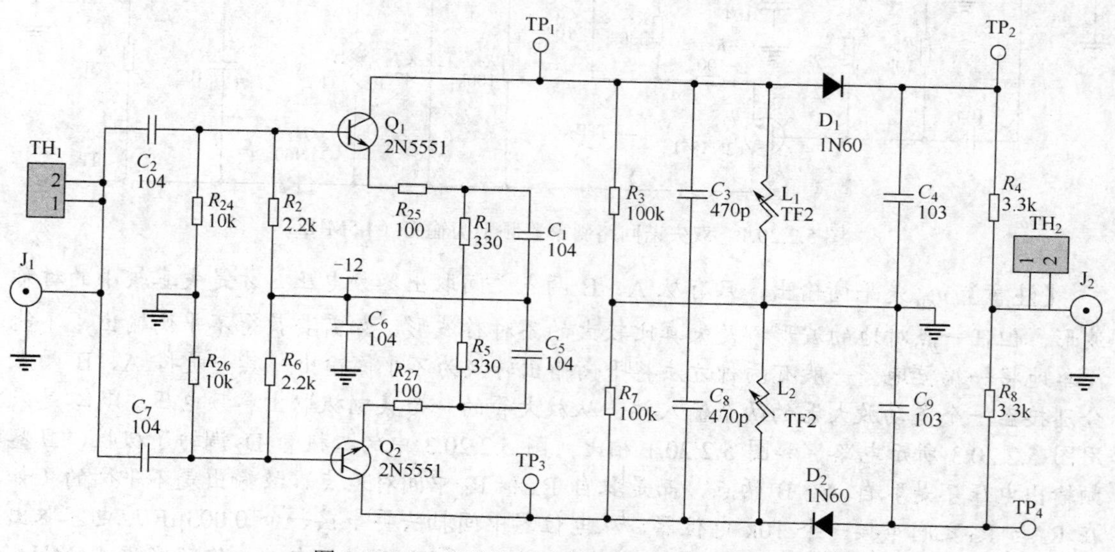

图 5.2.20.3 双失谐回路斜率鉴频（4.5MHz）

下面说明不平衡鉴频输出的工作原理。因为二极管 D_2 调转了极性，故 C_9 上的检波电压的正负极性也调换了过来。在图 5.2.20.4 中画出了电容 C_4 和 C_9 的放电电流流过负载 R_L 的情况，i_1 和 i_2 以相反的方向流过 R_L，i_1 的波形和 v_{L1} 的波形相同，i_2 的波形和 v_{L2} 的波形相同，而输出电压 $v_{\Omega}=(i_1-i_2)R_L$，故 v_{Ω} 的波形和 v_{AB} 的波形相同。

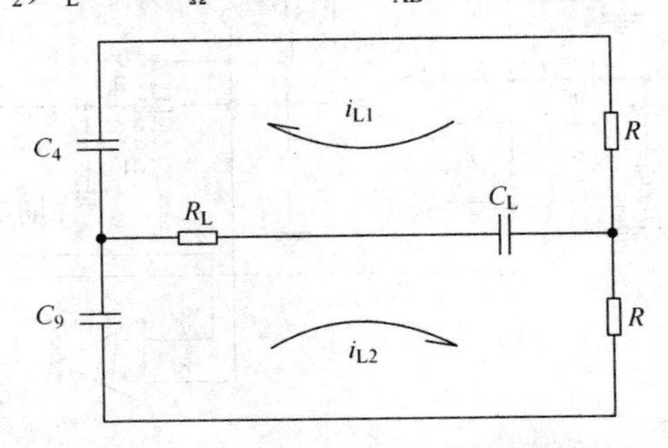

图 5.2.20.4　电路输出电压合成图解

利用在分析推挽式放大器作合成动态特性曲线的类似方法，可以作出双失谐回路斜率鉴频器的合成谐振曲线，如图 5.2.20.5 所示，图中将回路 1 的谐振曲线画在横坐标轴的上面，将回路 2 的谐振曲线画在横坐标的下面。图中曲线①代表电流 i_{L1} 的波形，曲线②代表电流 i_{L2} 的波形，而曲线③则代表 v_{Ω} 的波形。

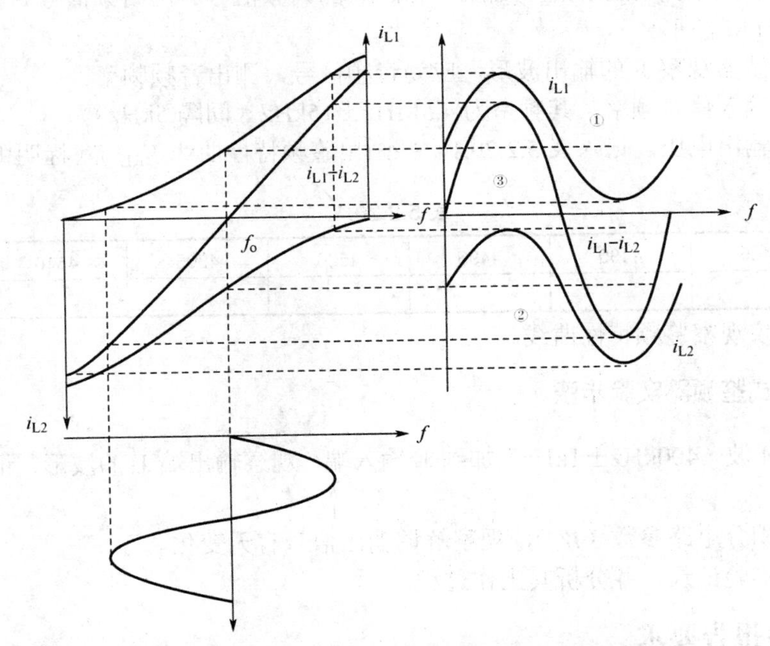

图 5.2.20.5　双失谐回路斜率鉴频器提高线性原理说明

2．脉冲计数式鉴频器工作原理

脉冲计数式鉴频（400kHz）电路由比较器（U_{1A}、U_{1B}、U_{1C}）、积分电路（W_1、C_{15}）和低通滤波器（R_{18}、R_{20}、C_{16}、C_{17}）组成，如图 5.2.20.6 所示。调频波从 J_3 插孔输入（中心频率 400kHz，频偏 5kHz），通过带通滤波器（C_{11}、C_{14}、R_9、R_{10}）加到比较器 U_{1A} 输入端，U_{1A} 输出信号为正、负交替出现的矩形脉冲，此脉冲波经过积分电路 W_1、C_{15}，消除了

负脉冲部分，脉冲序列的疏密程度反映了 FM 波的疏密变化，最后经过低通滤波器，从 J_4 端输出音频信号。

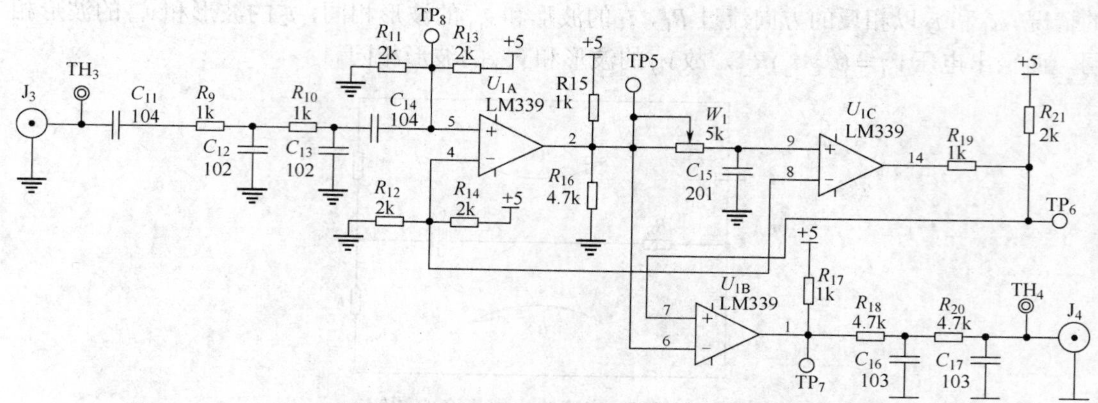

图 5.2.20.6　脉冲计数式鉴频（400kHz）

五、实验步骤

斜率鉴频器实验

（1）将中心频率为 4.5MHz、频偏为 15kHz 的调频信号（由高频信号源输出）加到输入端 J_1，观察 FM 波形。

（2）用示波器观察 J_2 的输出波形，应为音频信号，测出音频频率。

（3）改变输入信号频率，其频率为 4.5MHz±15kHz（间隔 5kHz）。

（4）测出输出电压，记入表 5.2.20.1，并画出鉴频特性曲线 V_{RL}-f（标明中心频率）。

表 5.2.20.1

f(kHz)	4485	4490	4495	4500	4505	4510	4515
V_{RL}							

（5）扫频仪观察鉴频特性曲线。

脉冲计数式鉴频器实验步骤

（1）将 FM 波（400kHz±1kHz）加到 J_3 输入端，观察输出端 J_4 的波形，记下解调后鉴频频率。

（2）调节积分电路参数（W_1），观察解调输出信号有无变化。

（3）整理实验记录，并分析其工作过程。

六、实验报告要求

（1）整理实验数据，将实验结果填入表格。

（2）分析鉴频特性曲线。

参 考 文 献

[1] 李相银．大学物理实验[M]．北京：高等教育出版社，2004．
[2] 王小海，蔡忠法，等．电子技术基础实验教程[M]．北京：高等教育出版社，2005．
[3] 潘伟．电工实训指导书[M]．北京：中国铁道出版社，2008．
[4] 顾怀平．维修电工实训教程[M]．北京：电子工业出版社，2014．
[5] 王慧玲．电路基础[M]．北京：高等教育出版社，2014．
[6] 徐国洪，李晶骅，彭先进，等．电工技术与实践[M]．武汉：湖北科学技术出版社，2008．
[7] 侯艳红，马艳阳，等．电路分析[M]．西安：西安电子科技大学出版社，2015．
[8] 胡宴如．模拟电子技术[M]．第5版．北京：高等教育出版社，2013．
[9] 杨志忠．数字电子技术[M]．第5版．北京：高等教育出版社，2014．
[10] 汪一鸣．数字电子技术实验指导[M]．苏州：苏州大学出版社，2012．
[11] 胡宴如．高频电子线路[M]．第5版．北京：高等教育出版社，2012．